计算机“十三五”规划教材

中文版 3ds Max 2015 实例教程

主　编　赵俊峰　李　响　余　群
副主编　韩小强　崔　顺　涂中明
　　　　邹　颖　刘小娟　杨　勇

北京希望电子出版社
Beijing Hope Electronic Press
www.bhp.com.cn

内 容 简 介

本书通过"基础＋实例"的写作手法，详细介绍中文版 3ds Max 2015 软件的实际应用，以及使用中文版 3ds Max 2015 进行三维设计的方法与技巧，以帮助读者快速掌握中文版 3ds Max 2015 三维制作技能。本书共 10 章，主要包括 3ds Max 2015 基础知识，3ds Max 基本操作，基础三维建模，复合对象建模，修改器的应用，多边形、曲面与面片建模，光源与摄影机的应用，材质与贴图的应用，环境与效果的应用，粒子系统与 3ds Max 动画技术。

本书既可作为应用型本科院校、职业院校的教材，也可供希望快速掌握影视和广告动画制作、游戏角色和场景设计、工业产品造型设计、建筑设计及室内外效果图制作的设计人员阅读参考。

图书在版编目（CIP）数据

中文版 3ds Max 2015 实例教程 / 赵俊峰，李响，余群主编. -- 北京 ：北京希望电子出版社，2017.8（2023.8 重印）

ISBN 978-7-83002-484-0

Ⅰ. ①中… Ⅱ. ①赵… ②李… ③余… Ⅲ. ①三维动画软件－教材 Ⅳ. ①TP391.414

中国版本图书馆 CIP 数据核字（2017）第 181790 号

出版：北京希望电子出版社
地址：北京市海淀区中关村大街 22 号
　　　中科大厦 A 座 9 层
邮编：100190
网址：www. bhp. com. cn
电话：010-82626270
传真：010-62543892
经销：各地新华书店

封面：赵俊红
编辑：李小楠
校对：李　冰
开本：787mm×1092mm　1/16
印张：15.5
字数：387 千字
印刷：唐山唐文印刷有限公司
版次：2023 年 8 月 1 版 2 次印刷

定价：58. 00 元

前　言

3ds Max 2015 是一款重量级的三维建模和动画制作软件，其强大、完美的三维建模功能深受 CG 界设计师的喜爱和关注，是当今最为流行的三维建模、动画制作及渲染软件，被广泛应用于室内设计、建筑表现、影视与游戏制作等领域。本书采用“基础+实例”的写作手法，深入介绍软件功能并精选实用操作案例，将 3ds Max 2015 三维制作的各个知识要点和应用技巧全面呈现给读者，以达到一学就会、融会贯通的学习目的。

为了帮助广大读者快速掌握 3ds Max 2015 的三维制作技术，我们特别组织专家和一线骨干老师编写了《中文版 3ds Max 2015 实例教程》一书。本书主要具有以下几个特点：

（1）全面介绍了 3ds Max 2015 软件的基本功能及实际应用，以各种重要技术为主线，对其重点内容进行详细介绍。

（2）运用全新的写作手法和写作思路，使读者在学习本书之后能够快速掌握软件操作技能，真正成为 3ds Max 三维制作的行家里手。

（3）以实用为教学出发点，以培养读者实际应用能力为目标，通过讲解 3ds Max 2015 应用过程中的要点与难点，使读者全面掌握 3ds Max 三维制作知识。

本书知识点安排合理，语言简练、流畅，结合丰富、典型的实例，由浅入深地对 3ds Max 2015 的功能进行全面、系统的讲解，让读者在最短的时间内掌握最有用的知识，迅速成为 3ds Max 三维制作的高手。

本书共 10 章，主要包括第 1 章　3ds Max 2015 基础知识，第 2 章　3ds Max 基本操作，第 3 章　基础三维建模，第 4 章　复合对象建模，第 5 章　修改器的应用，第 6 章　多边形、曲面与面片建模，第 7 章　光源与摄影机的应用，第 8 章　材质与贴图的应用，第 9 章　环境与效果的应用，第 10 章　粒子系统与 3ds Max 动画技术。

本书由中国人民解放军 61206 部队的赵俊峰、黄河水利职业技术学院的李响和景德镇陶瓷职业技术学院的余群担任主编，由陕西理工大学的韩小强、南京东方文理研修学院的崔顺、江西司法警官学校的涂中明、江西先锋软件职业技术学院的邹颖、江西先锋软件职业技术学院的刘小娟和陕西电子信息职业技术学院的杨勇担任副主编。本书相关资料可扫封底二维码或登录 www.bjzzwh.com 下载获得。

本书在编写过程中难免有疏漏和不当之处，敬请各位专家及读者不吝赐教。

编　者

目　录

第 1 章　3ds Max 2015 基础知识

【本章导读】

3ds Max 2015 是一款出色的三维动画软件，可被应用于可视化设计、游戏、影视动画等诸多领域。本章将对 3ds Max 2015 的新功能与工作界面进行介绍，并对 3ds Max 2015 的文件与视图视口的相关操作进行介绍，帮助读者轻松熟悉 3ds Max 2015，为接下来的学习打下坚实的基础。

【本章目标】

- 能够根据需要设置 3ds Max 2015 工作界面。
- 能够熟练地新建、打开与合并文件，并能改变文件默认打开和保存的路径。
- 能够配置视口布局、控制视图、切换预定义视图方向，以及自定义视觉样式。

1.1　3ds Max 2015 操作基础

3ds Max 2015 是三维物体建模和动画制作软件，以其强大、完美的三维建模功能，深受 CG 界设计师的喜爱和关注，成为当今世界上最流行的三维建模、动画制作及渲染软件，被广泛用于室内设计、建筑表现、影视与游戏制作等领域。

3ds Max 2015 软件是目前为止最新的软件版本。本节将了解 3ds Max 的应用领域，并学习 3ds Max 2015 的新功能。

基本知识

一、3ds Max 应用领域

3ds Max 是目前最为流行的三维动画软件之一。3D Studio 的出现使三维动画制作不再只是高端工作站的专利，使个人计算机用户也可以进行三维动画的制作。3ds Max 的出现更是大大降低了 CG 制作的门槛。

之后，3ds Max 不断进行着革新与增强，并且逐步加入了布料系统、毛发系统、动力学系统等各类优秀插件，其功能变得日益成熟与强大，现已被广泛应用于影视特效、卡通动画、建筑设计、产品展示和广告制作等诸多领域，如图 1-1~图 1-3 所示。

图 1-1　建筑装潢表现

图 1-2　产品造型设计

图 1-3　三维卡通动画

二、3ds Max 2015 新功能

3ds Max 2015 软件提供了高效的新工具、更快的性能，以及简化的工作流程，可以帮助美工人员和设计师提高整体工作效率。

1．易用性方面的新功能

（1）启动画面。在启动 3ds Max 2015 软件时会出现欢迎屏幕。欢迎屏幕分为“学习”“开始”和“扩展”三个功能区，可以快速进入用户想要的工作界面，如图 1-4 所示。

（2）撤销与还原操作。主工具栏上的“撤销”和“重做”按钮提供了另一种访问撤销/重做功能的方式，如图 1-5 所示。

图 1-4　欢迎屏幕

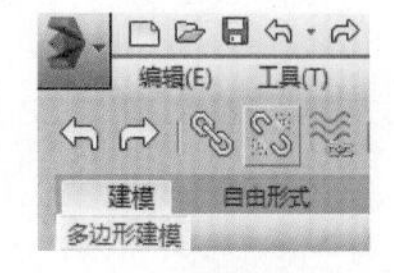

图 1-5　撤销与重做

2．建模中的新功能

（1）四边形切角。建模师可以使用新的“切角”修改器在两个曲面之间创建基于四边形的切角边或倒角边，这有助于消除收缩，并在与“涡轮平滑”修改器结合使用时产生更好的结果。基于四边形的切角功能也是在可编辑多边形对象中新增的功能。

通过新增加的四边形切角方式，可以生成更加平滑的边角图形，如图 1-6 所示。

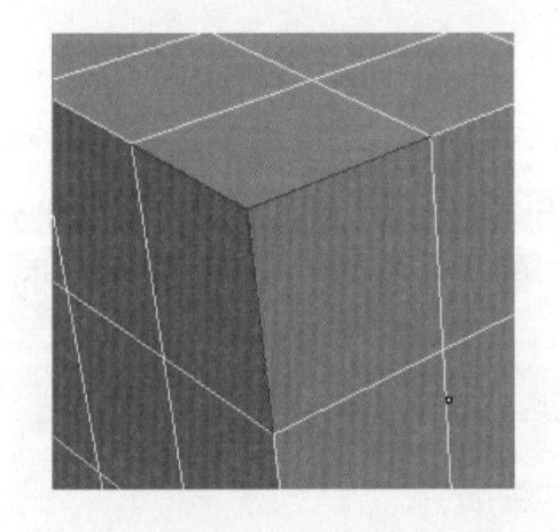

初始边选择

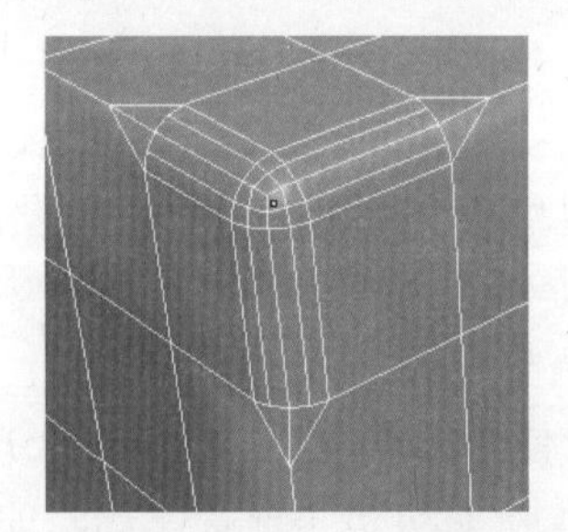

四边形切角（分段=2，张力=0.5）

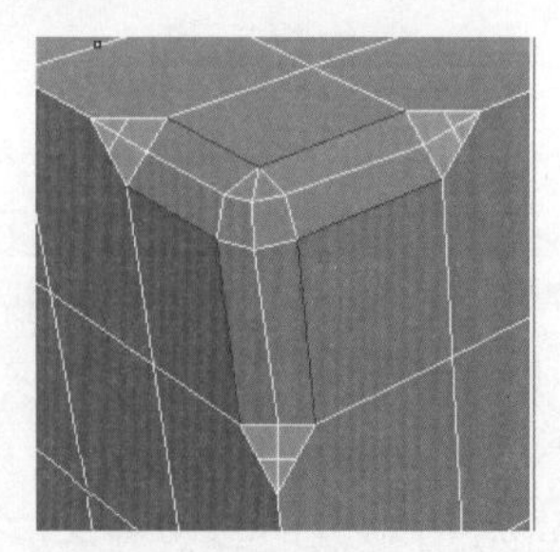

标准切角（分段=2）

图 1-6　四边形切角

（2）点云。借助点云功能可以以点云形式导入从实景捕获的大型数据集，基于实际参考创建精确的三维模型。3D 建模人员可以在视口中查看真彩色的点云，以交互方式调整云显示的范围，以及通过捕捉点云的顶点在上下文中创建新几何体，如图 1-7 所示。

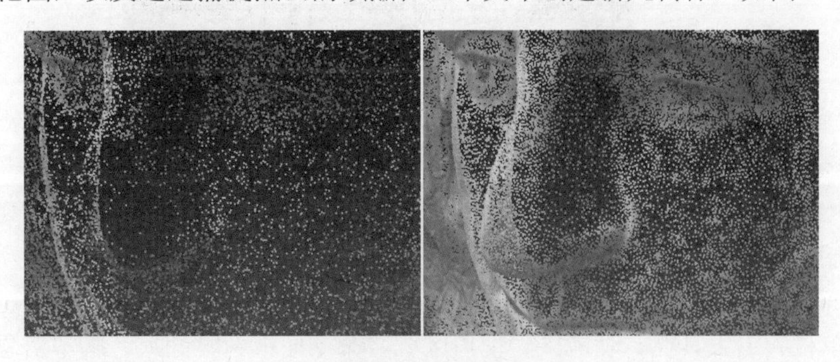

图 1-7　点云效果

3．粒子流中的新特性

更新后的粒子视图提供了一种近乎统一的 Slate 材质编辑器使用体验，粒子视图如图 1-8 所示。

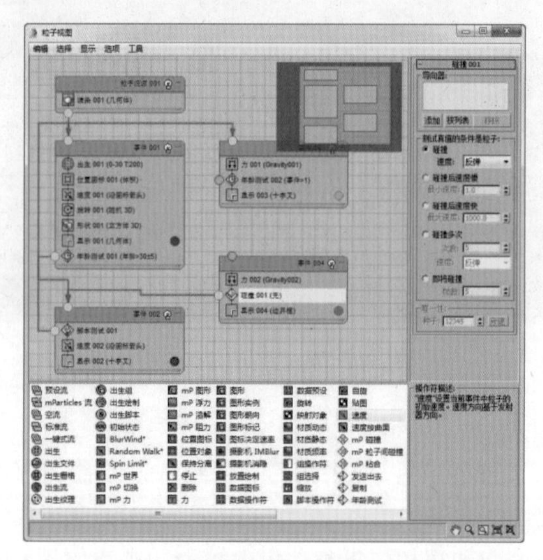

图 1-8　粒子视图

4．立体摄影机

添加新的立体摄影机功能集后，艺术家和设计师可以创建娱乐性更强的内容，并使设计可视化。立体摄影机插件（仅提供英文版）使艺术家和设计师能够创建立体摄影机装备，多个显示模式在 Nitrous 视口中提供了“左视”“右视”“中心”或“立体图”视图，同时可以在场景中使用 3D 体积帮助调整有效立体分区。

除了被动立体查看模式，用户使用最新的 AMD FirePro™显卡和受支持的 HD3D Active Stereo 监视器或等效设备，可以体验主动立体查看模式，如图 1-9 所示。

图 1-9　主动立体查看模式

三、3ds Max 2015 工作界面

3ds Max 2015 程序主窗口的工作界面大致分为应用程序按钮、快速访问工具栏、信息中心、菜单栏、主工具栏、功能区、视口区域、命令面板、时间尺、脚本信息栏、视口控制栏、状态栏、动画控制栏、时间控制栏等部分，如图 1-10 所示。

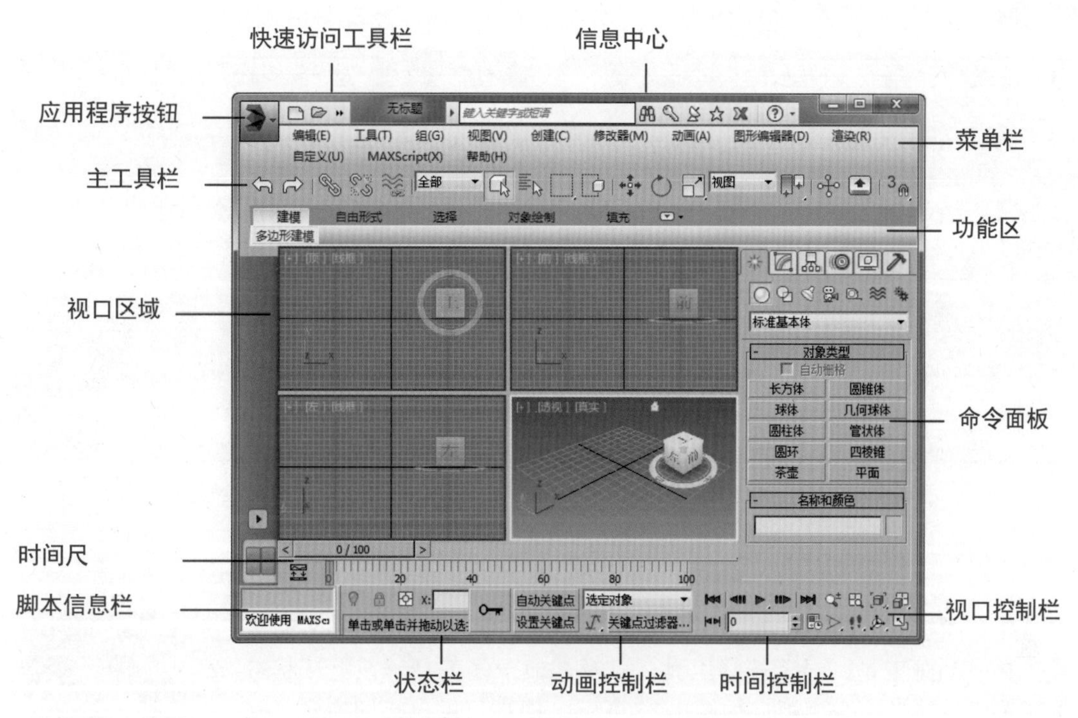

图 1-10　3ds Max 2015 工作界面

实例 1　设置主工具栏与功能区

用户可以对主工具栏与功能区的显示方式进行设置，具体操作步骤如下：

Step 01 当程序主窗口非最大化状态显示时，主工具栏无法完全显示。可移动鼠标指针到主工具栏空白处，当鼠标指针变为小手形状时按住鼠标左键左右拖动，如图 1-11 所示。

Step 02 向左移动主工具栏，即可显示隐藏的其他工具按钮，如图 1-12 所示。

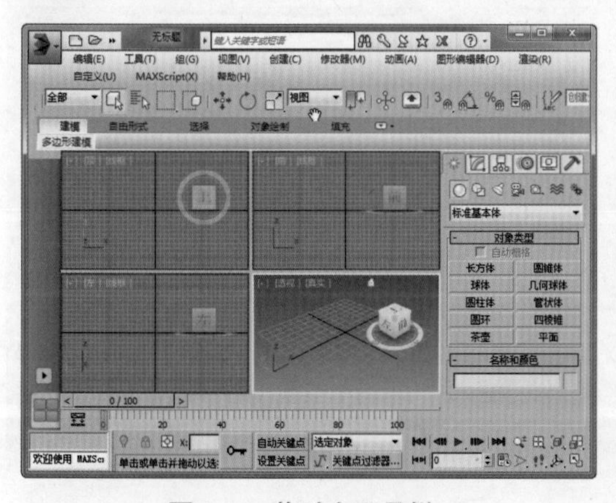

图 1-11　拖动主工具栏

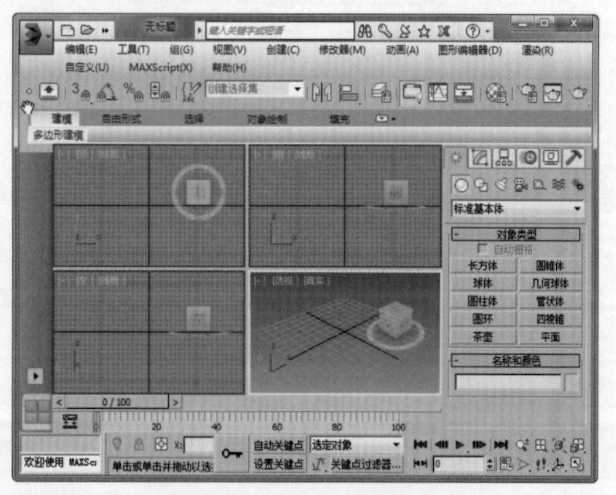

图 1-12　移动主工具栏

Step 03 单击功能区右侧的下拉按钮，通过弹出的下拉菜单中的选项可以切换功能区的显示方式，如选择“最小化为面板标题”选项，如图 1-13 所示。

Step 04 此时，即可更改功能区的显示方式为面板按钮，如图 1-14 所示。

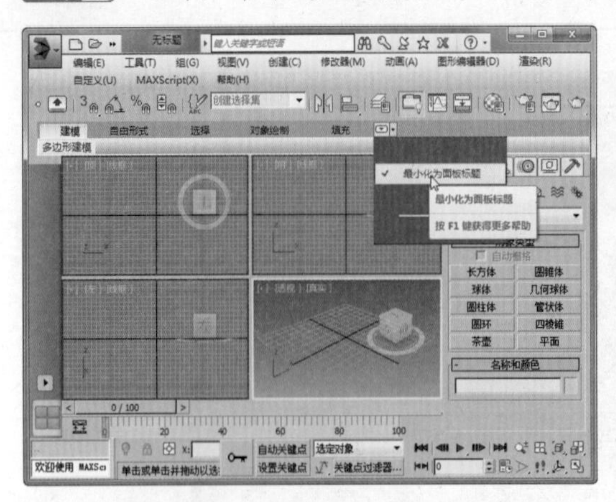

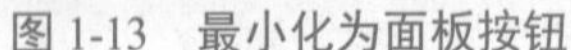
图 1-13　最小化为面板按钮

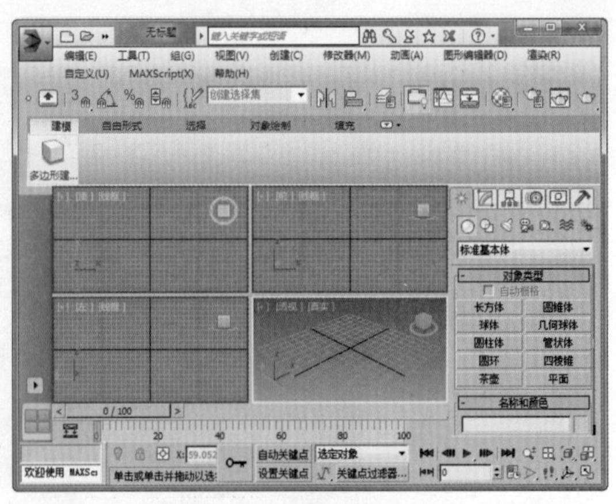

图 1-14　查看设置效果

实例 2　设置命令面板

命令面板由六个用户界面面板组成，其中主要包含 3ds Max 的建模工具、动画工具、显示选择工具，以及其他一些工具。在默认状态下显示“创建”命令面板，如图 1-15 所示。用户可以自行切换到“修改”“层次”“运动”“显示”与“工具”命令面板。

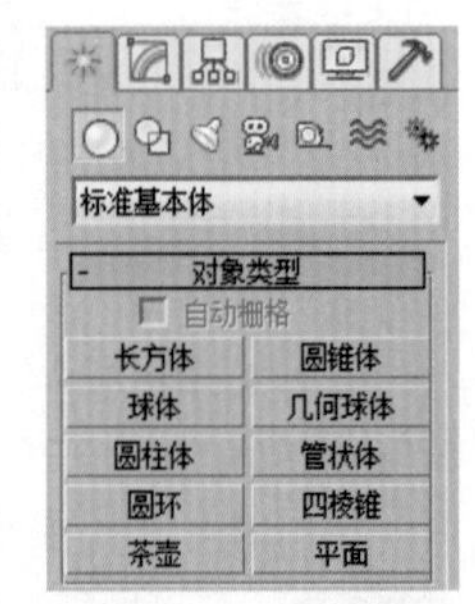

图 1-15　命令面板

用户可以对命令面板的显示方式进行设置，具体操作步骤如下：

Step 01 移动鼠标指针到命令面板左侧边缘位置，当其变为左右双箭头状时按住鼠标左键进行拖动，可以改变命令面板的显示范围，如图 1-16 所示。

Step 02 在命令面板上方的空白处单击鼠标右键，在弹出的快捷菜单中选择“浮动”命令，如图 1-17 所示。

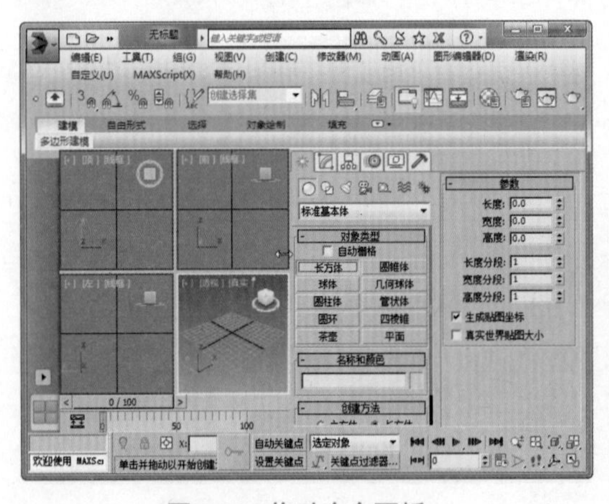

图 1-16　拖动命令面板

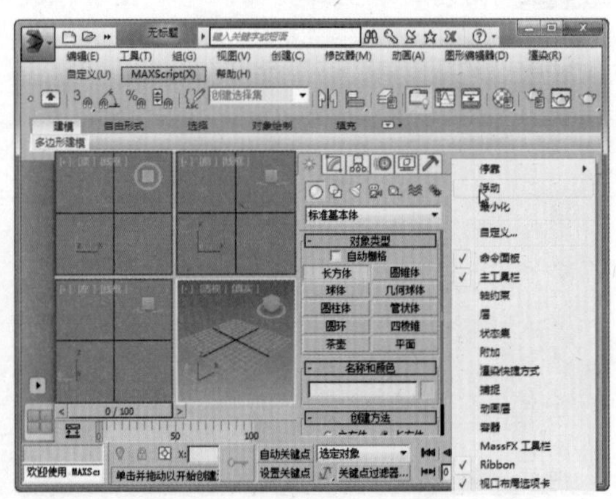

图 1-17　选择“浮动”命令

Step 03 此时，命令面板呈浮动状态，如图 1-18 所示。

Step04　如果在弹出的快捷菜单中选择“停靠”|“左”命令，可以将命令面板停靠在视口区域左侧，如图1-19所示。

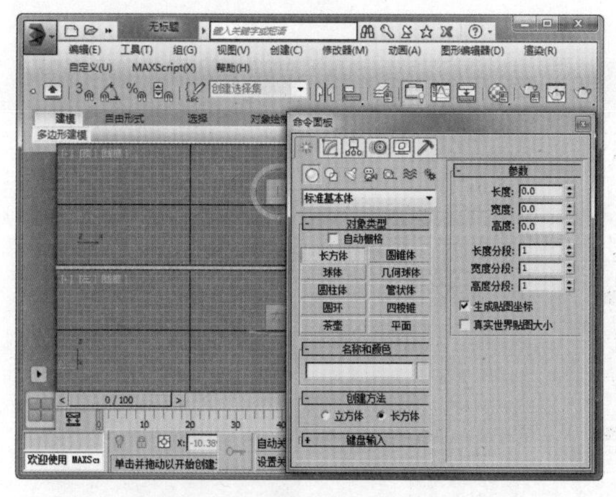

图1-18　查看浮动效果

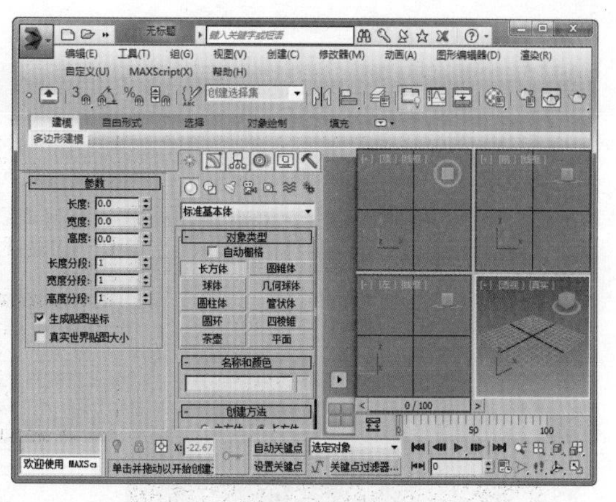

图1-19　将命令面板停靠左侧

实例3　自定义用户界面

在3ds Max 2015版本的界面中，默认颜色相对较深。对于习惯以前版本界面的用户，可以通过自定义UI的方式，将界面切换到以前的状态。之后讲解的内容都是以“ame-light.ui”界面显示方式显示，这种以浅灰色为主的界面显示方式可以方便查看内容。用户可以对窗口界面进行自定义，如加载其他用户界面方案、添加命令按钮到用户界面等，具体操作步骤如下：

Step01　在程序主窗口中执行“自定义”|“加载自定义用户界面方案”命令，如图1-20所示。

Step02　在弹出的对话框中打开主程序所在文件夹下的UI文件夹，即可选择用户界面方案，如选择“ame-light.ui”文件，然后单击“打开”按钮，如图1-21所示。

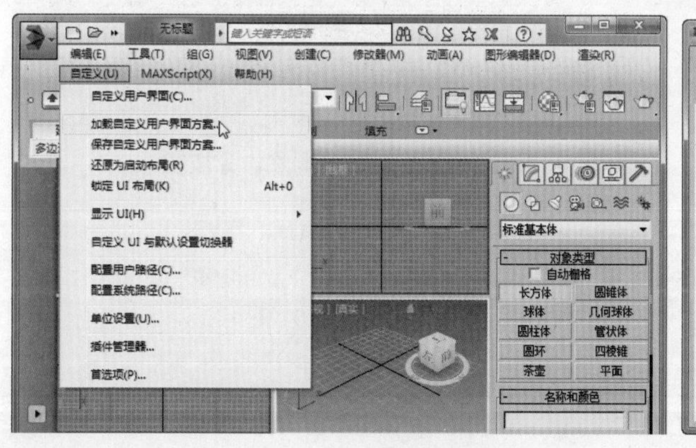

图1-20　加载自定义用户界面方案

图1-21　选择用户界面方案

Step03　此时打开选择的用户界面方案文件，在下一次启动3ds Max时即可应用该方案，如图1-22所示。

Step 04 执行“自定义”|“自定义用户界面”命令，弹出“自定义用户界面”对话框。选择“工具栏”选项卡，可以自定义工具栏中的命令，如选择列表框中的“C 形挤出”选项，如图 1-23 所示。

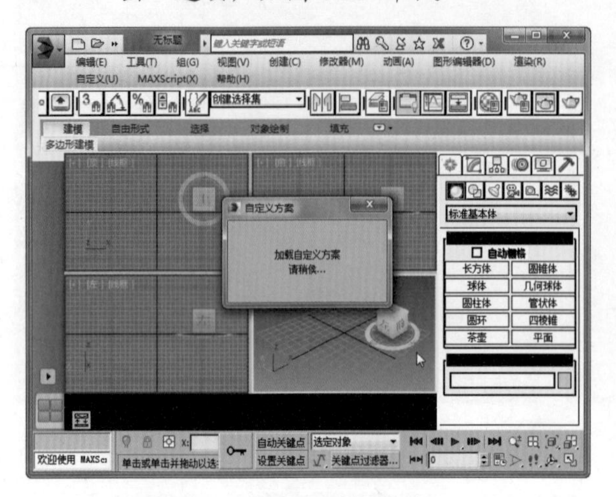

图 1-22　应用用户界面方案

图 1-23　“自定义用户界面”对话框

Step 05 按住鼠标左键，将所选命令拖到工具栏空白处，即可添加“C 形挤出”命令按钮，如图 1-24 所示。

Step 06 在新添加的按钮上单击鼠标右键，在弹出的快捷菜单中选择“删除按钮”命令，即可删除该按钮，如图 1-25 所示。

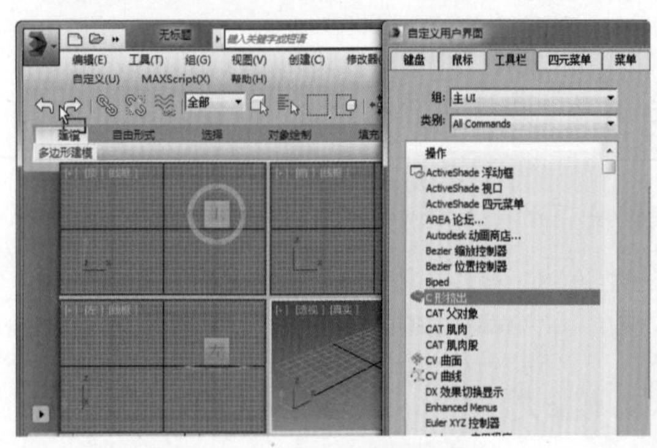

图 1-24　添加命令按钮

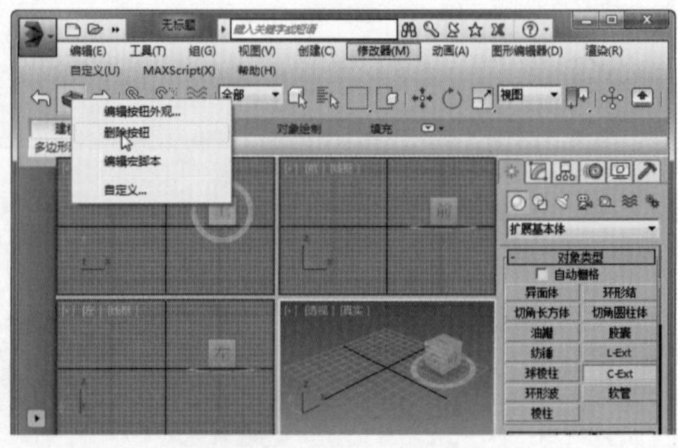

图 1-25　删除命令按钮

1.2　文件基本操作

3ds Max 文件的相关操作主要包括新建文件、打开文件、保存文件、合并文件，以及改变文件的默认打开与保存路径等。

实例 1　新建文件

启动 3ds Max 2015 程序后，选择创建模板文件即可新建文件。下面介绍其他新建文件方法。

方法一：通过“新建场景”按钮新建文件

Step 01 单击快速访问工具栏中的“新建场景”按钮，如图 1-26 所示。

Step 02 弹出“新建场景”对话框，选择要保留的项目，如单击“新建全部”单选按钮，然后单击“确定”按钮，如图 1-27 所示。

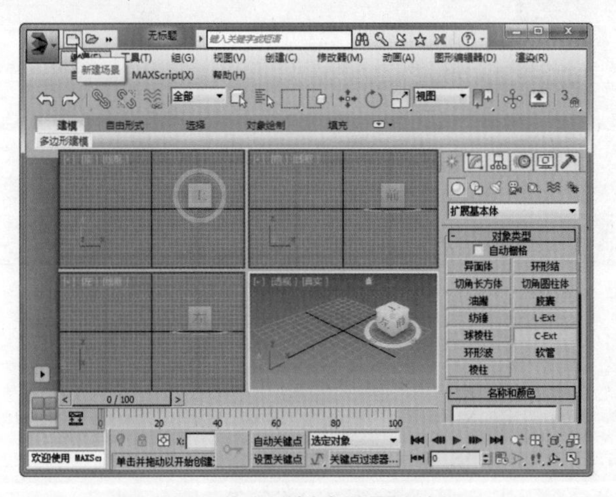

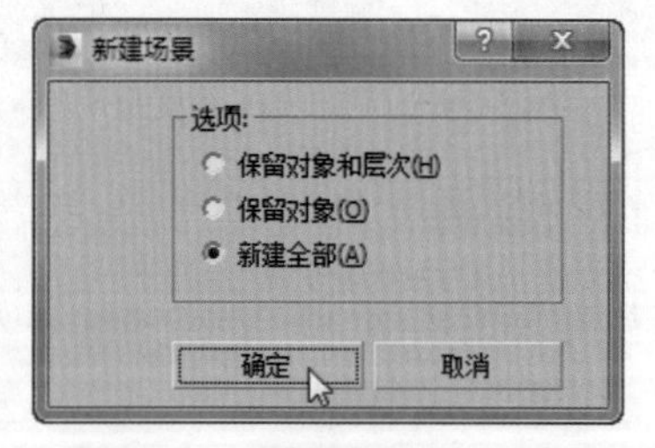

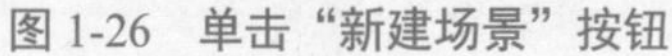

图 1-26　单击“新建场景”按钮　　图 1-27　“新建场景”对话框

方法二：通过“新建”选项新建文件。单击程序主窗口左上方的应用程序按钮，在弹出的应用程序菜单中选择“新建”|“新建全部”命令，同样可以新建 3ds Max 文件，如图 1-28 所示。

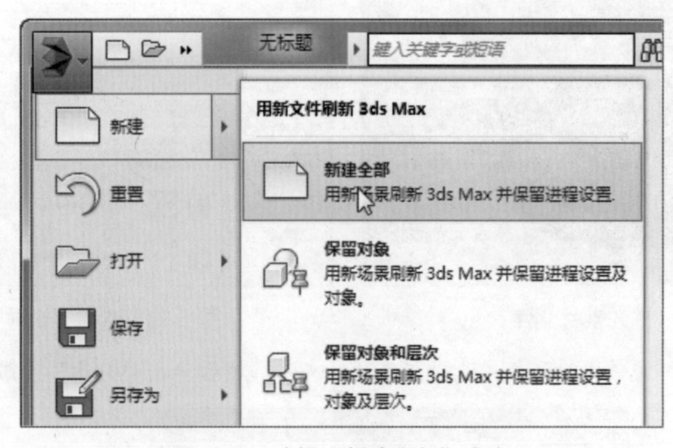

图 1-28　选择“新建全部”命令

实例 2　打开文件

用户可以通过多种方式打开 3ds Max 文件，通过“打开文件”按钮打开或者通过“打开”命令打开，具体操作方法如下：

在程序主窗口上方的快速访问工具栏中单击“打开文件”按钮，如图 1-29 所示，即可打开文件；或者单击程序主窗口左上方的应用程序按钮，在弹出的应用程序菜单中选择“打开”|“打开”命令，也可打开文件，如图 1-30 所示。

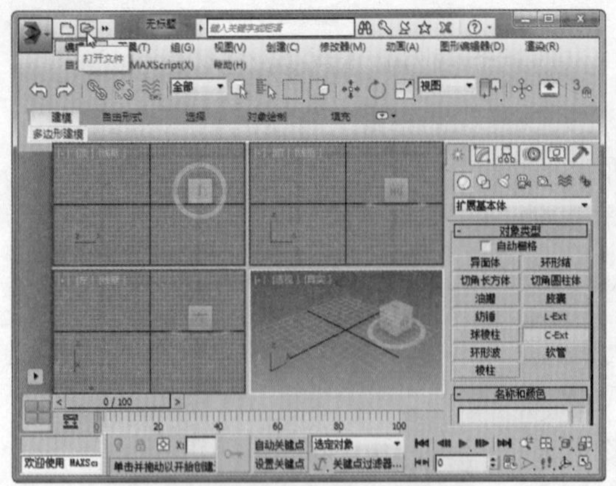

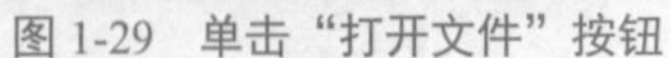

图 1-29　单击“打开文件”按钮

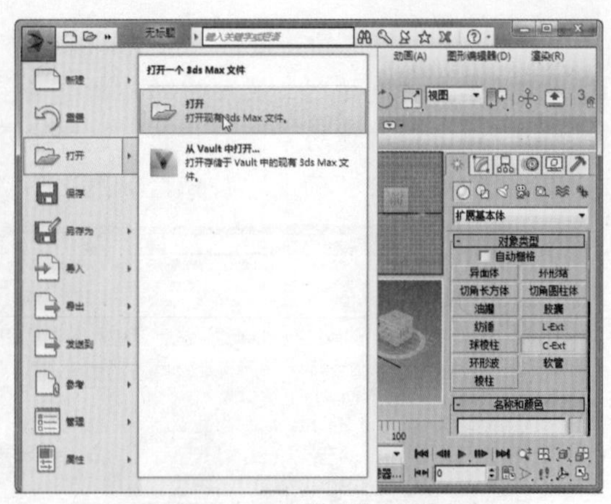

图 1-30　选择“打开”命令

实例 3　合并文件

当需要将其他 3ds Max 文件导入已打开的场景文件中时，可以通过“导入”工具来实现，具体操作步骤如下：

Step 01 打开“素材\第 1 章\合并文件 1.max”文件，如图 1-31 所示。

Step 02 单击程序主窗口左上方的应用程序按钮，在弹出的应用程序菜单中选择“导入”|“合并”命令，如图 1-32 所示。

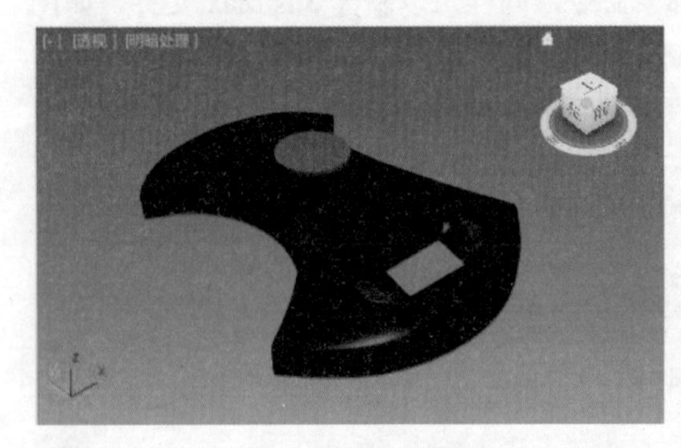

图 1-31　打开素材文件

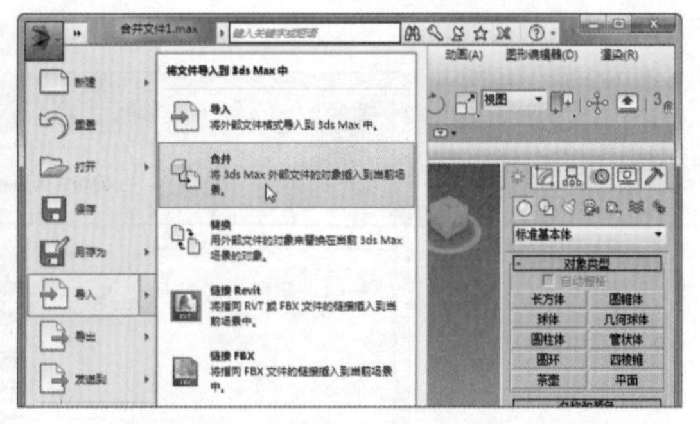

图 1-32　选择“合并”命令

Step 03 弹出“合并文件”对话框，选择要合并的文件，然后单击“打开”按钮，如图 1-33 所示。

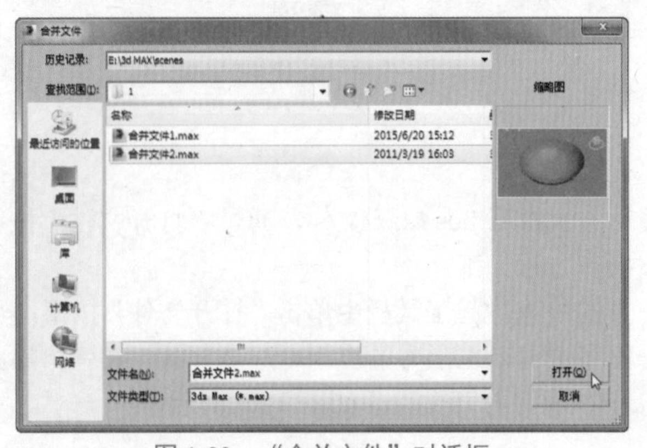

图 1-33　“合并文件”对话框

Step 04 在弹出的对话框的列表框中选择要合并的文件所对应的选项，然后设置其他参数，单击“确定”按钮，即可合并文件，如图1-34所示。

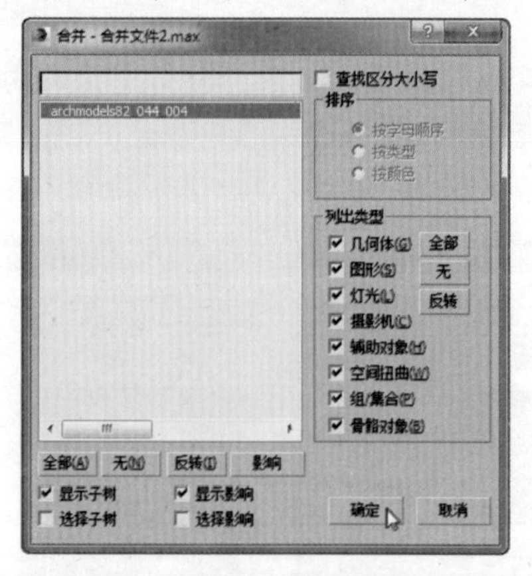

图1-34　设置合并参数

实例4　改变文件默认打开和保存路径

用户可以自定义文件的默认打开与保存路径，具体操作步骤如下：

Step 01 单击程序主窗口左上方的应用程序按钮，在弹出的应用程序菜单中选择“管理”|“设置项目文件夹”命令，如图1-35所示。

Step 02 弹出“浏览文件夹”对话框，设置所需路径后单击“确定”按钮，如图1-36所示。

图1-35　选择“设置项目文件夹”命令

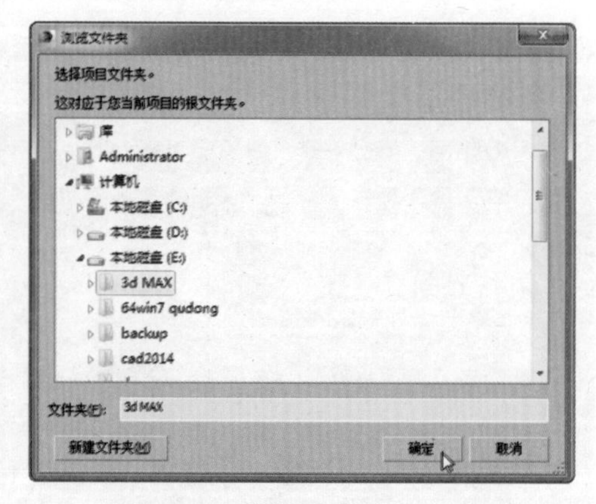

图1-36　“浏览文件夹”对话框

1.3　视口与视图操作

视口即显示窗口，默认情况是标准四视图显示模式，而视图一般分为顶视图、前视图、左视图和透视视图等。本节将学习视口与视图的相关操作，如配置视口数目、更改视图方向、平移视图、缩放视图，以及最大化显示视图等。

实例 1　配置视口布局

用户可以根据需要自定义视口数目与大小，具体操作步骤如下：

Step 01 移动鼠标指针到视口边框位置，当鼠标指针变为四向箭头形状时按住鼠标左键进行拖动，即可改变视口大小，如图 1-37 所示。

Step 02 在程序主窗口中执行“视图”|“视口配置”命令，如图 1-38 所示。

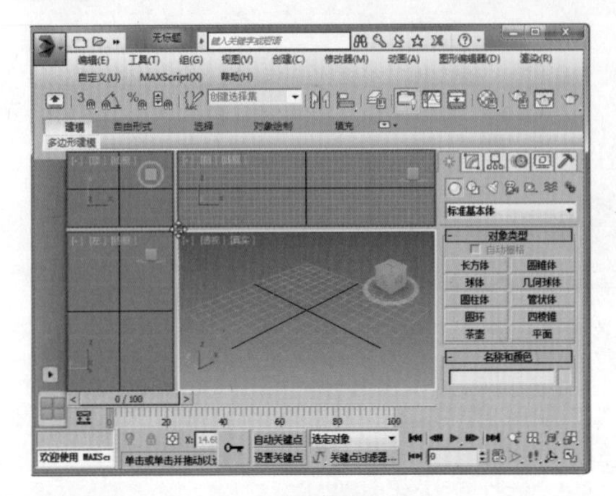

图 1-37　改变视口大小

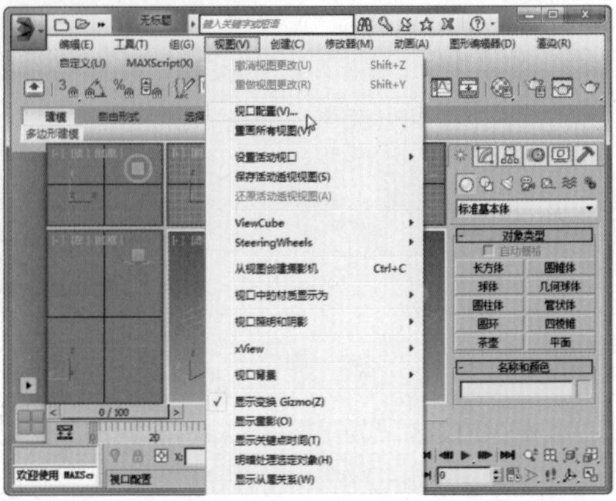

图 1-38　执行“视口配置”命令

Step 03 弹出“视口配置”对话框，在“布局”选项卡下选择视口布局，如图 1-39 所示。

Step 04 在预览区中的视口上单击鼠标右键，在弹出的快捷菜单中选择所需的类型，可以切换视口显示类型，如选择“透视”类型，如图 1-40 所示。

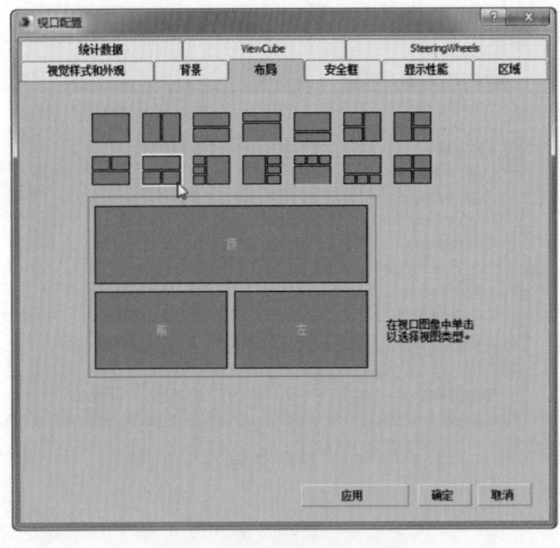

图 1-39　选择视口布局

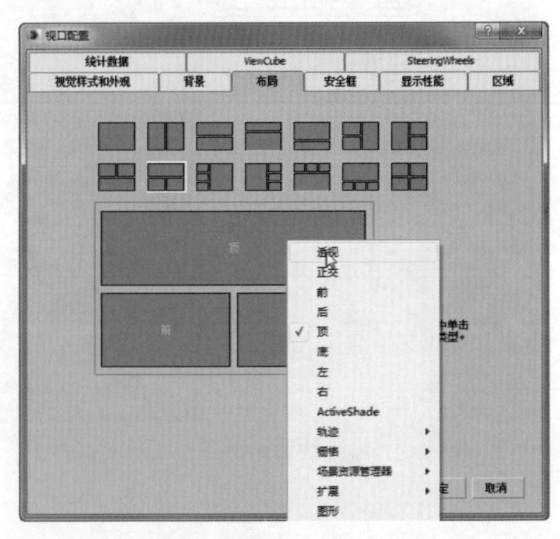

图 1-40　选择“透视”类型

Step 05 单击“确定”按钮，此时即可查看更改视口布局后的窗口效果，如图 1-41 所示。

Step 06 在视口边框区域单击鼠标右键，在弹出的快捷菜单中选择“重置布局”命令，可以重置视口布局，如图 1-42 所示。

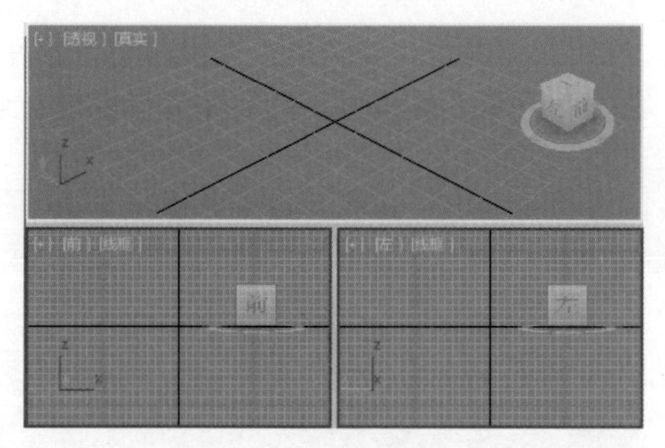

图 1-41　查看更改视口效果

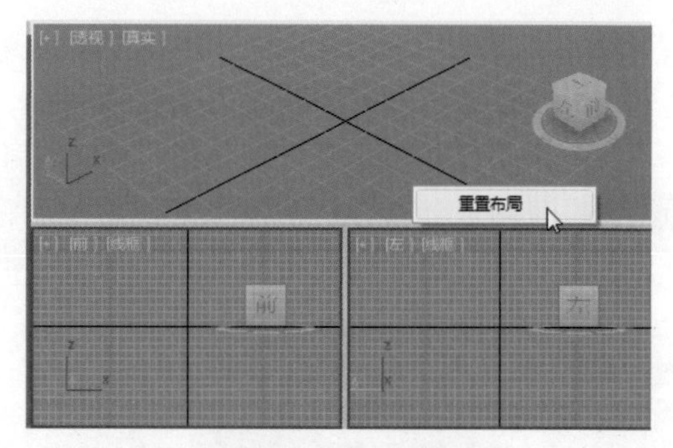

图 1-42　重置视口布局

实例 2　控制视图

下面将介绍如何通过视口控制栏中的相关工具控制视图，如缩放视图、平移视图、最大化显示视口等，具体操作步骤如下：

Step 01　打开“素材\第 1 章\控制视图.max”文件，如图 1-43 所示。

Step 02　单击视口控制栏中的“缩放”按钮，移动鼠标指针到需要缩放的视口区域，按住鼠标左键上下拖动，即可缩小或放大视图，如图 1-44 所示。

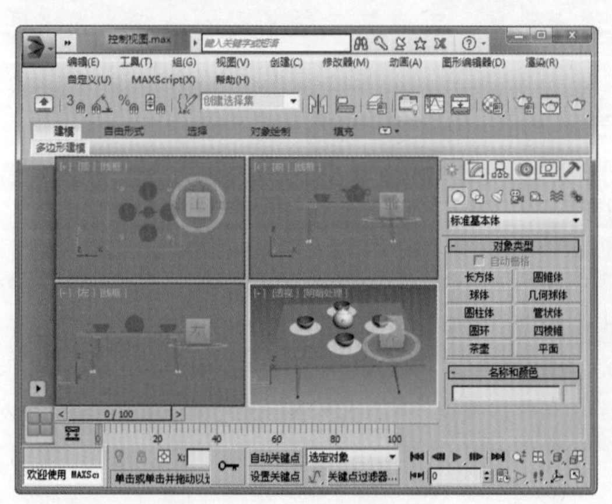

图 1-43　打开素材文件

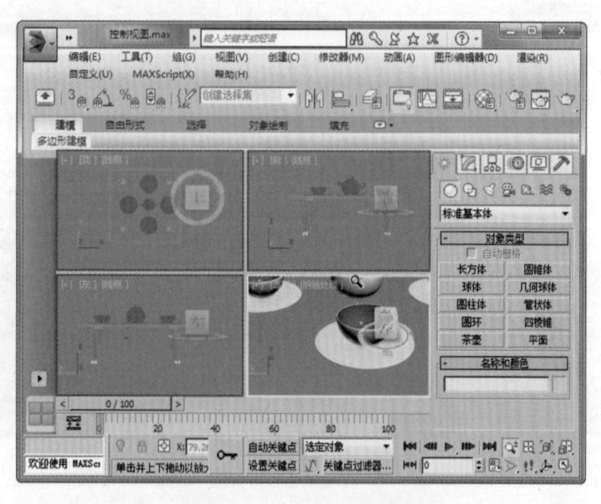

图 1-44　缩放单个视图

Step 03　单击视口控制栏中的“缩放所有视图”按钮，移动鼠标指针到任意视口中，按住鼠标左键上下拖动，即可同时缩小或放大所有视图，如图 1-45 所示。

Step 04　单击视口控制栏中的“最大化视口切换”按钮，将最大化单个视口，如图 1-46 所示。

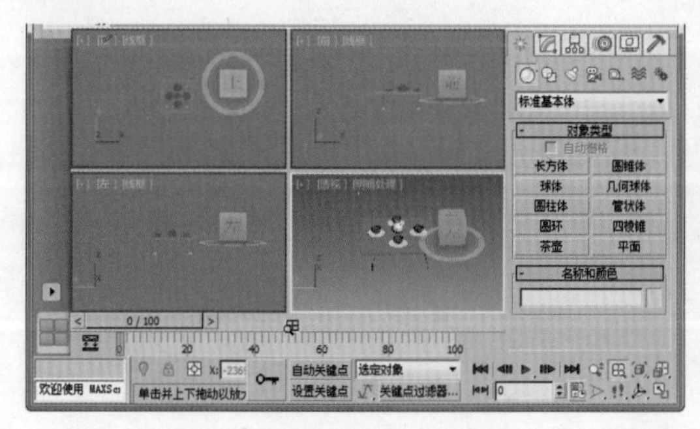

图 1-45　缩放多个视图

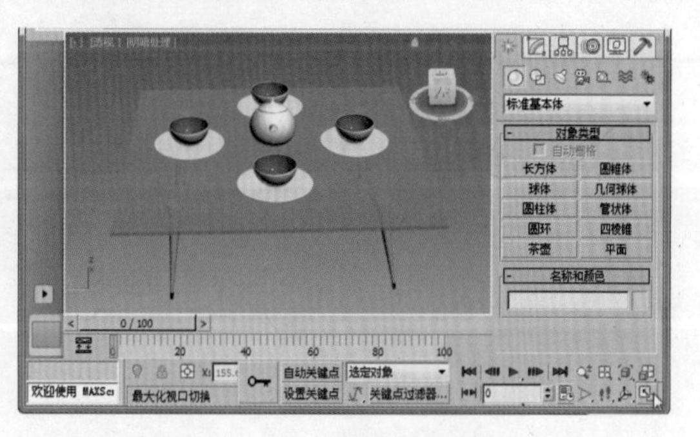

图 1-46　最大化单个视口

Step 05 单击视口控制栏中的“环绕”按钮，此时在视图中心将出现一个视图旋转控件。移动鼠标指针到控件左右任意一端，当其变为水平旋转形状时按住鼠标左键左右拖动，即可水平旋转视图，如图 1-47 所示。

Step 06 移动鼠标指针到控件上下任意一端，当其变为垂直旋转形状时按住鼠标左键上下拖动，即可垂直旋转视图，如图 1-48 所示。

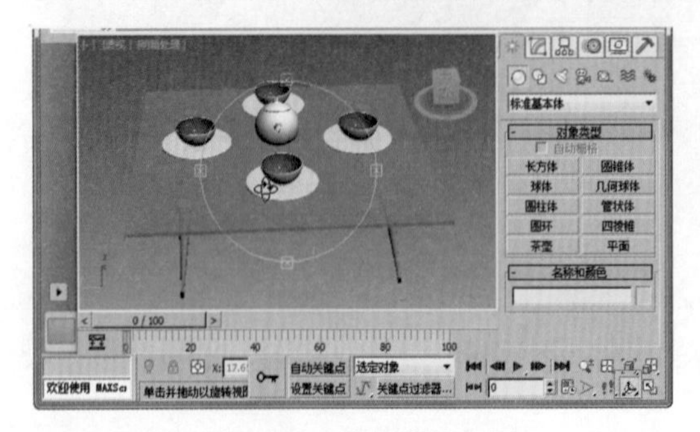

图 1-47　水平旋转视图

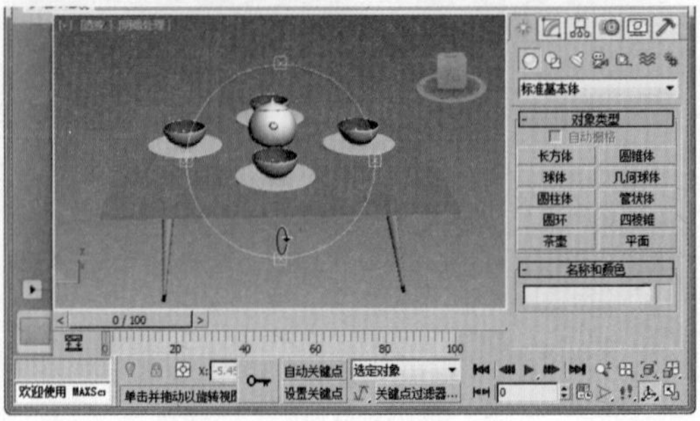

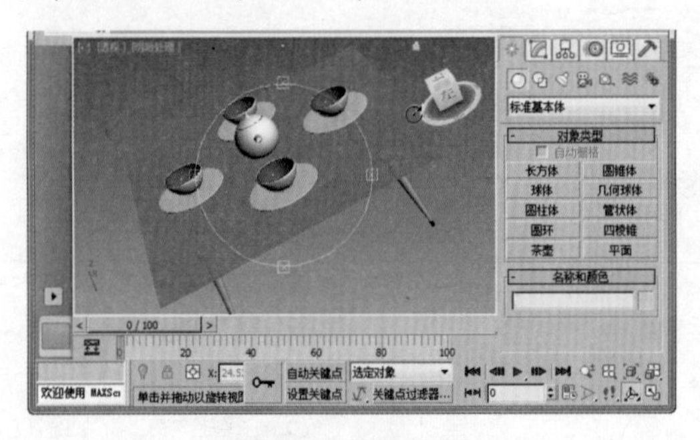

图 1-48　垂直旋转视图

Step 07 移动鼠标指针到控件外部，按住鼠标左键左右或上下拖动，可以摇转视图，如图 1-49 所示。

Step 08 在“环绕”按钮上按住鼠标左键后弹出菜单，可以在三种不同的环绕方式之间进行切换，如图 1-50 所示。

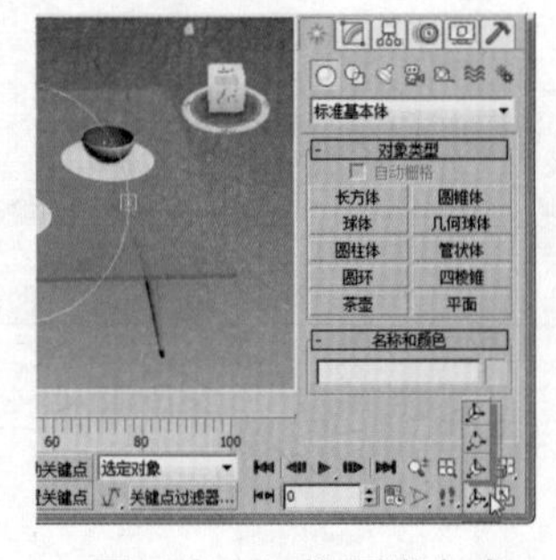

图 1-49　摇转视图

图 1-50　切换环绕方式

Step 09 单击视口控制栏中的“平移视图”按钮，此时鼠标指针变为小手形状。在视口区域中按住鼠标左键进行拖动，即可平移视图，如图 1-51 所示。

Step 10 单击视口控制栏中的“缩放区域”按钮，然后在需要放大的区域周围绘制一个矩形，如图 1-52 所示。

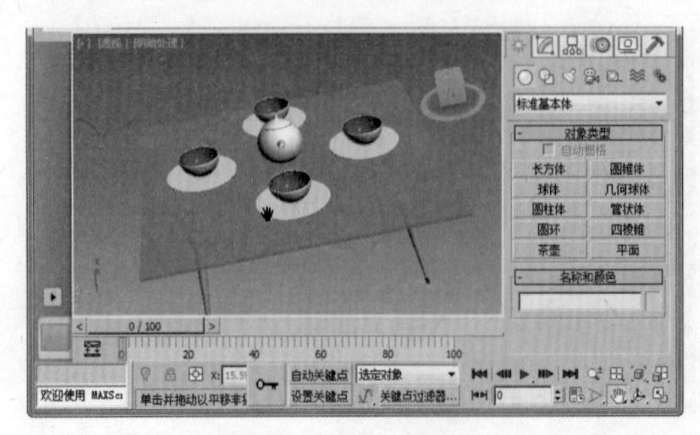

图 1-51　平移视图

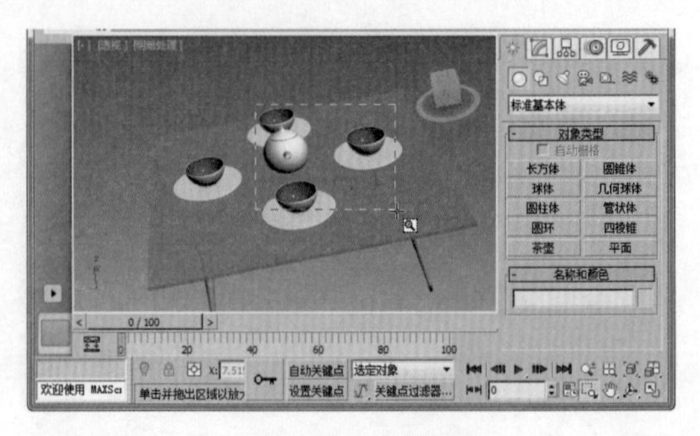

图 1-52　绘制矩形

Step 11　此时即可放大显示矩形框中的区域，如图 1-53 所示。

Step 12　在“缩放区域”按钮上按住鼠标左键，在弹出的菜单中选择“视野”工具▷，即可缩放当前视野，如图 1-54 所示。

图 1-53　放大矩形区域

图 1-54　缩放当前视野

实例 3　切换预定义视图方向

用户可以将各视口切换到其他预定义视图方向，具体操作步骤如下：

Step 01　打开“素材\第 1 章\切换预定义视图方向.max”文件，可以看到四个视口分别以预定义的顶视图、前视图、左视图、透视图方式显示，如图 1-55 所示。

Step 02　最大化显示透视图视口，单击视口左上方的“透视”文字，在弹出的快捷菜单中可切换到其他预定义视图，如选择“正交”命令，如图 1-56 所示。

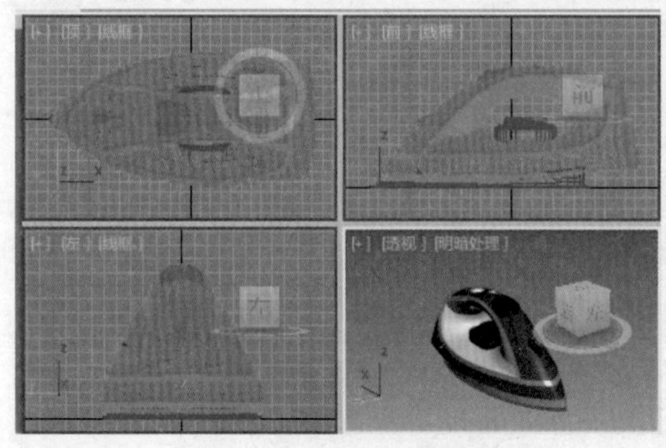

图 1-55　打开素材文件

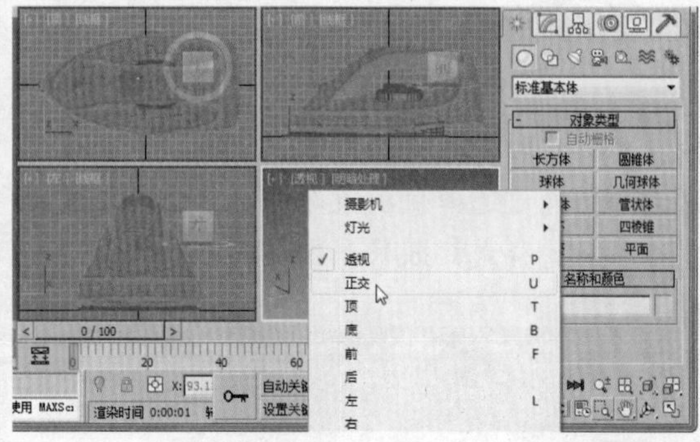

图 1-56　选择“正交”命令

Step 03　此时即可将透视视图切换到正交视图，如图 1-57 所示。

Step 04　还可以通过快捷键快速切换视图，视图所对应的快捷键均显示在菜单右侧。例如，按【F】键即可切换到前视图，效果如图 1-58 所示。

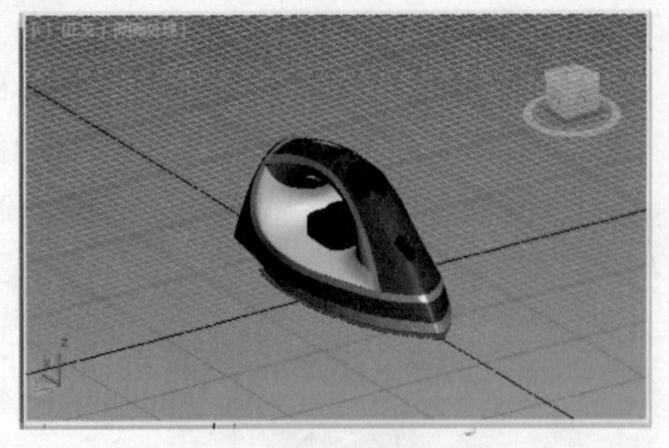
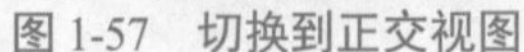

图 1-57　切换到正交视图

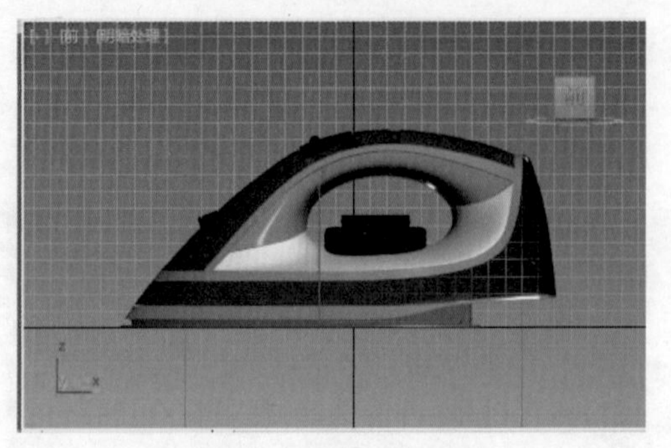

图 1-58　切换到前视图

实例 4　自定义视觉样式

在 3ds Max 2015 中提供了多种不同的预定义视觉样式，可以在实际绘图中根据需要进行切换，具体操作步骤如下：

Step 01 打开“素材\第 1 章\自定义视觉样式.max”文件，如图 1-59 所示。

Step 02 单击视口左上方的“明暗处理”文字，在弹出的快捷菜单中可以选择切换到其他预定义视觉样式，如选择“隐藏线”命令，如图 1-60 所示。

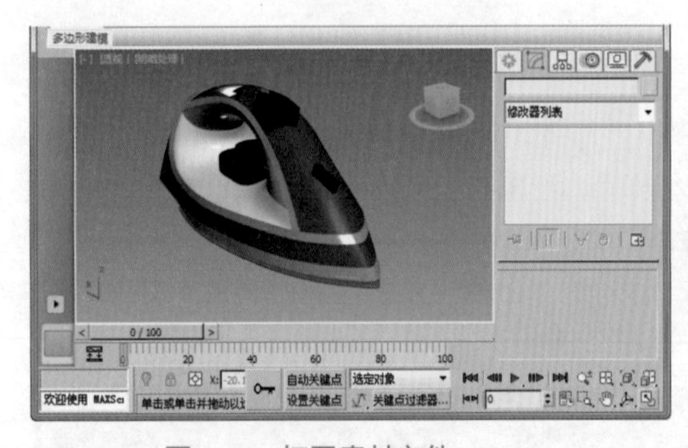

图 1-59　打开素材文件

图 1-60　选择“隐藏线”命令

Step 03 此时即可将透视视图切换到“隐藏线”视觉样式，其效果如图 1-61 所示。

Step 04 通过选择快捷菜单中的“线框”命令或直接按【F3】键，均可切换到“线框”视觉样式，效果如图 1-62 所示。

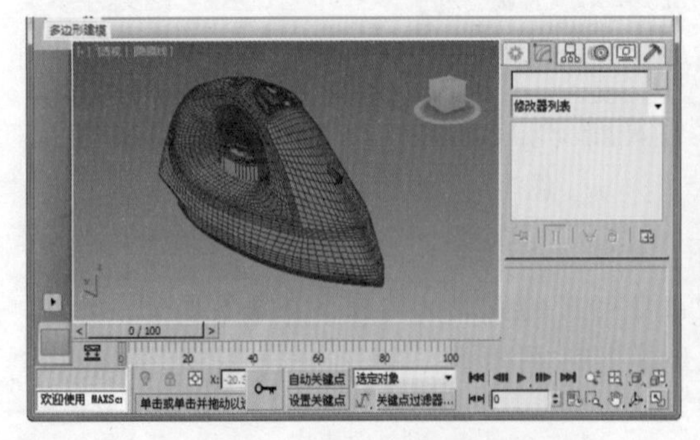

图 1-61　“隐藏线”视觉样式

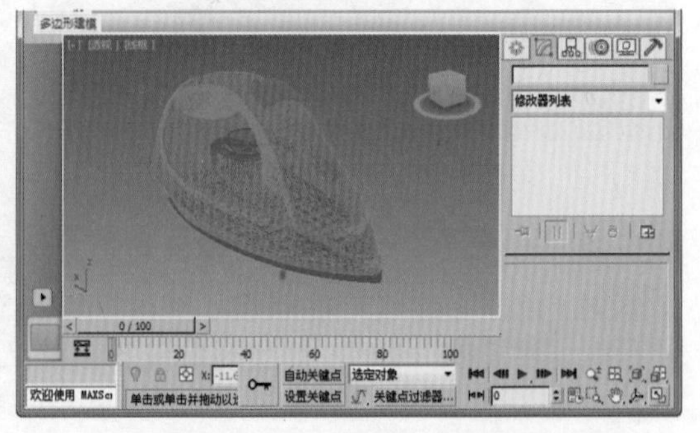

图 1-62　“线框”视觉样式

Step 05 单击视口左上方的“透视”文字，在弹出的快捷菜单中选择“视口剪切”命令，如图 1-63 所示。

Step 06 此时在视口右侧将出现两个调节滑块，通过调节其上下位置隐藏视口中近端或远端的图形部分，从而加快图形的显示效率，如图 1-64 所示。

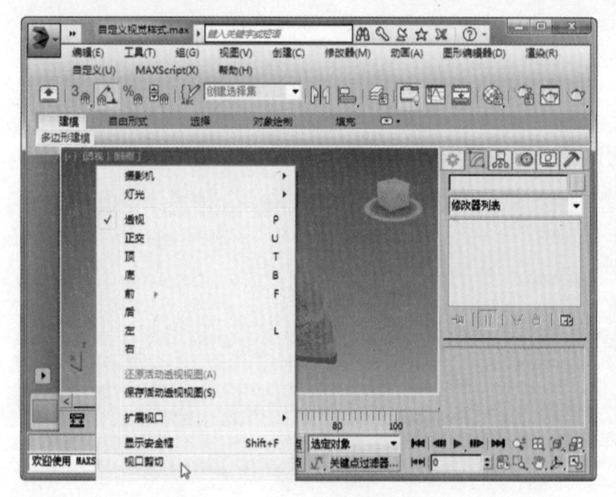

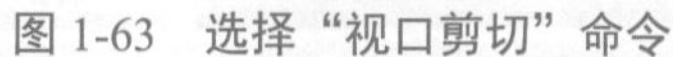
图 1-63　选择“视口剪切”命令

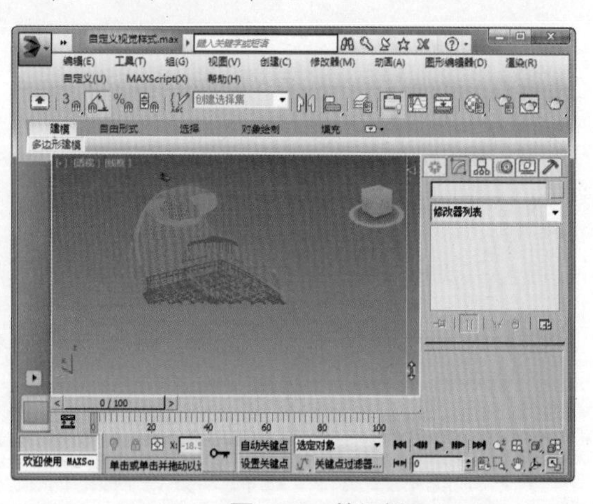
图 1-64　剪切视口

本章小结

本章主要介绍了 3ds Max 2015 用户界面的组成以及基本功能，介绍了用户界面设置、文件相关操作、视口配置和视图操作等内容。掌握了这些基础知识，才能更方便地应用 3ds Max 2015 软件进行三维设计。

本章习题

（1）练习更改视口布局的窗口效果，然后恢复为默认设置。

（2）在场景中创建长方体，然后练习使用视图控制区的各种工具观察对象。

第 2 章　3ds Max 2015 基本操作

【本章导读】

本章将对 3ds Max 2015 的基本操作进行介绍，其中包括对象的选择、对象位置的改变、对象副本的创建及捕捉工具的应用等，使读者轻松掌握 3ds Max 2015 的各种基本操作。

【本章目标】

➢ 能够通过单击、选择区域工具等选择对象。
➢ 能够移动、旋转、缩放与对齐对象。
➢ 能够通过镜像与阵列方式复制对象。
➢ 能够应用 3D 捕捉工具、角度捕捉工具和百分比捕捉工具捕捉对象。
➢ 了解三维坐标系统与变换坐标轴心。

2.1　对象的选择

在 3ds Max 2015 中，可通过多种方式选择对象，如单击选择、按名称选择、通过选择区域工具选择、窗口选择与交叉选择、通过过滤器选择等。

实例 1　单击选择

在选择对象时，可以按住【Ctrl】键进行加选，或按住【Alt】键进行减选。

Step 01 打开“素材\第 2 章\单击选择.max”文件，单击主工具栏中的“选择对象”按钮，如图 2-1 所示。

Step 02 移动鼠标指针到视口中需要选择的图形对象上，当其变为十字形状时单击鼠标左键，即可选中该对象，如图 2-2 所示。

图 2-1　单击“选择对象”按钮

图 2-2　选中对象

Step 03 按住【Ctrl】键，鼠标指针变为✥状态，依次单击选择其他对象，即可加选对象，结果如图 2-3 所示。

Step 04 按住【Alt】键，此时鼠标指针左下方将出现“−”符号，依次单击不需要选择的对象，即可减选对象，如图 2-4 所示。

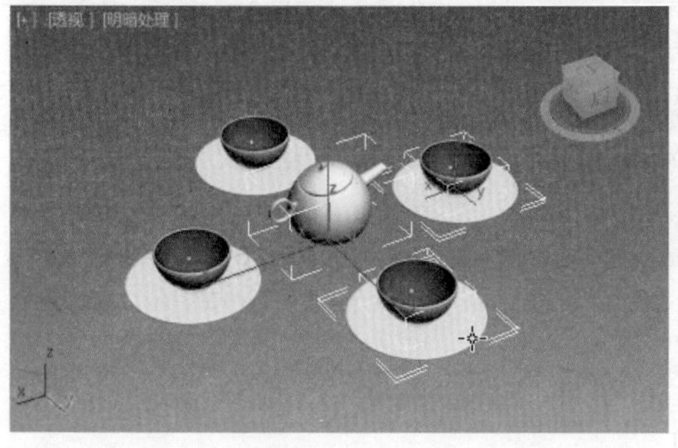

图 2-3　加选对象

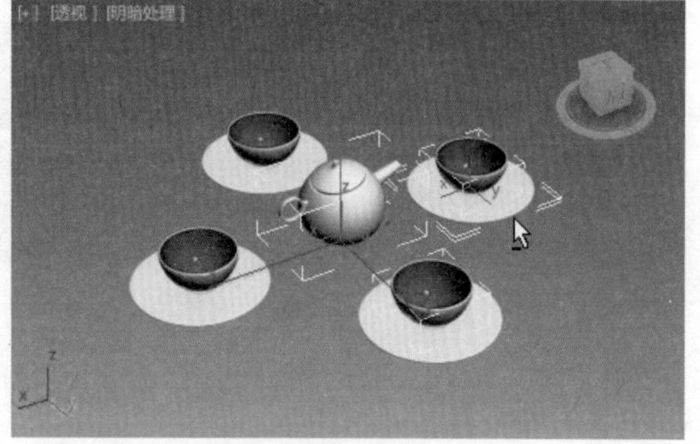

图 2-4　减选对象

实例 2　按名称选择

通过“按名称选择”工具可以按场景中的对象名称来选择对象，具体操作方法如下：

Step 01 打开“素材\第 2 章\按名称选择.max”文件，单击主工具栏中的“按名称选择”按钮，如图 2-5 所示。

Step 02 弹出“从场景选择”对话框，在列表框中选择所需对象的名称，然后单击“确定”按钮，如图 2-6 所示。

图 2-5　单击“按名称选择”按钮

图 2-6　“从场景选择”对话框

Step 03 此时即可选中场景中对应的图形对象，如图 2-7 所示。

Step 04 通过“从场景选择”对话框上方的一排按钮可以过滤对象，如取消“显示图形”按钮与“显示几何体”按钮的开启状态，列表框中将不再显示该类图形的名称，如图 2-8 所示。

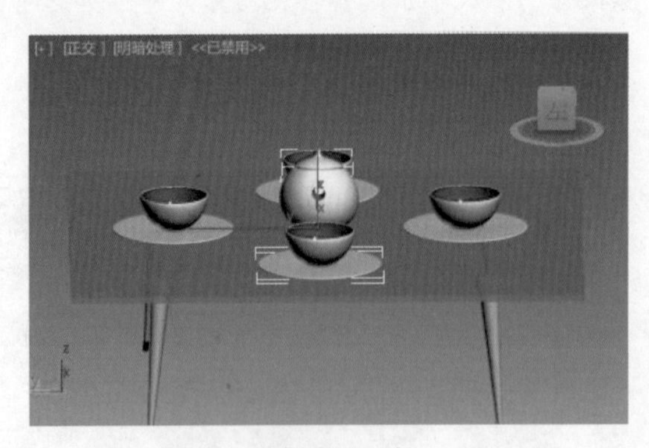

图 2-7　选择图形对象

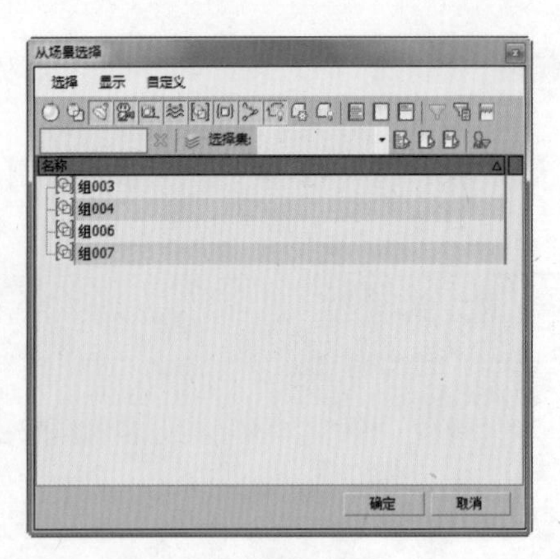

图 2-8　过滤图形对象

实例 3　通过选择区域工具选择

当用户需要同时选择场景中的多个对象时，可以通过选择区域工具实现，具体操作步骤如下：

Step 01 打开“素材\第 2 章\通过选择区域工具选择.max”文件，单击主工具栏中的“选择对象”按钮，在视口中需要选择的对象周围绘制一个矩形，如图 2-9 所示。

Step 02 此时即可选中矩形区域中的对象，如图 2-10 所示。

图 2-9　绘制矩形框

图 2-10　选择对象

Step 03 在主工具栏中的“矩形选择区域”按钮上按住鼠标左键，在弹出的下拉菜单中切换到“圆形选择区域”按钮，如图 2-11 所示。

Step 04 此时可以通过绘制圆形区域选择所需的对象，如图 2-12 所示。

图 2-11　切换选择区域类型

图 2-12　绘制圆形选择区域

实例 4　窗口选择与交叉选择

使用“窗口”方式选择对象时，全部位于选择区域内的对象将被选中，只有部分位于选择区域内的对象不会被选中；使用“交叉”方式选择对象时，全部位于选择区域内的对象和只有部分位于选择区域内的对象都将被选中。

下面将通过实例对其进行介绍，具体操作步骤如下：

Step 01 打开“素材\第 2 章\窗口选择与交叉选择.max”文件，单击主工具栏中的“窗口|交叉”按钮，开启窗口选择模式，如图 2-13 所示。

Step 02 在需要选择的对象周围绘制矩形区域，如图 2-14 所示。

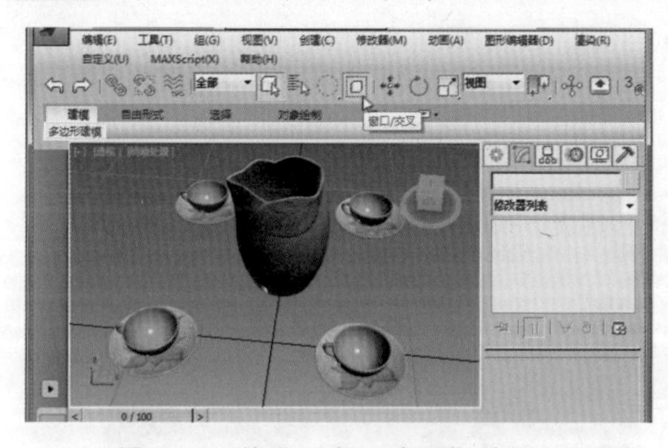

图 2-13　单击“窗口|交叉”按钮

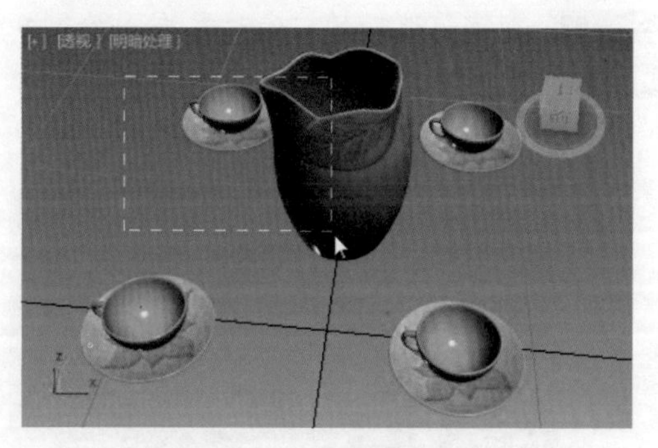

图 2-14　绘制矩形区域

Step 03 此时会发现只有位于矩形区域内部的对象被选中，如图 2-15 所示。

Step 04 再次单击主工具栏中的“窗口|交叉”按钮，切换到默认的交叉选择模式。在原位置绘制矩形区域，就会发现与窗口区域相交的对象均被选中，如图 2-16 所示。

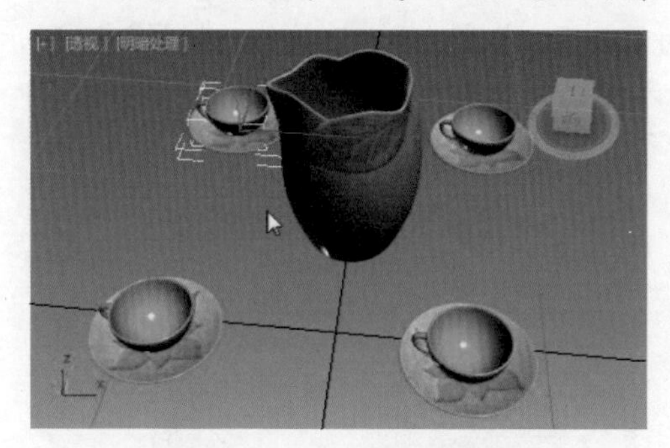

图 2-15　窗口选择对象

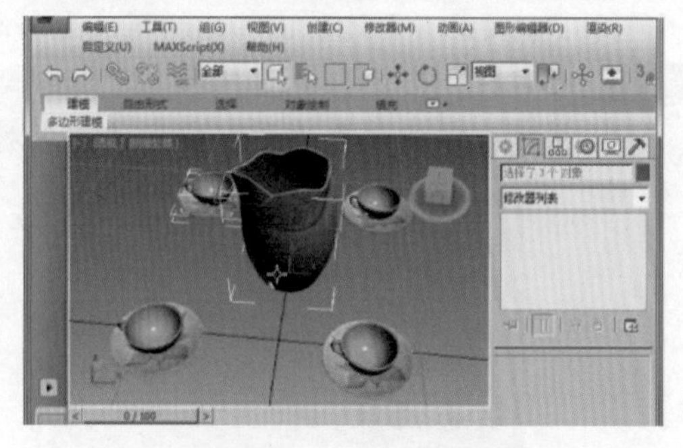

图 2-16　交叉选择对象

实例 5　通过过滤器选择

当场景中存在多种不同类型的对象时，可以通过过滤器过滤掉不需要选择的对象类型，从而便于选择同一类型的对象，具体操作步骤如下：

Step 01 打开“素材\第 2 章\通过过滤器选择.max”文件，如图 2-17 所示。

Step 02 单击主工具栏中的“选择过滤器”下拉按钮，在弹出的下拉菜单中选择过滤器，如选择“灯光”选项，如图 2-18 所示。

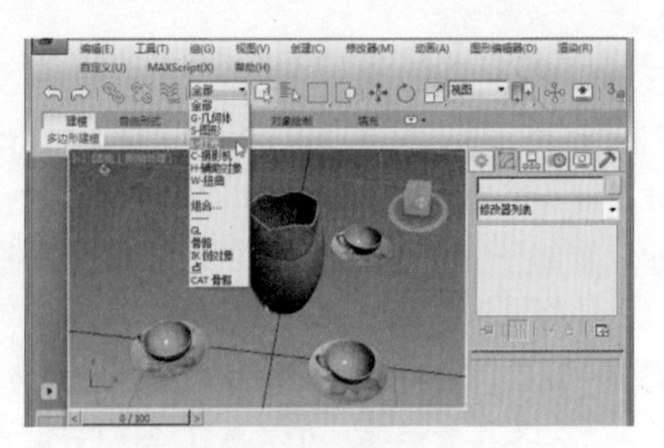

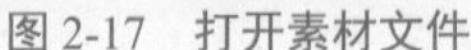

图 2-17　打开素材文件　　图 2-18　选择“灯光”选项

Step 03　在需要选择的灯光对象周围绘制矩形选择区域，如图 2-19 所示。

Step 04　此时可选中矩形区域中的灯光对象，而其他不同类型的图形对象不会被选中，如图 2-20 所示。

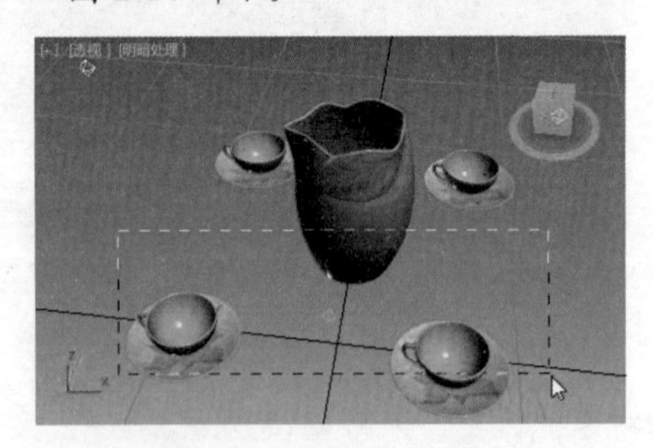

图 2-19　绘制矩形区域

图 2-20　选择灯光对象

Step 05　在“选择过滤器”下拉菜单中选择“组合”选项，弹出“过滤器组合”对话框。在“创建组合”选项区勾选所需类型前的复选框，单击“添加”按钮，如图 2-21 所示。

Step 06　此时在“当前组合”列表框中出现新添加的组合类型，单击“确定”按钮，即可同时选择所设置的两种类型的图形对象，如图 2-22 所示。

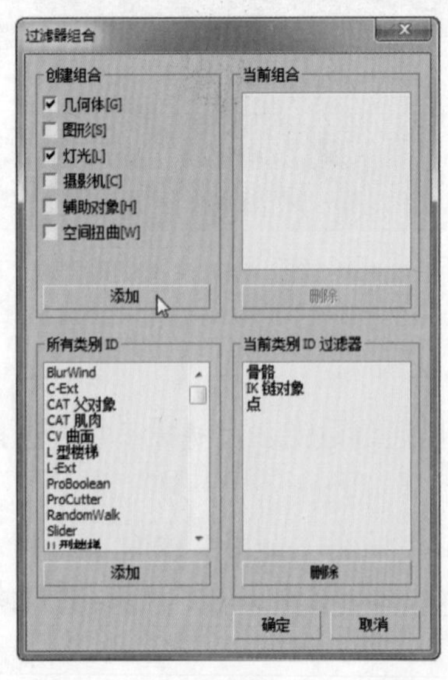

图 2-21　“过滤器组合”对话框

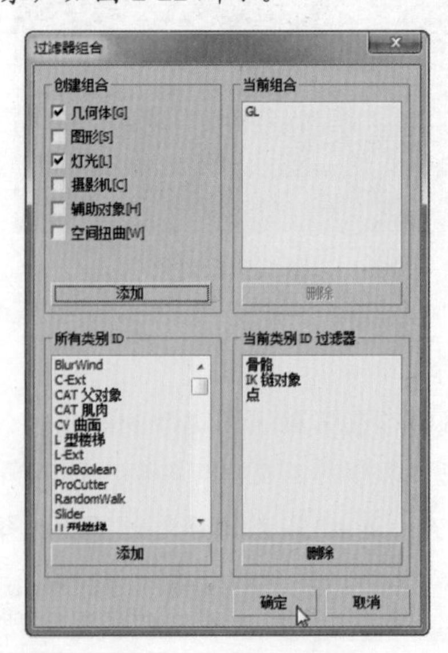

图 2-22　添加组合类型

实例 6　创建选择集

当选中所需的对象后，可以创建选择集，以便于以后随时选择该组对象，具体操作步骤如下：

Step 01　打开“素材\第 2 章\创建选择集.max”文件，选择所需的对象，如图 2-23 所示。

Step 02　在“创建选择集”文本框中输入“CUP”，按【Enter】键确认输入操作，如图 2-24 所示。

图 2-23　选择对象

图 2-24　输入名称

Step 03　此时单击文本框右侧的下拉按钮，在弹出的下拉菜单中可随时选择该选择集，从而选中所需的对象，如图 2-25 所示。

Step 04　单击文本框左侧的“编辑命名选择集”按钮，弹出“命名选择集”窗口，可对选择集名称及选择集所对应的物体进行编辑，如图 2-26 所示。

图 2-25　选择 CUP 选择集

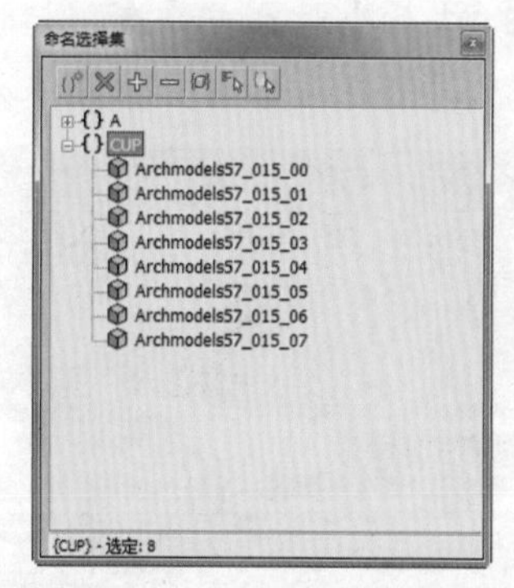

图 2-26　“命名选择集”窗口

实例 7　其他选择方式

除了上述选择方式外，还可以通过反选、按颜色选择、交替选择等方式选择对象，具体操作步骤如下：

Step 01　打开“素材\第 2 章\其他选择方式.max”文件，选择所需的对象，如图 2-27 所示。

Step 02　执行“编辑”|“反选”命令进行反选，如图 2-28 所示。

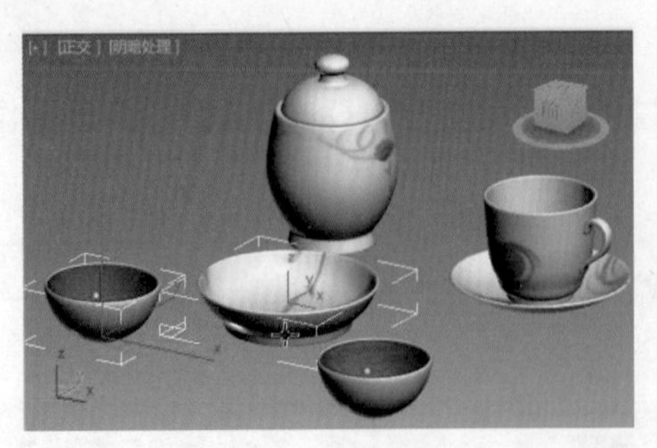

图 2-27　选择对象

图 2-28　执行“反选”命令

Step03 此时选中刚才所选对象之外的其他对象，如图 2-29 所示。

Step04 执行“编辑”|“选择方式”|“颜色”命令，如图 2-30 所示。

图 2-29　反选对象

图 2-30　执行“颜色”命令

Step05 此时选择场景中的对象，与其颜色相同的对象都将被选中，如图 2-31 所示。

Step06 当两个对象重叠在一起时，以常规的选择方式难以选中其中位置靠后的对象，此时可在对象重叠位置依次单击，即可选中靠后的对象，如图 2-32 所示。

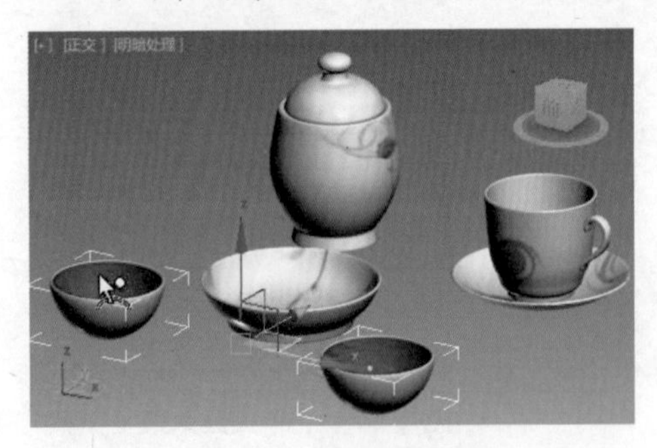

图 2-31　按颜色选择

图 2-32　交替选择

2.2　对象位置的改变

3ds Max 以 *x*、*y*、*z* 轴来定义三维坐标系统的轴向，用户可沿 *x*、*y*、*z*、*xy*、*yz*、*zx* 等轴向对物体执行移动、旋转、缩放等变换操作。

实例 1　移动对象

用户可通过“选择并移动”工具沿指定的坐标轴或平面移动对象，操作步骤如下：

Step 01 打开“素材\第 2 章\移动对象.max”文件，单击主工具栏中的“选择并移动”按钮，选择要移动的对象，如图 2-33 所示。

Step 02 此时，在透视图中将显示 *x*、*y*、*z* 三个轴向的移动控件。移动鼠标指针到某个轴或平面上，该轴或平面变为黄色，按住鼠标左键并进行拖动，即可沿该轴或平面移动对象，如沿 *x* 轴向右移动对象，如图 2-34 所示。

图 2-33　选择移动对象

图 2-34　移动对象

实例 2　旋转对象

用户可以通过“选择并旋转”工具绕指定的坐标轴旋转对象，具体操作步骤如下：

Step 01 打开“素材\第 2 章\旋转对象.max”文件，如图 2-35 所示。

Step 02 单击主工具栏中的“选择并旋转”按钮，选择要旋转的对象，在透视图中将显示 *x*、*y*、*z* 三个轴向的旋转控件，如图 2-36 所示。

图 2-35　打开素材文件

图 2-36　选择旋转对象

Step 03 移动鼠标指针到某个轴上，该轴变为黄色，按住鼠标左键并进行拖动，即可绕该轴旋转对象，如绕 z 轴向右旋转对象，如图 2-37 所示。

Step 04 在“选择并旋转”按钮上单击鼠标右键，弹出“旋转变换输入”窗口，可通过“绝对：世界”或“偏移：世界”选项区中的数值框设置绕指定轴精确旋转对象，如图 2-38 所示。

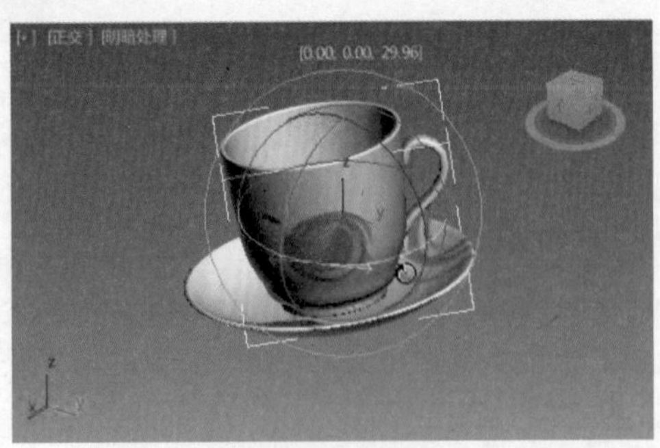

图 2-37　旋转对象

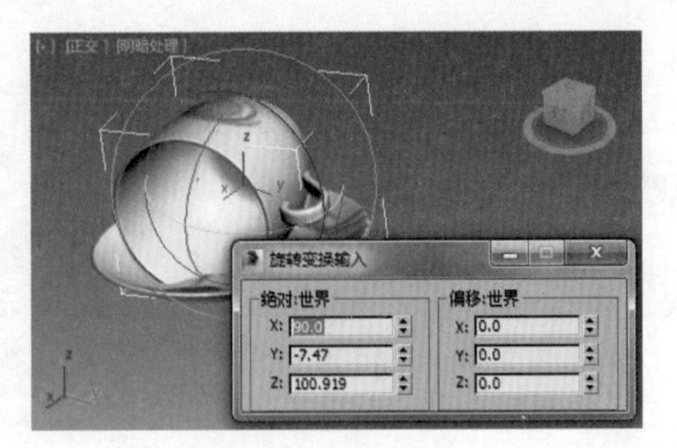

图 2-38　精确旋转对象

实例 3　缩放对象

选择并缩放工具包含三种类型，分别为“选择并均匀缩放”工具、“选择并非均匀缩放”工具以及“选择并挤压”工具。下面将通过实例对其进行介绍，具体操作步骤如下：

Step 01　打开“素材\第 2 章\缩放对象.max”文件，单击“选择并均匀缩放”按钮，选择要缩放的对象，按住鼠标左键上下拖动，即可均匀缩放对象，如图 2-39 所示。

Step 02　在“选择并均匀缩放”按钮上按住鼠标左键，通过弹出的下拉菜单切换到“选择并非均匀缩放”按钮，按住鼠标左键拖动，即可非均匀缩放对象，如图 2-40 所示。

图 2-39　均匀缩放对象

图 2-40　非均匀缩放对象

实例 4　对齐对象

对齐工具总共有以下六种不同的类型。

- **“对齐”工具**：使选中对象与目标对象可以按照坐标轴、最小点、中心点、轴点等参数进行对齐。
- **“快速对齐”工具**：默认将选中对象的坐标轴与目标对象的坐标轴对齐。
- **“法线对齐”工具**：基于所选对象的面或选择的法线方向对齐所选对象。
- **“放置高光”工具**：用于将灯光对象对齐到图形对象上。通过该工具可以精确定位图形对象上的高光或反射位置。
- **“对齐摄影机”工具**：用于将摄影机与所选面的法线进行对齐。
- **“对齐到视图”工具**：用于将对象的局部坐标轴与当前视图进行对齐。

下面通过实例对其中几类对齐工具的应用进行介绍。

1．常规对齐

常规对齐的具体操作步骤如下：

Step 01 打开“素材\第 2 章\对齐对象.max”文件，选中要执行对齐操作的对象，然后单击“对齐”按钮，如图 2-41 所示。

Step 02 选中所选对象对面的椅子图形作为目标对象，在弹出的对话框中勾选“对齐位置（世界）”选项区中的“Z 位置”复选框，源对象将沿 *z* 轴与目标对象对齐，如图 2-42 所示。

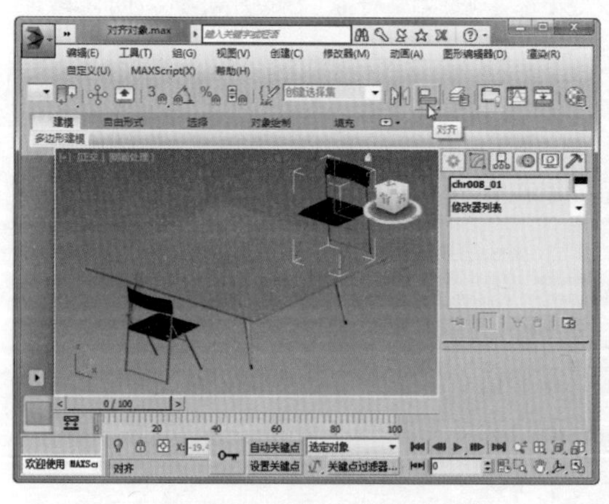

图 2-41 单击“对齐”按钮

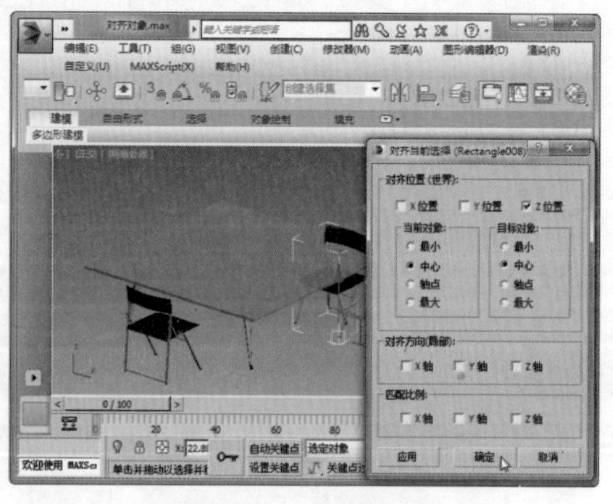

图 2-42 沿 *z* 轴对齐

2．对齐到视图

对齐到视图的具体操作步骤如下：

Step 01 打开“素材\第 2 章\对齐到视图.max”文件。选择场景中的图形对象，通过主工具栏中的“对齐”下拉菜单，切换到“对齐到视图”按钮，如图 2-43 所示。

Step 02 弹出“对齐到视图”对话框，单击“对齐 Y”单选按钮，单击“确定”按钮，即可对齐所选图形到 *y* 轴，如图 2-44 所示。

图 2-43 切换到“对齐到视图”按钮

图 2-44 对齐到 *y* 轴

2.3 对象副本的创建

本节将学习如何创建对象的副本，其中包括常用克隆方式、镜像复制对象及阵列复制对象等方式。在创建对象副本时，可以选择设置“复制”“实例”与“参考”三种不同的类型。其中：“复制”即源对象与副本是相互独立的，修改其中任何一个对象都不会影响其他对象；“实例”即源对象与副本是相关联的，修改其中任何一个对象，其他对象也会有相应改变；“参考”即源对象与副本存在主次关系，修改源对象会影响副本，而修改副本则不会影响源对象。

实例 1 常用复制方式

用户可以在按住【Shift】键的同时对所选对象执行移动、旋转或缩放操作，从而创建该对象的副本，具体操作步骤如下：

Step 01 打开“素材\第 2 章\常用克隆方式.max”文件，单击“选择并移动”按钮，选择场景中的图形对象，按住【Shift】键向右移动该对象，如图 2-45 所示。

Step 02 弹出“克隆选项”对话框，在“对象”选项区中单击“复制”单选按钮，在“副本数”数值框中设置副本数目，然后单击“确定”按钮，如图 2-46 所示。

图 2-45 选择并移动

图 2-46 “克隆选项”对话框

Step 03 此时即可为所选对象创建指定数目的副本，如图 2-47 所示。

Step 04 撤销操作，切换到“层次”命令面板，在“调整轴”卷展栏下单击“仅影响轴”按钮，如图 2-48 所示。

图 2-47 通过移动创建副本

图 2-48 单击“仅影响轴”按钮

Step 05 单击“选择并移动”按钮，移动对象的轴到指定位置，如图 2-49 所示。

Step 06 再次单击“仅影响轴”按钮，结束轴编辑状态。单击“选择并旋转”按钮，选择场景中的图形对象，按住【Shift】键旋转该对象，如图 2-50 所示。

图 2-49 移动轴到指定位置

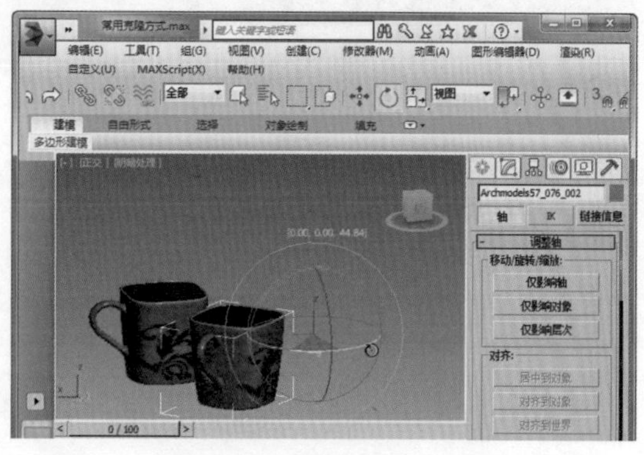

图 2-50 选择并旋转对象

Step 07 弹出“克隆选项”对话框，设置各项参数，然后单击“确定”按钮，如图 2-51 所示。

Step 08 此时即可通过“选择并旋转”工具创建指定数目的副本，如图 2-52 所示。

图 2-51 “克隆选项”对话框

图 2-52 通过选择创建副本

实例 2 镜像复制对象

通过“镜像”工具可以按镜像轴创建对象的单个或多个副本。下面将通过实例对其进行介绍，具体操作步骤如下：

Step 01 打开“素材\第 2 章\镜像复制对象.max”文件，选择场景中的图形对象，单击“镜像”按钮，如图 2-53 所示。

Step 02 弹出“镜像：世界坐标”对话框，在“镜像轴”选项区中设置镜像轴与偏移值，在“克隆当前选择”选项区中设置克隆方式，即可在指定位置创建出所选对象的镜像副本，如图 2-54 所示。

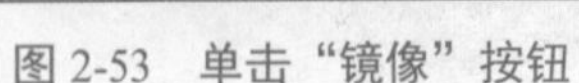

图 2-53 单击“镜像”按钮

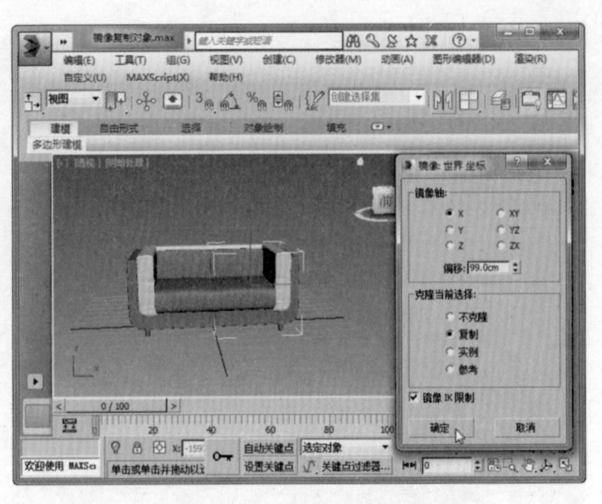

图 2-54 设置镜像参数

实例 3 阵列复制对象

通过“阵列”工具可以绕阵列轴创建对象的单个或多个副本。下面将通过实例对其进行介绍，具体操作步骤如下：

Step 01 打开“素材\第 2 章\阵列复制对象.max”文件，切换到“层次”命令面板，在“调整轴”卷展栏下单击“仅影响轴”按钮，移动椅子对象的轴心到指定位置，如图 2-55 所示。

Step 02 再次单击“仅影响轴”按钮，退出轴编辑状态。选择场景中的椅子对象，然后执行“工具”|“阵列”命令，如图 2-56 所示。

图 2-55 移动对象轴心到指定位置

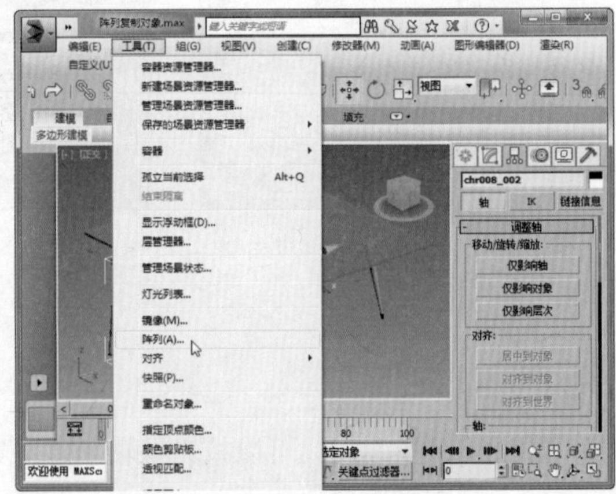

图 2-56 执行“阵列”命令

Step 03 弹出“阵列”对话框，在“对象类型”选项区中单击“复制”单选按钮，在“阵列维度”选项区的数值框中设置“数量”为 4，在“旋转”左侧的“增量 Z”数值框中设置旋转增量角度为 90，单击“确定”按钮，如图 2-57 所示。

Step 04 此时即可按指定数量和角度阵列复制对象，效果如图 2-58 所示。

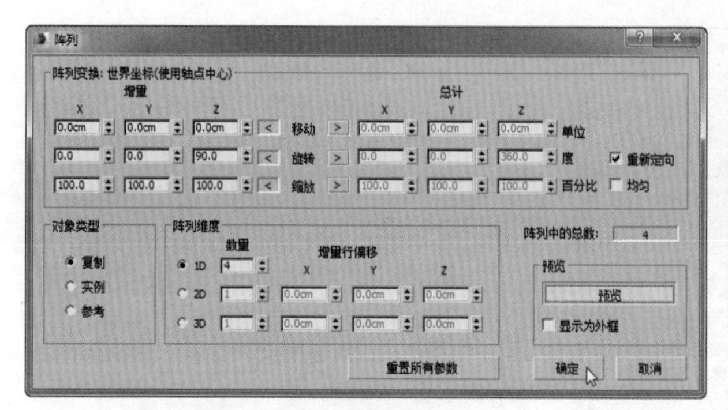

图 2-57　设置阵列参数

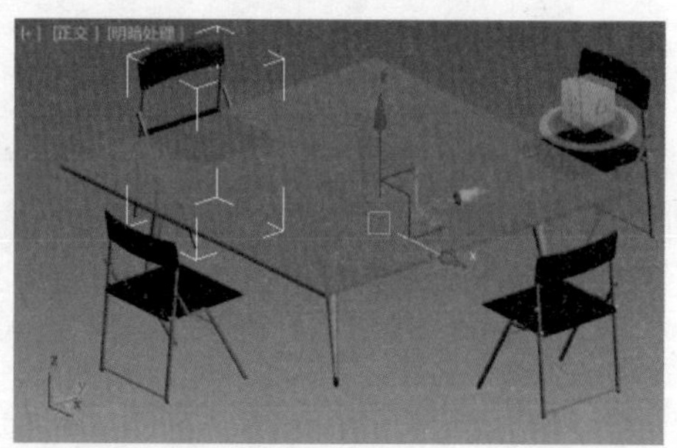

图 2-58　阵列复制对象

2.4　捕捉工具的应用

利用捕捉工具快捷键【S】，可更准确地对齐对象。本节将介绍捕捉工具的应用方法，其中包括 3D 捕捉工具、角度捕捉工具、百分比捕捉工具及微调器捕捉工具的相关操作。

实例 1　3D 捕捉

3D 捕捉工具通过主工具栏中的“捕捉开关”按钮开启。“捕捉开关”下拉菜单中包含 3D 捕捉工具、2.5D 捕捉工具及 2D 捕捉工具三种类型。其中，3D 捕捉工具用于捕捉 3D 空间中任意位置上的点；2.5D 捕捉工具用于捕捉结构或根据网格所得的几何体对象；2D 捕捉工具用于捕捉活动栅格，如图 2-59 所示。

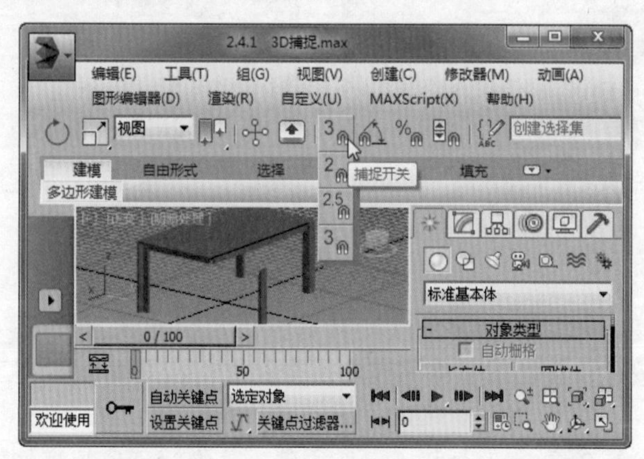

图 2-59　捕捉开关

下面将通过实例对 3D 捕捉工具的应用进行介绍，具体操作步骤如下：

Step 01 打开“素材\第 2 章\3D 捕捉.max”文件，通过“捕捉开关”按钮开启 3D 捕捉，如图 2-60 所示。

Step 02 在“捕捉开关”按钮上单击鼠标右键，弹出“栅格和捕捉设置”窗口，在“捕捉”选项卡下勾选“顶点”复选框，然后关闭该对话框，如图 2-61 所示。

图 2-60　开启 3D 捕捉

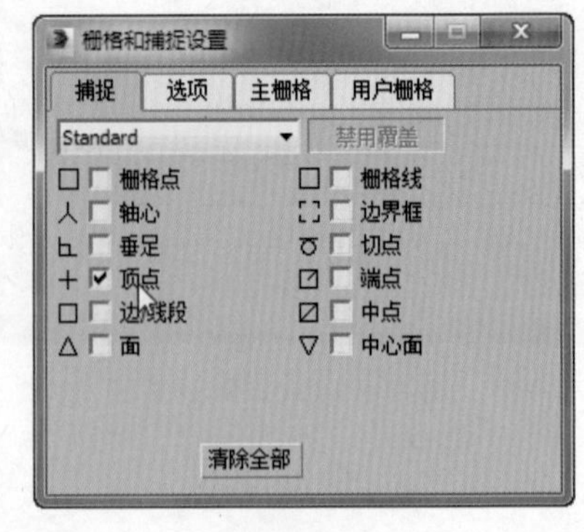

图 2-61　“栅格和捕捉设置”窗口

Step 03　切换到“修改”命令面板，在其下方列表框中展开“可编辑网格”|“顶点”项，选择椅腿对象上的全部顶点，如图 2-62 所示。

Step 04　按住鼠标左键，沿坐标轴向左移动对象，然后移动鼠标指针到目标对象的顶点上，从而捕捉该顶点，完成对象的移动，如图 2-63 所示。

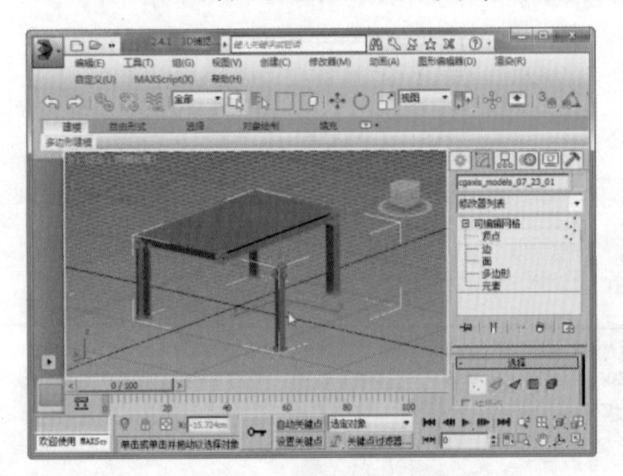

图 2-62　选择椅腿对象全部顶点

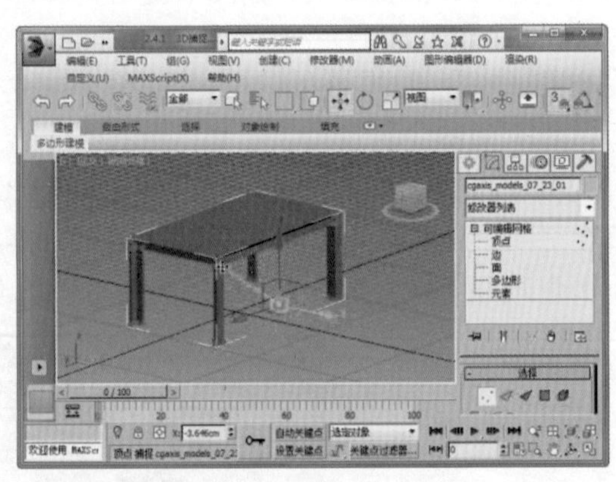

图 2-63　捕捉顶点

实例 2　角度捕捉

利用角度捕捉工具可以按指定角度旋转对象。角度捕捉工具可以通过主工具栏中的“角度捕捉切换”按钮开启。下面将通过实例介绍如何应用角度捕捉工具，具体操作步骤如下：

Step 01　打开“素材\第 2 章\角度捕捉.max”文件，单击“角度捕捉切换”按钮，开启角度捕捉，如图 2-64 所示。

Step 02　在“角度捕捉切换”按钮上单击鼠标右键，弹出“栅格和捕捉设置”窗口，在“选项”选项卡下“通用”选项区中设置角度值，如图 2-65 所示。

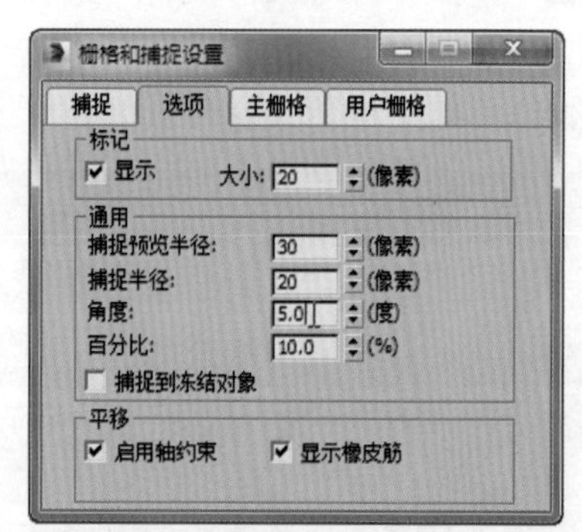

图 2-64　开启角度捕捉　　　　图 2-65　“栅格和捕捉设置”窗口

Step 03　选择分针对象，单击“选择并旋转”按钮旋转分针对象，会发现其以设置的角度为增量进行旋转，如图 2-66 所示。

Step 04　更改角度捕捉的增量值，旋转时针对象，如图 2-67 所示。

图 2-66　旋转分针对象　　　　图 2-67　旋转时针对象

实例 3　百分比捕捉

利用百分比捕捉工具可以按指定百分比缩放对象。百分比捕捉工具可以通过主工具栏的“百分比捕捉切换”按钮开启。下面将通过实例对其进行介绍，具体操作步骤如下：

Step 01　打开“素材\第 2 章\百分比捕捉.max”文件，单击“百分比捕捉切换”按钮，开启百分比捕捉，如图 2-68 所示。

Step 02　在“百分比捕捉切换”按钮上单击鼠标右键，弹出“栅格和捕捉设置”窗口，在“选项”选项卡下“通用”选项区中设置百分比，如图 2-69 所示。

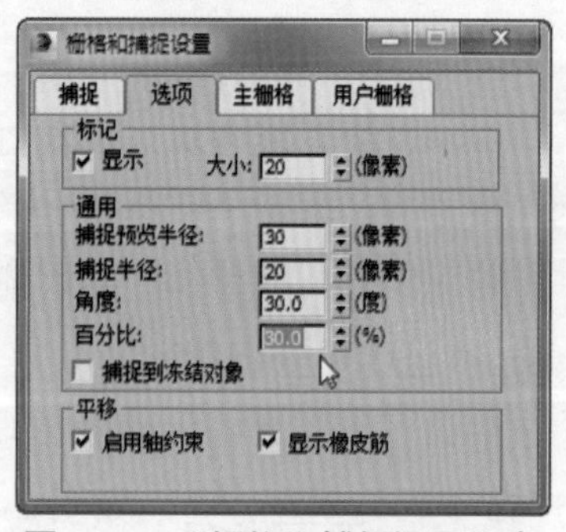

图 2-68　开启百分百捕捉　　　　图 2-69　“栅格和捕捉设置”窗口

Step03 选择时针对象，执行“选择并均匀缩放”命令，时针对象将以设置的百分比为增量进行缩放，如图 2-70 所示。

Step04 采用同样的方法缩放其他对象即可，如图 2-71 所示。

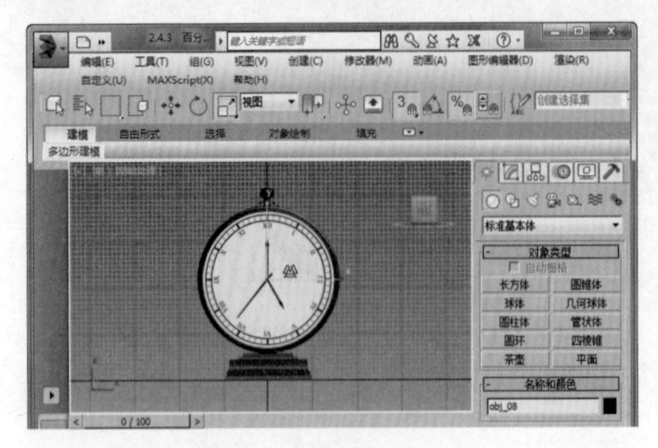

图 2-70　缩放时针对象

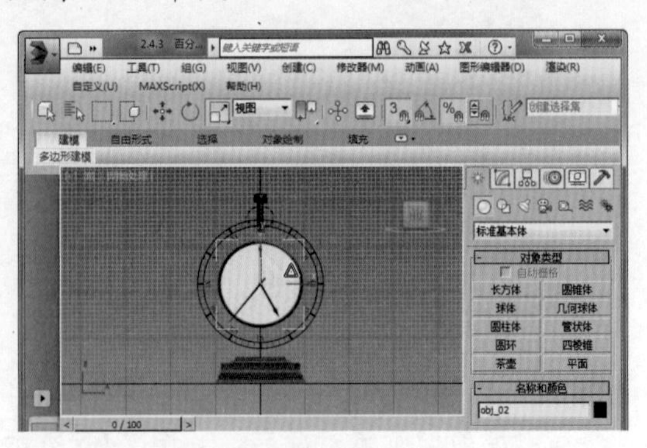

图 2-71　缩放其他对象

2.5　坐标系统与坐标轴心

在 3ds Max 虚拟三维空间中，经常要用到三维坐标系统。该系统以 *x*、*y*、*z* 三个坐标轴来定义轴向，三轴以 90º 角的正交方式存在。坐标轴心即 *x*、*y*、*z* 三轴的交点，也就是坐标原点（0,0,0）。

基本知识

在 3ds Max 中，三维坐标系统分为多种不同的类型。

1．“视图”坐标系统

在默认设置下，3ds Max 使用“视图”坐标系统。该坐标系统可以算作“世界”坐标系统与“屏幕”坐标系统的结合，是较为常用的坐标系统。当使用“视图”坐标系统时，在所有正交视图中都使用“屏幕”坐标系统，而在透视视图中使用“世界”坐标系统。

2．“局部”坐标系统

“局部”坐标系统使用所选对象本身的坐标系统，该坐标系统同样较为常用。通过“层次”命令面板上的相应选项，可以相对于对象调整“局部”坐标系统的位置和方向。

3．“屏幕”坐标系统

“屏幕”坐标系统将活动视口屏幕用作坐标系。*x* 轴为水平方向，*y* 轴为垂直方向，*z* 轴为深度方向。由于“屏幕”坐标系统取决于其活动视口的方向，所以当激活其他视口时坐标轴会发生相应的变化，如图 2-72 所示。

4．“世界”坐标系统

“世界”坐标系统的坐标轴向在任何视图中都始终固定。*x* 轴为水平方向，*y* 轴为深度方向，*z* 轴为垂直方向，如图 2-73 所示。

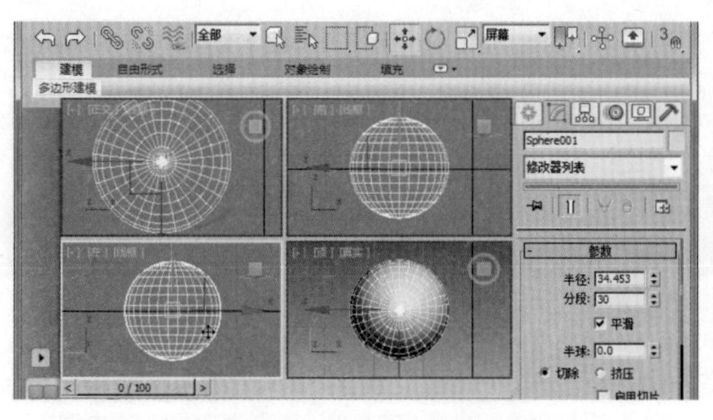

图 2-72　“屏幕”坐标系统

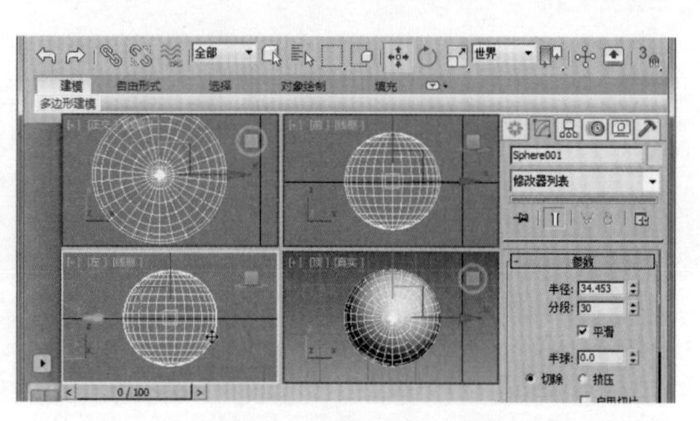

图 2-73　“世界”坐标系统

5．“父对象”坐标系统

“父对象”坐标系统使用所选对象的父对象本身的坐标系统。该坐标系统针对的是所选对象链接的父对象，如图 2-74 所示。如果对象未链接至特定对象，则该坐标系统与“世界”坐标系统功能相同。

6．“栅格”坐标系统

“栅格”坐标系统即以活动栅格为中心的坐标系统。在 3ds Max 中可以创建一种栅格辅助对象，随后通过“栅格”坐标系统以该对象为中心进行辅助绘图或动画设计，如图 2-75 所示。

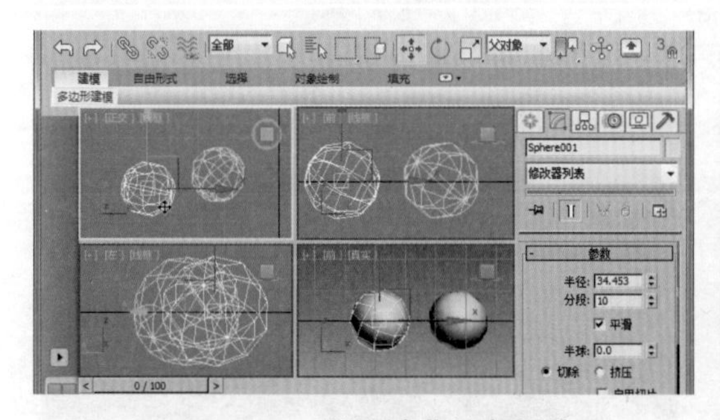

图 2-74　“父对象”坐标系统

图 2-75　“栅格”坐标系统

7．“拾取”坐标系统

“拾取”坐标系统即通过拾取目标对象，使所选对象应用目标对象自身的坐标系统。执行“拾取”命令后，单击选择单个目标对象后，对象名称会显示在“参考坐标系”下拉菜单下方。该列表最多保存四个最近拾取的目标对象名称，如图 2-76 所示。

8．“工作”坐标系统

“工作”坐标系统即以用户自定义的工作轴为中心对场景中的对象执行移动、旋转等操作。通过“层次”命令面板下“工作轴”卷展栏中的相关命令可以编辑工作轴位置或启用工作轴，如图 2-77 所示。在创建动画时，无法将工作轴用作变换中心。

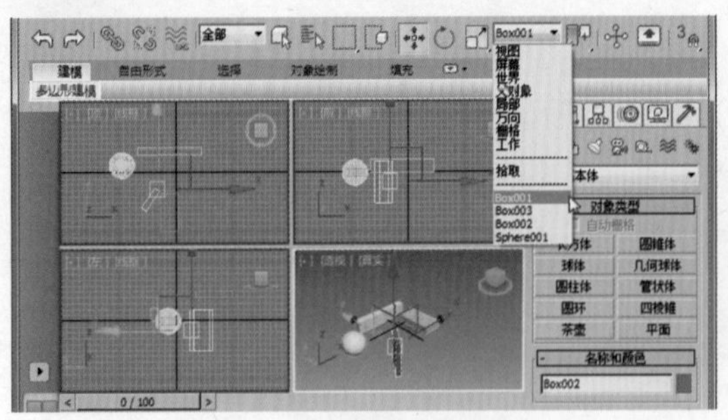

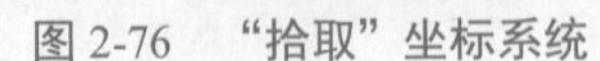

图 2-76 “拾取”坐标系统

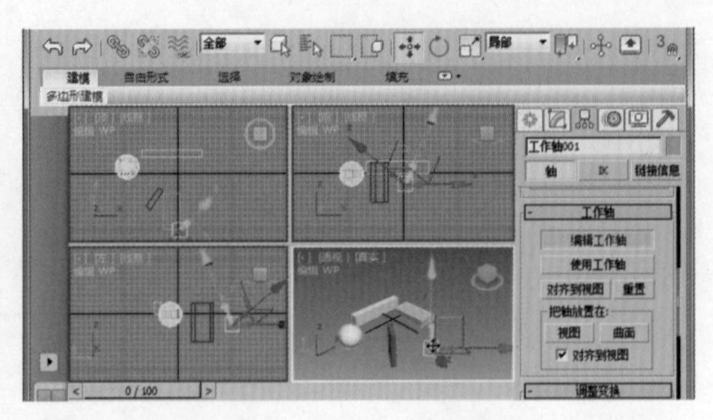

图 2-77 “工作”坐标系统

9. “万向”坐标系统

“万向”坐标系统主要与 Euler XYZ 旋转控制器一同使用。虽然该坐标系统与“局部”坐标系统类似，但其三个旋转轴不一定互相正交。若所选对象未指定 Euler XYZ 旋转控制器而执行旋转操作，或只是执行移动、缩放操作，则该坐标系统功能与“父对象”坐标系统功能相同。

实例 1 坐标系统的使用

常用坐标系统的使用操作步骤如下：

Step 01 打开“素材\第 2 章\三维坐标系统.max”文件，如图 2-78 所示。

Step 02 执行“选择并移动”命令，按照默认的“视图”坐标系统的 y 轴向右移动汽车对象，会发现其无法沿上方斜面移动，如图 2-79 所示。

图 2-78 打开素材文件

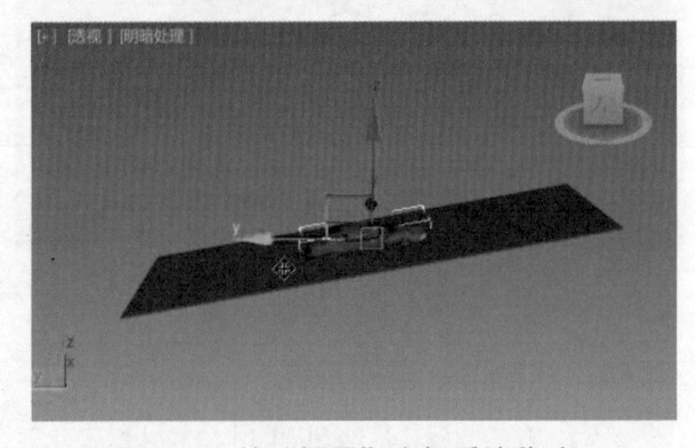

图 2-79 按“视图”坐标系统移动

Step 03 撤销操作，通过“参考坐标系”下拉菜单切换到“局部”坐标系统。再次移动汽车对象，会发现其将按照自身坐标系统移动，由于轴向与斜面平行，因此会在斜面表面移动，如图 2-80 所示。

Step 04 撤销操作，单击主工具栏中的“选择并链接”按钮，在汽车对象上单击并按住鼠标左键，拖动鼠标指针到斜面对象上，从而链接两个对象，如图 2-81 所示。

图 2-80　按“局部”坐标系统移动

图 2-81　链接对象

Step 05 通过“参考坐标系”下拉菜单切换到“父对象”坐标系统，再次移动汽车对象，会发现其同样会在斜面表面移动，如图 2-82 所示。

Step 06 在“创建”命令面板下单击“辅助对象”按钮，在“对象类型”卷展栏下单击“栅格”按钮，在场景中按住鼠标左键并拖动鼠标指针来创建栅格，如图 2-83 所示。

图 2-82　按“父对象”坐标系统移动

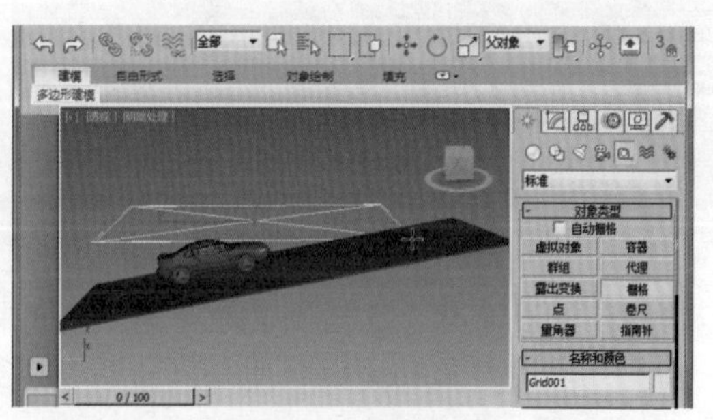

图 2-83　创建栅格

Step 07 选中新创建的栅格并单击鼠标右键，在弹出的快捷菜单中选择“激活栅格”命令，如图 2-84 所示。

Step 08 通过对齐工具对齐汽车对象到栅格，然后通过“参考坐标系”下拉菜单切换到“栅格”坐标系统，再次移动汽车对象，会发现汽车对象将沿栅格表面移动，如图 2-85 所示。

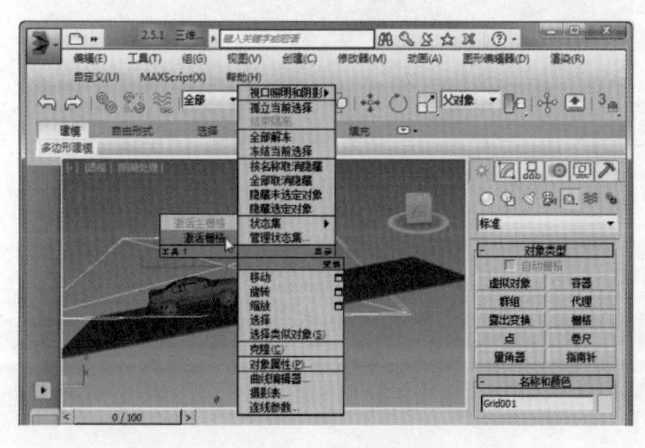

图 2-84　选择“激活栅格”命令

图 2-85　按“栅格”坐标系统移动

实例 2　变换坐标轴心

坐标轴心主要用于缩放和旋转等变换操作。3ds Max 默认设置为“使用轴点中心”，用户可以自行切换到“使用选择中心”或“使用变换坐标中心”。具体操作步骤如下：

Step 01 打开“素材\第 2 章\变换坐标轴心.max”文件，如图 2-86 所示。

Step 02 执行“选择并旋转”命令，同时旋转两个对象，会发现其按照各自的轴向进行旋转，如图 2-87 所示。

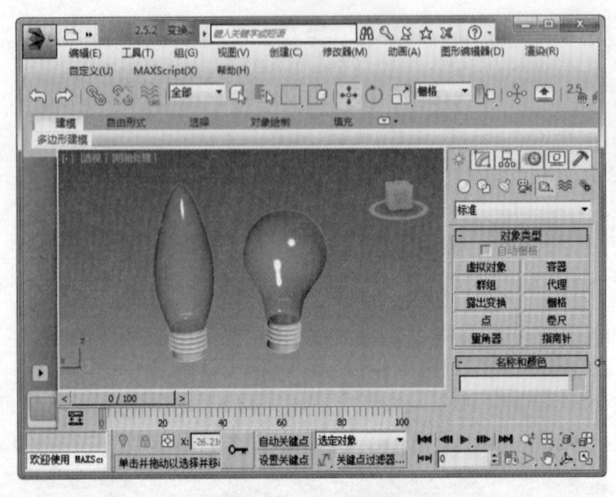

图 2-86　打开素材文件

图 2-87　选择并旋转对象

Step 03 撤销操作，在主工具栏中的“使用轴点中心”按钮上按住鼠标左键，通过弹出的下拉菜单切换到“使用选择中心”选项。再次旋转两个对象，会发现其将以选择中心进行旋转，如图 2-88 所示。

Step 04 通过下拉菜单切换到“使用变换坐标中心”选项，再次执行旋转操作，所选对象将以世界坐标中心为轴心进行旋转，如图 2-89 所示。

图 2-88　按选择中心旋转

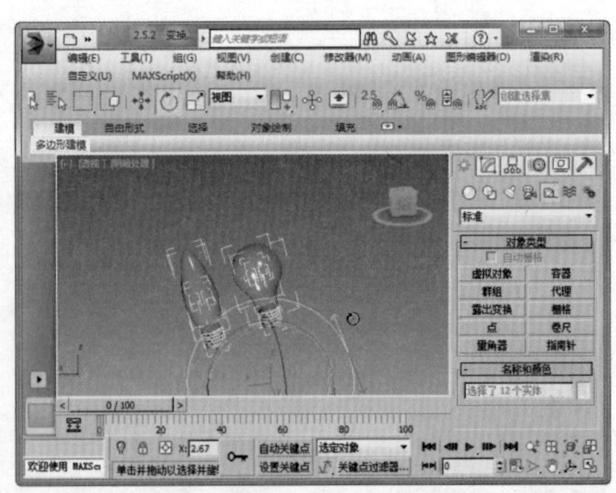

图 2-89　按变换坐标中心旋转

本章小结

本章主要介绍了 3ds Max 2015 的一些基本操作，包括常用对象的选择、对象位置的改变、对象副本的创建、捕捉工具的应用，以及坐标系统与坐标轴心等。熟练掌握这些基本操作，可以在以后的建模操作中大大提高工作效率。

本章习题

打开“素材\习题\第 2 章 场景.max”文件，然后利用所学的复制对象的方法，复制出如图 2-90 所示的茶具套装。

图 2-90　复制茶壶对象

重点提示：

将茶杯轴心放到茶壶中心，按【Shift】键进行旋转复制。

第 3 章　基础三维建模

【本章导读】

本章将介绍 3ds Max 2015 的基础三维建模知识，其中包括认识三维建模、标准基本体的应用、扩展基本体的应用、内置模型的应用及二维图形的应用等，使读者能够通过 3ds Max 2015 轻松创建一些相对简单的三维模型。

【本章目标】

- 能够应用长方体、圆锥体和球体等进行基础三维建模。
- 能够应用异面体、切角长方体与切角圆柱体等进行基础三维建模。
- 能够灵活应用内置模型建模。
- 能够应用二维图形创建三维对象。

3.1　标准基本体的应用

基本知识

一、三维建模

建模是三维制作的基本环节，是添加材质、动画及渲染图形等环节的前提。3ds Max 2015 提供了多种建模方式，如内置几何体建模、复合对象建模、二维图形建模等基础建模方式，以及多边形建模、曲面建模、面片建模等高级建模方式。

1. 内置几何体建模

3ds Max 2015 自带了一些基本模型，如标准基本体、扩展基本体、门、窗等。用户可以直接调用这些内置模型，然后进行参数与位置的调节。

2. 复合对象建模

复合对象建模即通过对两个或多个模型对象执行布尔运算、合并或放样等操作，从而得到所需复合对象的建模方式。

如图 3-1 所示的艺术品是由不同的长方体通过布尔运算而得到的。

3. 二维图形建模

二维图形建模包括各种样条线及文本的创建。通常二维图形是无法被渲染的，需要将二维图形转换为三维可渲染对象，二维图形建模如图 3-2 所示。

图 3-1　复合对象建模

图 3-2　二维图形建模

4．多边形建模

多边形建模是使用较为广泛的一种建模方式。当今主流三维动画软件基本上都提供了多边形建模功能，而 3ds Max 2015 将多边形建模功能发挥到极致，在建筑模型、游戏角色、工业产品制作等多种领域均有出色的表现。

5．曲面建模

曲面建模是要求较高的建模方式。由于使用数学函数定义曲线与曲面，曲面建模可以在不改变模型外观的前提下灵活调节其曲面的精细度，因此，在处理模型表面精度方面拥有极大的优势，适用于生物有机模型、工业造型等领域，曲面建模如图 3-3 所示。

6．面片建模

面片建模是基于面片栅格的建模方式。它以类似于调节 Bezier 曲线的方式调节曲面，是介于多边形建模和曲面建模之间的一种建模方式，主要被用于生物有机模型的创建，如图 3-4 所示。

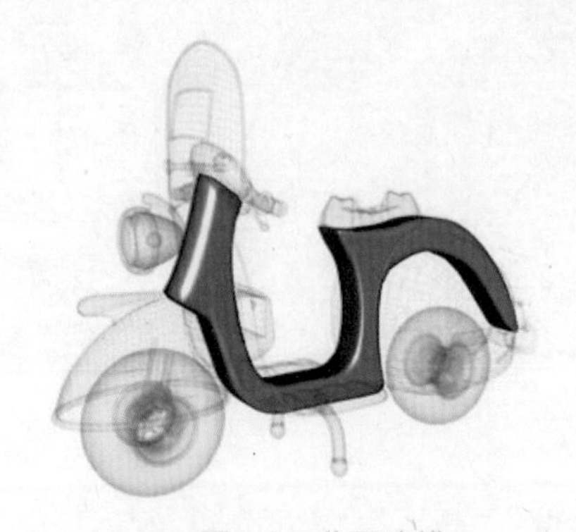

图 3-3　曲面建模

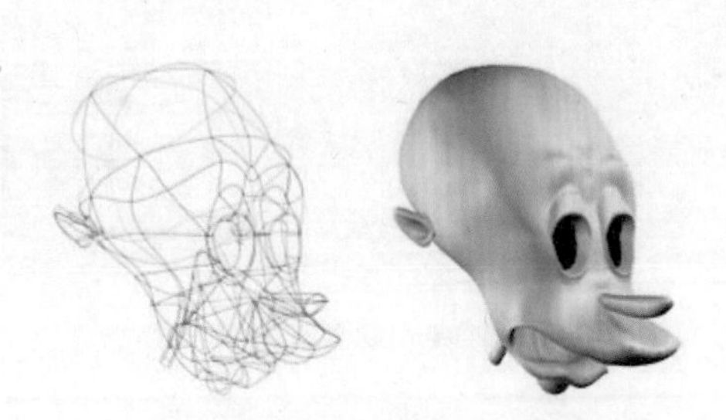

图 3-4　面片建模

二、标准基本体

标准基本体包括长方体、圆锥体、球体、几何球体、圆柱体、管状体、圆环、茶壶及平面等对象类型。通过标准基本体，可以创建许多较为简单的模型。在“创建”面板中，默认会显示“几何体”类型下的各种标准基本体创建工具，如图 3-5 所示。本节将学习如何应用标准基本体进行三维建模。

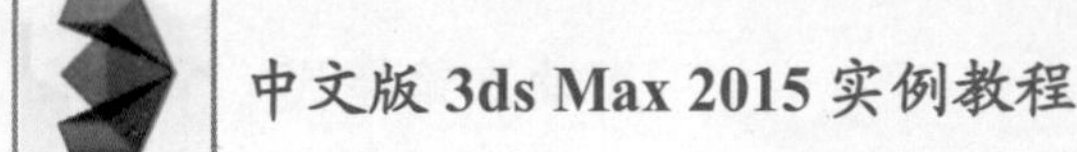

图 3-5 “标准基本体”创建面板

实例 1 创建长方体——用长方体制作茶桌

在 3ds Max 中，长方体是最为常用的几何体之一。长方体不但可以被直接用于橱柜等模型的创建，还经常被用于多边形建模。在“创建”面板中单击“几何体”按钮，在“对象类型”卷展栏下单击“长方体”按钮，即可创建长方体。

通过“创建方法”卷展栏下的单选按钮，可以选择创建长、宽、高均等的立方体及长、宽、高不均等的长方体两种不同类型，如图 3-6、图 3-7 所示。

图 3-6 创建立方体

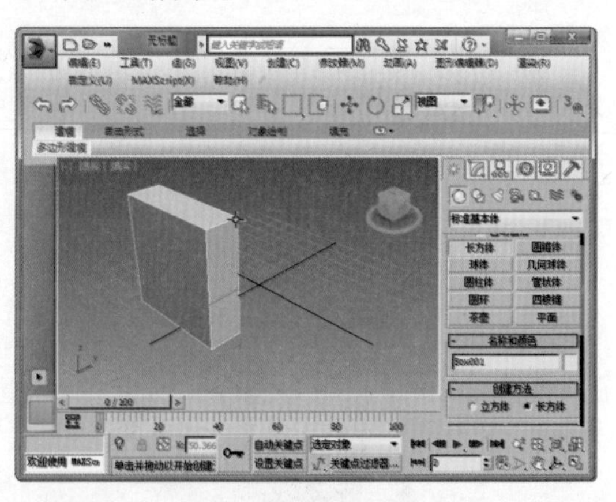

图 3-7 创建长方体

创建长方体需要设置的参数并不多，仅有“长度”“高度”“宽度”以及与其相应的分段数。用户可以通过“键盘输入”卷展栏设置长方体对应坐标及各项参数，然后单击“创建”按钮进行创建；也可以在场景中直接拖动鼠标指针进行创建，然后通过“参数”卷展栏对其各项参数进行调整，如图 3-8 所示。

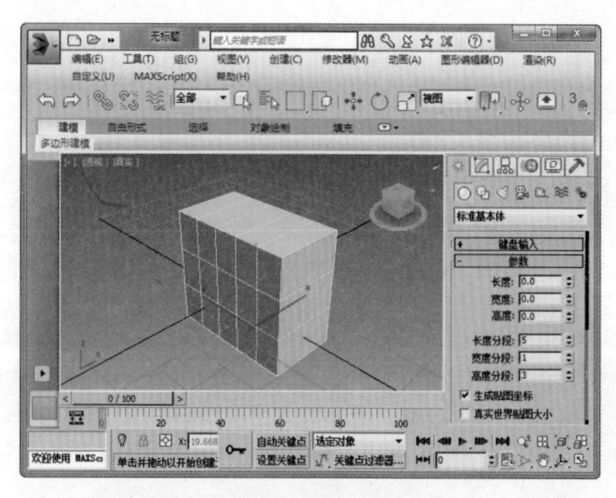

图 3-8　设置长方体参数

下面将以简约茶桌的建模为例，对长方体的应用进行介绍，最终效果如图 3-9 所示。

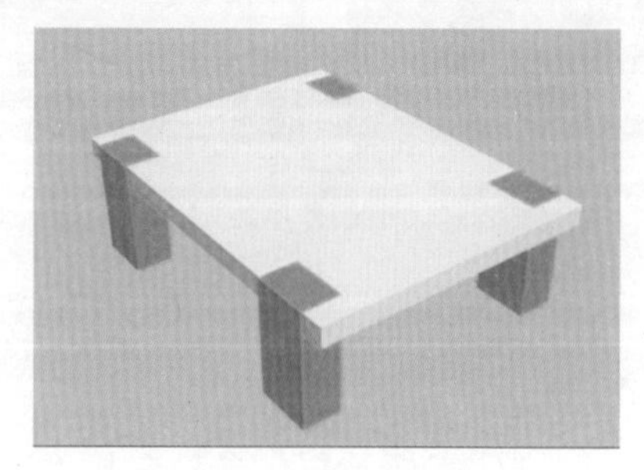

图 3-9　简约茶桌

创建茶桌模型的具体操作步骤如下：

Step 01 在“创建”面板中单击“几何体”按钮，在“对象类型”卷展栏下单击“长方体”按钮，在场景中创建一个长方体，将其作为桌面，并通过“参数”卷展栏对其参数进行修改，如图 3-10 所示。

Step 02 再次单击“长方体”按钮，创建一个长 15、宽 10、高 30 的长方体，将其作为桌腿，并将其移到合适的位置，如图 3-11 所示。

图 3-10　创建长方体桌面

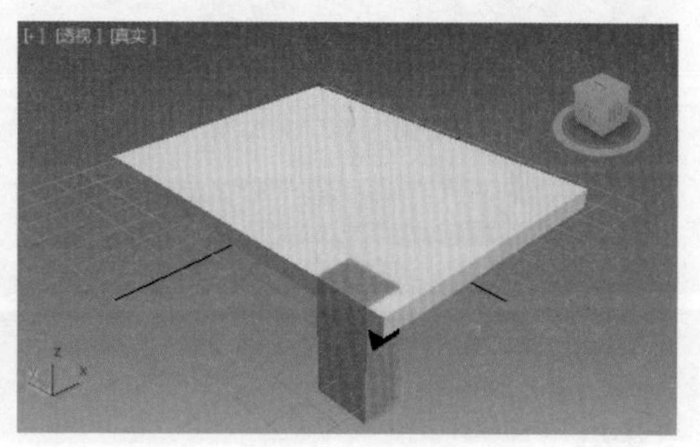

图 3-11　创建一个长方体桌腿

Step 03 选中第二次创建的长方体，单击主工具栏中的“镜像”按钮，在弹出的对话框中设置镜像参数，然后单击“确定”按钮，如图 3-12 所示。

Step 04 选中镜像源对象与副本对象，再次执行“镜像”操作，在弹出的对话框中设置镜像参数，单击“确定”按钮，如图 3-13 所示。

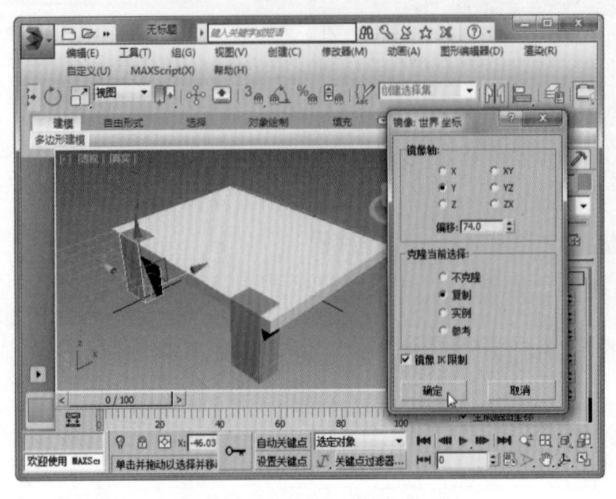

图 3-12　设置镜像参数

图 3-13　再次执行“镜像”操作

实例 2　创建圆锥体——制作不同效果圆锥体

在 3ds Max 2015 中，创建圆锥体需要设置的参数包括“半径 1”“半径 2”“高度”“高度分段”“端面分段”“边数”“平滑”和“启用切片”等。

下面将通过实例对圆锥体各项参数的不同效果进行介绍，具体操作步骤如下：

Step 01 在“创建”面板中单击“几何体”按钮，在“对象类型”卷展栏下单击“圆锥体”按钮，在场景中创建一个圆锥体，并对其参数进行修改，如图 3-14 所示。

Step 02 将“半径 2”的值修改为 8，查看修改参数后的圆锥体效果，如图 3-15 所示。

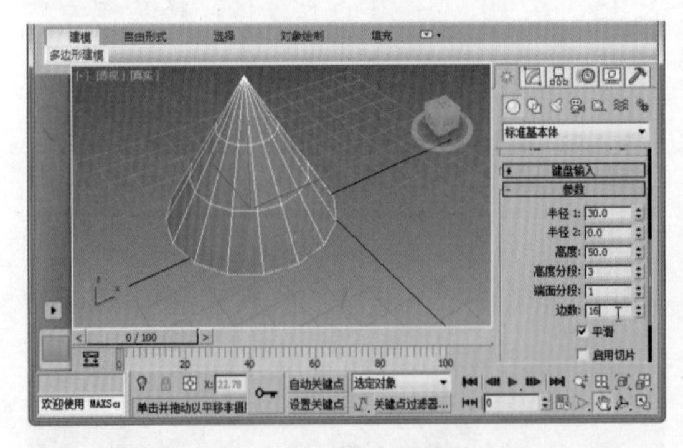

图 3-14　创建圆锥体

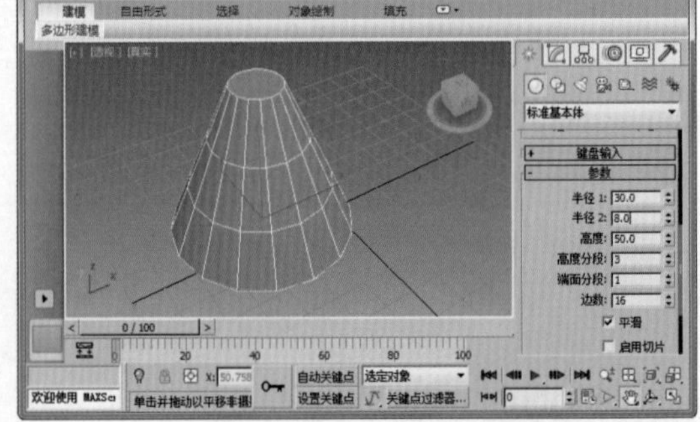

图 3-15　更改半径值后的圆锥体

Step 03 将“边数”数值改小，取消面板中“平滑”复选框的勾选状态，查看去除平滑后的圆锥体效果，如图 3-16 所示。

Step 04 勾选面板中的“启用切片”复选框，设置“切片起始位置”的值为 30，“切片结束位置”的值为 270，此时的圆锥体效果如图 3-17 所示。

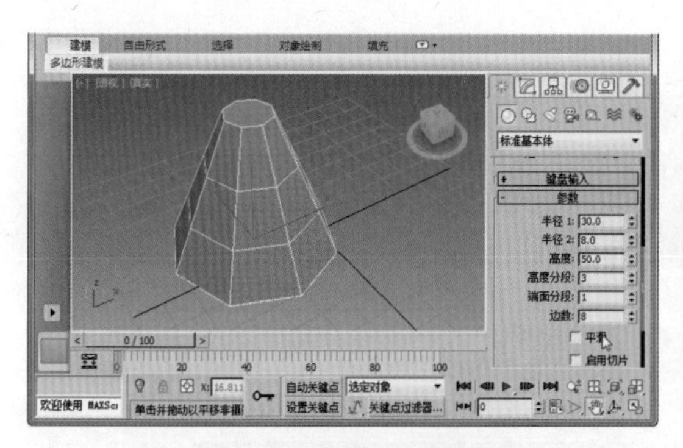

图 3-16　去除平滑后的圆锥体

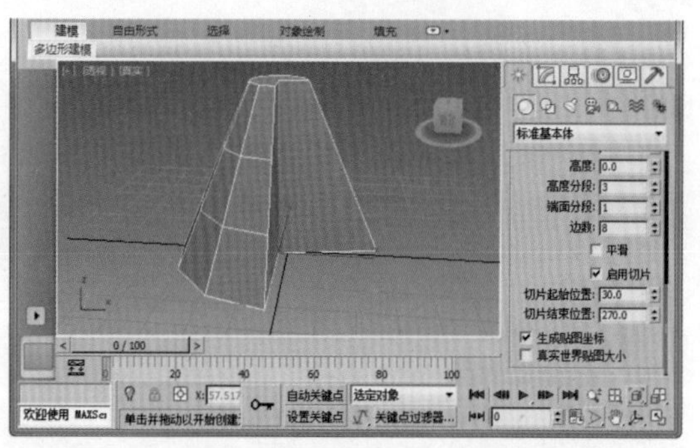

图 3-17　启用切片后的圆锥体

实例 3　创建球体与几何球体——用球体制作手链

在 3ds Max 2015 中，创建球体需要设置的参数包括“半径”“分段”“平滑”“半球”和“启用切片”等。球体在不同参数设置下的不同效果如图 3-18 所示。

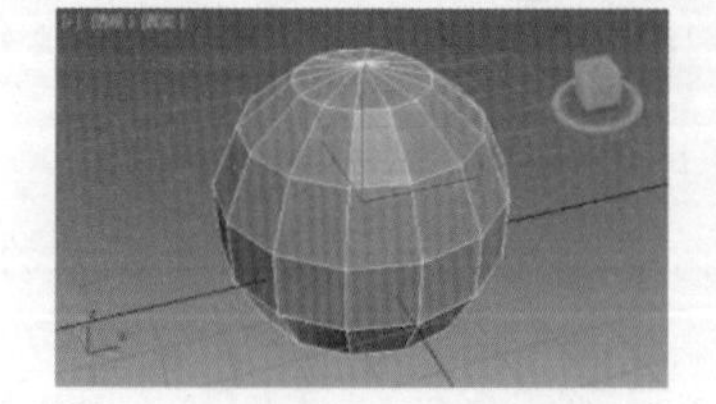

分段为 14 的非平滑球体

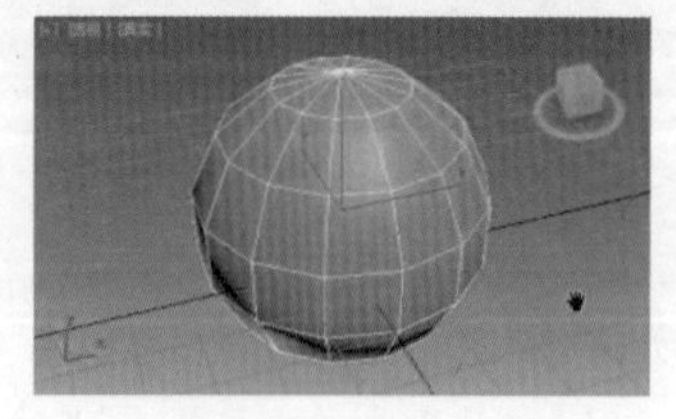

分段为 14 的平滑球体

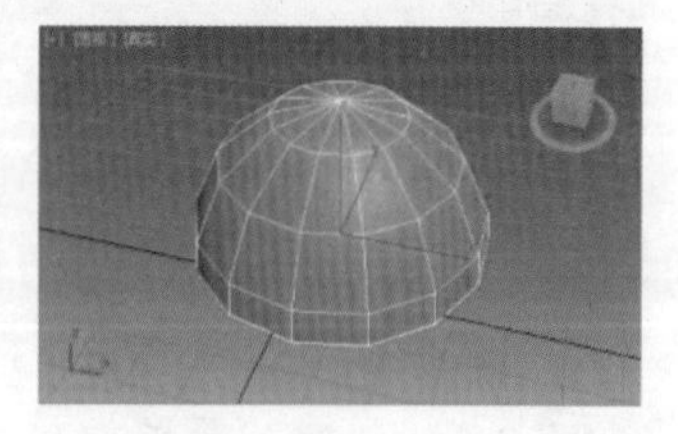

半球值为 0.5 的切除效果

图 3-18　不同参数设置下的不同球体效果

几何球体与球体形状相似，参数也较为接近。不同的是，几何球体可以对基本面的类型进行切换，如图 3-19 所示为分段为 4 的几何球体在设置了不同基本面后的效果。

4 个基本面

8 个基本面

20 个基本面

图 3-19　不同基本面设置下的几何球体效果

下面以手链的建模为例，对球体的应用进行介绍，最终效果如图 3-20 所示。

图 3-20　手链

创建手链模型的具体操作步骤如下：

Step01 在“创建”面板中单击“图形”按钮，在“对象类型”卷展栏下单击“圆”按钮，在场景中绘制一个半径为 30 的闭合圆，如图 3-21 所示。

Step02 切换到“修改”面板，在“渲染”卷展栏下分别勾选“在渲染中启用”和“在视口中启用”复选框，设置“厚度”为合适的值，如图 3-22 所示。

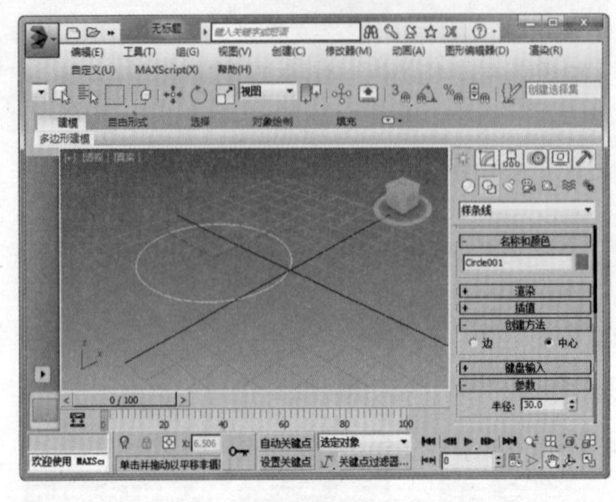

图 3-21　绘制闭合圆

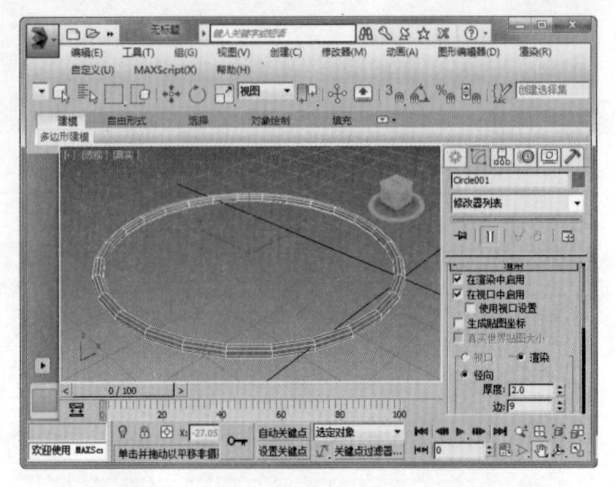

图 3-22　设置厚度

Step03 在“修改”面板的“插值”卷展栏中设置“步数”为 12，查看修改渲染参数后的圆形效果，如图 3-23 所示。

Step04 在“创建”面板中单击“几何体”按钮，在“对象类型”卷展栏下单击“球体”按钮，在场景中绘制一个半径为 5、分段为 20 的球体，如图 3-24 所示。

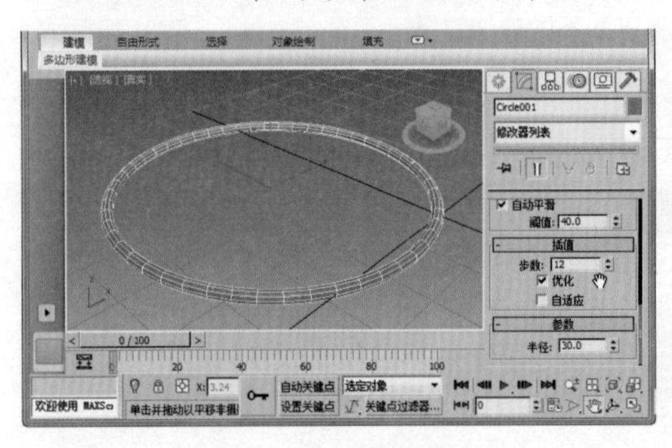

图 3-23　修改圆形效果

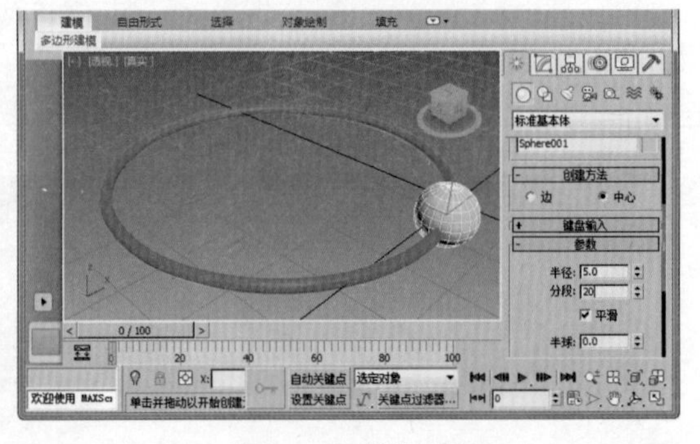

图 3-24　绘制球体

Step05 执行“工具”|“对齐”|“间隔工具”命令，弹出“间隔工具”对话框，单击“拾取路径”按钮，如图 3-25 所示。

Step06 拾取场景中的圆作为路径，返回“间隔工具”对话框，设置“计数”值为 20，单击“应用”按钮，即可完成手链模型的创建，如图 3-26 所示。

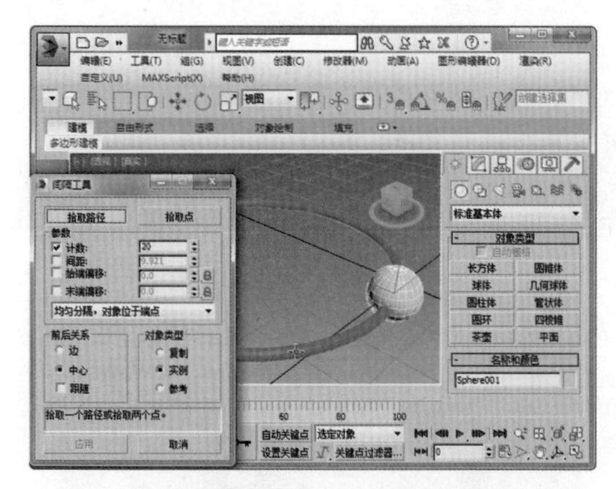

图 3-25　单击“拾取路径”按钮

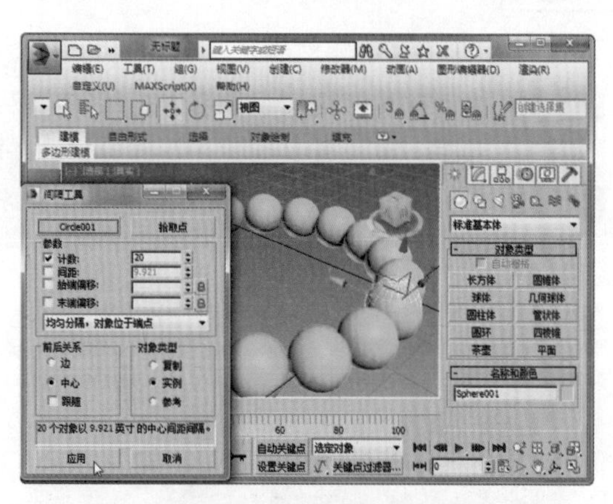

图 3-26　设置间隔工具参数

实例 4　创建圆柱体与管状体——制作欧式酒桌

在 3ds Max 中，圆柱体同样是比较常用的几何体。创建圆柱体需要设置的参数包括“半径”“高度”“高度分段”“端面分段”“边数”“平滑”和“启用切片”等。

管状体的外形和创建时需要设置的参数与圆柱体相似，不同之处在于管状体的内部是空心的，半径分为外径和内径两部分，圆柱体和管状体如图 3-27、图 3-28 所示。

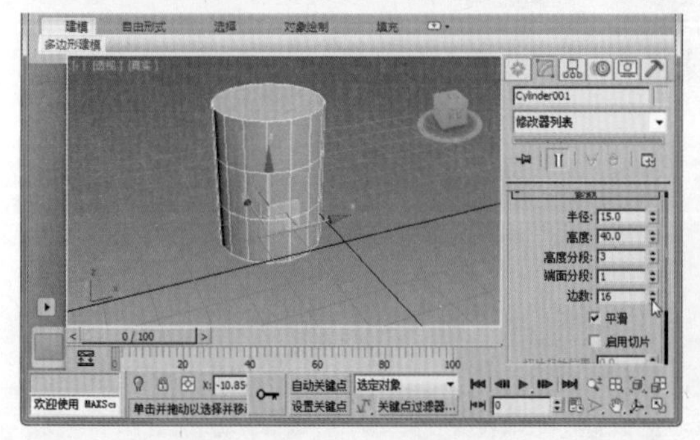

图 3-27　圆柱体

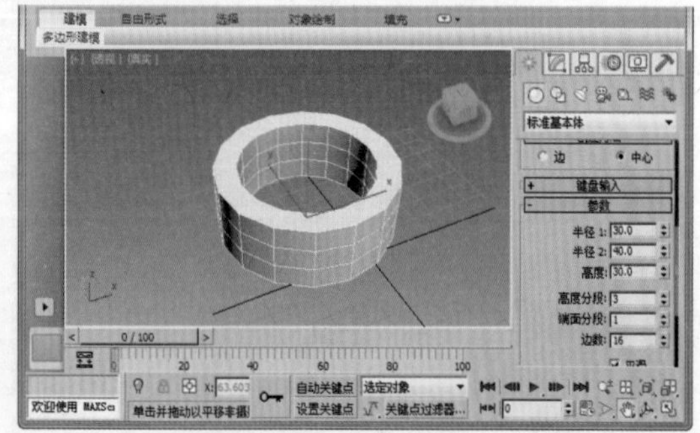

图 3-28　管状体

下面将以欧式酒桌的建模为例，对圆柱体和管状体的应用进行介绍，最终效果如图 3-29 所示。

图 3-29　欧式酒桌

创建欧式酒桌模型的具体操作步骤如下：

Step 01 在“创建”面板中单击“几何体”按钮○，在“对象类型”卷展栏下单击“圆柱体”按钮，在场景中创建一个圆柱体，并对其参数进行修改，如图 3-30 所示。

Step 02 在“对象类型”卷展栏下单击“管状体”按钮，在场景中创建一个管状体，并对其参数进行修改，如图 3-31 所示。

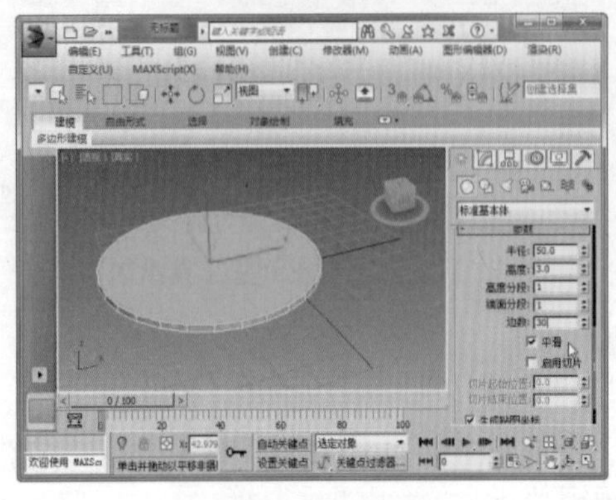

图 3-30　创建圆柱体

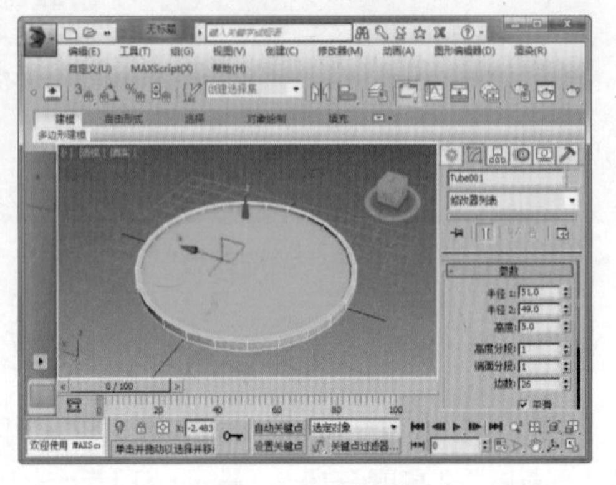

图 3-31　创建管状体

Step 03 选择管状体对象，按住【Shift】键向上移动对象，即可创建一个管状体副本对象，然后修改其高度为 15，如图 3-32 所示。

Step 04 创建一个半径为 16、高度为 495 的圆柱体，通过“对齐”操作将其放置到其他对象的中心位置，如图 3-33 所示。

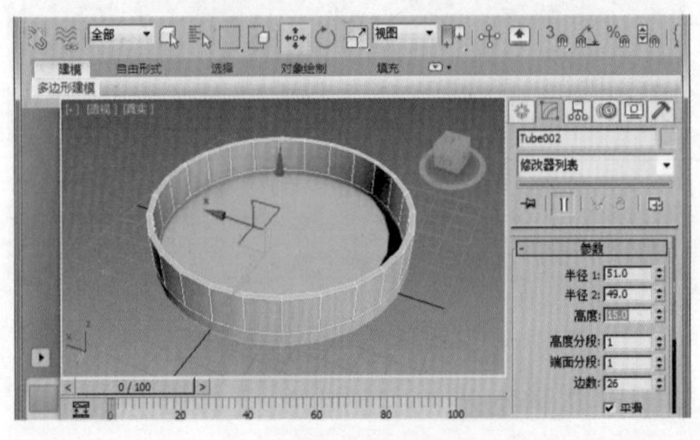

图 3-32　创建管状体副本

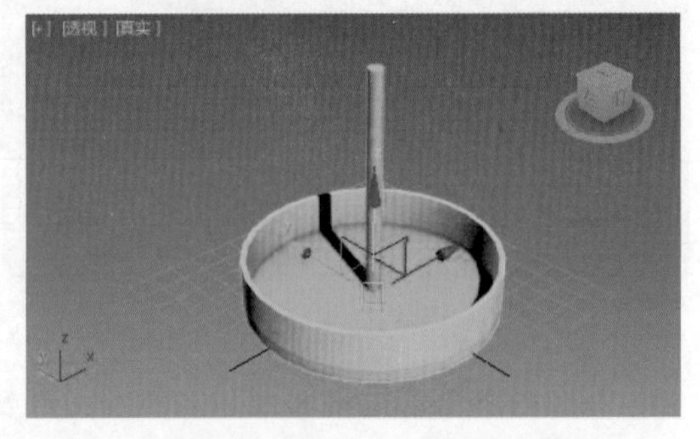

图 3-33　创建并放置圆柱体

Step 05 选择底部的圆柱体，按住【Shift】键向上移动对象，创建一个圆柱体副本对象，然后更改其半径值为 390，并与之前创建的圆柱体顶端对齐，如图 3-34 所示。

图 3-34　复制并调整圆柱体

Step 06 在“对象类型”卷展栏下，单击“长方体”按钮，创建一个长为100、宽为3、高为20的长方体，将其移到合适的位置，然后创建一个长方体副本对象，如图3-35所示。

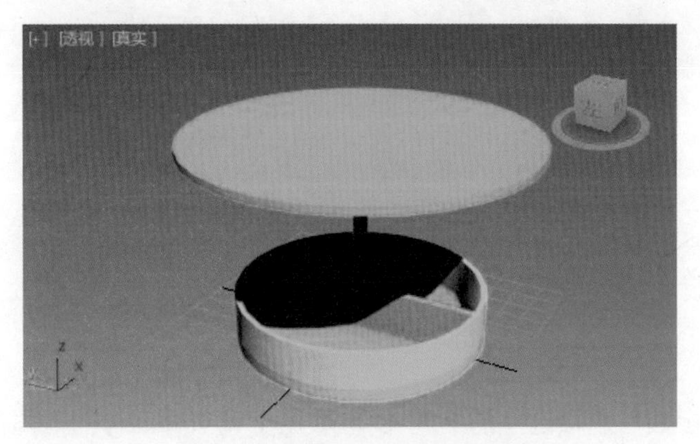

图3-35　创建长方体副本对象

3.2　扩展基本体的应用

基本知识

扩展基本体包括异面体、环形结、切角长方体、切角圆柱体、油罐、胶囊、纺锤、球棱柱、环形波和软管等对象类型，如图3-36所示。

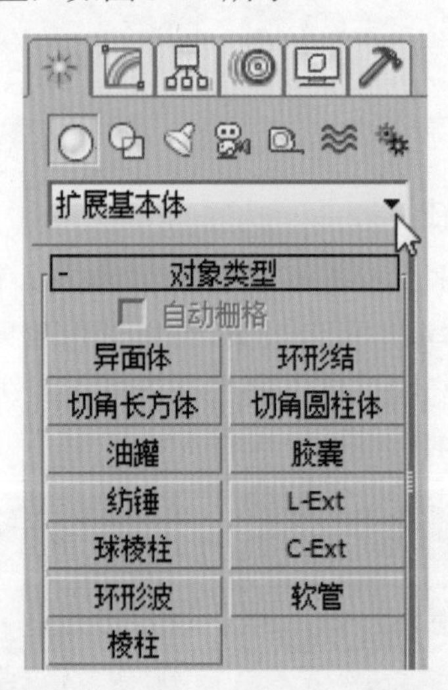

图3-36　“扩展基本体”创建面板

一、异面体

在3ds Max 2015中，异面体包括“四面体”“立方体/八面体”“十二面体/二十面体”“星形1”和“星形2”五种不同的系列，每个系列均包括“系列参数”“轴向比率”“顶点”和“半径”等参数，如图3-37所示。

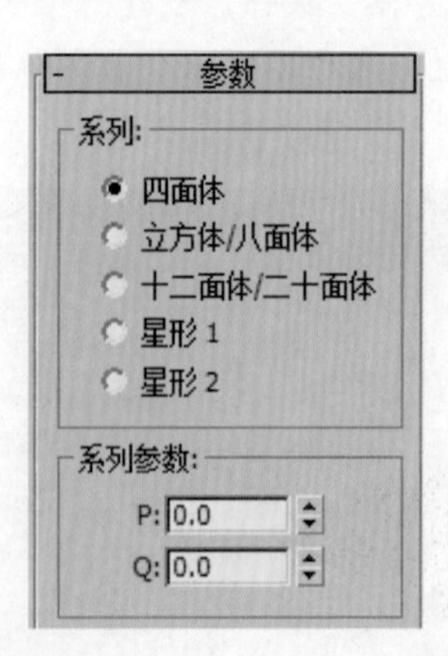

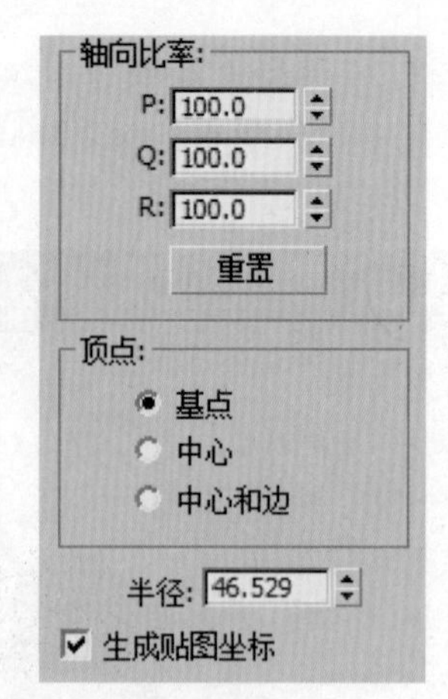

图 3-37　异面体参数面板

其中，“系列参数”选项区中的 P 与 Q 参数用于调节异面体的点与面的关联性。如图 3-38 所示为设置了系列参数的“星形 2”异面体。

“轴向比率”选项区中的 P、Q 与 R 参数用于设置异面体的面反射轴向。如图 3-39 所示为修改了图 3-38 中轴向比率后的“星形 2”异面体。

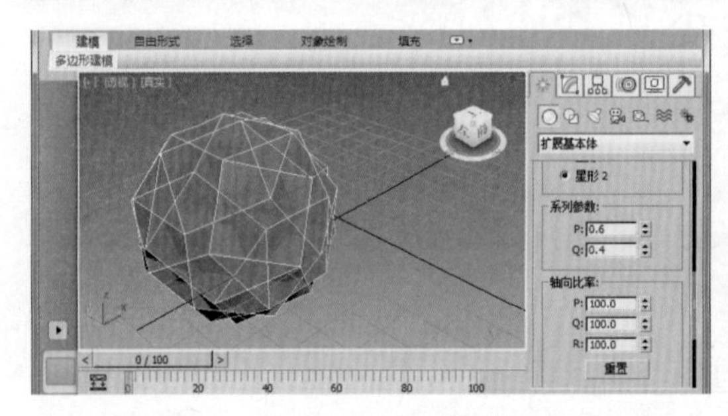

图 3-38　系列参数设置效果

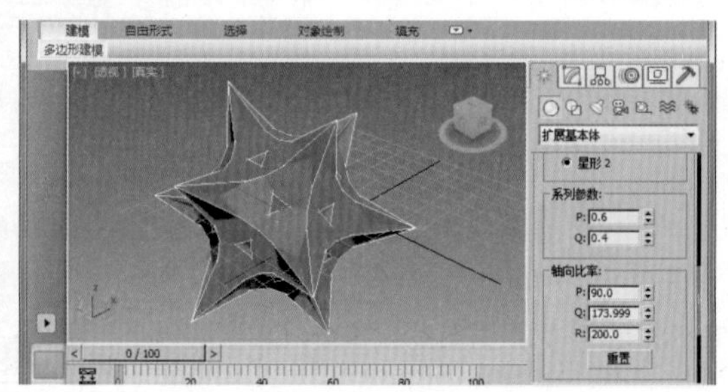

图 3-39　轴向比率设置效果

二、切角长方体与切角圆柱体

在 3ds Max 2015 中，切角长方体是长方体的扩展，同样是常用的几何体之一。与长方体不同的是，可以为切角长方体添加圆角效果，带有圆角效果的切角长方体如图 3-40 所示。切角圆柱体是圆柱体的扩展。与圆柱体不同的是，可以为切角圆柱体添加圆角效果，带有圆角效果的切角圆柱体如图 3-41 所示。

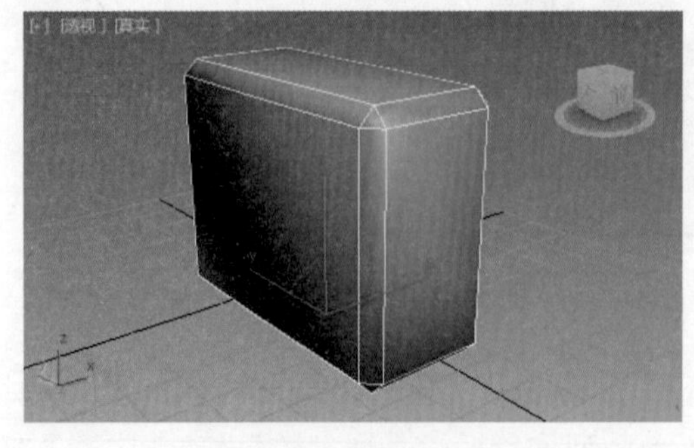

图 3-40　切角长方体

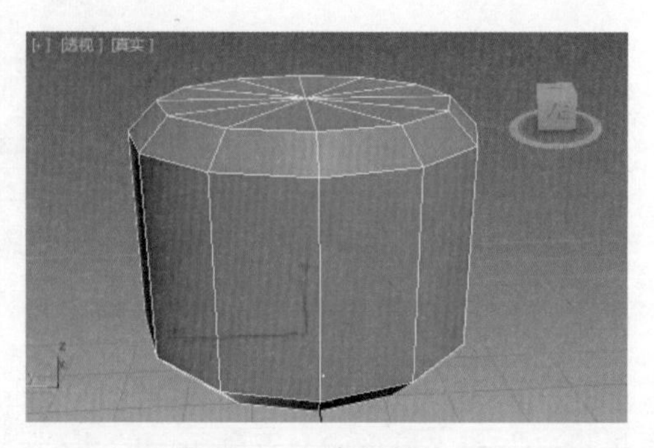

图 3-41　切角圆柱体

三、L-Ext 与 C-Ext 几何体

在 3ds Max 2015 中，通过 L-Ext 工具可以创建 L 型几何体对象，其参数包括“侧面长度”“前面长度”“侧面宽度”“前面宽度”“高度”及与其相应的分段数。

通过 C-Ext 工具可以创建 C 型几何体对象，其参数包括“背面长度”“侧面长度”“前面长度”“背面宽度”“侧面宽度”“前面宽度”“高度”及与其相应的分段数。

四、软管

在 3ds Max 2015 中，软管是一种具有弹性的特殊几何体，有“端点方法”“绑定对象”“自由软管参数”“公用软管参数”和“软管形状”等多种参数设置。

实例 1　创建 L-Ext 与 C-Ext 几何体——制作电视柜

下面将以电视柜主体部分的建模为例，对 L-Ext 和 C-Ext 几何体的应用进行介绍，最终效果如图 3-42 所示。

图 3-42　电视柜主体部分建模

创建电视柜主体部分模型的具体操作步骤如下：

Step 01　打开“素材\第 3 章\L-Ext 与 C-Ext.max”文件，如图 3-43 所示。

Step 02　在“创建”面板中设置几何体类型为“扩展基本体”，在“对象类型”卷展栏下单击“L-Ext”按钮，在场景中创建一个 L-Ext 几何体，并通过“参数”卷展栏对其参数进行修改，如图 3-44 所示。

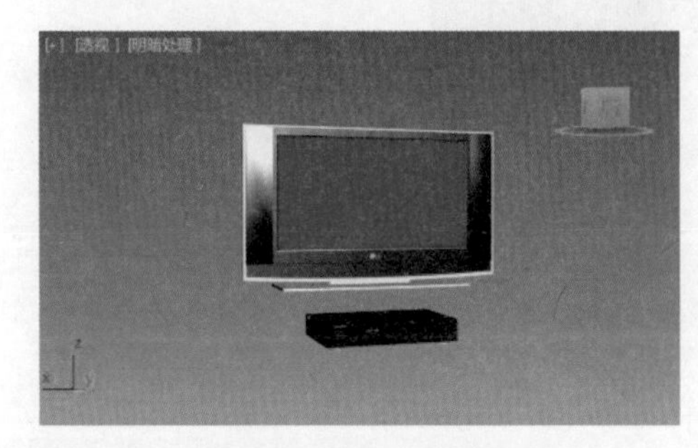

图 3-43　打开素材文件

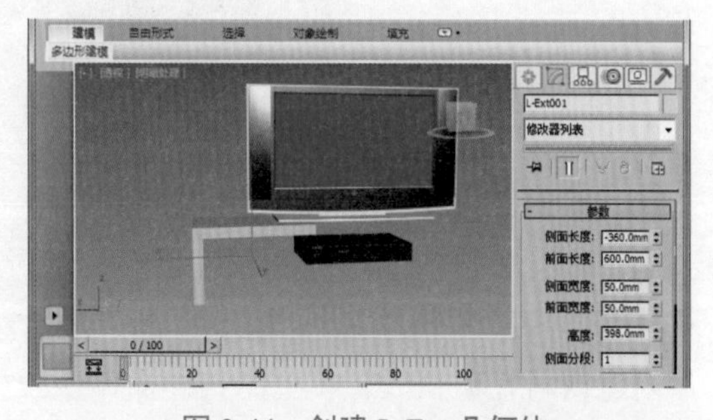

图 3-44　创建 L-Ext 几何体

Step 03　在“对象类型”卷展栏下单击“C-Ext”按钮，在场景中创建一个 C-Ext 几何体，并通过“参数”卷展栏对其参数进行修改，效果如图 3-45 所示。

Step 04　将两个几何体移到场景中合适的位置，如图 3-46 所示。

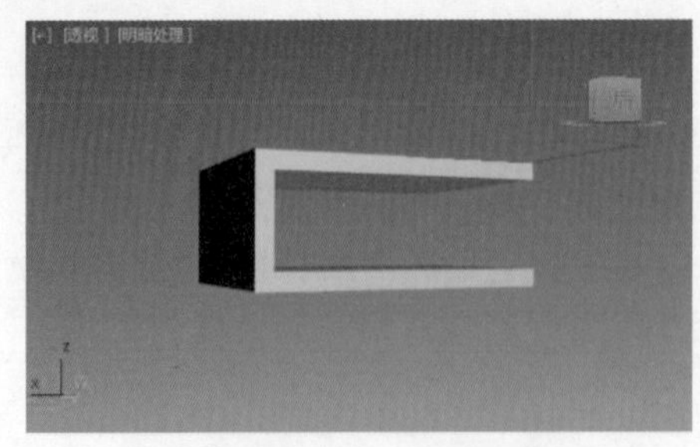

图 3-45　创建 C-Ext 几何体

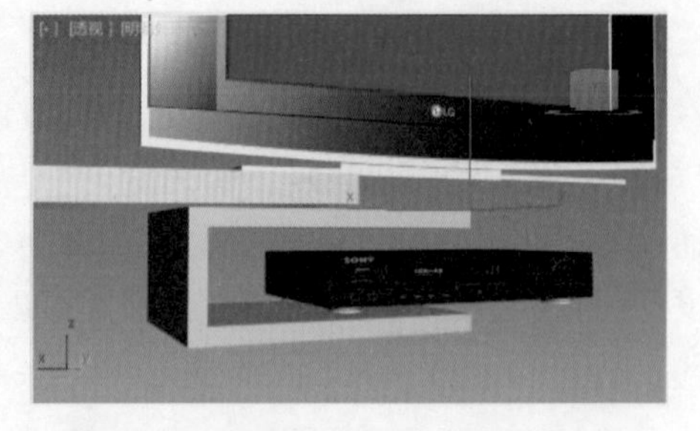

图 3-46　移动两个几何体到合适位置

Step 05　对两个几何体执行“镜像”操作，在弹出的对话框中设置镜像参数，如图 3-47 所示，然后单击“确定”按钮。

Step 06　镜像复制出两个几何体副本，即完成电视柜主体部分的建模，效果如图 3-48 所示。

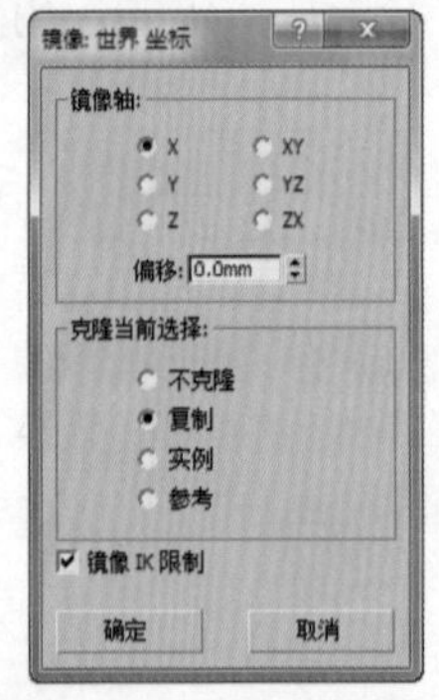

图 3-47　设置镜像参数

图 3-48　电视柜模型

实例 2　创建软管——制作饮料杯塑料吸管

下面将以饮料杯塑料吸管的建模为例，对其各项参数的应用进行介绍，最终效果如图 3-49 所示。

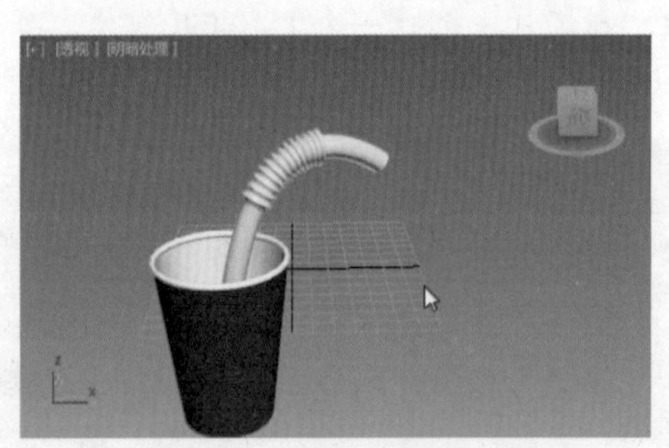

图 3-49　饮料杯塑料吸管

创建饮料杯塑料吸管模型的具体操作步骤如下：

Step 01　打开“素材\第 3 章\软管.max”文件，如图 3-50 所示。

Step 02　在“对象模型”卷展栏下，单击“球体”按钮，在适当位置创建一球体，将其作为软管的参照对象，如图 3-51 所示。

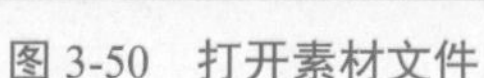

图 3-50　打开素材文件

图 3-51　创建球体

Step 03 在“创建”面板中设置几何体类型为“扩展基本体”，在“对象类型”卷展栏下单击“软管”按钮，在场景中创建一个软管几何体，如图 3-52 所示。

Step 04 在“软管参数”卷展栏下的“端点方法”选项区中单击“绑定到对象轴”单选按钮，然后单击“绑定对象”选项区中的“拾取顶部对象”按钮，如图 3-53 所示。

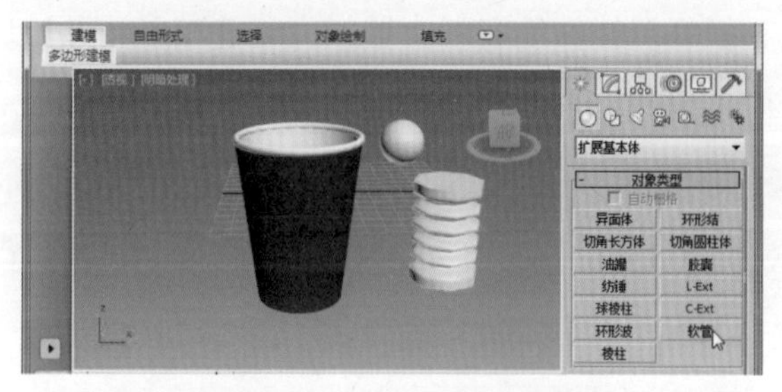

图 3-52　创建软管几何体

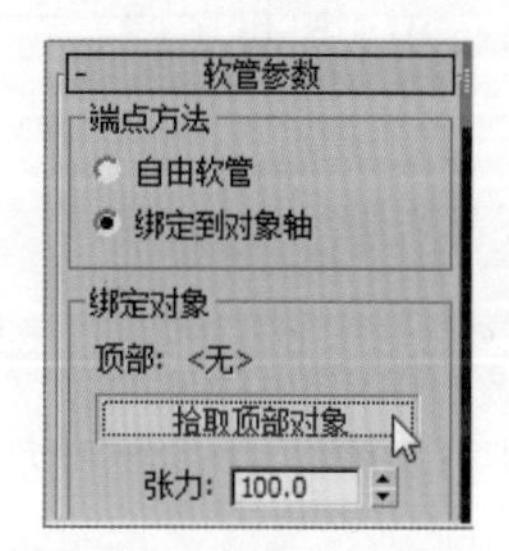

图 3-53　单击“拾取顶部对象”按钮

Step 05 单击球体，拾取球体作为顶部对象。单击“绑定对象”选项区中的“拾取底部对象”按钮，拾取杯体内侧底部作为底部对象，从而在两个对象之间绑定软管，如图 3-54 所示。

Step 06 将“拾取顶部对象”按钮下方的“张力”值改为 0，查看修改张力后的软管效果，如图 3-55 所示。

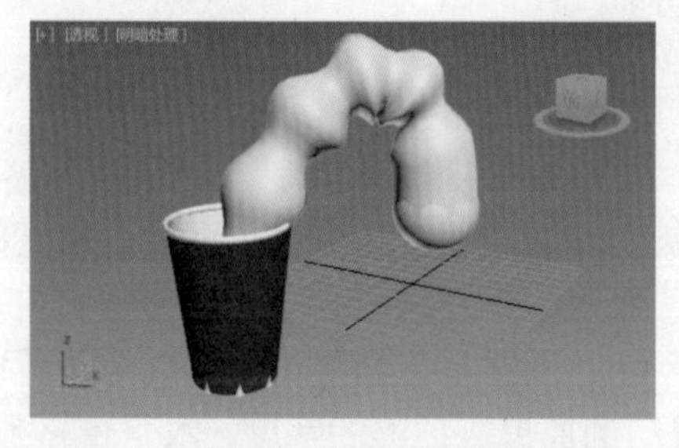

图 3-54　在两个对象之间绑定软管

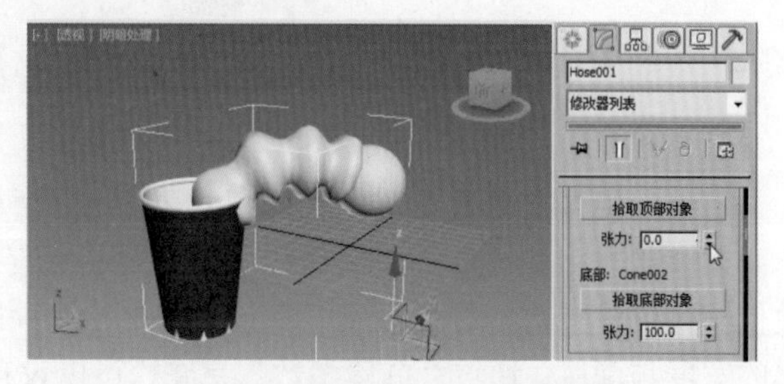

图 3-55　修改张力后的软管效果

Step 07 在“公用软管参数”选项区中设置软管的“起始位置”“结束位置”“周期数”及“直径”等参数，如图 3-56 所示。

Step 08 在“软管形状”选项区中修改软管形状及对应的参数，适当调整球体的位置，然后在球体对象上单击鼠标右键，在弹出的快捷菜单中选择“隐藏选定对象”命令，即可隐藏球体，如图 3-57 所示。

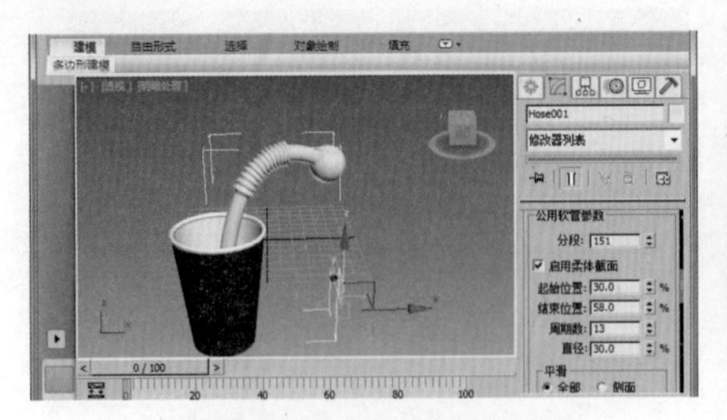

图 3-56　设置公用软管参数

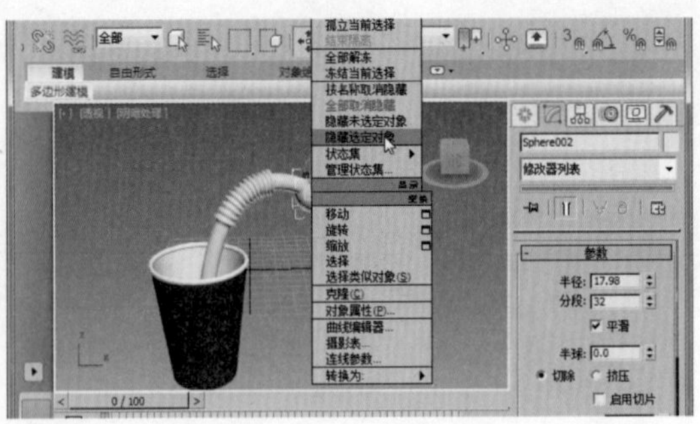

图 3-57　隐藏球体

3.3　内置模型的应用

3ds Max 2015 提供了门、窗、植物、栏杆及楼梯等多种内置模型创建工具，通过这些工具可以轻松地创建应用于室内外设计的各种常用建筑模型。

实例 1　创建内置门模型

3ds Max 2015 提供了三种类型的内置门模型创建工具，分别为“枢轴门”“推拉门”和“折叠门”工具，如图 3-58 所示。

图 3-58　内置门创建面板

三种门模型在参数设置上大体相同，均有三种创建方法，即按照宽度、深度、高度的不同顺序创建。在“参数”卷展栏中可以对其宽度、深度、高度进行调节，通过“打开”数值框可以设置门的打开程度，通过“门框”选项区可以设置是否创建门框，以及设置门框的宽度与深度；通过“页扇参数”卷展栏可以设置门的厚度、顶梁的宽度、水平窗格数、垂直窗格数和镶板间距等参数，通过其下方的“镶板”选项区可以设置镶板的创建方式。

1．枢轴门

“枢轴门”工具可以用于创建单门，也可以用于创建双门。门的边缘与铰链连接，通过转动完成门的开关。枢轴门包含“双门”“翻转转动方向”等特定复选框，可以设置门的页扇参数，其中包含窗格的各项参数，如图 3-59、图 3-60 所示。

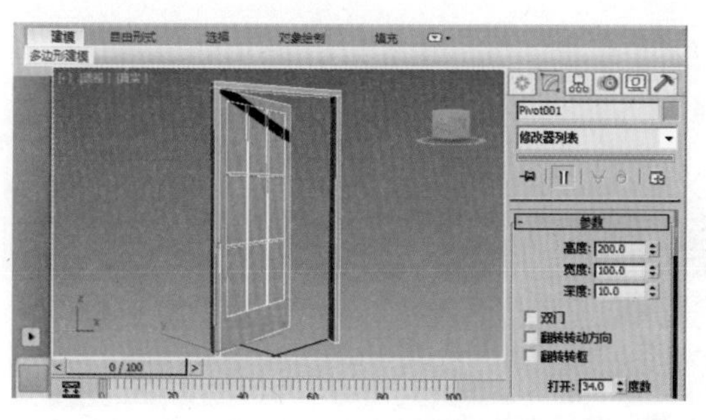

图 3-59　单门参数

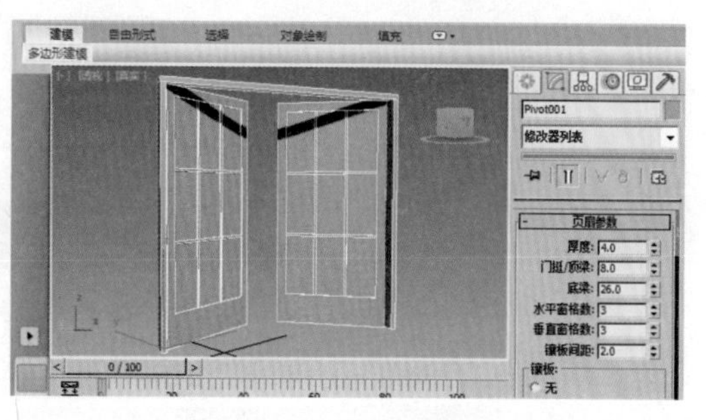

图 3-60　双门参数

2．推拉门

“推拉门”工具包含两个门元素，其中一个固定在门框一侧，另一个可以左右滑动。推拉门包含“前后翻转”“侧翻”等特定复选框，如图 3-61 所示。

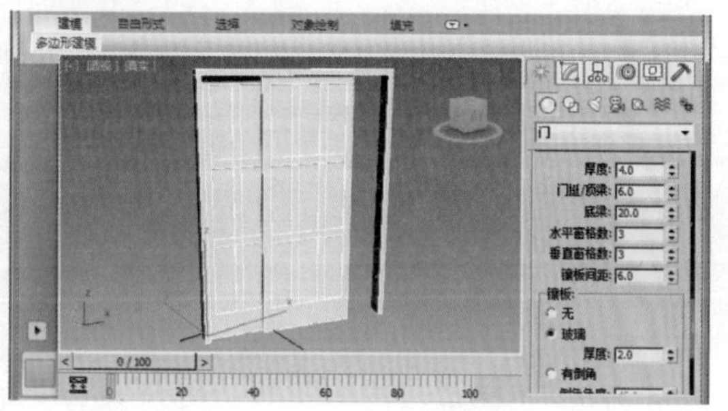

图 3-61　推拉门参数

3．折叠门

“折叠门”工具可以用于创建单门，也可以用于创建双门。折叠门包含“双门”“翻转转动方向”等特定复选框，其参数设置如图 3-62、图 3-63 所示。

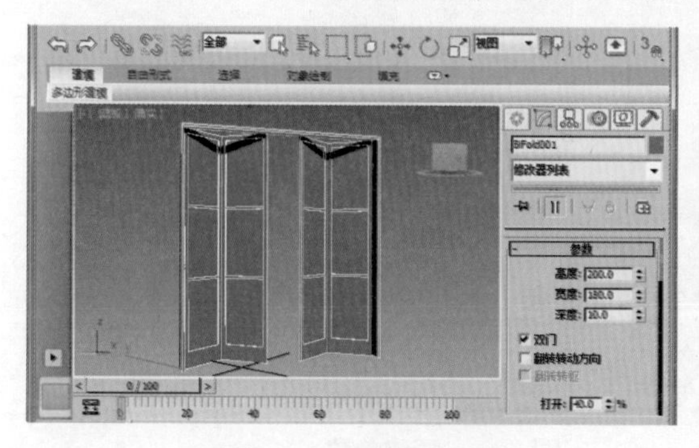

图 3-62　双折叠门参数

图 3-63　单折叠门参数

实例 2　创建“AEC 扩展”对象——制作岗楼模型

“AEC 扩展”对象包括“植物”“栏杆”和“墙”三种不同的类型，适用于室内外建筑设计领域，如图 3-64 所示。

图 3-64　“AEC 扩展”创建面板

1．植物

通过“植物”工具可以迅速创建系统内置的多种不同类型的植物，如棕榈树、松树、垂柳和橡树等。单击“扩展基本体”下拉按钮，通过弹出的下拉列表切换到“AEC 扩展”创建类型，然后单击“植物”按钮，在其下方“收藏的植物”卷展栏下的列表框中选择所需类型的植物，如图 3-65 所示，在场景中进行创建。

在植物的“参数”卷展栏中包含“显示”“视口树冠模式”及“详细程度等级”等选项区。其中，“高度”“密度”“修剪”等参数用于调整植物的高度，设置叶子与花朵的数量，修剪植物构造平面下的树枝；“显示”选项区包含“树叶”“树干”“果实”“树枝”等复选框，用于控制植物各要素的显示或隐藏状态；“视口树冠模式”选项区包含“未选择对象时”“始终”“从不”等选项，用于控制植物在选择状态以及未选择状态下是否以树冠模式显示；“详细程度等级”选项区包含“低”“中”“高”三个选项，用于控制植物的渲染级别，如图 3-66 所示。

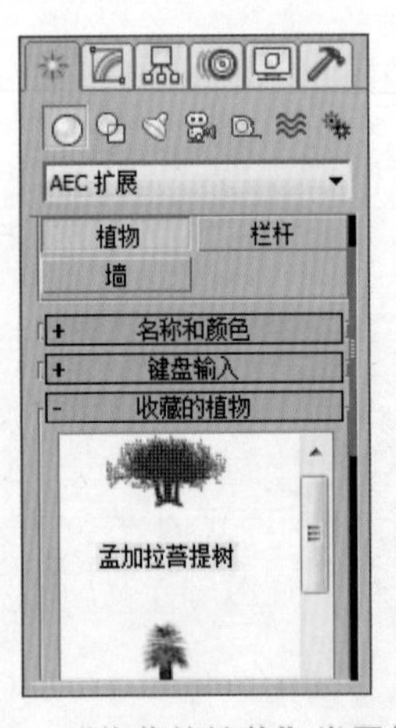

图 3-65　“收藏的植物”卷展栏

图 3-66　植物参数

2．栏杆

通过“栏杆”工具可以创建系统内置的栏杆对象，可以先切换到“AEC 扩展”创建类型，然后单击“栏杆”按钮，在场景中直接创建栏杆；也可以先创建一个二维路径，然后执行“栏杆”卷展栏下方的“拾取栏杆路径”命令，通过拾取路径创建自定义形状的栏杆，两种创建方法如图 3-67、图 3-68 所示。

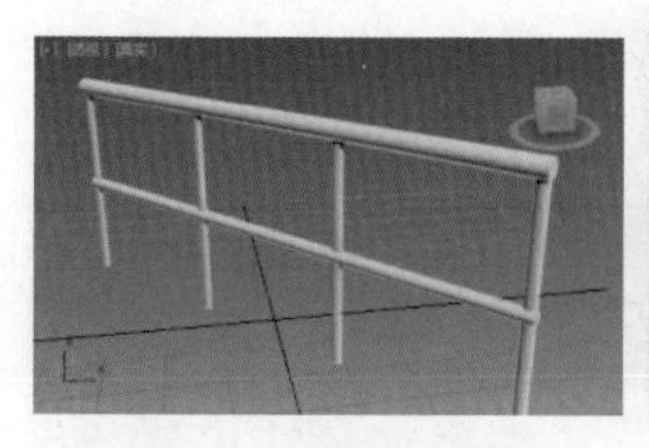

图 3-67　直接创建栏杆

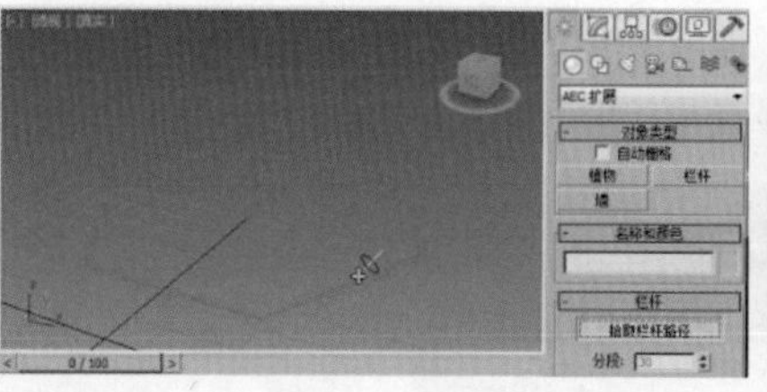

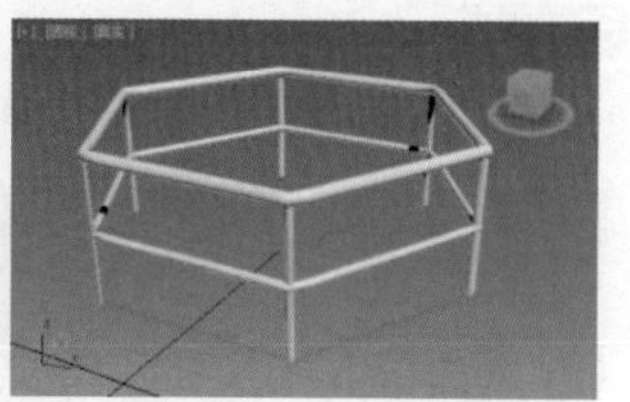

图 3-68　拾取栏杆路径创建栏杆

“栏杆”工具包含“栏杆”“立柱”及“栅栏”三个特定卷展栏。“栏杆”卷展栏包含“拾取栏杆路径”“分段”“上围栏”和“下围栏”等参数，其中“分段”参数只作用于通过拾取路径创建的栏杆；“立柱”卷展栏包含“剖面”“深度”“宽度”和“延长”等参数，用于控制栏杆立柱的形状；“栅栏”卷展栏包含“类型”“支柱”和“实体填充”等参数，其中“类型”下拉列表用于控制栏杆的栅栏类型。当设置栅栏类型为“支柱”时，可以通过“支柱”选项区进行形状的调节；当设置栅栏类型为“实体填充”时，可以通过“实体填充”选项区进行调节。各项参数如图 3-69~图 3-71 所示。

图 3-69　栏杆参数

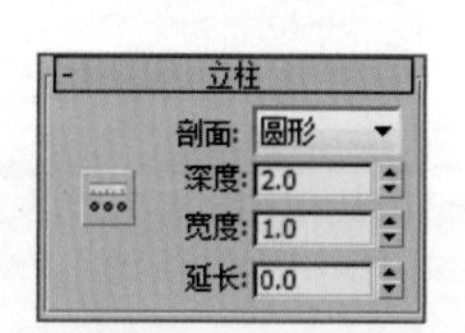

图 3-70　立柱参数

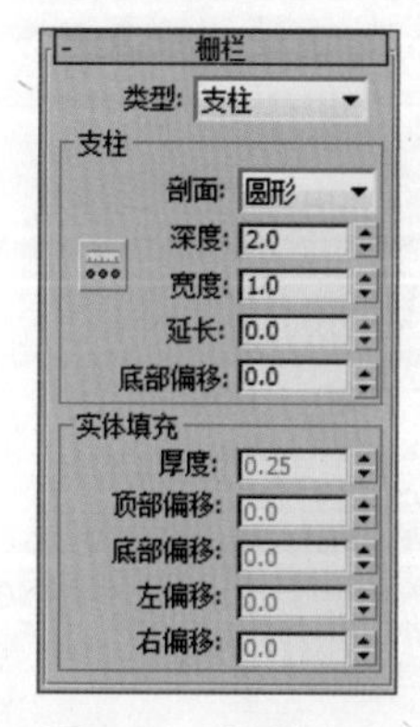

图 3-71　栅栏参数

3．墙

利用“墙”工具可以轻松创建墙体模型，可以通过“键盘输入”卷展栏进行创建，也可以通过拾取样条线进行创建，或直接在场景中通过拖动鼠标指针进行创建。

“键盘输入”卷展栏包含“X”“Y”“Z”数值框，用于设置墙体在活动构造平面中的坐标值。“添加点”按钮用于根据输入的坐标值添加点。“关闭”按钮用于结束墙体的创建，并在墙体的起点与终点之间创建闭合区域。“参数”卷展栏包含“宽度”“高度”及“对齐”等参数，用于控制墙体的形状及墙体基线的对齐方式。

图 3-72　岗楼

下面将以岗楼的建模为例，对内置门、窗户及“AEC 扩展”对象的应用进行介绍，最终效果如图 3-72 所示。创建岗楼模型的具体操作步骤如下：

Step 01　通过“长方体”工具在场景中创建一个长、宽均为 4 000，高为 1 100 的长方体，如图 3-73 所示。

Step 02 通过“长方体”工具在场景中创建一个长、宽均为 6 000，高为 350 的长方体，将其放置于之前绘制的长方体的顶部，利用对齐工具将其中心对齐，如图 3-74 所示。

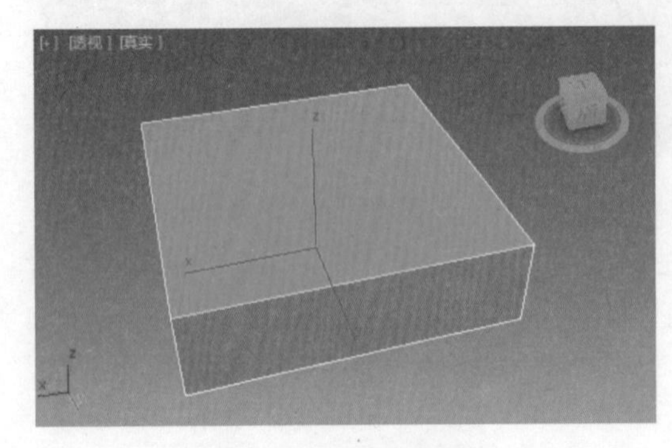

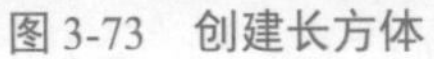
图 3-73 创建长方体

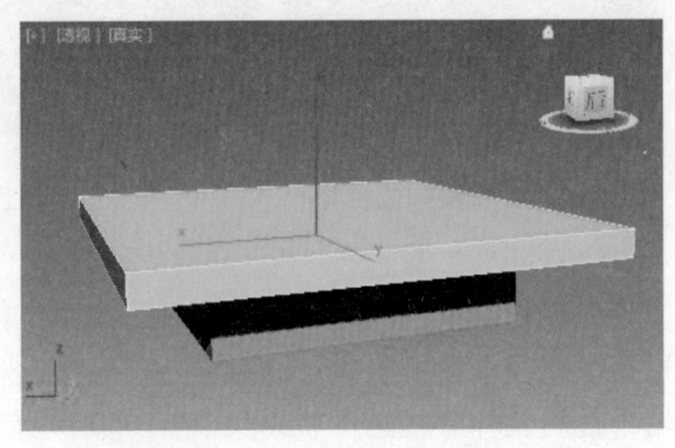

图 3-74 创建长方体并对齐

Step 03 切换几何体创建类型为“AEC 扩展”，单击“墙”按钮，设置墙体的宽度和高度，如图 3-75 所示。

Step 04 开启捕捉，通过捕捉最下方长方体的四个顶点创建闭合的墙体对象，如图 3-76 所示。

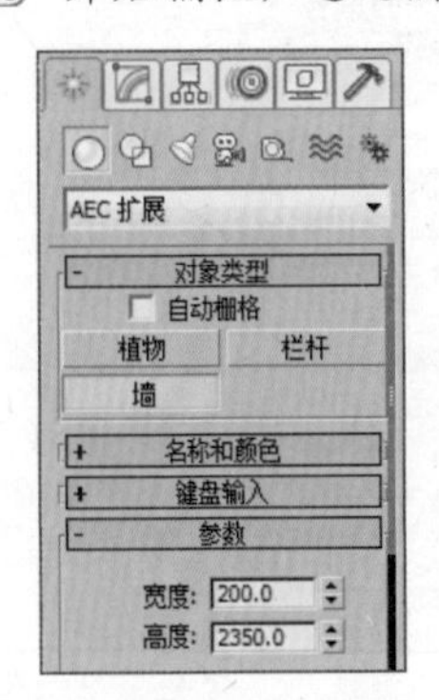

图 3-75 设置墙体的宽与高

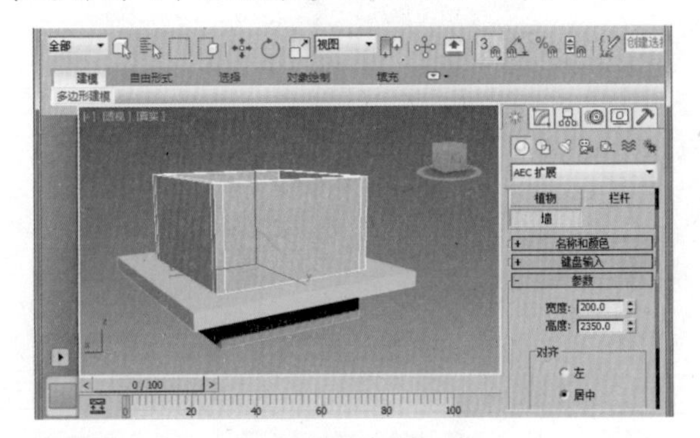

图 3-76 创建墙体

Step 05 通过“长方体”工具在场景中创建一个长为 5 800、宽为 2 710、高为 1 500 的长方体，通过对齐工具将其与墙体的中心对齐，如图 3-77 所示。

Step 06 保持新创建的长方体为选中状态，切换几何体创建类型为“复合对象”，然后单击“布尔”按钮，如图 3-78 所示。

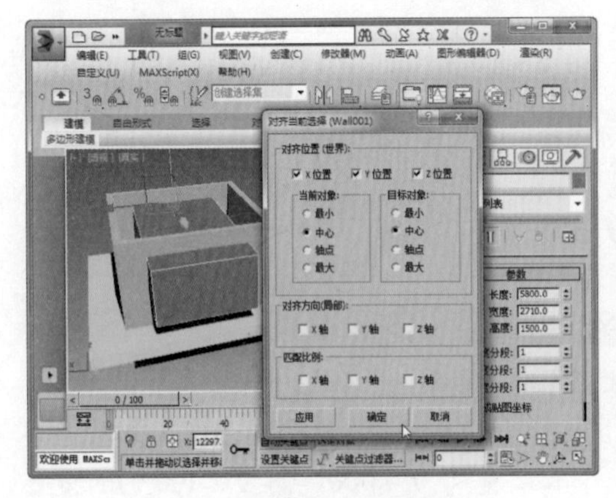

图 3-77 创建长方体并对齐

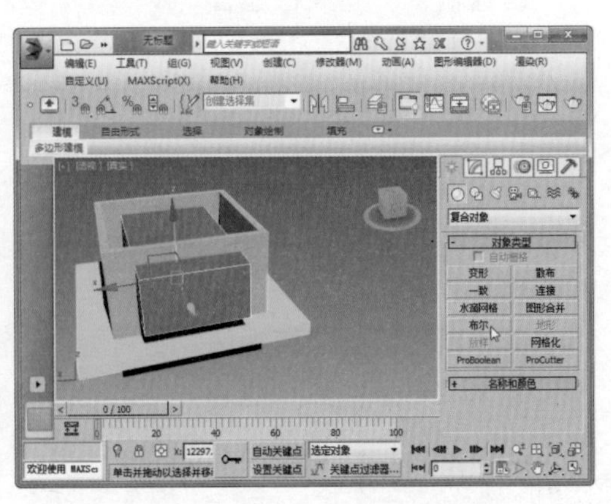

图 3-78 单击“布尔”按钮

Step 07 在“拾取布尔”卷展栏下的“操作”选项区中设置操作类型为“差集（B-A）”，如图 3-79 所示。

Step 08 在“拾取布尔”卷展栏下单击“拾取操作对象 B”按钮，如图 3-80 所示。

图 3-79　设置操作类型

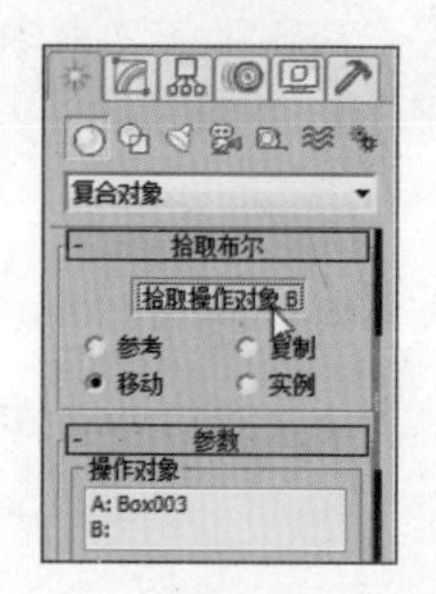

图 3-80　拾取操作对象 B

Step 09 单击拾取墙体对象，完成差集布尔运算。采用同样的方法，对墙体的另一侧执行差集操作，效果如图 3-81 所示。

Step 10 通过“长方体”工具分别创建长为 1 000、宽为 890、高为 2 000 的长方体，以及长为 1 000、宽为 890、高为 1 000 的长方体，然后将其移到场景中的合适位置，如图 3-82 所示。

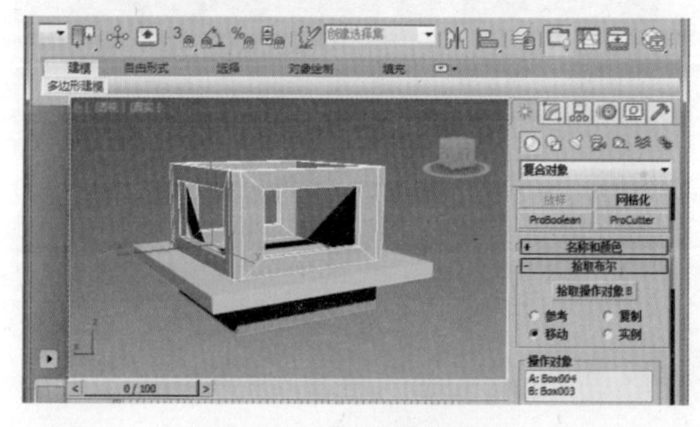

图 3-81　执行差集操作

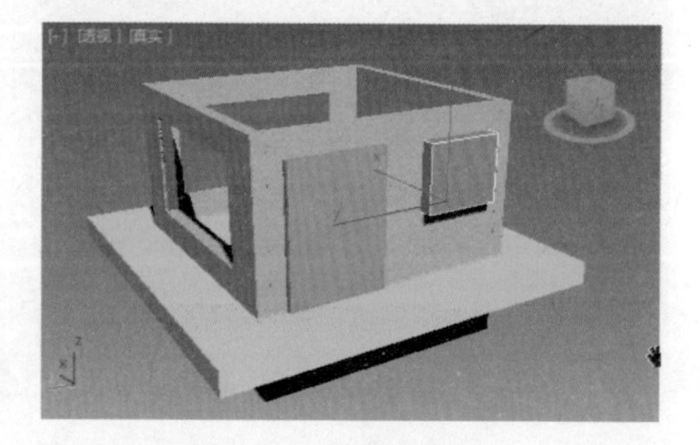
图 3-82　创建长方体

Step 11 采用同样的方法，将新创建的长方体从墙体中减去，如图 3-83 所示。

Step 12 切换几何体创建类型为“门”，单击“枢轴门”按钮，创建门模型，设置其“高度”“宽度”“深度”及“门框”等参数，如图 3-84 所示。

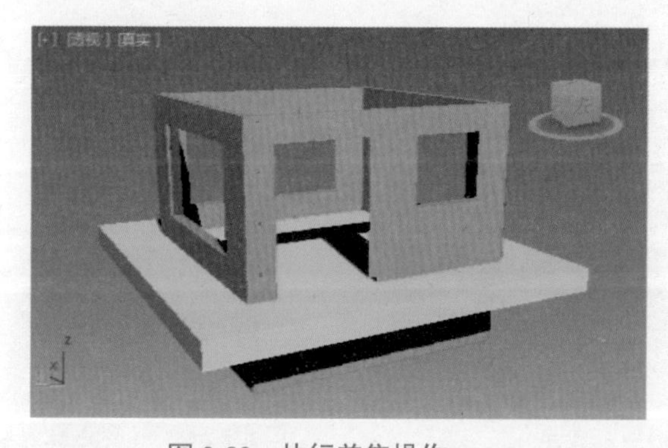
图 3-83　执行差集操作

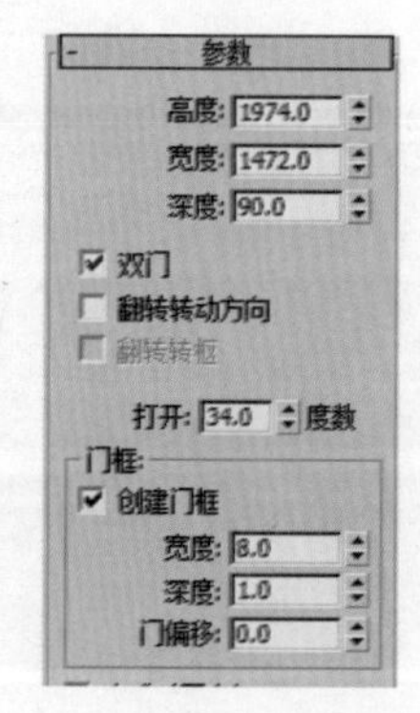

图 3-84　设置门参数

Step 13 将门模型移到场景中的合适位置，效果如图 3-85 所示。

Step 14 切换几何体创建类型为“窗”，单击“推拉窗”按钮，创建推拉窗模型，设置其“高度”“宽度”“深度”及“窗框”等参数，如图 3-86 所示。

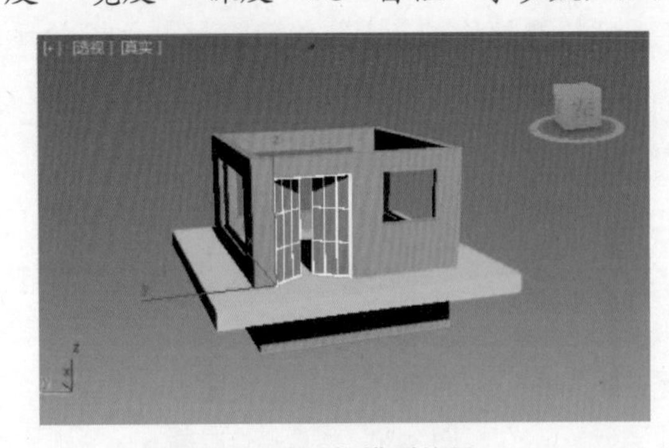
图 3-85 移动门模型位置

图 3-86 设置推拉窗参数

Step 15 将窗户模型移到场景中的合适位置，效果如图 3-87 所示。

Step 16 通过“阵列”工具创建其他三个窗户模型，并调整其中门模型一侧窗户模型的大小为合适值，如图 3-88 所示。

图 3-87 移动窗户模型位置

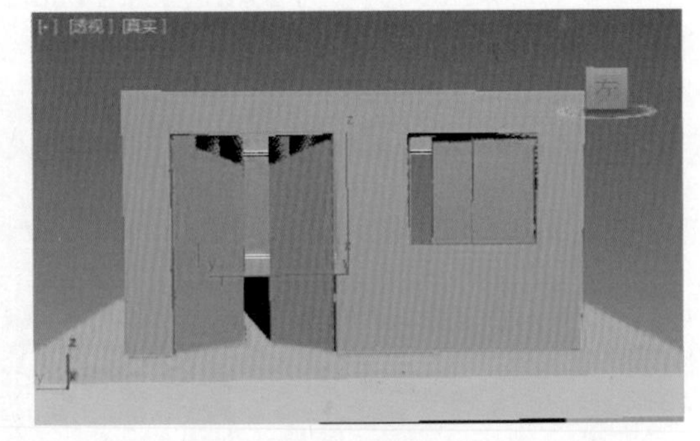
图 3-88 创建其他窗户模型

Step 17 通过“矩形”工具创建长、宽均为 6 000 的矩形。切换到几何体创建类型下的“AEC 扩展”类型，单击“栏杆”按钮，用拾取矩形路径创建栏杆模型，效果如图 3-89 所示。

Step 18 在“修改”面板下的“栏杆”卷展栏中设置其“分段”和上围栏的“剖面”“深度”等参数，如图 3-90 所示。

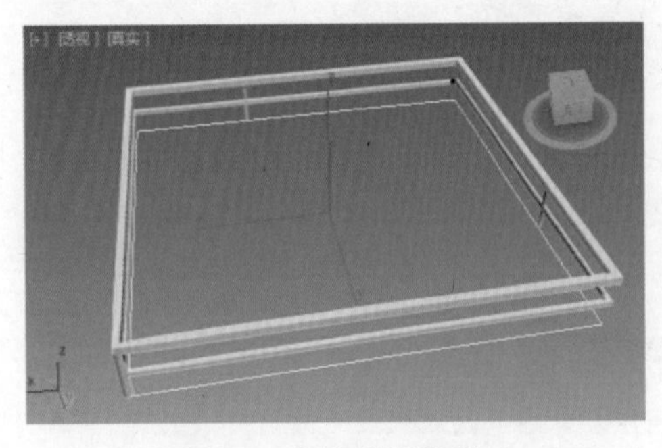
图 3-89 创建栏杆模型

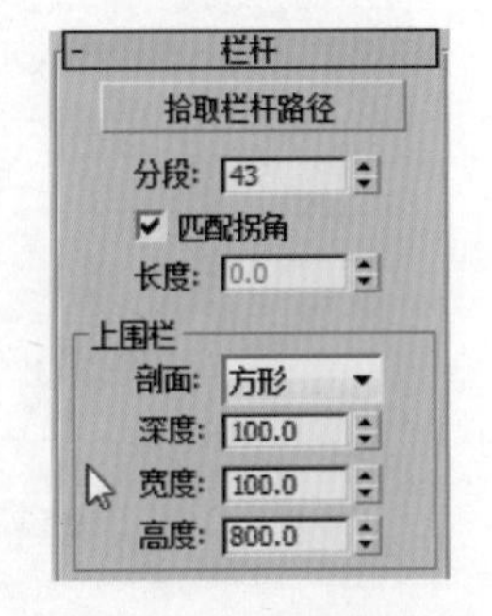

图 3-90 设置栏杆参数

Step 19 单击“立柱”卷展栏左下方的“立柱间距”按钮，如图 3-91 所示。

Step 20 弹出“立柱间距”对话框，在“参数”选项区的“计数”数值框中进行设置，然后单击“关闭”按钮，如图 3-92 所示。

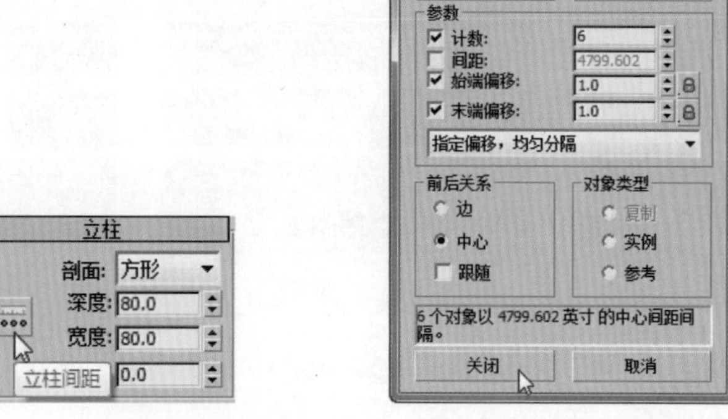

图 3-91 单击“立柱间距”按钮　　图 3-92 设置立柱参数

Step 21 此时即可查看更改立柱参数后的栏杆效果，如图 3-93 所示。

Step 22 将栏杆对象与场景中的长方体对齐并进行适当缩放，然后复制栏杆底部的长方体到墙体顶部，即可完成岗楼模型的创建，如图 3-94 所示。

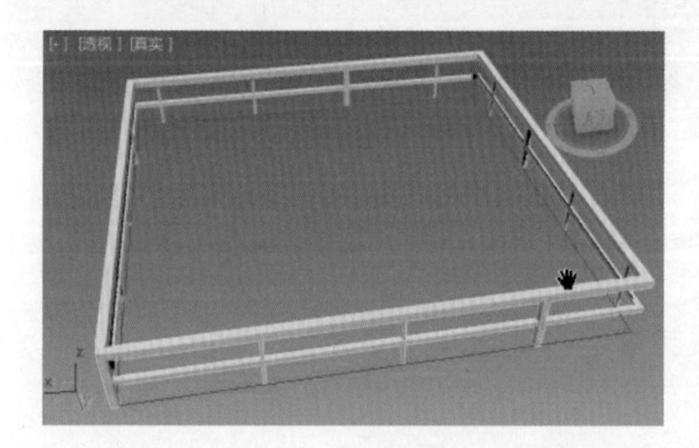

图 3-93 更改立柱参数后的栏杆效果

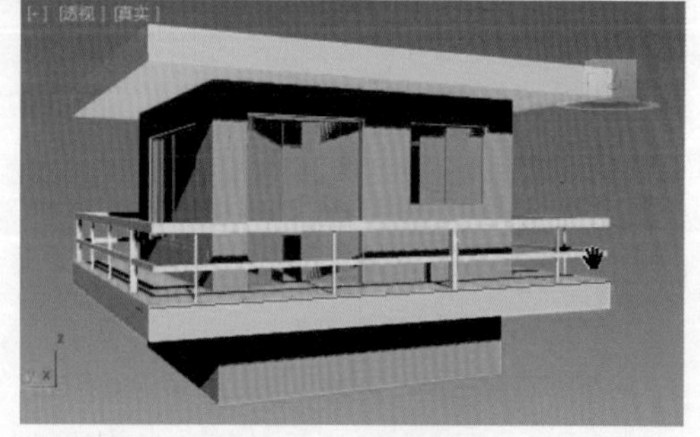

图 3-94 岗楼模型

实例 3 创建内置楼梯模型——制作岗楼楼梯

3ds Max 2015 提供了四种类型的内置楼梯模型创建工具，分别为“L 形楼梯”“U 形楼梯”“直线楼梯”和“螺旋楼梯”。用户可以通过这些工具创建四种类型的楼梯模型，如图 3-95 所示。

L 形楼梯

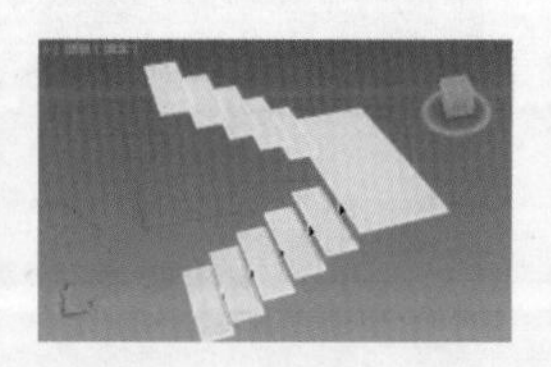

U 形楼梯

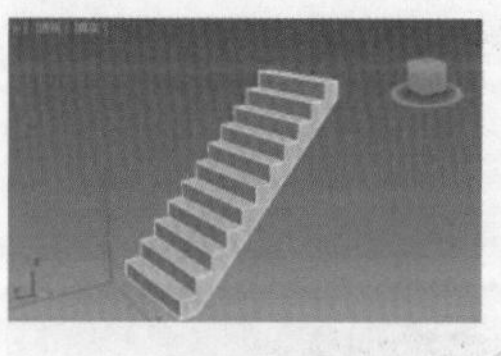

直线楼梯

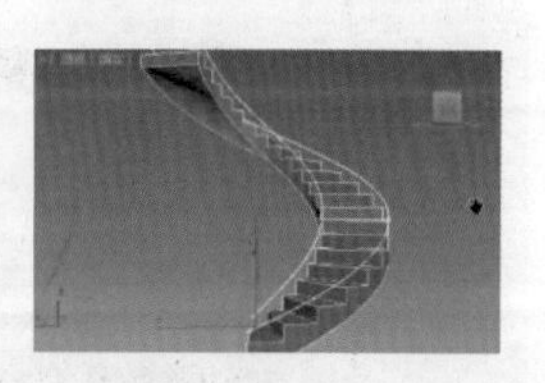

螺旋楼梯

图 3-95 内置楼梯模型

四种楼梯模型在参数设置上大体相同，均包含“参数”卷展栏、“支撑梁”卷展栏、“栏杆”卷展栏及“侧弦”卷展栏。通过“参数”卷展栏下的“类型”选项区，可以对楼梯的开放类型进行自定义，其类型包含“开放式”“封闭式”及“落地式”三种，如图 3-96 所示。“生成几何体”选项区用于控制楼梯侧弦、支撑梁及扶手的显示状态；“布局”选项区用于控制楼梯的布局效果；“梯级”选项区用于调整楼梯的梯级形状；“台阶”选项区用于调整台阶的形状。

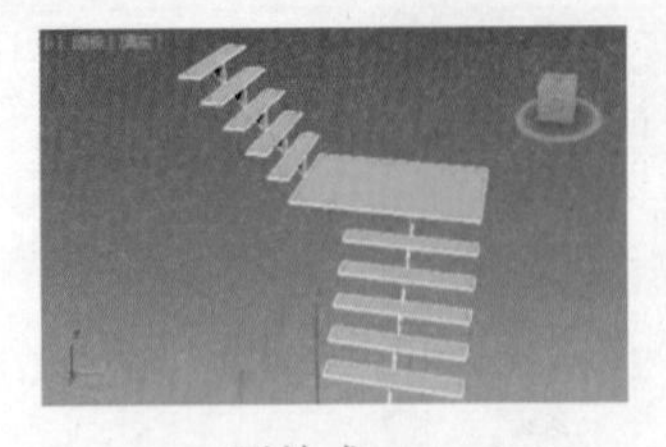

开放式

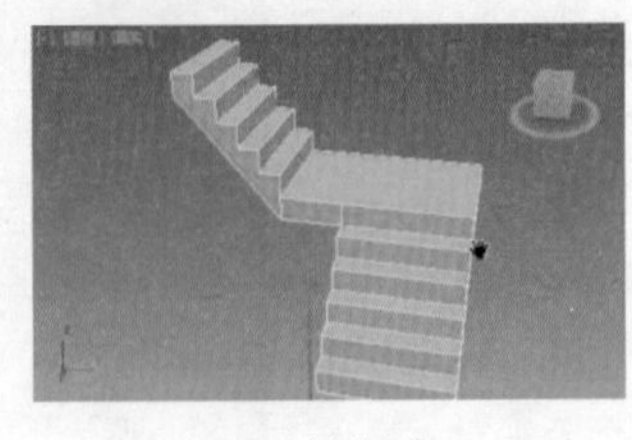

封闭式

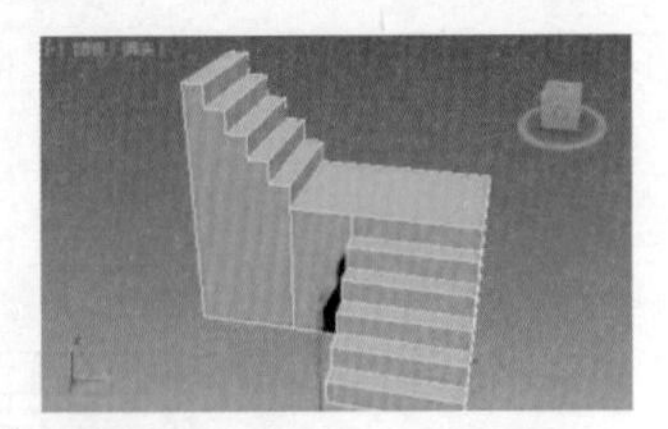

落地式

图 3-96　楼梯的开放类型

“支撑梁”卷展栏用于设置楼梯支撑梁的离地深度、宽度、间距，以及是否延伸到地面等参数。当楼梯类型为“开放式”时，“支撑梁”卷展栏中的参数才可用。

“栏杆”卷展栏用于设置栏杆距离台阶的高度、偏移量、分段数目，以及栏杆的半径厚度等参数。只有在“生成几何体”选项区中开启“扶手”选项后，该卷展栏下的参数才可用。

“侧弦”卷展栏用于设置侧弦的离地深度、宽度、偏移量，以及侧弦的延伸方式等参数。只有在“生成几何体”选项区中开启“侧弦”选项后，该卷展栏下的参数才可用。

下面将以为岗楼模型创建楼梯为例，对楼梯对象的应用进行介绍，最终效果如图 3-97 所示。

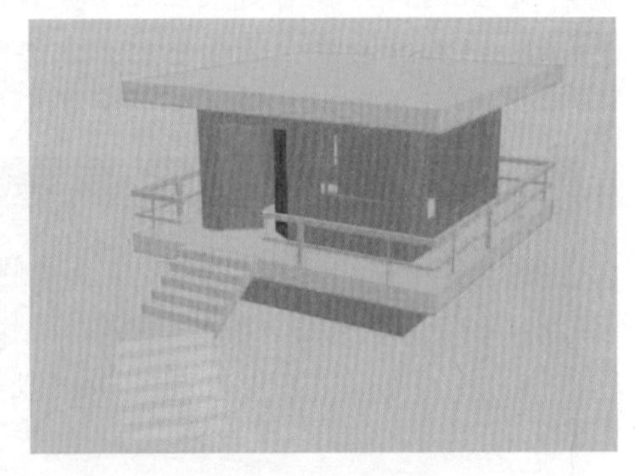

图 3-97　楼梯模型

创建岗楼楼梯模型的具体操作步骤如下：

Step 01 打开“素材\第 3 章\内置楼梯模型.max”文件，如图 3-98 所示。

Step 02 选择栏杆模型并单击鼠标右键，在弹出的快捷菜单中选择“转换为”|“转换为可编辑多边形”命令，如图 3-99 所示。

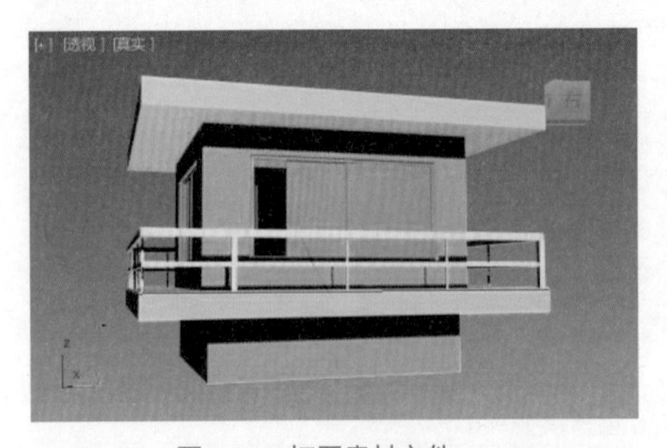

图 3-98　打开素材文件

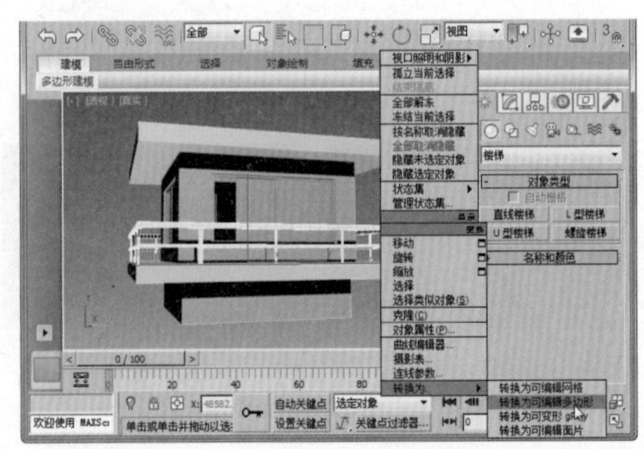

图 3-99　转换为可编辑多边形

Step03 此时，栏杆对象变为可编辑多边形。切换到“修改”面板，在“选择”卷展栏下单击“边”按钮◁，切换到“边”子对象层级，如图 3-100 所示。

Step04 在场景中的栏杆对象上选择要编辑的边，如图 3-101 所示。

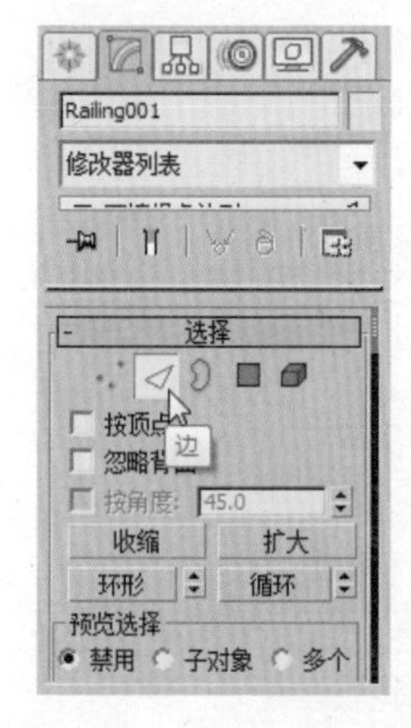

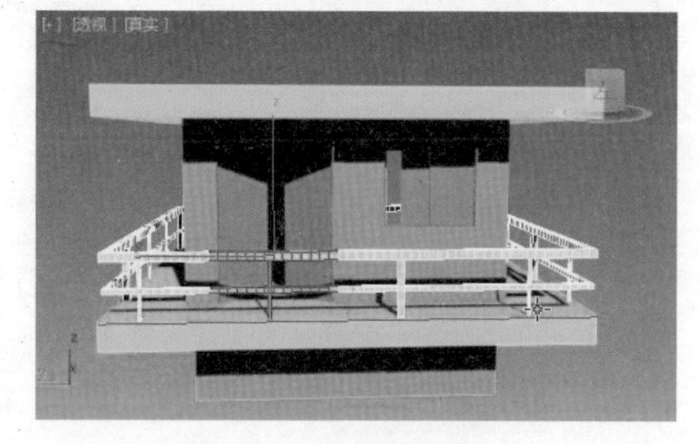

图 3-100 单击“边”按钮　　图 3-101 选择要编辑的边

Step05 将选中的部分删除，然后在“选择”卷展栏下单击“顶点”按钮⁘，切换到“顶点”子对象层级，调整对象的顶点位置，如图 3-102 所示。

Step06 在“选择”卷展栏下单击“边界”按钮Ɔ，切换到“边界”子对象层级，选择图形断开处的矩形边界，如图 3-103 所示。

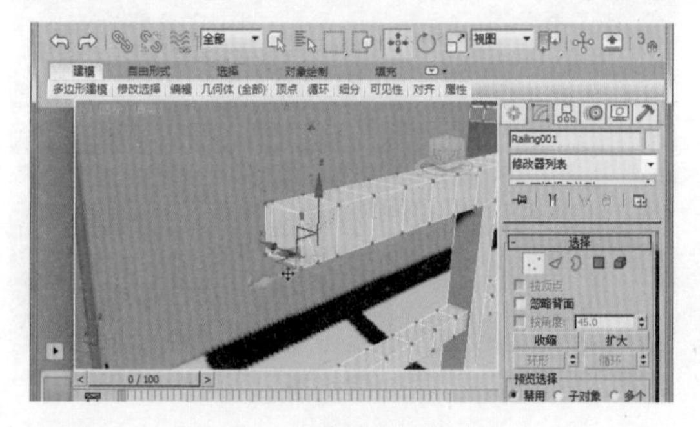

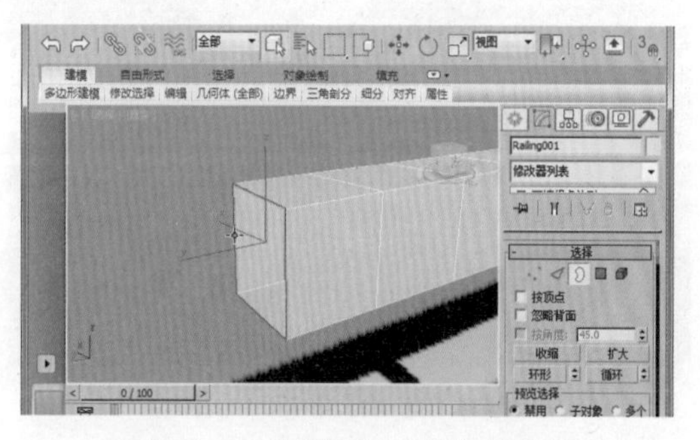

图 3-102 调整顶点位置　　图 3-103 选择断开处的矩形边界

Step07 在“编辑边界”卷展栏下单击“封口”按钮，如图 3-104 所示。

Step08 此时即可在断开处创建一个闭合的矩形面。采用同样的方法，为其他断开处创建封口，如图 3-105 所示。

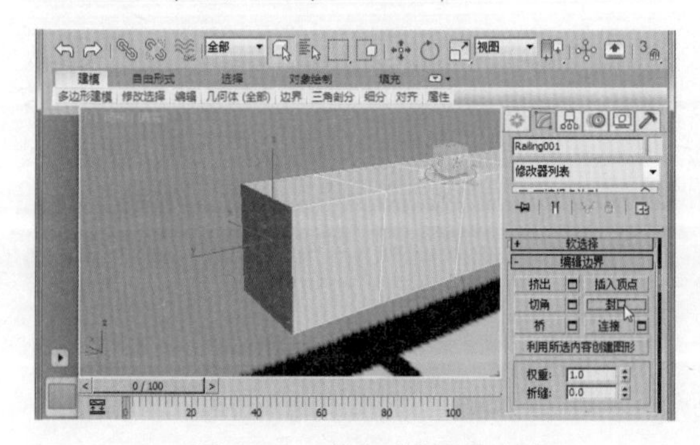

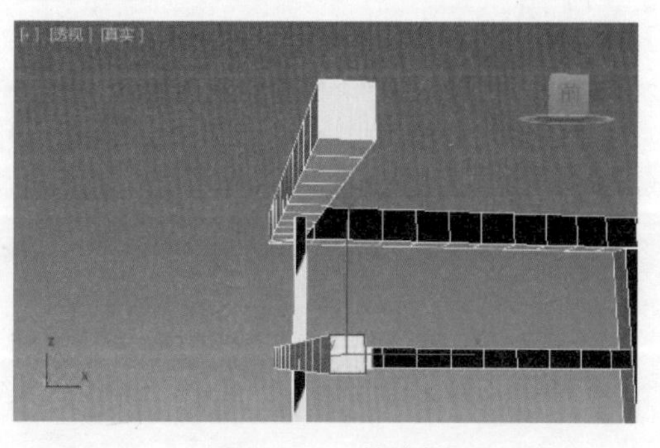

图 3-104 单击“封口”按钮　　图 3-105 创建封口

Step 09 切换到“创建”面板，设置几何体创建类型为“楼梯”，然后单击“对象类型”卷展栏下的“L 型楼梯”按钮，如图 3-106 所示。

Step 10 在场景中创建一个 L 型楼梯，然后在“参数”卷展栏下调整其各项参数，如图 3-107 所示。

图 3-106 单击“L 型楼梯”按钮

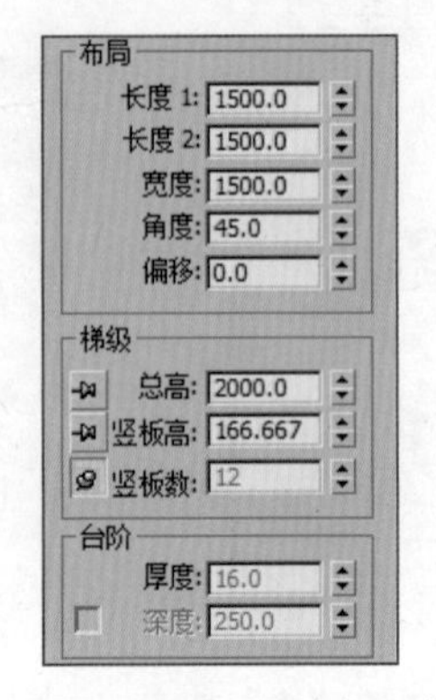

图 3-107 调整各项参数

Step 11 此时查看场景中新创建的楼梯模型，效果如图 3-108 所示。

Step 12 将楼梯对象移到场景中的适当位置，效果如图 3-109 所示。

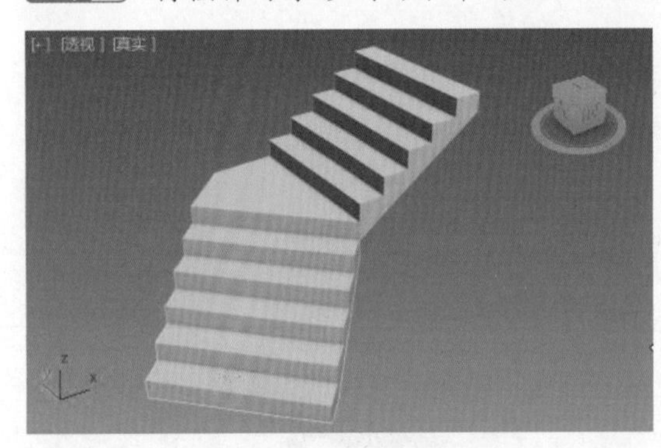

图 3-108 楼梯模型效果

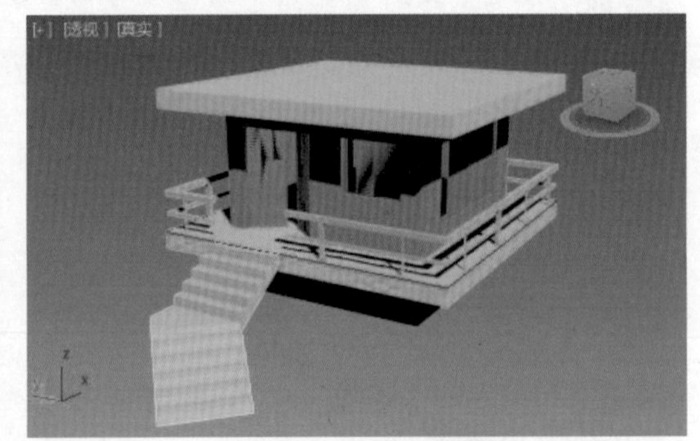

图 3-109 移动楼梯位置

3.4 二维图形的应用

在 3ds Max 2015 中，二维图形包括样条线及扩展样条线等创建类型，可以用于创建线、矩形、圆、星形和文本等多种二维图形。用户可以通过修改二维图形的参数，将其转换为可渲染的三维对象。

实例 1 创建样条线——制作椅子模型

在“创建”面板中单击“图形”按钮，即可切换到“样条线”创建面板。通过该面板可以创建多种类型的样条线，如图 3-110 所示。

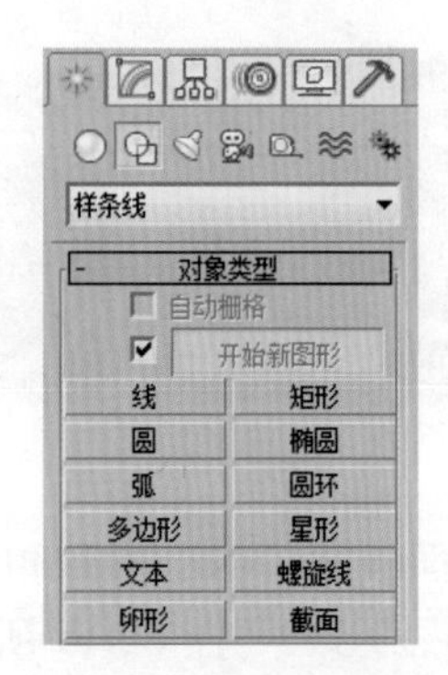

图 3-110　“样条线”创建面板

其中，“线”工具是最常用的一种样条线创建工具。“线”工具的参数包括“渲染”卷展栏、“插值”卷展栏、“创建方法”卷展栏及“键盘输入”卷展栏。

“渲染”卷展栏用于设置线是否在渲染及视口中启用、线的渲染类型、线的自动平滑方式等。如图 3-111、图 3-112 所示分别为设置了“径向”渲染和“矩形”渲染的样条线。

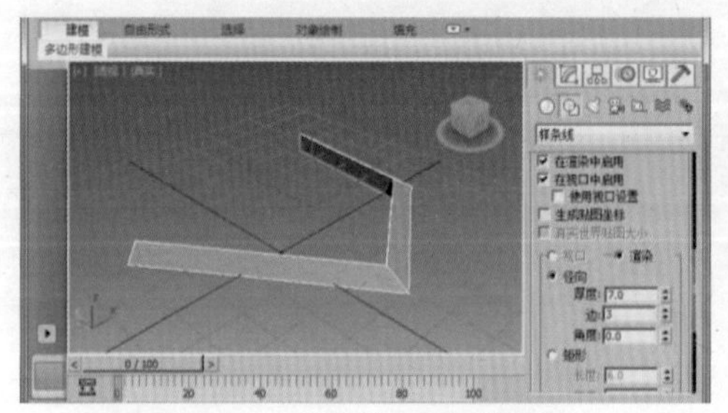

图 3-111　“径向”渲染样条线

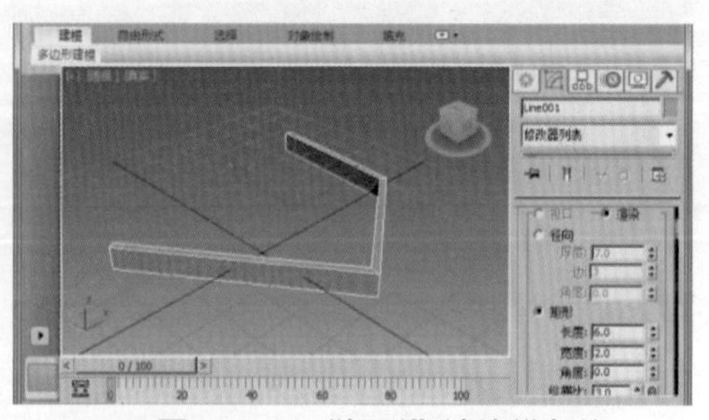

图 3-112　“矩形”渲染样条线

“插值”卷展栏用于设置线的插值步数、自动优化及自适应方式等参数。如图 3-113、图 3-114 所示分别为设置了不同插值步数的线。

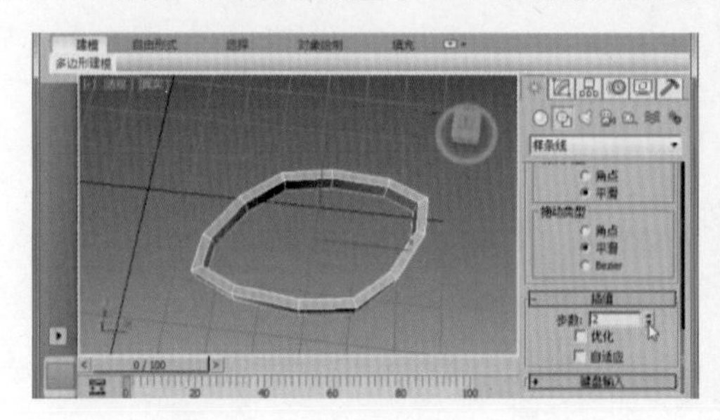

图 3-113　插值步数为 2

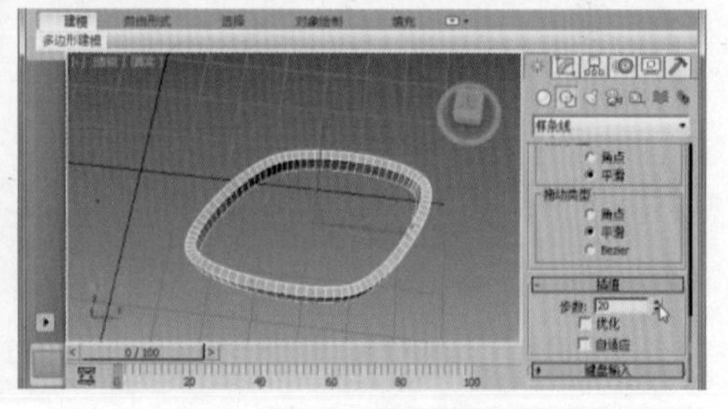

图 3-114　插值步数为 20

“创建方法”卷展栏用于设置创建线的初始类型和拖动类型。初始类型即通过单击创建线时所创建的顶点所具有的类型，拖动类型即通过按住鼠标左键进行拖动创建线时所创建的顶点所具有的类型。

在“创建方法”卷展栏下可以选择三种不同类型的顶点，分别为“角点”“平滑”及“Bezier”。

- **角点**：在线的顶点处没有弧度，如图 3-115 所示。
- **平滑**：在线的顶点处呈平滑状，如图 3-116 所示。
- **Bezier**：在线的顶点两端有调节杆，可以对线进行细微调节，如图 3-117 所示。

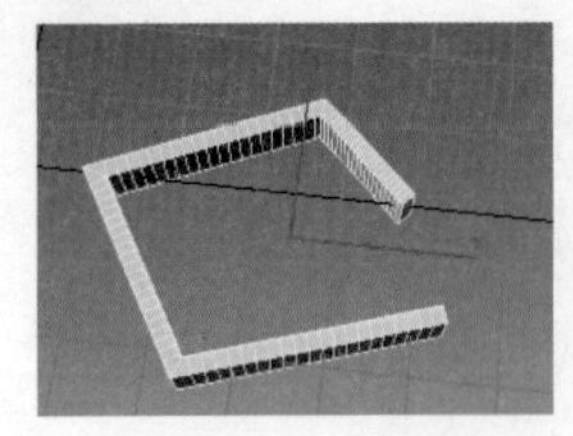

图 3-115 角点

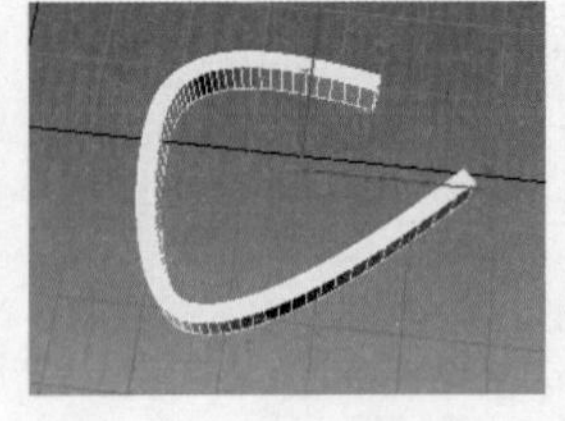

图 3-116 平滑

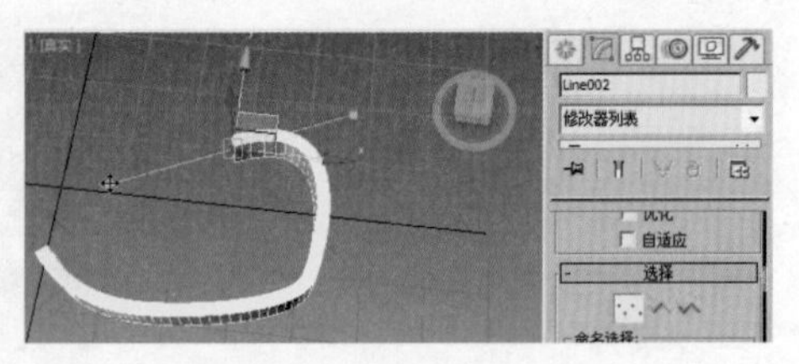

图 3-117 Bezier

其他类型的样条线在“创建”面板下的参数大致相同，只是多了“参数”卷展栏，用于对图形的特定参数进行设置。如图 3-118、图 3-119 所示分别为“文本”与“螺旋线”的图形效果以及与其对应的参数。

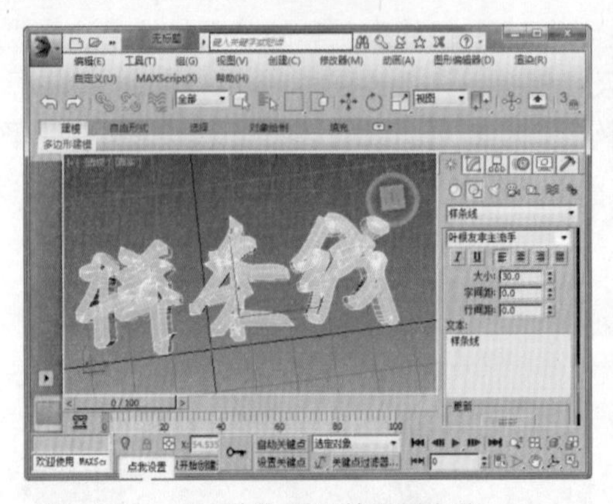

图 3-118 “文本”图形效果及参数

图 3-119 “螺旋线”图形效果及参数

下面将以椅子模型的创建为例，对样条线图形的应用进行介绍，最终效果如图 3-120 所示。

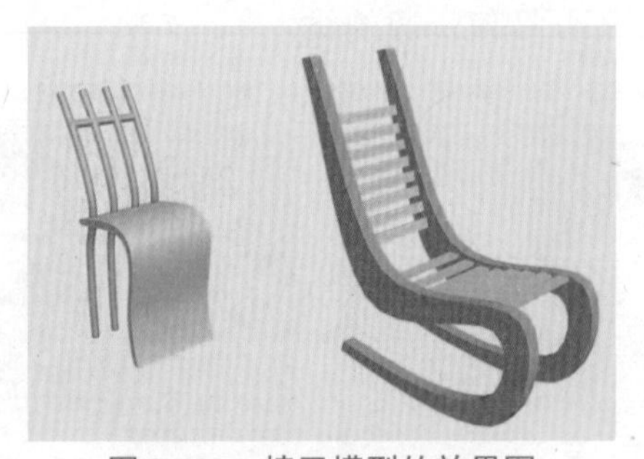

图 3-120 椅子模型的效果图

创建椅子模型的具体操作步骤如下：

Step 01 在“创建”面板中单击“图形”按钮，切换到“样条线”创建面板。单击“线”按钮，在“创建方法”卷展栏下的“初始类型”选项区中单击“平滑”单选按钮，如图 3-121 所示。

Step 02 切换到左视图，在场景中依次单击指定各顶点的位置，绘制如图 3-122 所示的样条线。

Step 03 切换到“修改”面板，在修改器列表下方的堆栈中展开到“Line” |“样条线”选项，从而切换到“样条线”子对象层级，如图 3-123 所示。

Step 04 通过“修改”面板下“几何体”卷展栏中的“轮廓”数值框，为样条线添加轮廓，如图 3-124 所示。

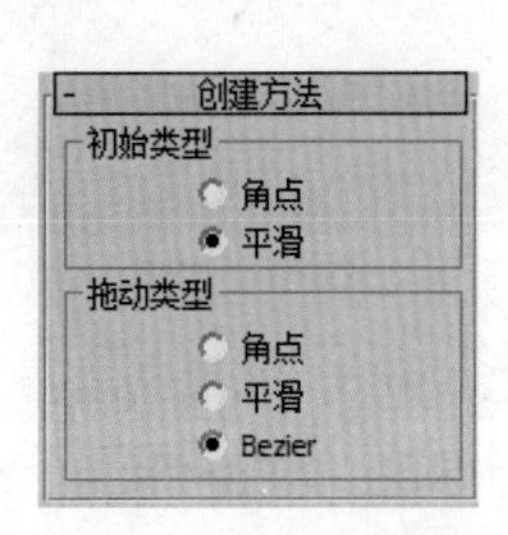

图 3-121 单击“平滑”单选按钮

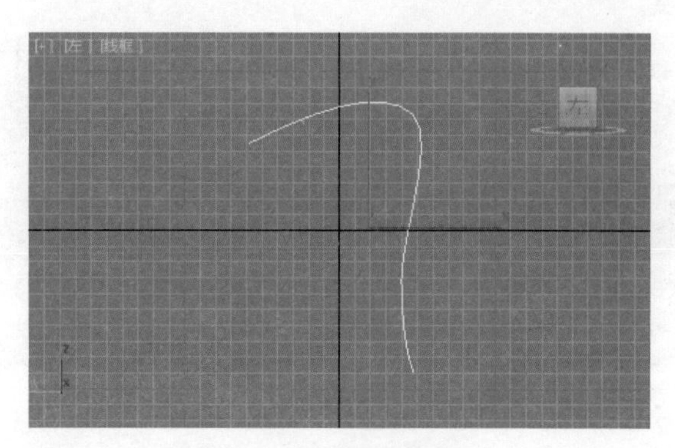

图 3-122 绘制样条线

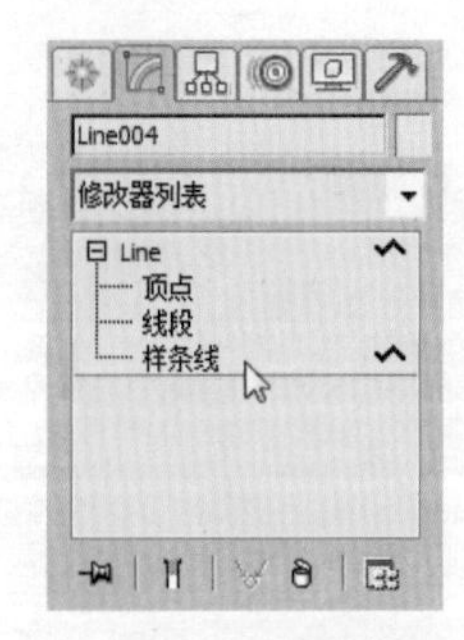

图 3-123 切换到“样条线”层级

图 3-124 为样条线添加轮廓

Step 05 切换到“顶点”子对象层级，适当调整图形底部的顶点位置，使其保持水平。添加轮廓值并调整顶点位置后的样条线效果如图 3-125 所示。

Step 06 单击“修改器列表”下拉按钮，在弹出的下拉列表中选择“挤出”选项，即可添加“挤出”修改器，如图 3-126 所示。

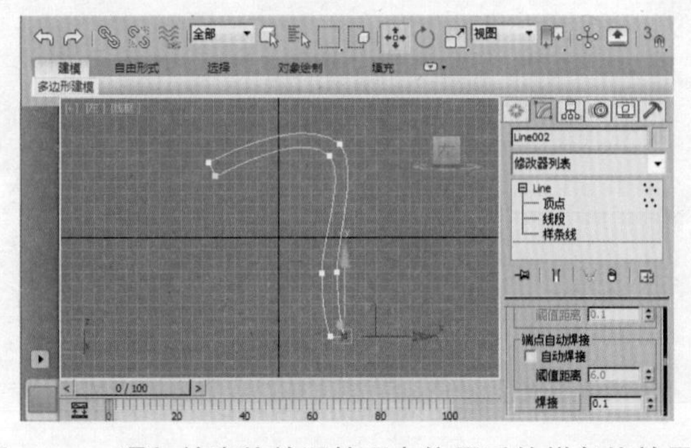

图 3-125 添加轮廓值并调整顶点位置后的样条线效果

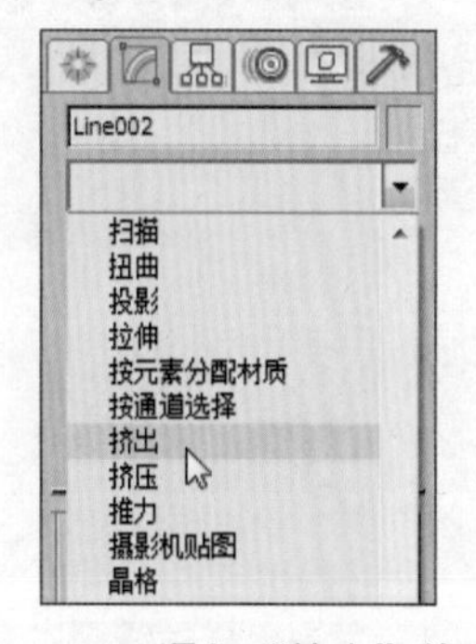

图 3-126 添加“挤出”修改器

Step 07 在“挤出”修改器对应的“参数”卷展栏中设置其“数量”为合适的值，如图 3-127 所示。

Step 08 切换到左视图，通过“线”工具绘制一条如图 3-128 所示的样条线。

Step 09 如果一次绘制出来的线没有达到想要的效果，可在修改器列表下方的堆栈中展开到“line”｜“顶点”选项，选中需要调整的顶点进行调整，如图 3-129 所示。

Step 10 在“渲染”卷展栏下修改线的厚度为合适值，如图 3-130 所示。

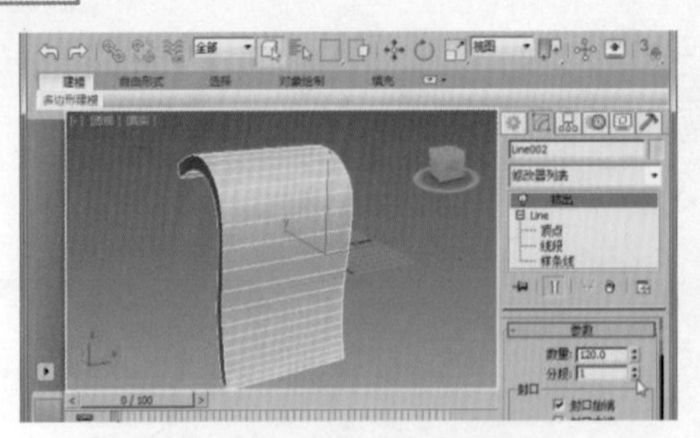
图 3-127　设置挤出数量

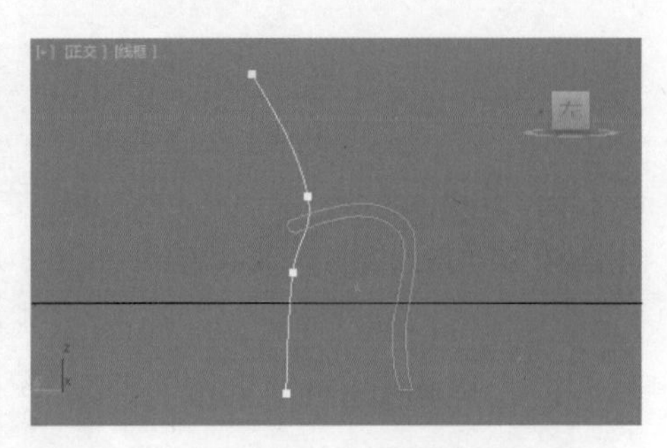
图 3-128　绘制样条线

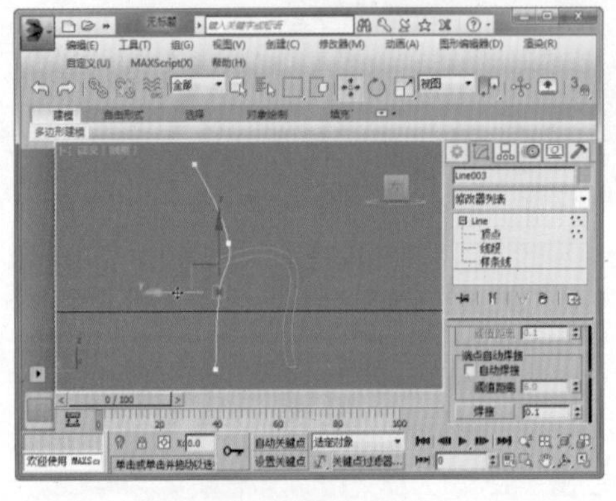
图 3-129　调整顶点

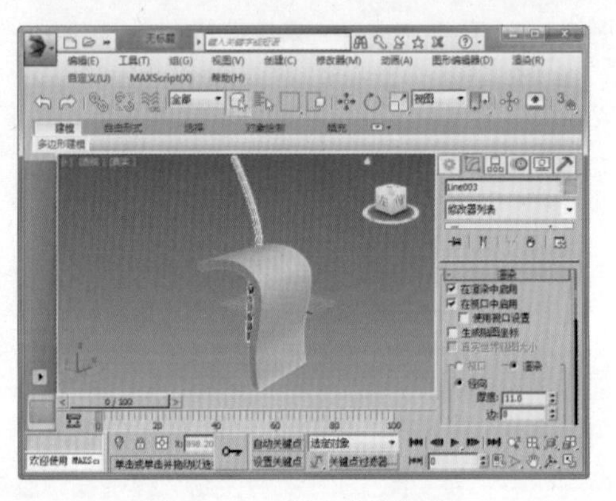
图 3-130　修改渲染厚度

Step 11 选择新绘制的样条线，通过按住【Shift】键拖动的方式复制出样条线的四个副本对象，然后绘制一条直线段并放置到如图 3-131 所示的位置。

Step 12 切换到左视图，在场景中绘制如图 3-132 所示的样条线。

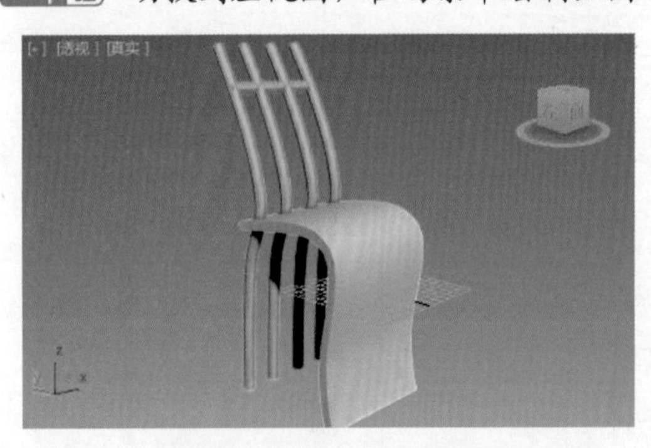
图 3-131　复制出样条线副本对象并绘制直线

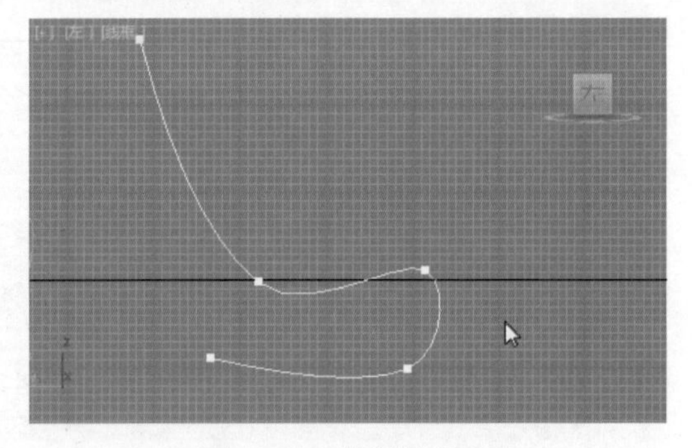
图 3-132　绘制样条线

Step 13 在“修改”面板下切换到“样条线”子对象层级，通过“几何体”卷展栏下的“轮廓”数值框为样条线创建轮廓，效果如图 3-133 所示。

Step 14 切换到“顶点”子对象层级，选择需要转换类型的顶点并单击鼠标右键，在弹出的“工具 1”快捷菜单中可以切换顶点类型，如图 3-134 所示。

Step 15 为样条线添加“挤出”修改器，在其“参数”卷展栏下设置“数量”值为 20，挤出效果如图 3-135 所示。

Step 16 为挤出对象创建一个副本对象，然后在两个对象之间绘制一条水平的样条线，如图 3-136 所示。

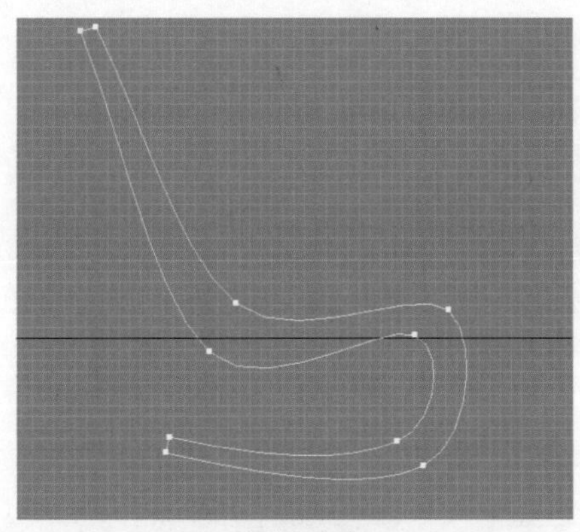

图 3-133　添加轮廓

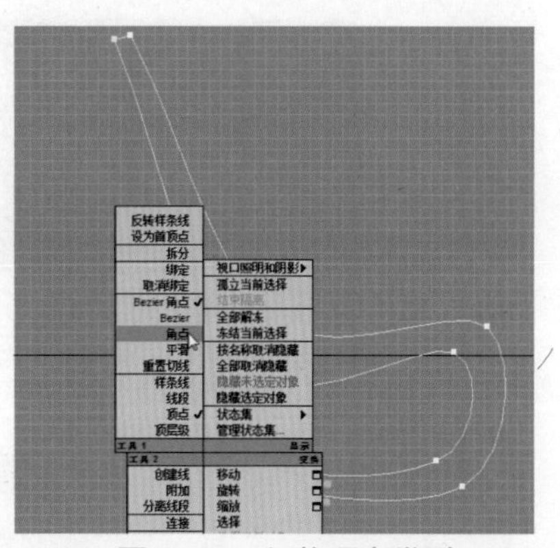

图 3-134　切换顶点类型

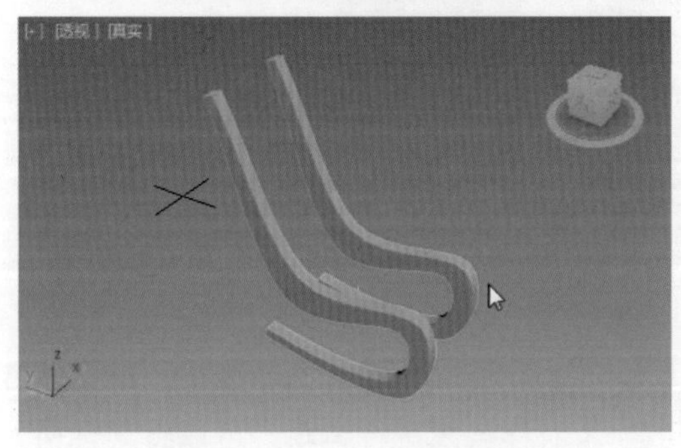

图 3-135　添加挤出效果

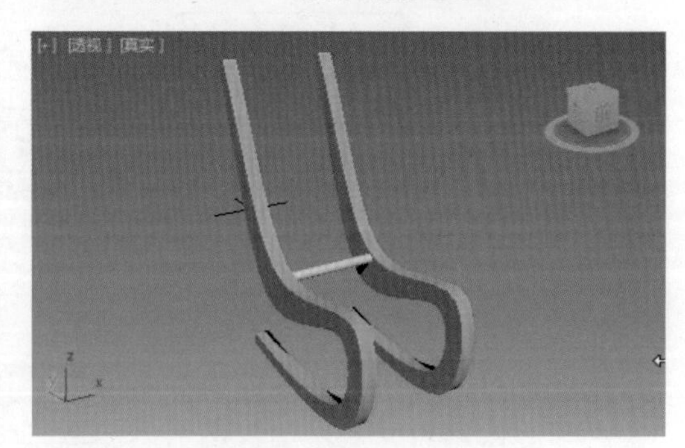

图 3-136　绘制样条线

Step 17 通过“渲染”卷展栏修改新绘制的样条线的渲染类型为“矩形”，设置长度为 14，宽度为 5，然后为样条线创建 7 个副本对象，如图 3-137 所示。

Step 18 通过按住【Shift】键旋转的方式，将矩形对象复制到如图 3-138 所示的位置。

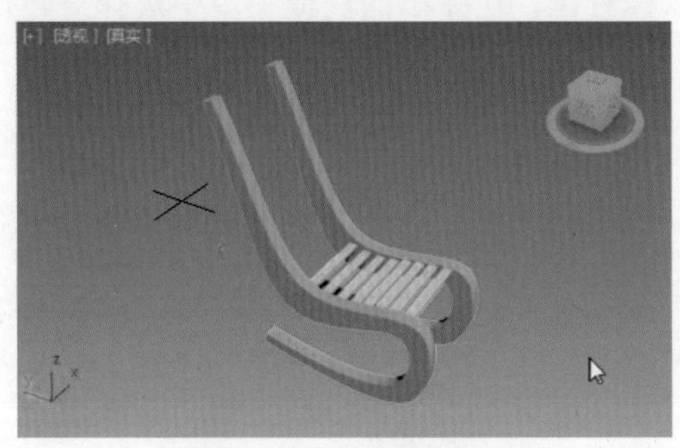

图 3-137　创建副本对象

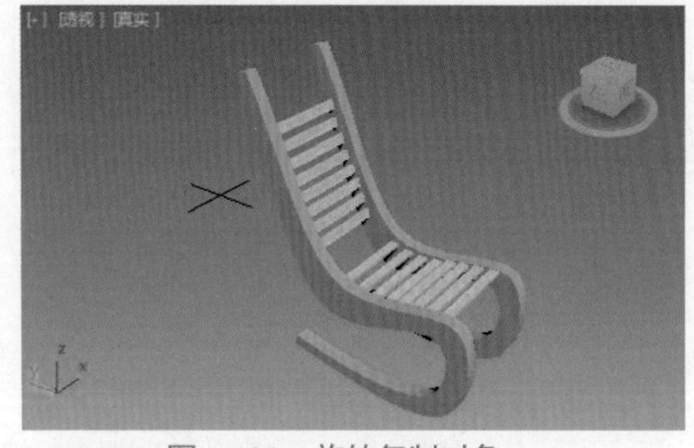

图 3-138　旋转复制对象

实例 2　创建扩展样条线

Step 01 在“创建”面板中单击“图形”按钮。

Step 02 在下方的下拉列表中选择“扩展样条线”选项，即可切换到“扩展样条线”创建面板。通过该面板可以创建五种类型的样条线，如图 3-139 所示。

扩展样条线的参数包括“渲染”卷展栏、“阈值”卷展栏、“插值”卷展栏及“参数”卷展栏等部分，如图 3-140 所示。由于扩展样条线参数与样条线参数大致相同，故在此对其详细设置不再赘述。

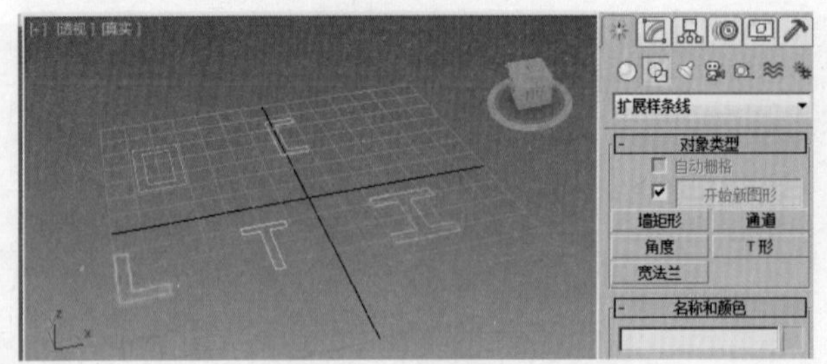

图 3-139 “扩展样条线”创建面板

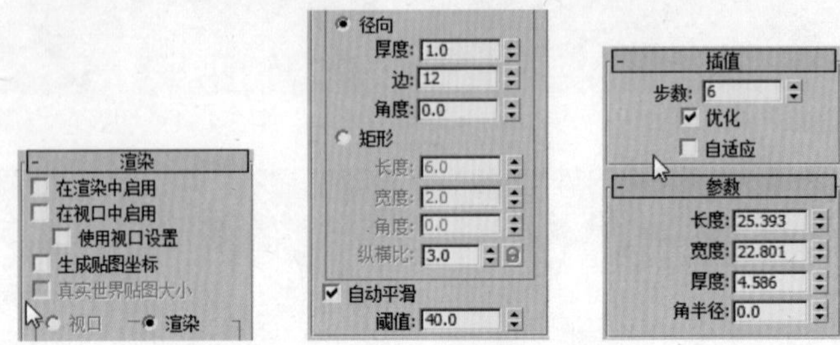

图 3-140 扩展样条线参数

实例 3 创建可编辑样条线

除了通过“线”工具创建的样条线外，其他类型的样条线均为参数化图形，可以通过“参数”卷展栏对其形状进行调节。如果希望进一步对样条线进行编辑，可以将其转换为可编辑的样条线。

1．转换方法

用户可通过两种方法将样条线转换为可编辑样条线。

方法一：选中要转换的二维图形并单击鼠标右键，在弹出的快捷菜单中选择“转换为”|“转换为可编辑样条线”命令。

方法二：选择要转换的二维图形，单击“修改”面板中的“修改器列表”下拉按钮，在弹出的下拉列表中选择“编辑样条线”选项，如图 3-141 所示。

两种方法大致相同，只是通过“方法二”转换样条线后，在其修改器堆栈中会保留源对象选项，从而方便随时对源对象的参数进行调整，如图 3-142 所示。

图 3-141 添加“编辑样条线”修改器

图 3-142 保留源对象的转换

2．层级

当将样条线转换为可编辑样条线后，在“修改”面板的修改器堆栈中将出现“可编辑样条线”选项。通过单击其前面的“+”符号，展开其层级，即可选择“顶点”“线段”或“样条线”层级，从而切换到特定的子对象层级。用户也可以通过其下方的“选择”卷展栏中的相应按钮进行切换，如图 3-143 所示。

通过不同的子对象层级，可以分别对与其对应的顶点、线段和样条线进行编辑。例如，选择“顶点”层级后，可编辑样条线上将出现可控制的顶点，通过“选择并移动”“选择并旋转”等工具可以对顶点进行编辑，如图 3-144 所示。

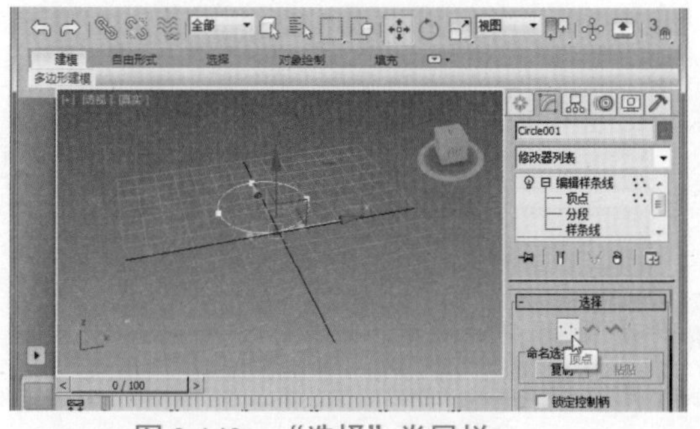

图 3-143　“选择”卷展栏

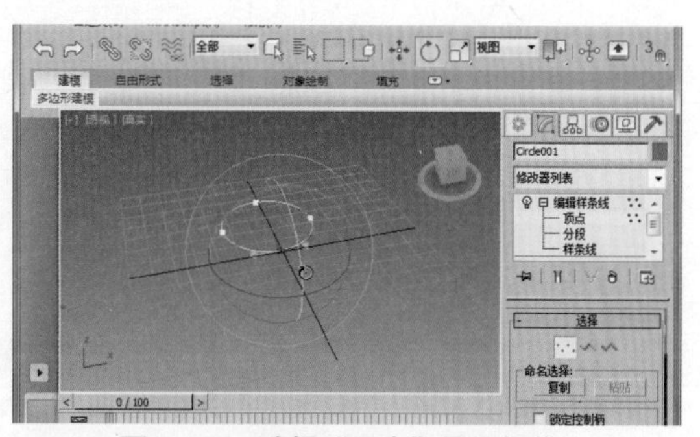

图 3-144　选择“顶点”层级操作

本章小结

本章主要介绍了三维基础建模方式，包括标准基本体和扩展基本体的应用、内置模型的应用及二维图形的应用等。通过对各种建模方式的灵活运用，可制作出多种多样的模型。

本章习题

下面利用本章所学的知识创建凉亭模型，效果如图 3-145 所示。

图 3-145　凉亭模型

重点提示：

①躺椅由两部分组成，分别利用样条线绘制出躺椅线条，通过“挤出”修改器挤出躺椅对象。

②盆栽和楼梯皆为内置模型，其余是由长方体、圆柱体和圆锥体构建。

第 4 章　复合对象建模

【本章导读】

本章将介绍 3ds Max 2015 复合对象建模的相关知识，其中包括布尔运算、ProBoolean 运算、放样建模及其他复合对象建模等，使读者能够通过复合对象建模方式轻松创建复杂的三维模型。

【本章目标】

- 能够运用布尔运算与 ProBoolean 运算方式创建三维模型。
- 能够运用“放样”工具和“变形”工具等创建三维模型。

4.1　布尔运算与 ProBoolean 运算

布尔运算与 ProBoolean 运算即通过对两个或两个以上的对象进行并集、差集或交集等运算，从而获得相应复合对象的创建方式。

实例 1　布尔运算——制作破碎花瓶模型

在“创建”面板下单击“几何体”按钮，然后在下方的下拉列表中选择“复合对象”选项，即可在“对象类型”卷展栏下显示复合对象创建工具。

在未选择任何对象时，“布尔”工具将处于无法启用状态。只有在选中需要进行布尔运算的对象以后，方可启用该工具，如图 4-1、图 4-2 所示。

图 4-1　未选中运算对象

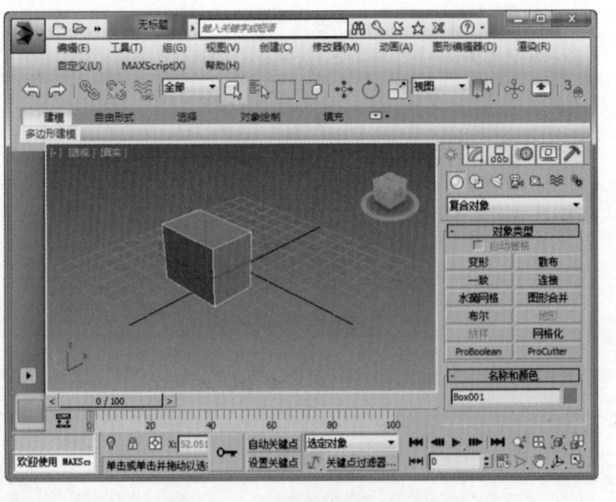

图 4-2　选中运算对象

“布尔”工具包含“拾取布尔”“参数”及“显示/更新”三个卷展栏。

1．“拾取布尔”卷展栏

在选中任意对象作为操作对象 A 并执行“布尔”命令后，单击“拾取布尔”卷展栏中的“拾取操作对象 B”按钮，即可指定操作对象 B，从而进行布尔运算。

在“拾取操作对象 B”按钮下方有四个选项，分别为“参考”“复制”“移动”及“实例”，用于控制目标对象与操作对象 B 之间的关系。

- **参考：**为目标对象创建“参考”类型的副本，并将其作为操作对象 B。当改变目标对象时，操作对象 B 同样会发生改变；但改变操作对象 B 时，不会改变目标对象。
- **复制：**为目标对象创建“复制”类型的副本，并将其作为操作对象 B。目标对象与操作对象 B 之间无相互影响。
- **移动：**将目标对象作为操作对象 B 使用。
- **实例：**为目标对象创建“实例”类型的副本，并将其作为操作对象 B 使用。当改变两者之间的任一对象时，都会影响到另一个对象。

2．“参数”卷展栏

“参数”卷展栏包含“操作对象”选项区和“操作”选项区两部分。其中：

“操作对象”选项区用于显示和选择当前布尔运算中的操作对象 A 与操作对象 B。用户可以通过单击“提取操作对象”按钮提取所选对象的副本。

“操作”选项区用于设置布尔运算的方式，共有五种不同的布尔运算方式。其中，切割操作又有四种不同的类型，如图 4-3 所示。

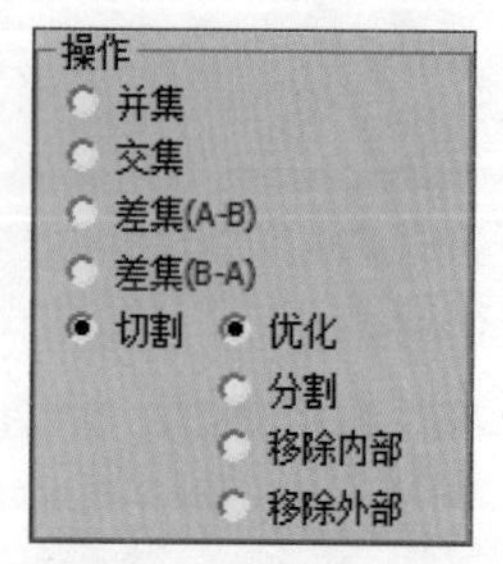

图 4-3　切割操作类型

- **并集：**将两个对象合并为一个整体。
- **交集：**只保留两个对象的相交部分。
- **差集（A-B）：**从对象 A 中减去与对象 B 相交的部分。
- **差集（B-A）：**从对象 B 中减去与对象 A 相交的部分。布尔操作如图 4-4 所示。

A：长方体　B：圆

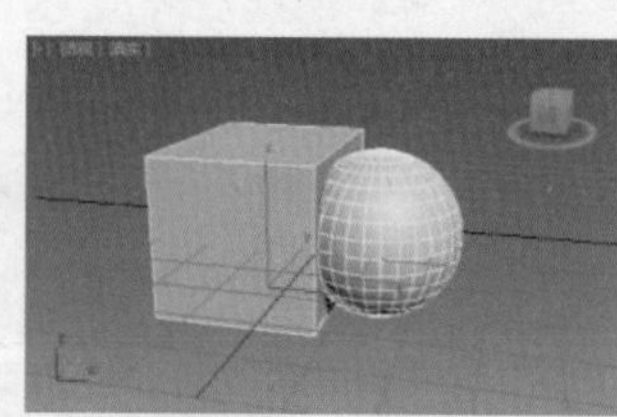

并集

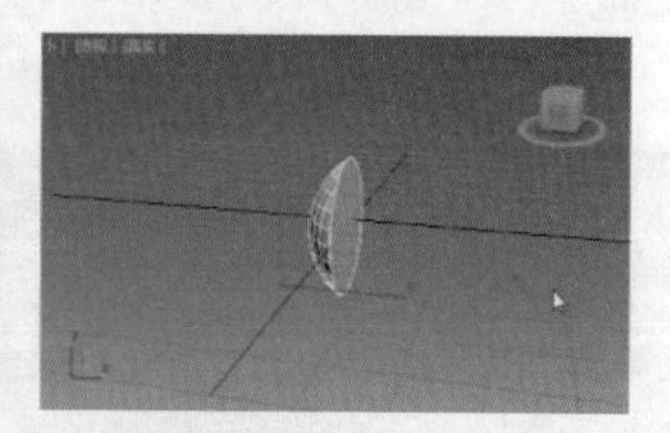

交集

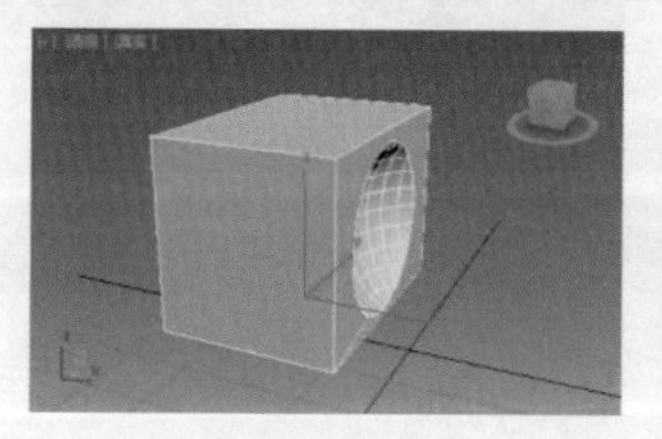

差集（A-B）

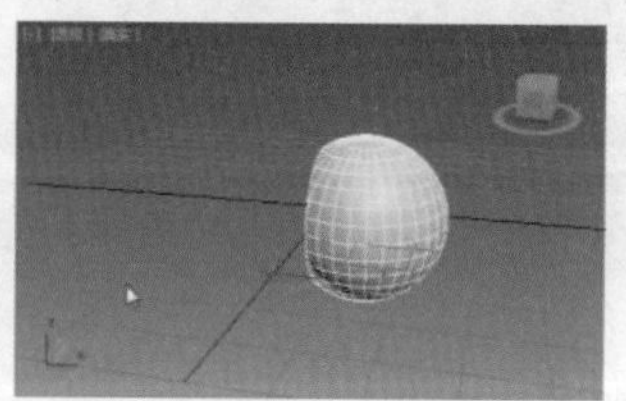

差集（B-A）

图 4-4　布尔操作

- **切割—优化：** 在操作对象 A 上与操作对象 B 的相交之处添加新的顶点和边，以达到细化操作对象 A 表面的作用。
- **切割—分割：** 类似于“优化”。不过通过此种方式可以沿着操作对象 B 剪切操作对象 A 的边界，从而添加第二组顶点和边或两组顶点和边。
- **切割—移除内部：** 删除位于操作对象 B 内部的操作对象 A 的所有面。类似于“差集”操作，不同的是 3ds Max 将不添加来自操作对象 B 的面。
- **切割—移除外部：** 删除位于操作对象 B 外部的操作对象 A 的所有面。类似于“交集”操作，不同的是 3ds Max 不添加来自操作对象 B 的面。

3. “显示/更新”卷展栏

“显示/更新”卷展栏包含“显示”选项区和“更新”选项区两部分。“显示”选项区用于控制布尔运算后是否显示运算结果；“更新”选项区用于控制布尔运算的刷新频率。

下面将以破碎花瓶的建模为例，对布尔运算的应用进行介绍，最终效果如图 4-5 所示。

图 4-5　布尔运算结果

创建破碎花瓶模型的具体操作步骤如下：

Step 01　打开“素材\第 4 章\布尔运算瓶子.max”文件，如图 4-6 所示。

Step 02　在“创建”面板下单击“图形”按钮，然后执行“线”命令，在前视图中花瓶对象的上方绘制如图 4-7 所示的样条线。

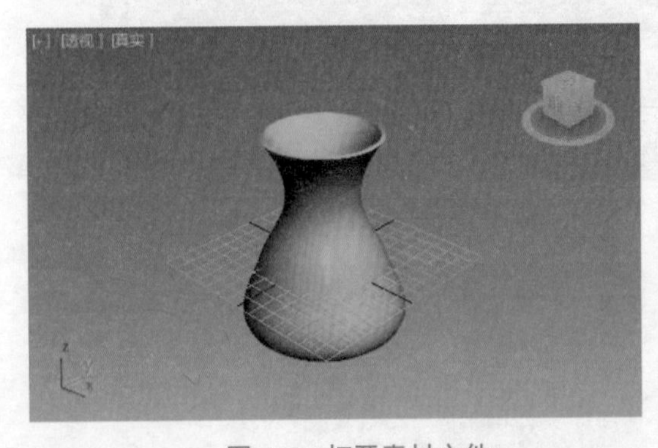

图 4-6　打开素材文件

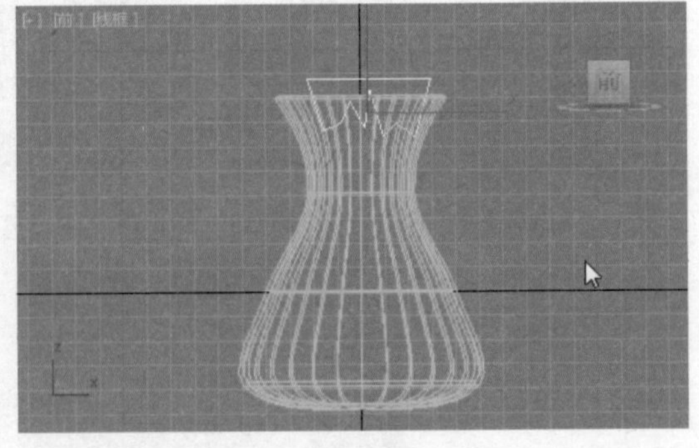

图 4-7　绘制样条线

Step 03　选择新绘制的样条线，切换到“修改”面板，打开修改器下拉列表，选择“挤出”选项，如图 4-8 所示。

Step 04 在“参数”卷展栏下设置挤出的“数量”为 22，将挤出对象移到花瓶对象的适当位置，如图 4-9 所示。

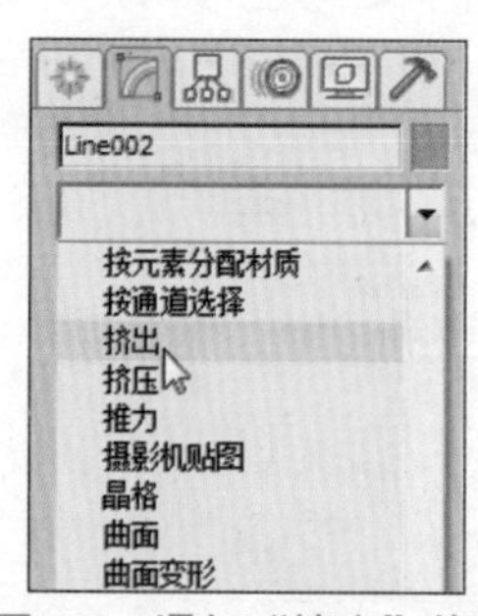

图 4-8　添加“挤出”修改器

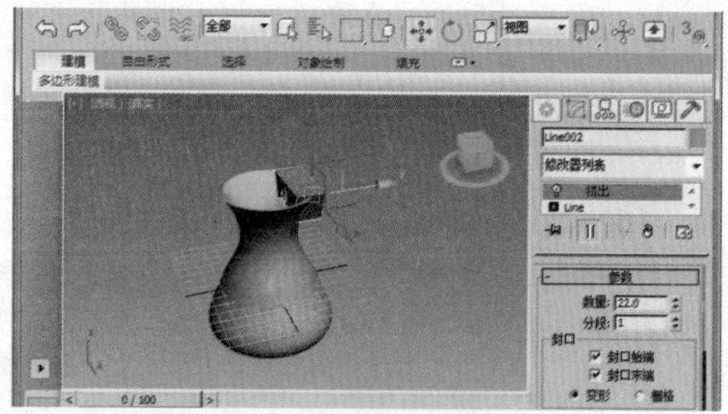

图 4-9　设置挤出数量

Step 05 选择两个对象，按住【Shift】键进行拖动，即可创建副本对象，如图 4-10 所示。

Step 06 选中其中一个花瓶对象，执行“布尔”命令。在“拾取布尔”卷展栏下单击“移动”单选按钮，在“参数”卷展栏的“操作”选项区中单击“交集”单选按钮，如图 4-11 所示。

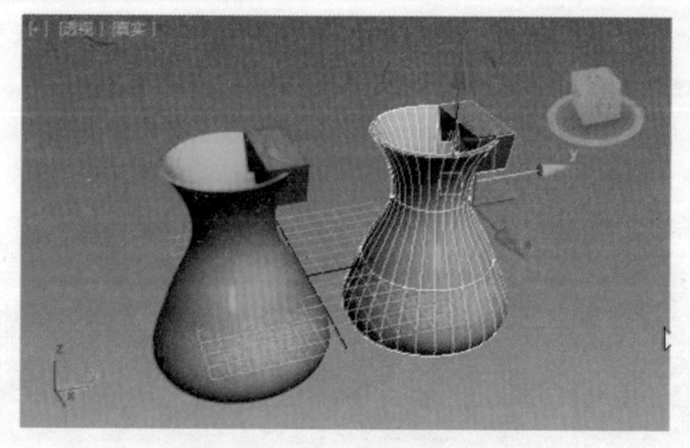

图 4-10　创建副本对象

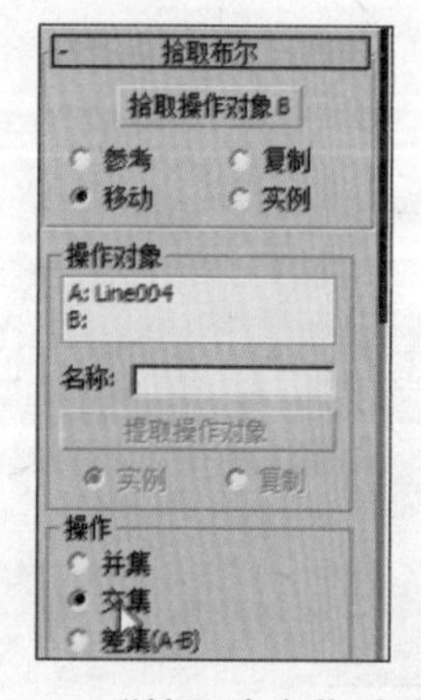

图 4-11　“拾取布尔”卷展栏

Step 07 单击“拾取操作对象 B”按钮，拾取花瓶对象上方的挤出对象，即可执行交集运算，如图 4-12 所示。

Step 08 选中另一个花瓶对象，并执行“布尔”命令。在“参数”卷展栏下的“操作”选项区中单击“差集（A-B）”单选按钮，然后拾取挤出对象，即可完成差集运算，效果如图 4-13 所示。

图 4-12　执行交集运算

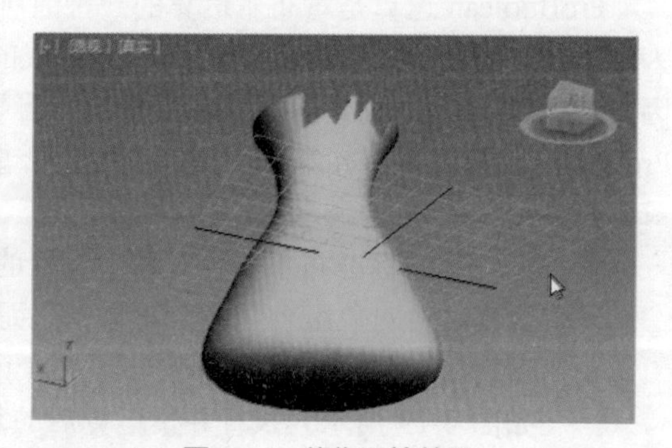

图 4-13　差集运算效果

Step 09 在产生的碎片对象上单击鼠标右键，在弹出的快捷菜单中选择“转换为”|“转换为可编辑多边形”命令，如图 4-14 所示。

Step 10 切换到“修改”面板，在修改器堆栈中展开“可编辑多边形”选项，并选择“元素”选项，如图 4-15 所示。

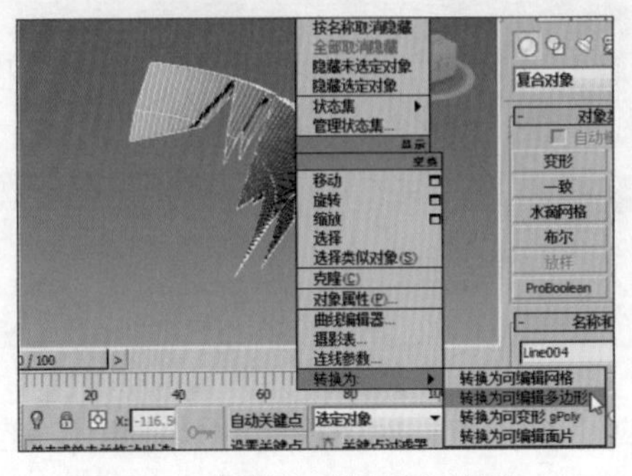
图 4-14 转换为可编辑多边形

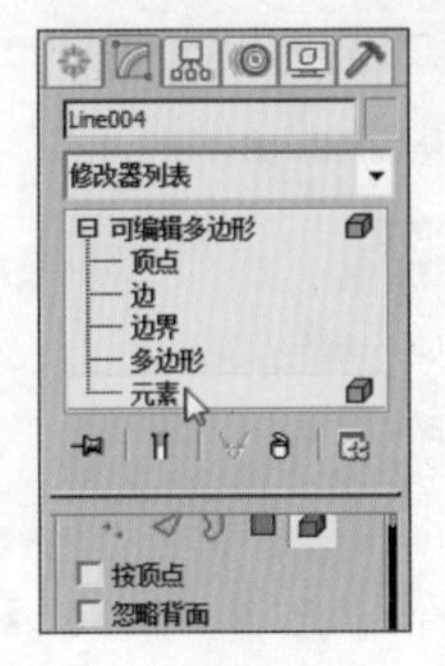

图 4-15 选择“元素”选项

Step 11 此时即可选择碎片对象中的单个碎片。选中对象后，在“编辑几何体”卷展栏下单击“分离”按钮，可将单个碎片分离，如图 4-16 所示。

Step 12 执行“平面”命令，创建一个平面。通过“选择并移动”“选择并旋转”及对齐工具，将碎片放置到平面中适当的位置，效果如图 4-17 所示。

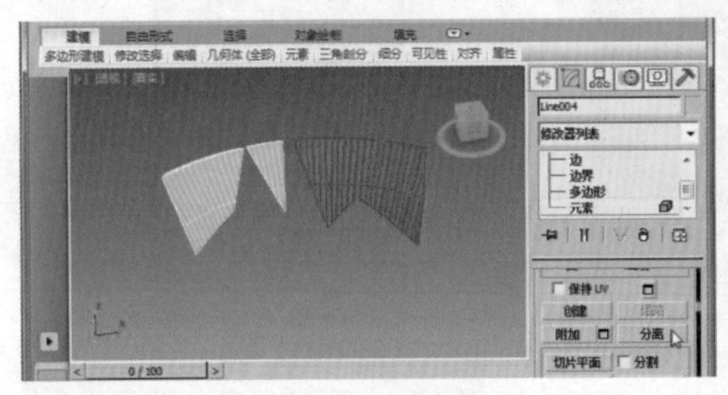
图 4-16 分离碎片

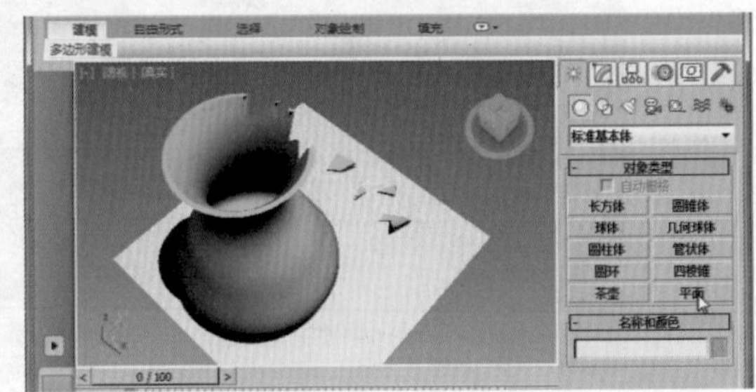
图 4-17 建模效果

实例 2 ProBoolean 运算——制作文件夹模型

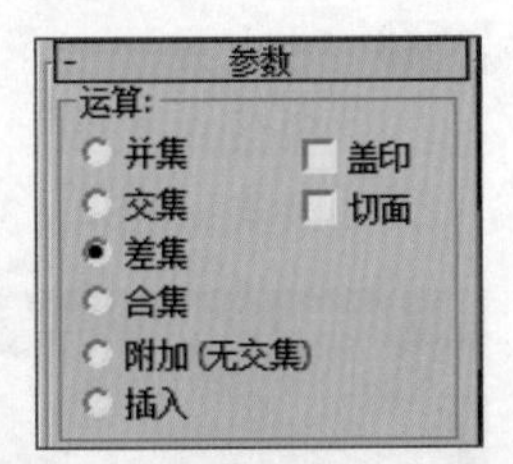

图 4-18 ProBoolean 参数

ProBoolean 运算是对布尔运算的一种改进与更新，在功能上更为全面。由于在执行 ProBoolean 运算后生成的网格布线更为均匀，因此在稳定性上有了显著提高，输出结果将更为清晰。ProBoolean 运算支持并集、交集、差集、合集、附加和插入运算，其参数如图 4-18 所示。

前三个运算与标准布尔复合对象中执行的运算较为相似，在此不再赘述。

➢ **合集：**将对象组合到单个对象中，而不移除任何几何体，并在相交对象的位置创建新边。与并集运算的不同之处在于，合集运算并不移除两个对象的相交部分。如图 4-19 所示为执行并集运算后的复合对象，如图 4-20 所示为执行合集运算后的复合对象。

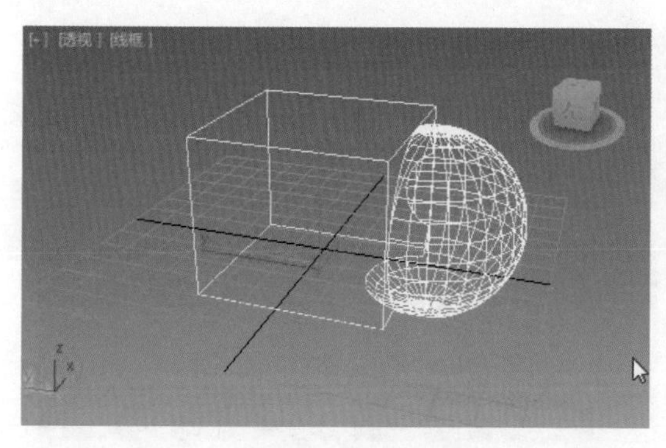

图 4-19　并集运算

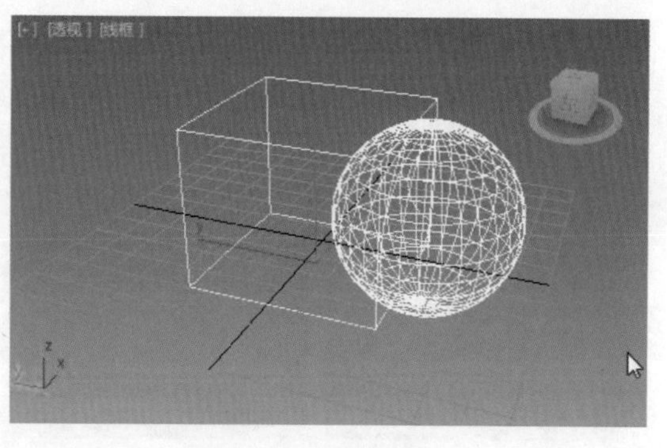

图 4-20　合集运算

- **附加（无交集）**：将两个或多个单独的实体合并成单个布尔对象，而不更改各实体的拓扑，实际上操作对象在整个合并成的对象内仍为单独的元素。与合集运算的不同之处在于，附加运算所得到的复合对象在转换成可编辑多边形后其各元素是独立的。如图 4-21 所示为将合集运算得到的复合对象转换成可编辑多边形后，移动其球体元素出现的效果；如图 4-22 所示为将附加运算得到的复合对象转换成可编辑多边形后，其球体元素可以独立移动的效果。

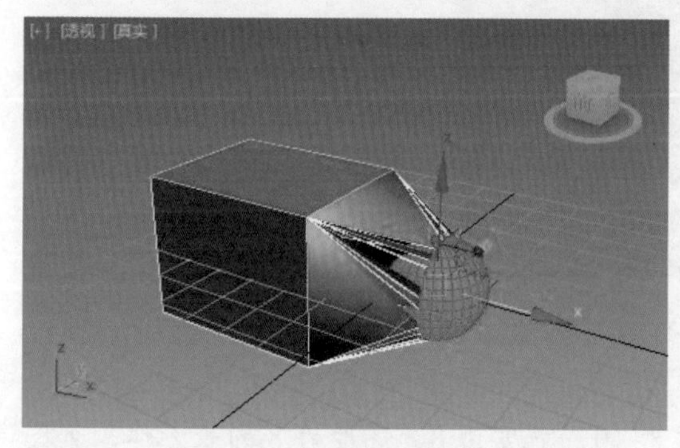

图 4-21　合集运算现象

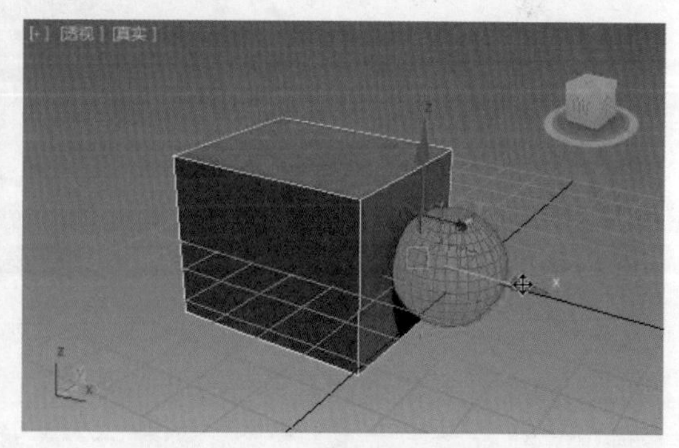

图 4-22　附加运算现象

- **插入**：先从第一个操作对象减去第二个操作对象的边界体积，然后组合这两个对象，插入操作会将第一个操作对象视为液体体积。如图 4-23 所示为执行插入运算前的原始对象，图 4-24 所示为执行插入运算后的对象效果。

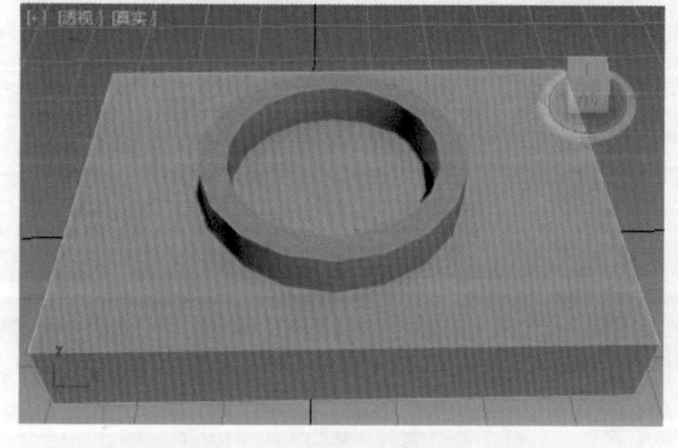

图 4-23　执行插入运算前

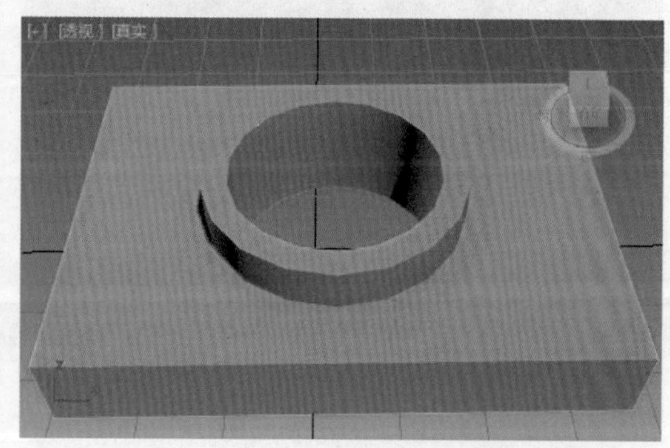

图 4-24　执行插入运算后

除此之外，ProBoolean 运算还支持布尔运算的两个变体：盖印和切面。通过盖印运算，可以将图形轮廓（或相交边）打印到原始网格对象上；通过切面运算，可以切割原始网格对象的面，选定运算对象的面将不会被添加到布尔结果中。如图 4-25 所示分别为执行运算前的原始对象，执行标准差集运算后的对象效果，执行盖印差集运算后的对象效果，以及执行切面差集运算后的对象效果。

原始对象

标准差集

盖印差集

切面差集

图 4-25　运算后的对象效果

下面将以文件夹的建模为例，对 ProBoolean 运算的应用进行介绍，最终效果如图 4-26 所示。

图 4-26　文件夹的渲染效果

创建文件夹模型的具体操作步骤如下：

Step 01 执行“长方体”命令，创建一个长度为 10、宽度为 8、高度为 8 的长方体，如图 4-27 所示。

Step 02 再次执行“长方体”命令，创建一个长度为 9.5、宽度为 2.8、高度为 8 的长方体，并将其放置到刚才绘制的长方体的中心偏上位置，如图 4-28 所示。

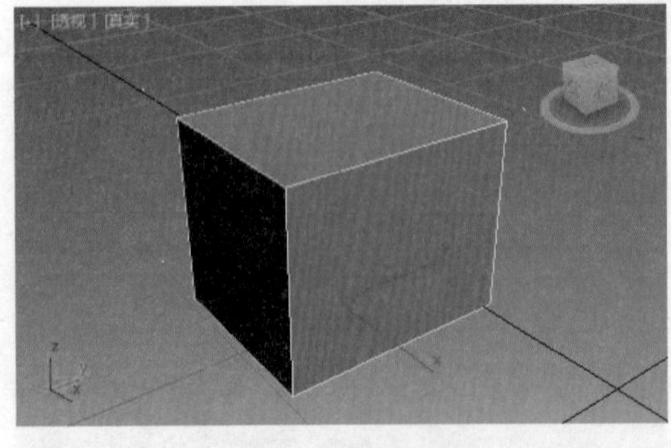

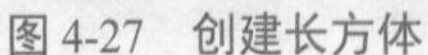
图 4-27　创建长方体

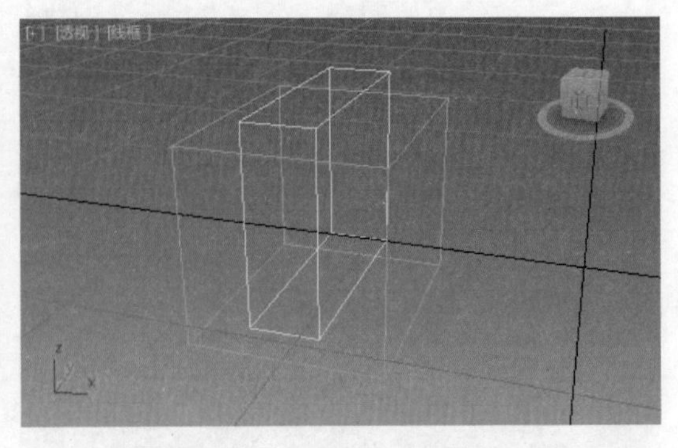

图 4-28　创建另一长方体

Step 03 执行“长方体”命令，创建一个长度为 9.5、宽度为 2.2、高度为 8 的长方体，然后创建一个副本对象，分别将其放置到刚才绘制的长方体的两侧，如图 4-29 所示。

Step 04 选择最初创建的长方体，在“创建”面板下切换到“复合对象”创建面板，单击“ProBoolean”按钮，如图 4-30 所示。

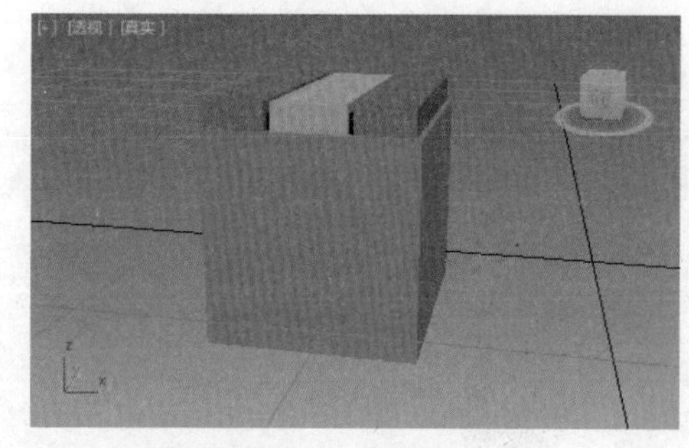

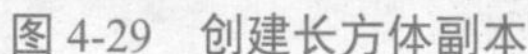

图 4-29　创建长方体副本

图 4-30　单击“ProBoolean”按钮

Step 05 在“拾取布尔对象”卷展栏下单击“移动”单选按钮，在“参数”卷展栏下设置运算类型为“差集”，然后单击“开始拾取”按钮，如图 4-31 所示。

Step 06 依次单击拾取三个长方体，即可完成差集运算，如图 4-32 所示。

图 4-31　单击“开始拾取”按钮

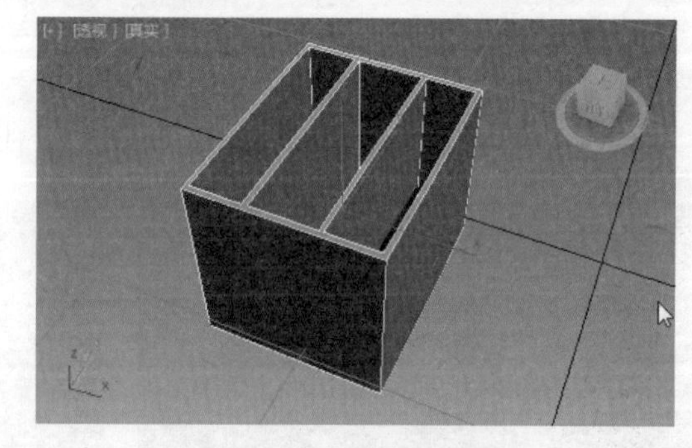

图 4-32　执行差集运算

Step 07 在“创建”面板下切换到“扩展基本体”创建面板。通过“切角长方体”工具创建一个长度为 2.5、宽度为 1.5、高度为 1.4、圆角为 0.35 的切角长方体，并将其移到如图 4-33 所示的位置。

Step 08 通过“ProBoolean”工具执行差集运算，从源对象中减去切角长方体对象。采用同样的方法，在源对象的另一侧执行差集运算，如图 4-34 所示。

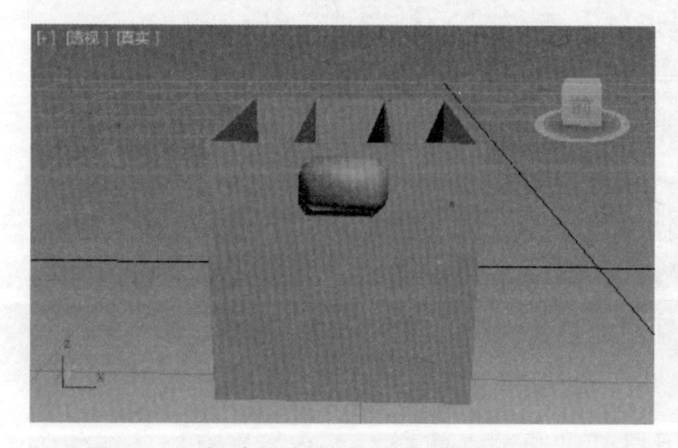

图 4-33　创建切角长方体并调整位置

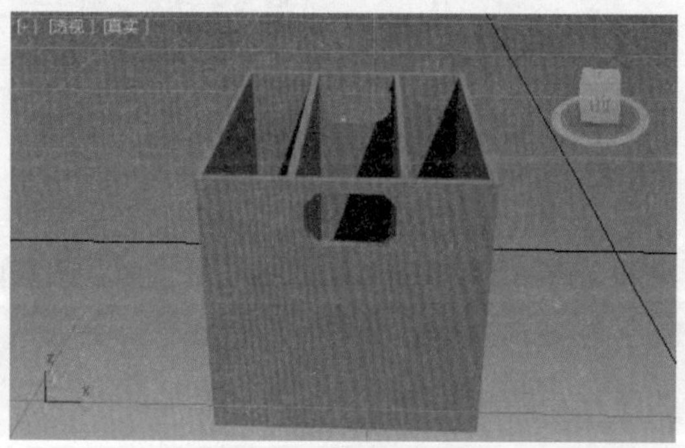

图 4-34　执行差集运算

Step 09 执行“长方体”命令，创建一个长度为 6、宽度为 0.3、高度为 7.3 的长方体，并将其移到如图 4-35 所示的位置。

Step 10 通过“ProBoolean”工具执行差集运算，从源对象中减去长方体对象。采用同样的方法，在源对象的另一侧执行差集运算，如图 4-36 所示。

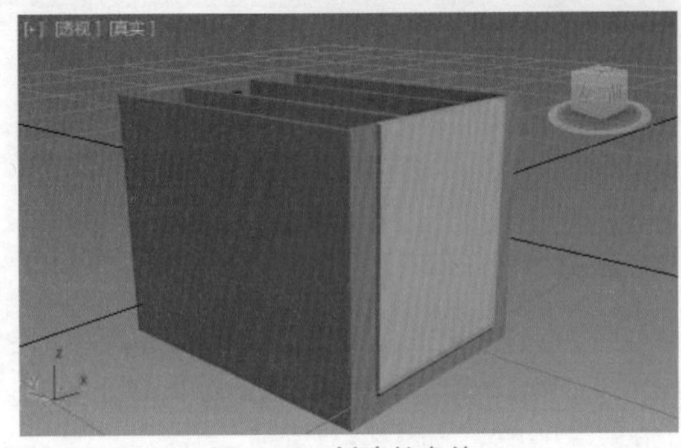

图 4-35 创建长方体

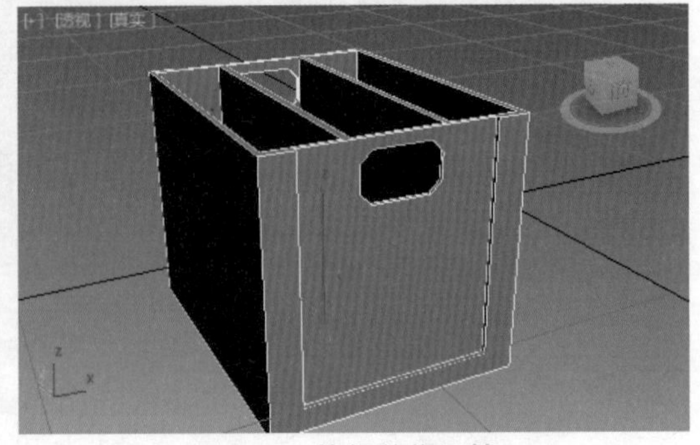

图 4-36 执行差集运算

Step 11 执行“球体”命令，创建一个半径为 0.36 的球体，调整其“半球”值为 0.73，并将其移到如图 4-37 所示的位置。

Step 12 复制半球体到指定位置，为所有对象创建副本对象。通过“长方体”工具创建文档模型，并将其放置到合适位置，最终效果如图 4-38 所示。

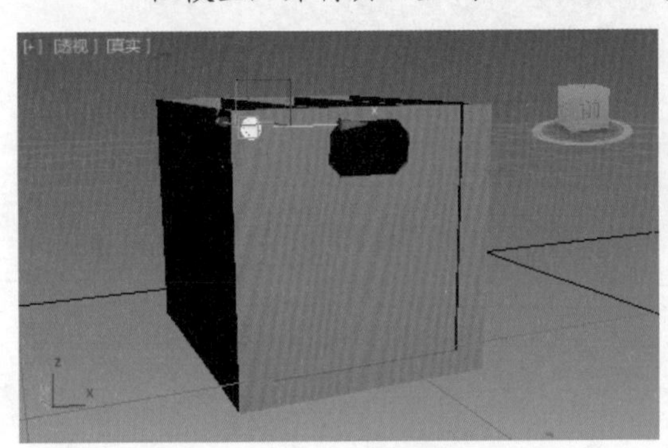

图 4-37 创建球体

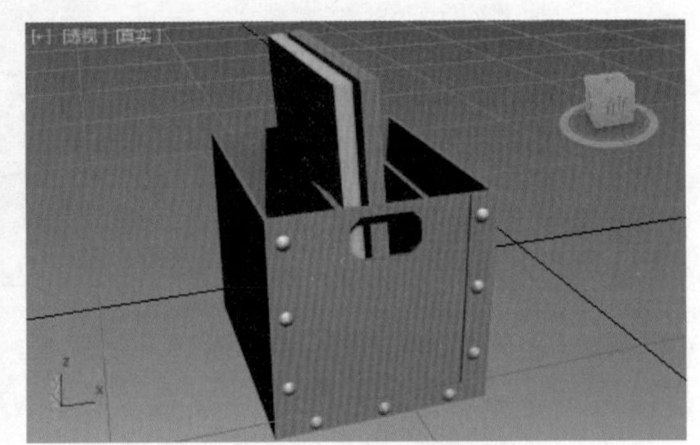

图 4-38 建模效果

4.2 放样建模与其他复合对象建模

基本知识

放样建模即通过两个或多个现有样条线对象创建放样对象，是较为常用的建模方式。此外，还有变形、散布、一致、连接、水滴网格、图形合并、地形和网格化等多种复合对象建模方式。本节将学习放样建模与其他复合对象建模。

一、放样对象

放样是创建 3D 对象的重要方法之一。用户可以通过“放样”工具将现有样条线作为横截面沿指定路径移动，从而创建复杂的三维对象，如图 4-39 所示。

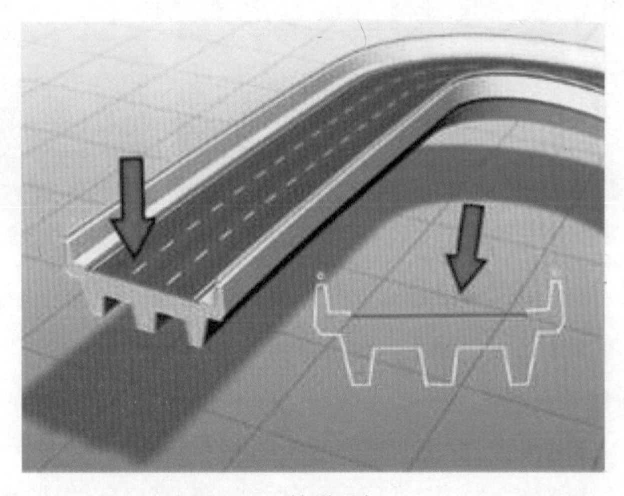

图 4-39　放样对象

“放样”工具在“创建”面板下包括“创建方法”卷展栏、“路径参数”卷展栏、“蒙皮参数”卷展栏及“曲面参数”卷展栏四种特定卷展栏。

其中，“创建方法”卷展栏用于确定使用图形还是路径创建放样对象，以及对结果放样对象使用的操作类型进行设置；“路径参数”卷展栏用于控制路径在放样对象各个间隔期间的图形位置；“蒙皮参数”卷展栏用于调整放样对象网格的复杂性，以及通过控制面数来优化放样对象的网格；“曲面参数”卷展栏用于控制放样曲面的平滑度，以及指定是否沿放样对象应用纹理贴图。“放样”工具参数卷展栏如图 4-40 所示。

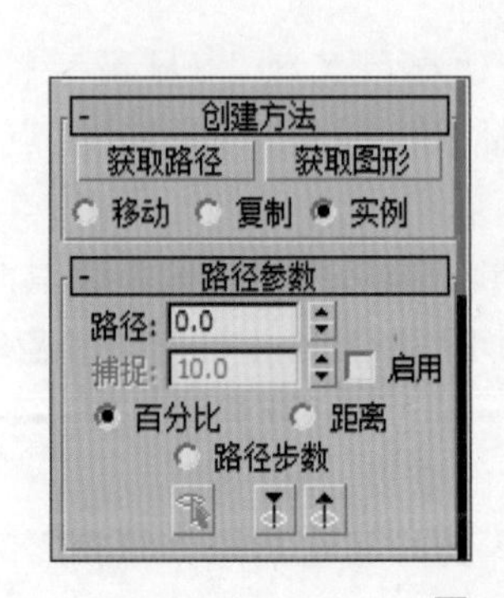

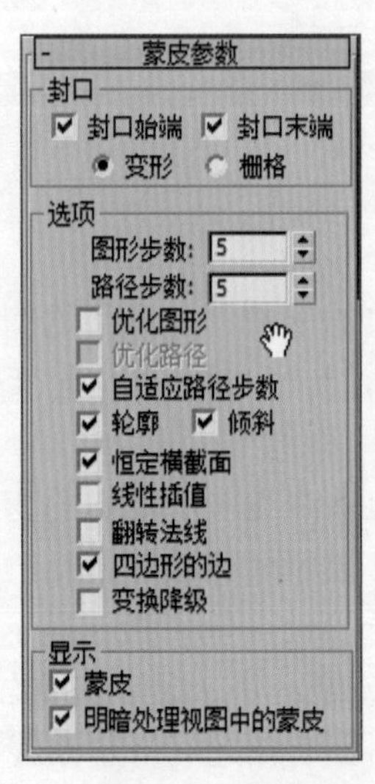

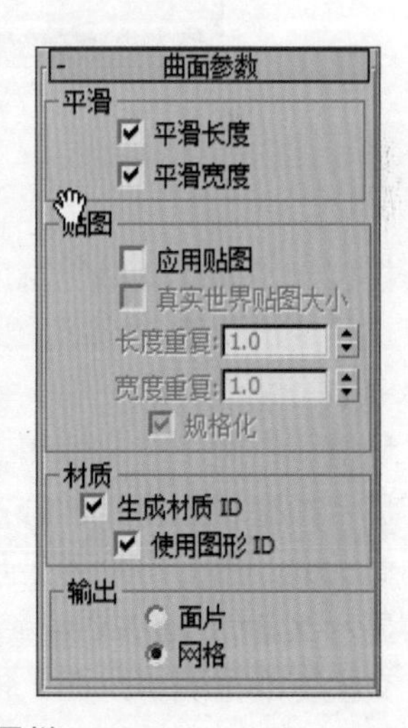

图 4-40　“放样”工具参数卷展栏

二、变形工具

当创建放样复合对象后，在“修改”面板下可以通过“变形”卷展栏中的变形类工具调整放样对象的形状。变形类工具用于沿着路径缩放、扭曲、倾斜、倒角或拟合指定形状。如图 4-41 所示分别为“变形”卷展栏中的五种变形类工具，未使用变形类工具的放样效果，以及使用“倾斜”工具后的放样效果。

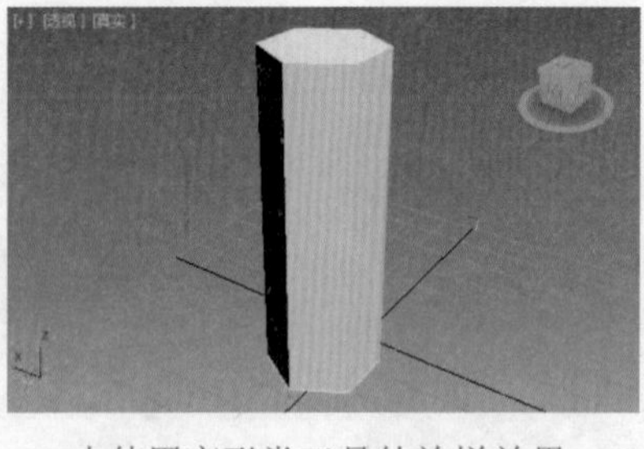

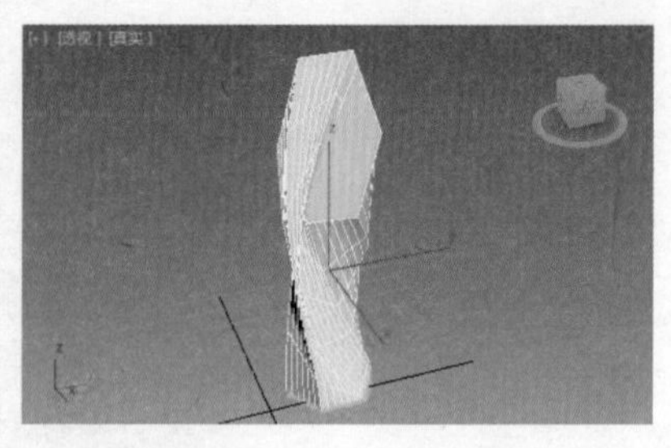

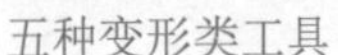

五种变形类工具　　未使用变形类工具的放样效果　　使用“倾斜”工具后的放样效果

图 4-41　变形类工具及使用效果

1. “缩放变形”窗口

当启用任一变形类工具后，将弹出“缩放变形”窗口。“缩放变形”窗口包含工具栏、变形栅格和状态栏三部分，如图 4-42 所示。“缩放变形”窗口中带有控制点的线条代表沿路径的变形。可以移动线条上的控制点或为其设置动画，从而定义放样对象沿路径缩放、扭曲、倾斜和倒角的变化。

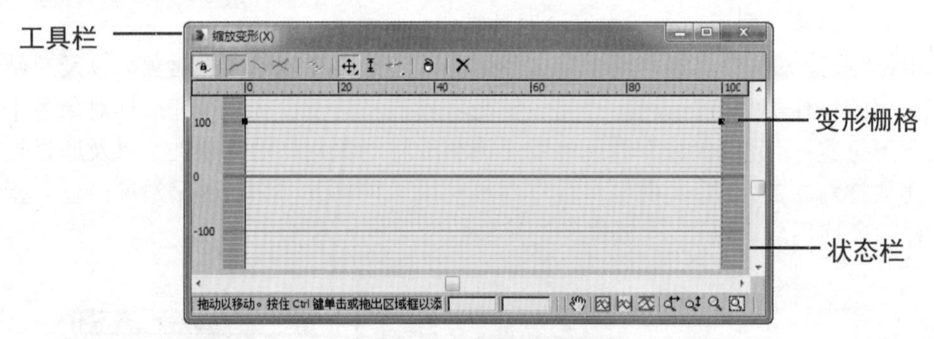

图 4-42　“缩放变形”窗口

2. 工具栏

工具栏位于“缩放变形”窗口的上方，包含“均衡”“显示 X 轴”“显示 Y 轴”“显示 XY 轴”“交换变形曲线”“移动控制点”“缩放控制点”“插入控制点”“删除控制点”及“重置曲线”等多个按钮。

- **均衡**：用于对 x 轴和 y 轴曲线应用相同的变形。当启用“均衡”工具时，将只显示指定轴的曲线。若在显示两条轴时启用“均衡”工具，将弹出“应用对称”对话框，用于指定要显示的轴（例如指定显示 x 轴），如图 4-43、图 4-44 所示。
- **显示 X 轴/Y 轴/XY 轴**：用于显示指定轴的变形曲线。
- **交换变形曲线**：在 x 轴和 y 轴之间复制曲线。此按钮在启用“均衡”时是禁用的。单击该按钮，可以将 x 轴曲线复制到 y 轴，并将 y 轴曲线复制到 x 轴。
- **移动控制点**：该按钮及其弹出的下拉菜单包含三个用于移动控制点和 Bezier 控制柄的工具，控制只能水平或者垂直移动。
- **缩放控制点**：相对于原点缩放一个或多个选定控制点的值。仅在需要更改选中控制点的变形量而不更改值的相对比率时才使用此功能。
- **插入控制点**：该按钮及其弹出的下拉菜单包含两种类型的控制点插入工具，分别用于插入角点和 Bezier 点。

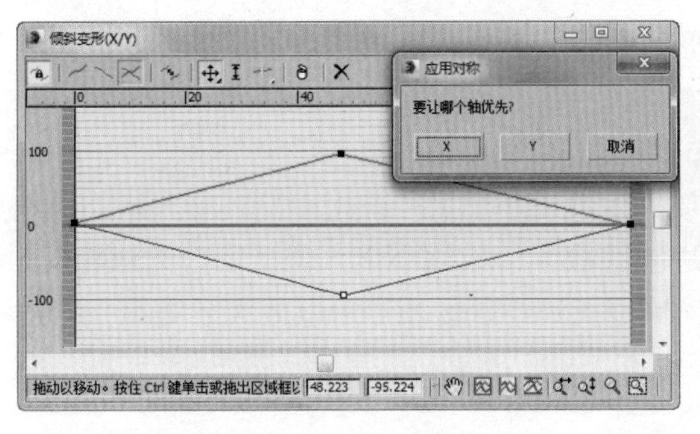

图 4-43　启用“均衡”工具

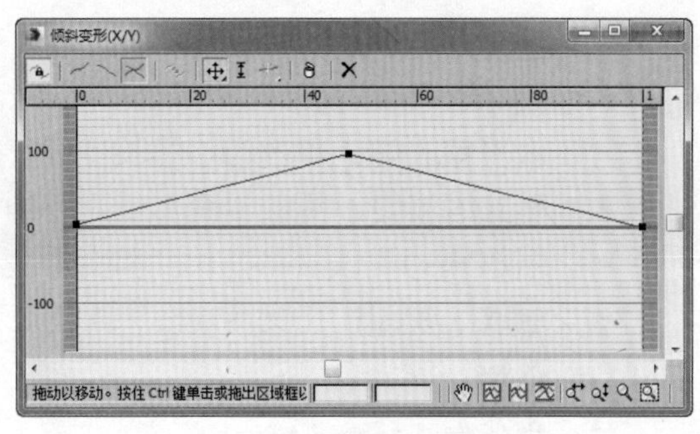

图 4-44　指定显示 x 轴

- **删除控制点**：删除所选的控制点，也可以在选中控制点后直接按【Delete】键删除所选的点。
- **重置曲线**：删除所有控制点（两端的控制点除外），并恢复曲线的默认值。此外，“倒角”和“拟合”工具对应的窗口工具栏还包含“变形倒角”“生成路径”等工具，用于特定的倒角或拟合变形操作。

3．控制点类型

变形曲线上的控制点包含“角点”“Bezier-平滑”及“Bezier-角点”三种不同类型。在控制点上单击鼠标右键，通过弹出的快捷菜单即可切换到指定类型，如图 4-45 所示。

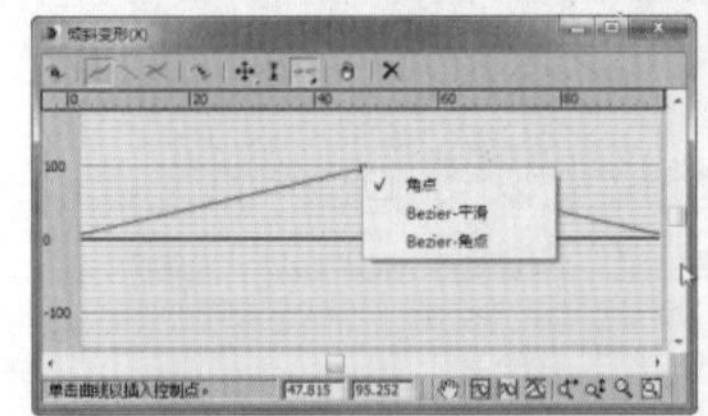

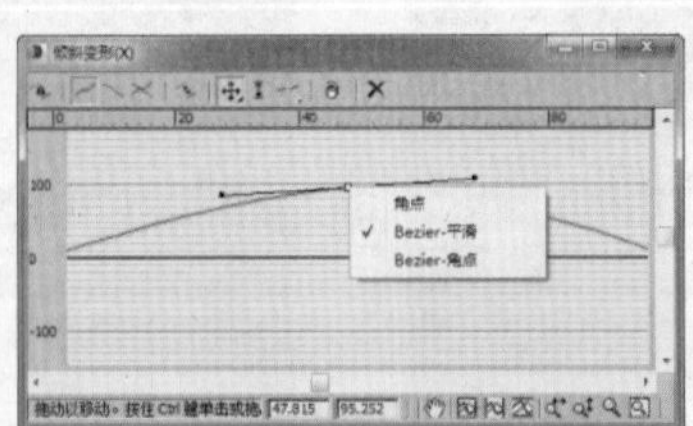

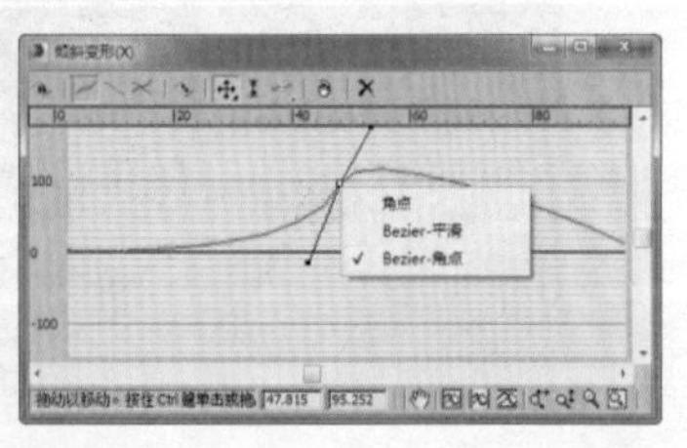

图 4-45　切换控制点的类型

- **角点**：生成锐角转角的线性控制点，不可调整曲线的平滑度。
- **Bezier-平滑**：带有锁定的连续切线控制柄集合的可调整 Bezier 控制点，用于生成平滑曲线。
- **Bezier-角点**：带有不连续切线控制柄集合的可调整 Bezier 控制点。此类型可以生成外观类似“角点”类型，但同时又具有类似“Bezier-平滑”类型的控制柄的曲线。

4．状态栏

在“缩放变形”窗口的下方为查看或编辑点坐标的数值框，以及一排视图导航按钮。这些按钮提供了在编辑曲线值时缩放和平移变形栅格视图的控件。

- **点坐标数值框** 47.894 72.683：当仅选择了一个控制点时，才能访问该数值框，对控制点的水平位置与垂直位置进行查看或编辑。
- **平移**：在视图中通过拖动鼠标指针平移视图。
- **最大化显示**：更改视图的放大值，使整个变形曲线处于可见区域。
- **水平方向最大化显示**：更改沿路径长度进行放大的视图放大值，使整个路径区域在对话框中可见。

- **垂直方向最大化显示**：更改沿变形值进行放大的视图放大值，使整个变形区域在对话框中显示。
- **水平缩放**：更改沿路径长度进行的放大值或缩小值。
- **垂直缩放**：更改沿变形值进行的放大值或缩小值。
- **缩放**：更改沿路径长度和变形值进行的放大值或缩小值，保持曲线的纵横比。
- **缩放区域**：在变形栅格中通过拖动鼠标指针绘制区域，可以放大或缩小指定的区域。

三、其他复合对象建模方式

变形是一种类似于创建 2D 动画中的中间动画的动画技术。通过“变形”复合对象建模工具可以合并两个或多个对象，以插补第一个对象顶点的方式，使其与另外一个对象的顶点的位置相符。执行插补操作，可以生成变形动画。

散布是创建复合对象的一种形式。通过“散布”复合对象建模工具，可以将所选的源对象散布为阵列，或散布到分布对象的表面。源对象必须是网格对象或可以转换为网格对象的对象，可以通过“散布”工具创建重复数目很大的散布对象，或在对象整个表面区域上均匀地分布重复对象，如图 4-46 所示。

图 4-46　使用“散布”工具创建重复对象

“一致”复合对象建模工具通过将某个对象（被称为“包裹器”）的顶点投影至另一个对象（被称为“包裹对象”）的表面，从而创建特定的复合对象。例如，可通过“一致”建模工具将道路投影到地形上，如图 4-47 所示。

通过“图形合并”复合对象建模工具，可创建包含网格对象和一个（或多个）图形的复合对象，如可将字母或文本图形合并到指定网格对象上，如图 4-48 所示。

图 4-47　“一致”复合对象建模工具的使用效果

图 4-48　“图形合并”复合对象建模工具的使用效果

通过“地形”复合对象建模工具，可以按用户提供的轮廓线数据生成地形对象，创建分级曲面类型的地形，也可以创建分层实体曲面类型的地形，如图 4-49、图 4-50 所示。

图 4-49 分级曲面创建的地形

图 4-50 分层实体曲面创建的地形

实例 1 放样对象——制作奖杯模型

下面将以奖杯的建模为例，对“放样”工具的应用进行介绍，最终效果如图 4-51 所示。

图 4-51 奖杯

创建奖杯模型的具体操作步骤如下：

Step 01 切换到“样条线”创建面板，通过“圆”工具绘制半径为 23 的圆形，再通过“线”工具绘制长度为 100 的直线，如图 4-52 所示。

Step 02 在“几何体”创建面板下切换到“复合对象”创建类型，选中新绘制的直线，执行“放样”命令，单击“获取图形”按钮拾取圆形，从而放样对象，如图 4-53 所示。

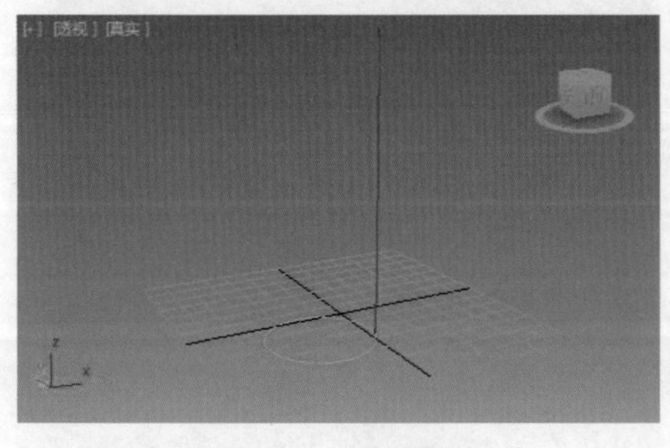

图 4-52 绘制圆和线

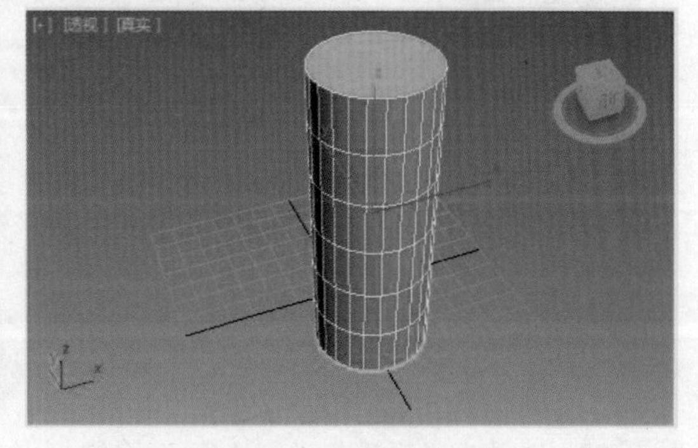

图 4-53 放样对象

Step 03 选中放样对象，切换到“修改”面板，依次展开“Loft ”|“图形”选项，如图 4-54 所示。

Step 04 执行"选择并移动"命令，单击放样对象底部的圆形，按住【Shift】键向上移动，弹出"复制图形"对话框，单击"复制"单选按钮，然后单击"确定"按钮，如图 4-55 所示。

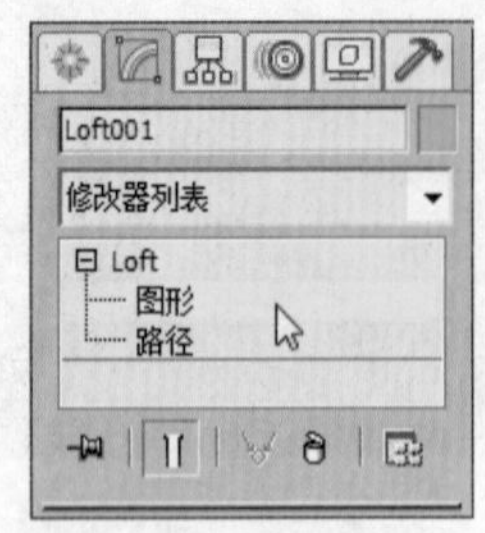

图 4-54 选择"图形"选项

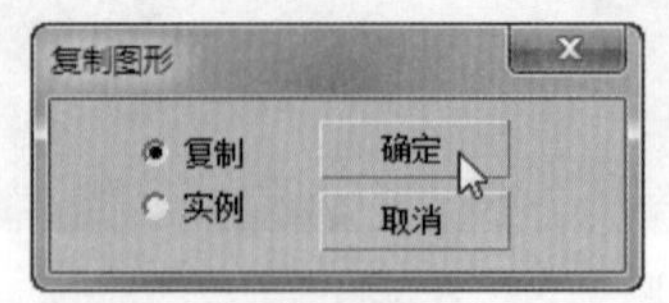

图 4-55 "复制图形"对话框

Step 05 通过"缩放"工具适当放大顶部的圆形，如图 4-56 所示。

Step 06 按住【Shift】键向下移动顶部图形，创建圆形对象的副本，并对其进行缩放操作，如图 4-57 所示。

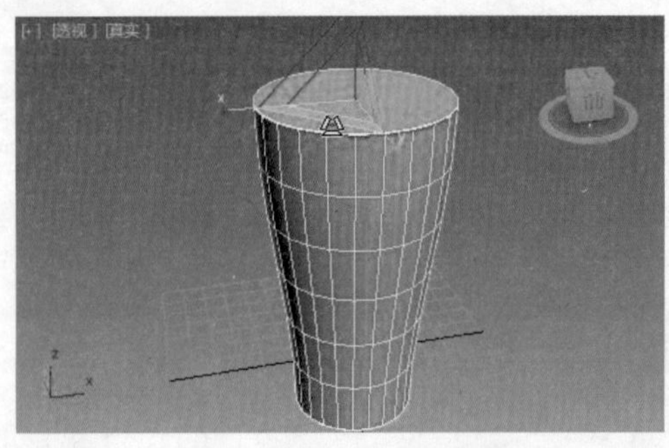
图 4-56 放大顶部圆形

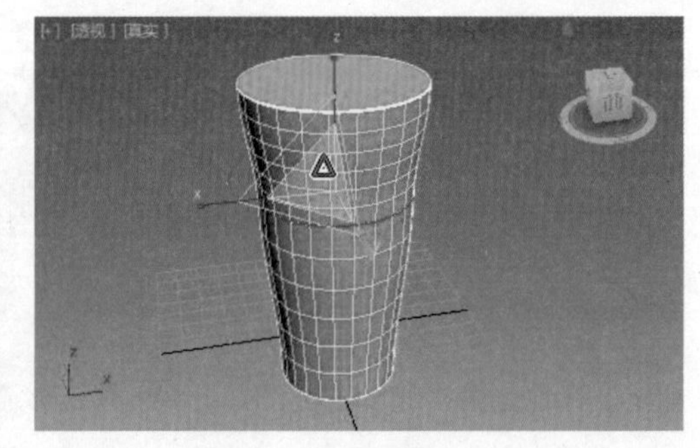
图 4-57 缩放圆形

Step 07 采用同样的方法，在其他位置创建圆形对象的副本，并对其进行缩放操作，如图 4-58 所示。

Step 08 切换到"样条线"创建面板，通过"线"工具及"星形"工具绘制如图 4-59 所示的样条线。

图 4-58 复制并缩放其他图形

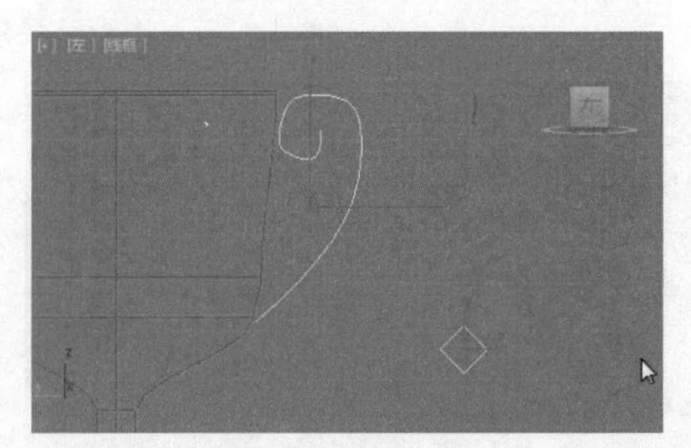
图 4-59 绘制样条线

Step 09 选择曲线形样条线，执行"放样"命令，然后单击"获取图形"按钮，拾取星形图形，即可放样对象。对放样图形进行缩放调整，使放样对象大小适合，如图 4-60 所示。

Step 10 通过“镜像”工具镜像复制新创建的放样对象到指定位置，并修改其颜色为黄色，如图 4-61 所示。

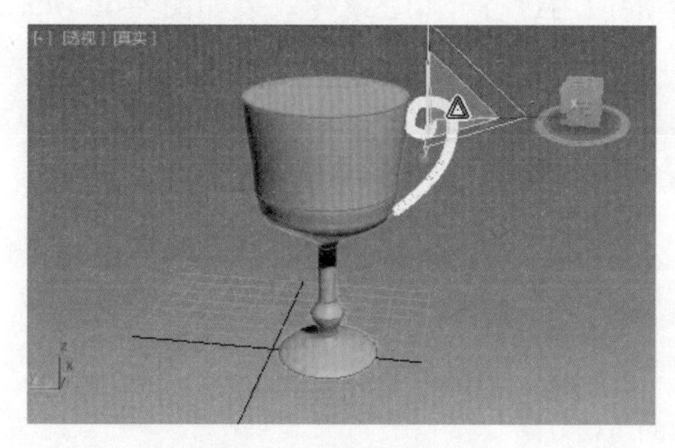

图 4-60　调整放样对象

图 4-61　镜像复制放样对象

Step 11 在中间的对象上单击鼠标右键，在弹出的快捷菜单中选择“转换为”|“转换为可编辑多边形”命令，将其转换为可编辑多边形，如图 4-62 所示。

Step 12 在“修改”面板中单击“选择”卷展栏中的“多边形”按钮，切换到“多边形”子对象层级，选择对象上方的面并将其删除，如图 4-63 所示。

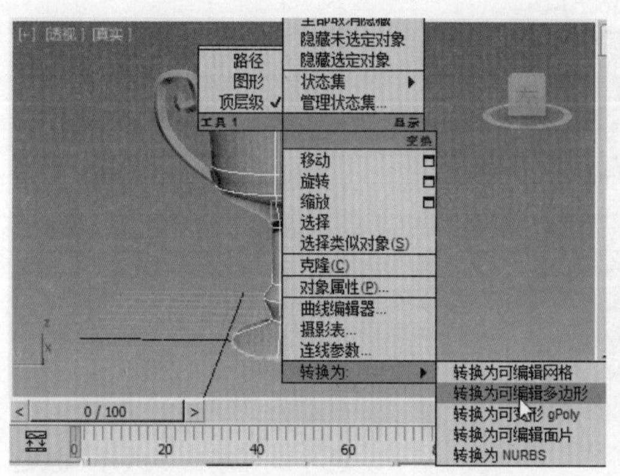

图 4-62　转换为可编辑多边形

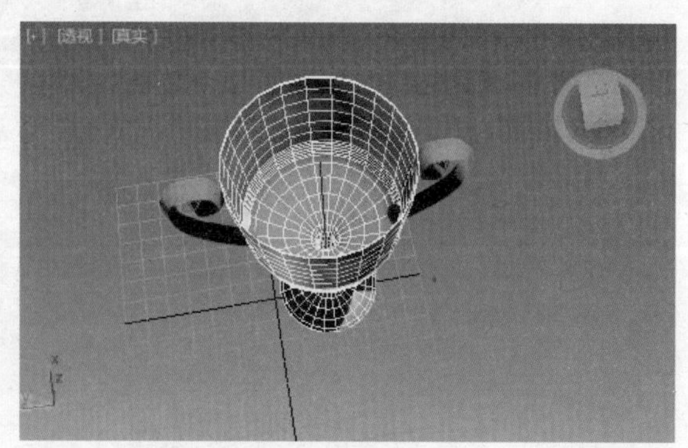

图 4-63　删除面

Step 13 单击“修改器列表”下拉按钮，在弹出的下拉列表中选择“壳”选项，为中间的对象添加“壳”修改器，如图 4-64 所示。

Step 14 通过“切角长方体”工具在图形底部创建一个长、宽均为 66，高为 13，圆角为 1.5 的切角长方体，效果如图 4-65 所示。

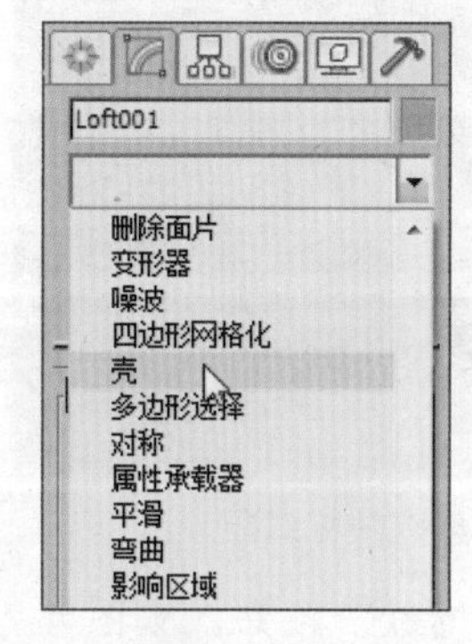

图 4-64　添加“壳”修改器

图 4-65　创建长方体

实例 2　变形工具的应用——制作香蕉模型

下面以香蕉建模为例，对“缩放”变形工具的应用进行介绍，最终效果如图 4-66 所示。

图 4-66　香蕉的渲染效果

创建香蕉模型的具体操作步骤如下：

Step 01　通过“多边形”工具绘制一个六边形，通过“线”工具绘制一条如图 4-67 所示的样条线。

Step 02　选中新绘制的开放样条线，切换到“几何体”创建面板下的“复合对象”创建类型，然后单击“放样”按钮，如图 4-68 所示。

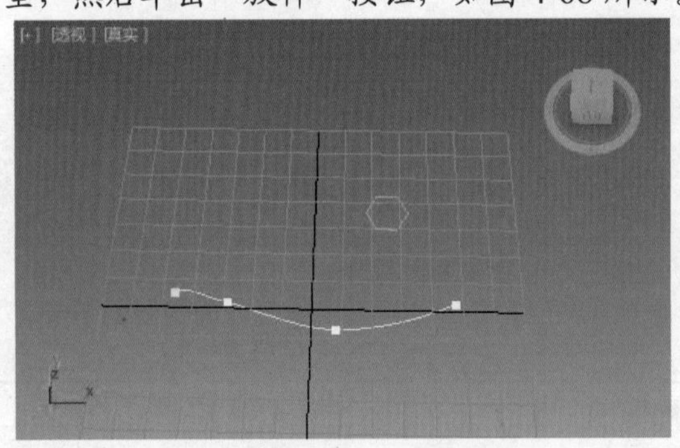

图 4-67　绘制样条线

图 4-68　单击“放样”按钮

Step 03　展开“创建方法”卷展栏，单击“移动”单选按钮，然后单击“获取图形”按钮，如图 4-69 所示。

Step 04　单击拾取六边形和样条线，沿指定路径创建放样对象，如图 4-70 所示。

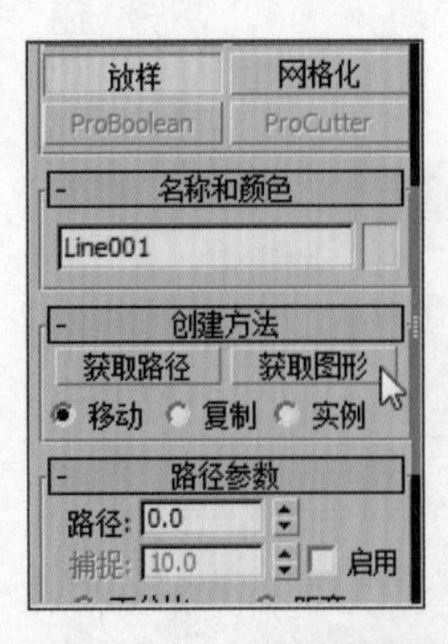

图 4-69　单击“获取图形”按钮

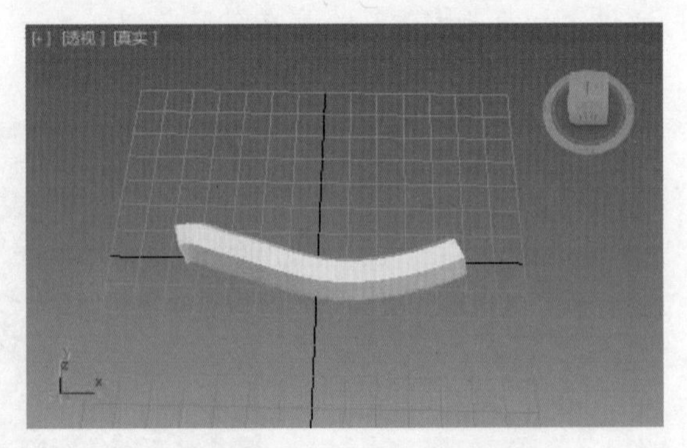

图 4-70　创建放样对象

Step 05　切换到“修改”面板，在“变形”卷展栏下单击“缩放”按钮，如图 4-71 所示。

Step 06 弹出“缩放变形”窗口，单击窗口上方工具栏中的“插入控制点”按钮，如图 4-72 所示。

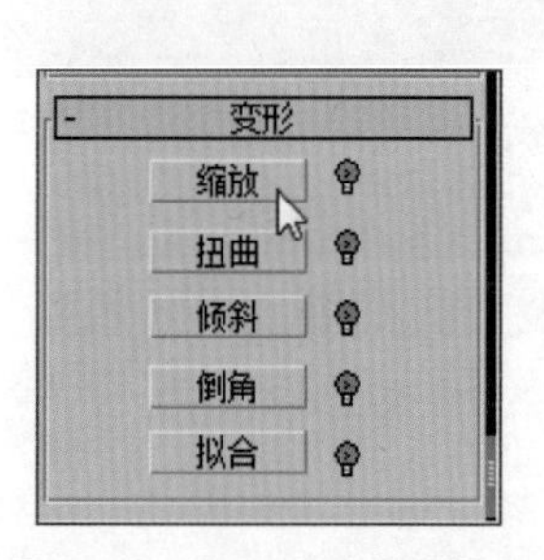

图 4-71　单击“缩放”按钮　　　　图 4-72　“缩放变形”窗口

Step 07 在窗口中的直线上添加指定数目的角点，并通过工具栏中的“移动控制点”工具调整其位置，如图 4-73 所示。

Step 08 此时即可查看更改缩放控制线后的图形效果，如图 4-74 所示。

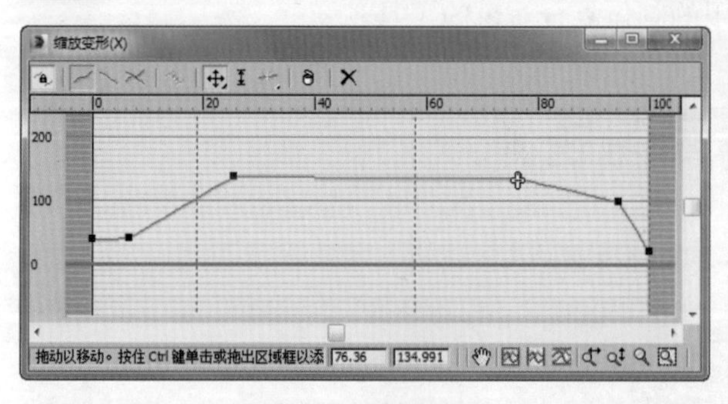

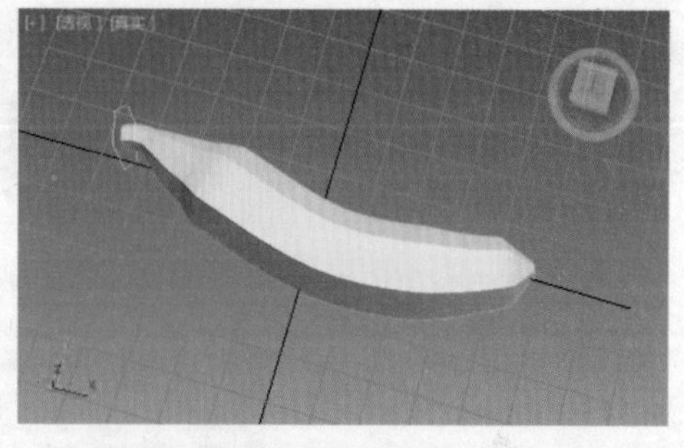

图 4-73　调整控制点的位置　　　　图 4-74　更改缩放控制线的效果

Step 09 框选所有角点并在任意点上单击鼠标右键，在弹出的快捷菜单中选择“Bezier-平滑”命令，将缩放控制线转换为平滑的曲线，如图 4-75 所示。

Step 10 此时即可查看更改缩放控制点类型后的图形效果，如图 4-76 所示。

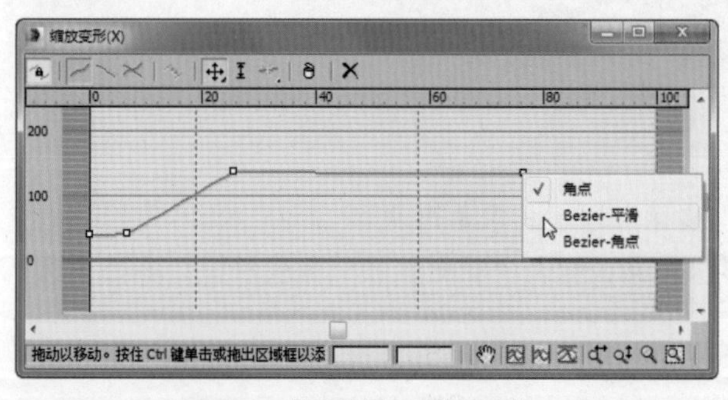

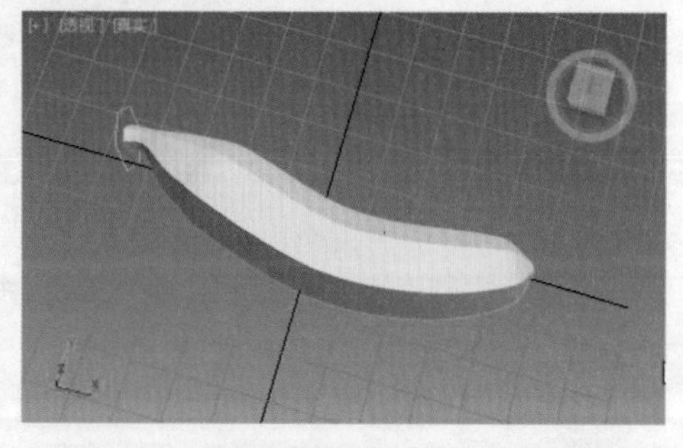

图 4-75　转换控制点的类型　　　　图 4-76　更改缩放控制点类型后的效果

Step 11 通过“修改”面板下的“修改器列表”下拉按钮，为香蕉模型添加“涡轮平滑”修改器，并在“涡轮平滑”卷展栏下修改“迭代次数”为合适值，如图 4-77 所示。

Step 12 此时即可查看添加"涡轮平滑"修改器后的效果，如图 4-78 所示。

图 4-77 添加"涡轮平滑"修改器

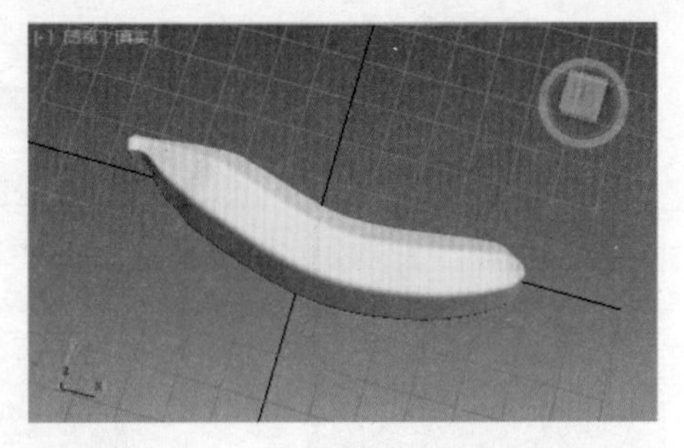

图 4-78 添加修改器后的效果

本章小结

本章介绍了创建复合对象的多种方法，包括布尔运算、ProBoolean 运算、放样建模等，重点学习操作原理和方法，以及一些常用的制作复合对象的工具。

本章习题

利用布尔运算方式创建如图 4-79 所示的螺母模型。

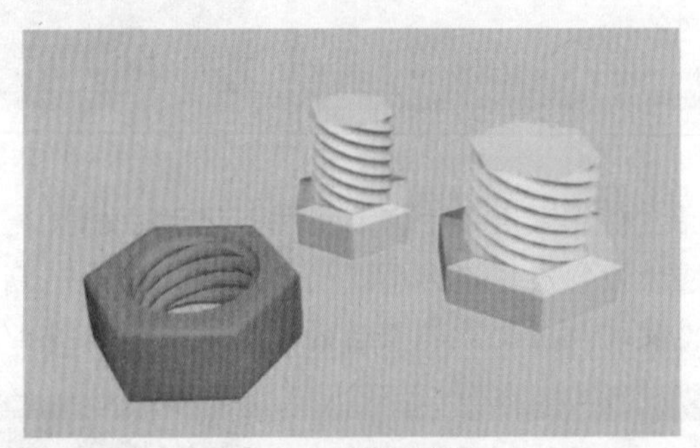

图 4-79 螺母模型

重点提示：

①创建两个"图形"类型的多边形，放样出螺帽的基本形状。

②利用"扭曲"变形工具制作螺钉形状对象，增大"蒙皮参数"卷展栏下"路径步数"的数值，使螺钉表面更加光滑。

③添加"缩放"变形工具，制作螺钉头部效果。

④为另一个六边形放样对象添加"缩放"变形效果，插入"Bezier-平滑"控制点来制作螺母边角的弧度。

⑤将螺母与螺钉复合，即可完成螺母模型的制作。

第 5 章　修改器的应用

【本章导读】

本章将介绍 3ds Max 2015 修改器的相关知识，其中包括认识修改器、二维造型修改器的应用、变形类修改器的应用、优化类修改器的应用等，使读者能够通过不同类型的修改器轻松创建各式各样的三维模型。

【本章目标】

➢ 能够理解修改器的基本原理。
➢ 能够熟练运用“挤出”“车削”“倒角”等二维造型修改器。
➢ 能够熟练运用“弯曲”“噪波”“晶格”“FFD”等变形类修改器。
➢ 能够熟练运用“平滑”“涡轮平滑”“优化”等优化类修改器。

5.1　修改器的应用基础

修改器是调整几何体形状与属性的常用工具。当通过“创建”面板添加对象到场景之后，通常会切换到“修改”面板，通过修改器列表添加所需的修改器，对图形执行进一步的操作。

基本知识

修改器堆栈位于修改器列表的下方，包含已添加项目的累积历史记录，如应用的创建参数及修改器。在堆栈的底部为原始项目，将修改器应用于对象之后，修改器将显示在对象选项的上方。依次添加的项目将按照从下到上的顺序进行排列，如图 5-1 所示为依次添加修改器后的堆栈效果。

图 5-1　修改器堆栈

通过修改器堆栈下方的工具可以对堆栈进行管理：

➢ **锁定堆栈**：启用该工具，可以将堆栈和“修改”面板上的所有控件锁定到选定

对象的堆栈。即使在选择了视口中的另一个对象之后，也可以继续对锁定堆栈的对象进行编辑。

➢ **显示最终结果**：启用该工具后，在选定的对象上将显示整个堆栈的效果。禁用此选项后，将仅显示当前已选中修改器下的堆栈效果。如图 5-2 所示，当在堆栈中选中“Line”项并启用“显示最终结果”工具后，视口将显示整个堆栈效果；否则视口将不会显示所选项目上方的“车削”效果，如图 5-3 所示。

图 5-2 启用“显示最终结果”工具

图 5-3 禁用“显示最终结果”工具

➢ **使唯一**：使实例化对象唯一，或者使实例化修改器对于选定的对象唯一。例如，复制一个实例“弯曲”修改器到很多树对象上，当修改其中一个树上的“倾斜”修改器时，其他树也会发生同样的变化。此时，可通过“使唯一”工具分离指定的实例修改器，从而实现单独编辑该对象，如图 5-4、图 5-5 所示为启用“使唯一”工具前后的效果。

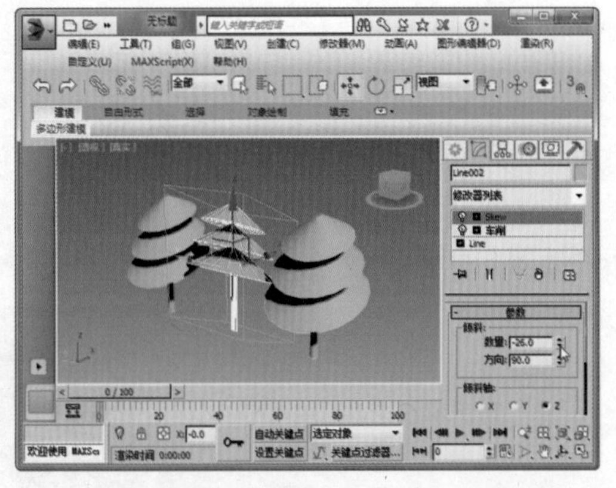

图 5-4 未启用“使唯一”工具

图 5-5 启用“使唯一”工具

➢ **移除修改器**：从堆栈中删除当前所选的修改器，从而消除由该修改器引起的所有更改。

➢ **配置修改器集**：单击该按钮将弹出下拉菜单，通过该菜单可以自定义修改器的显示方式。例如，在弹出的下拉菜单中选择“动画修改器”选项，修改器列表将会显示一系列的动画修改器，如图 5-6、图 5-7 所示。

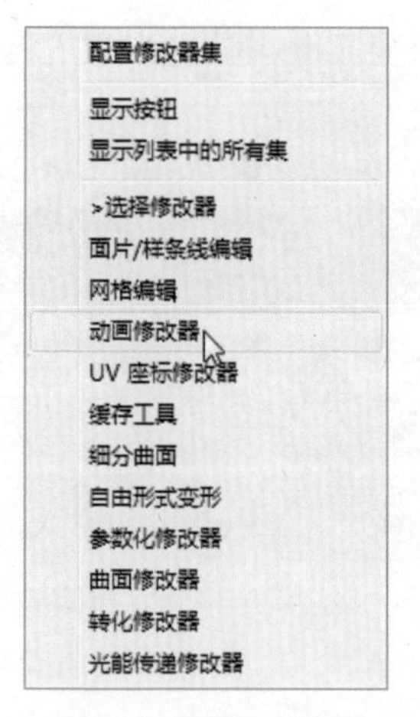

图 5-6　选择“动画修改器”选项

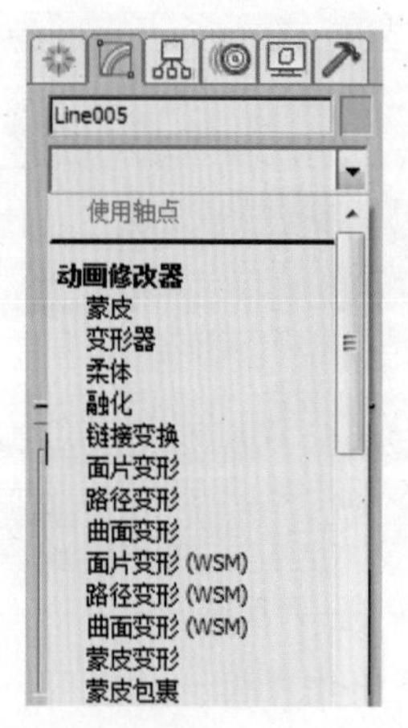

图 5-7　配置后的效果

实例　修改器的常用操作

对修改器的常用操作主要包括加载修改器、修改器排序、启用与禁用修改器、实例化修改器、塌陷修改器等。

1．加载修改器

用户可以通过两种方法加载修改器：一种方法是通过“修改”面板中的修改器列表进行加载，另一种方法是通过菜单栏的“修改器”菜单进行加载。3ds Max 包含了多种修改器，通过修改器列表与菜单栏均可加载到所需修改器，只是同一修改器放置的类别可能不同而已，如图 5-8、图 5-9 所示。

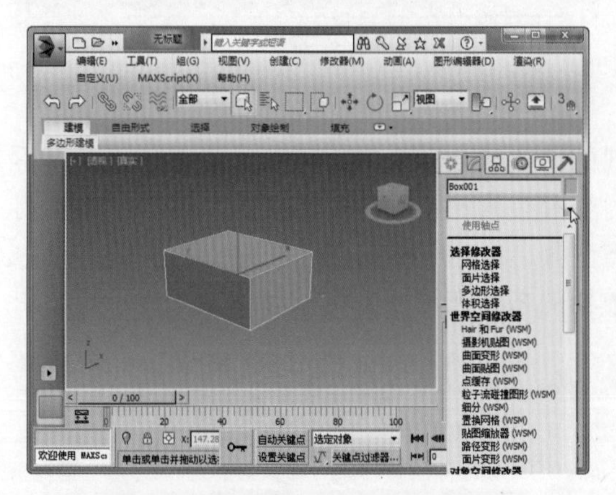

图 5-8　通过修改器列表加载修改器

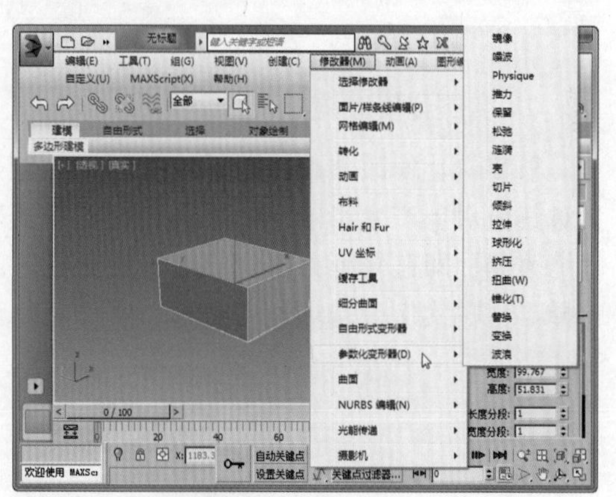

图 5-9　通过菜单栏加载修改器

2．修改器排序

修改器在堆栈中的先后顺序是很关键的，如果将修改器的执行顺序颠倒过来，对象会产生显著变化。如图 5-10 所示为先应用“拉伸”修改器，后应用“弯曲”修改器之后的效果；如图 5-11 所示为通过拖动鼠标指针修改两个修改器先后顺序后的效果。

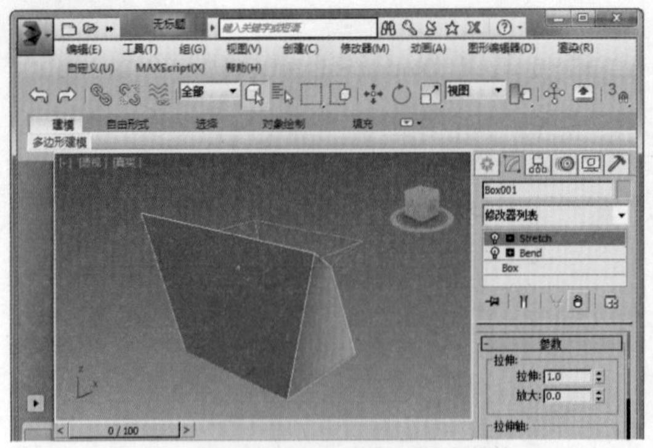

图 5-10　先拉伸后弯曲

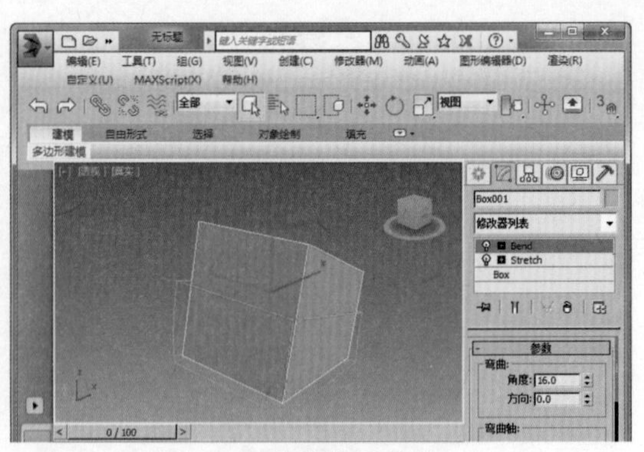

图 5-11　先弯曲后拉伸

3．启用与禁用修改器

通过灯泡图标可以启用和禁用修改器。当灯泡图标为亮起状态时，表明修改器为启用状态；当灯泡图标为熄灭状态时，表明修改器为禁用状态，如图 5-12、图 5-13 所示。

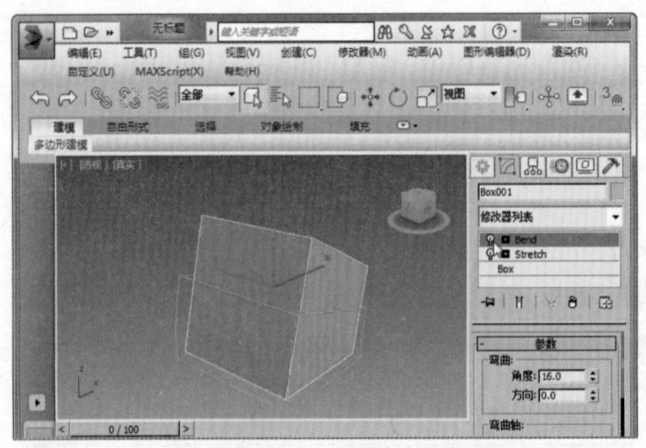

图 5-12　启用状态

图 5-13　禁用状态

4．实例化修改器

与实例化修改器相比，通过复制粘贴创建的修改器是独立的，可以单独进行编辑而不会对其他对象产生影响。如果需要使一系列对象具有同一特征的修改器时，可以创建实例化修改器，即在复制或剪切修改器后，在所需位置上单击鼠标右键并在弹出的快捷菜单中选择“粘贴实例”选项进行创建。实例化修改器的名称在堆栈中将以斜体方式显示，如图 5-14 所示。

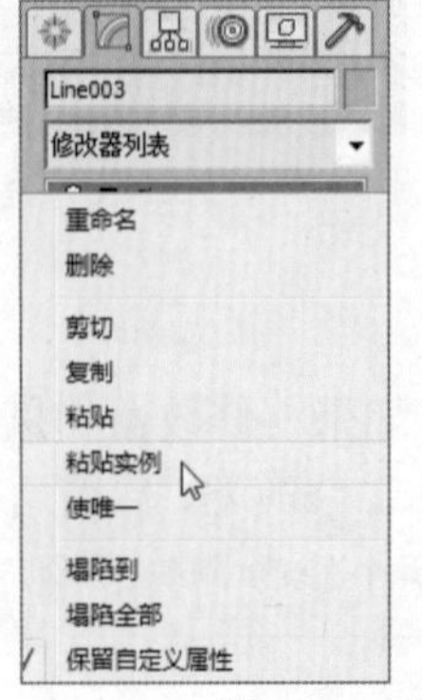

图 5-14　实例化修改器

5. 塌陷修改器

塌陷修改器即将修改器选项从堆栈中移除，并将对象转化为可编辑对象，同时保留所有已应用修改器的效果。通过塌陷堆栈可以简化场景几何体与堆栈，节约内存的占用。塌陷对象堆栈后，将无法再以参数方式调整对象的创建参数或单个修改器，指定给这些参数的动画堆栈也将随之消失。

在堆栈中的修改器上单击鼠标右键，在弹出的快捷菜单中选择相应的命令即可执行塌陷操作。例如，选择“塌陷全部”选项，将弹出“警告：塌陷全部”对话框，单击“是”按钮确认操作，即可执行塌陷堆栈操作，如图 5-15 所示。

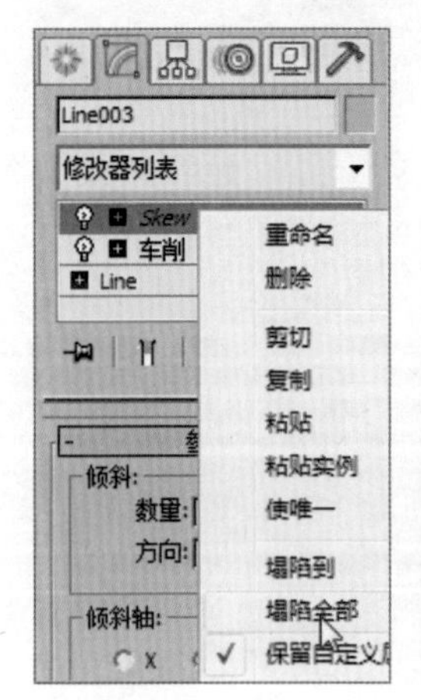

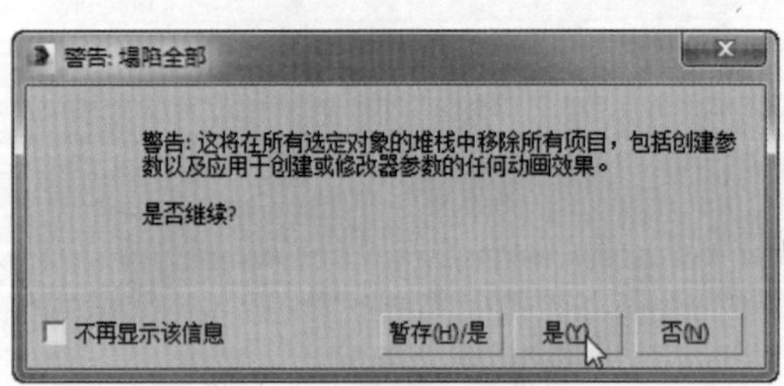

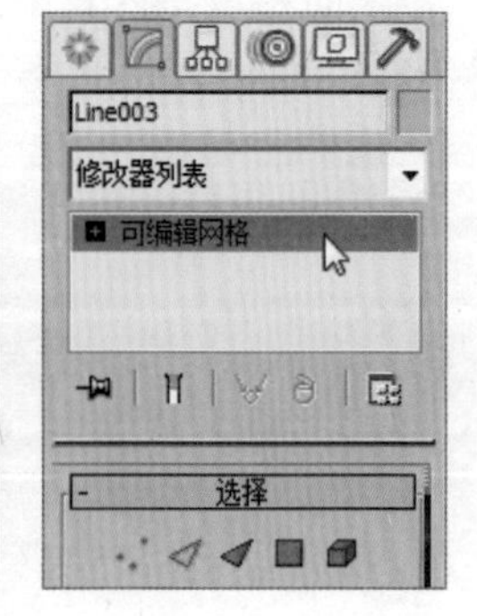

图 5-15　塌陷修改器的过程

5.2　二维造型修改器的应用

本节主要讲解 3ds Max 中常用的二维造型修改器，其中包括“挤出”修改器、“车削”修改器及“倒角”修改器。

实例 1　“挤出”修改器的应用

通过“挤出”修改器可以添加深度到二维图形上，从而创建出三维的参数对象。挤出对象时可以选择其始端和末端是否封口，挤出效果如图 5-16 所示。

添加“挤出”修改器后，可以通过“参数”卷展栏对其参数进行设置。例如，通过“数量”数值框设置挤出的深度；通过“分段”数值框指定将要在挤出对象中创建线段的数目；通过“封口”选项区中的选项设置是否为挤出对象封口，以及封口的类型；通过“输出”选项区中的选项设置输出类型，如图 5-17 所示。

图 5-16　挤出效果

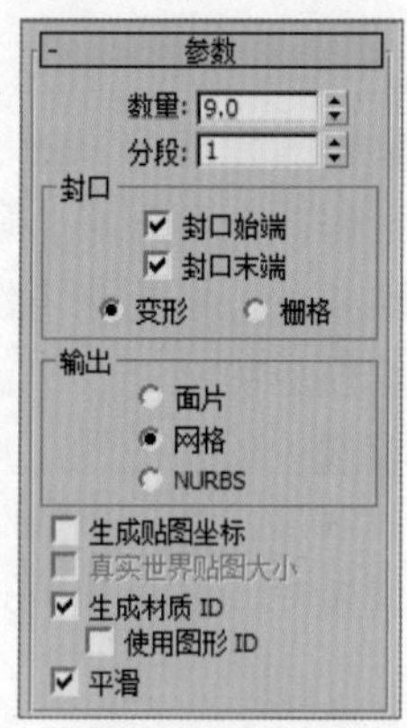

图 5-17　参数设置

下面将以室内户型图的建模为例，对“挤出”修改器的应用进行介绍，最终效果如图 5-18 所示。

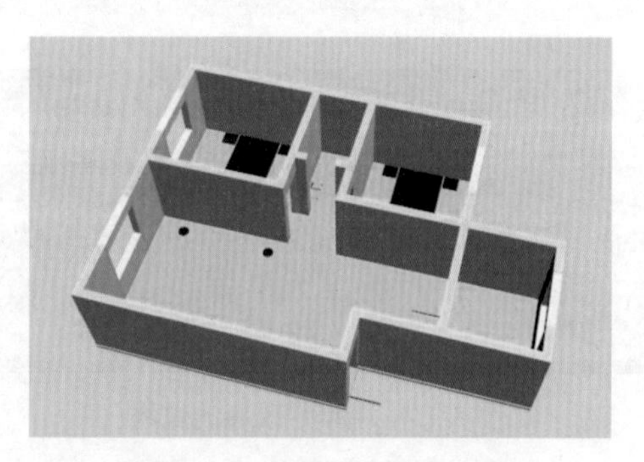
图 5-18　室内户型图的效果

创建室内户型图模型的具体操作步骤如下：

Step 01 打开应用程序菜单，选择“导入”命令，如图 5-19 所示。

Step 02 弹出“选择要导入的文件”对话框，选择“第 5 章\‘挤出’修改器.dwg”文件，然后单击“打开”按钮，如图 5-20 所示。

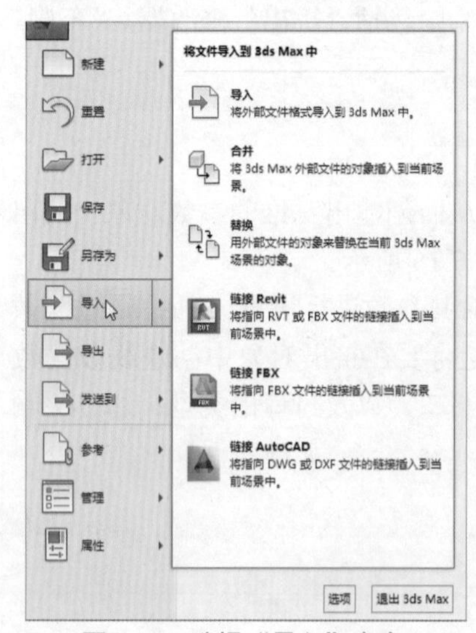

图 5-19　选择“导入”命令

图 5-20　“选择要导入的文件”对话框

Step 03　弹出“AutoCAD DWG/DXF 导入选项”对话框，设置导入包含元素及导出类型等，然后单击“确定”按钮，如图 5-21 所示。

Step 04　此时在场景中即可看到已导入通过 AutoCAD 绘制的室内户型图，如图 5-22 所示。

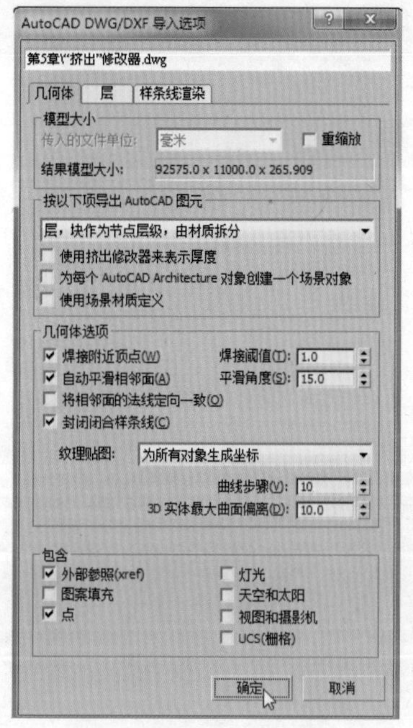

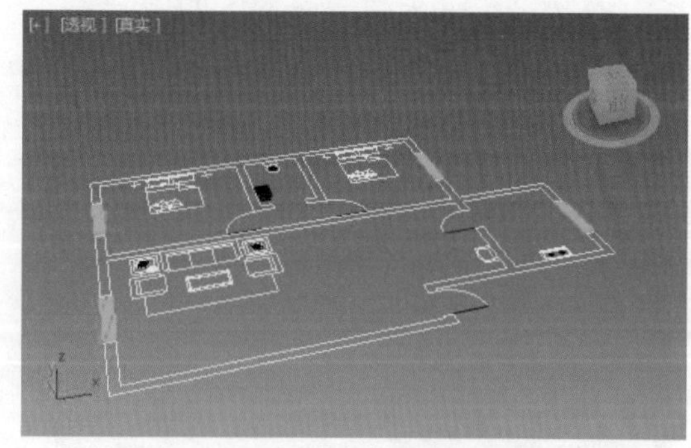

图 5-21　“AutoCAD DWG/DXF 导入选项”对话框　　　　图 5-22　导入室内户型图

Step 05　全选已导入的图形并单击鼠标右键，在弹出的快捷菜单中选择“冻结当前选择”命令，如图 5-23 所示。

Step 06　在工具栏中的“捕捉开关”按钮上单击鼠标右键，弹出“栅格和捕捉设置”窗口，在“捕捉”选项卡下勾选“顶点”复选框，如图 5-24 所示。

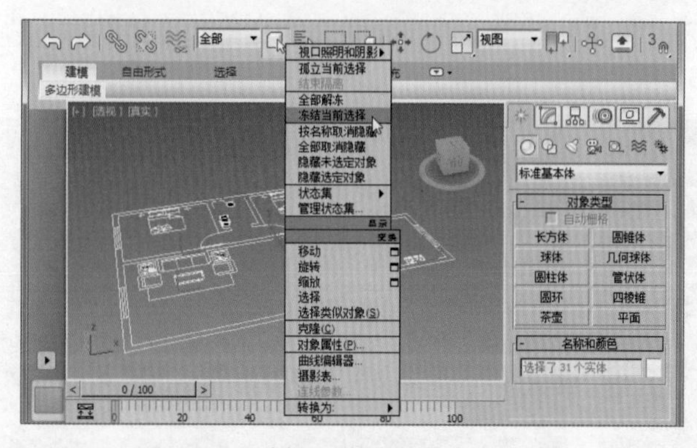

图 5-23　选择“冻结当前选择”命令　　　　图 5-24　“栅格和捕捉设置”窗口

Step 07　切换到“选项”选项卡，在“通用”选项区中勾选“捕捉到冻结对象”复选框，如图 5-25 所示。

Step 08　执行“线”命令，通过捕捉工具拾取墙体上的各个顶点，在如图 5-26 所示的位置绘制多条封闭的样条线。

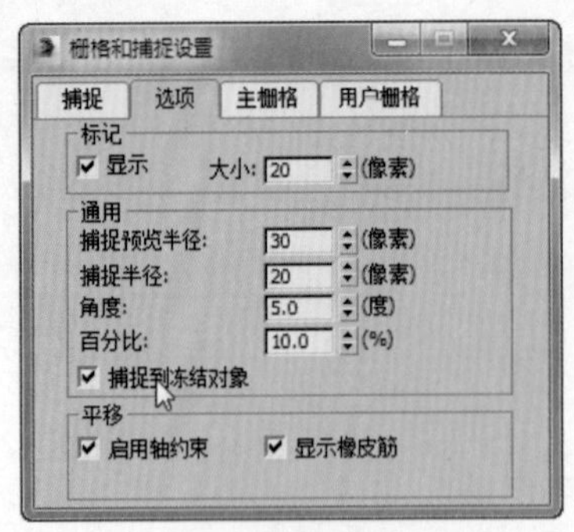

图 5-25 “栅格和捕捉设置”窗口

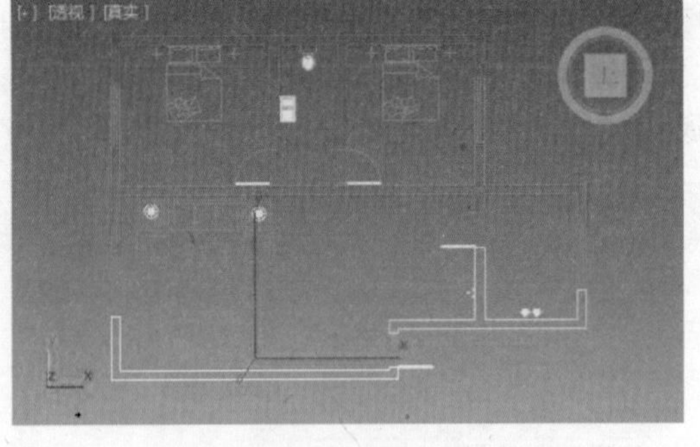

图 5-26 绘制样条线

Step 09 通过修改器列表添加“挤出”修改器，在“参数”卷展栏下设置“数量”值为 2700，从而挤出对象，如图 5-27 所示。

Step 10 使用“矩形”工具分别在墙体上门窗的预留位置绘制矩形，如图 5-28 所示。

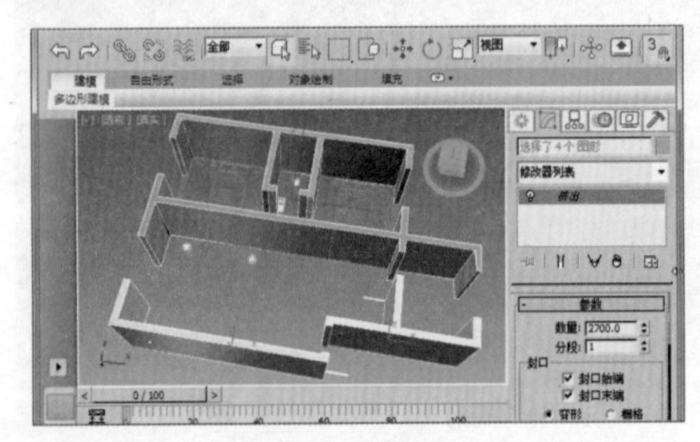

图 5-27 为墙添加“挤出”修改器

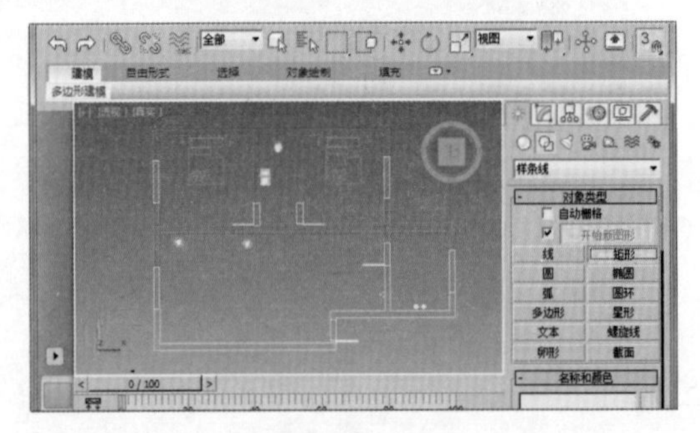

图 5-28 绘制矩形

Step 11 选择门预留位置的矩形，添加“挤出”修改器，并设置挤出的“数量”值为 600；将作为门的矩形移到合适位置，修改其与墙壁的颜色为绿色，如图 5-29 所示。

Step 12 选择窗户预留位置的矩形，添加“挤出”修改器，并设置挤出的“数量”值为 950；创建挤出对象的副本并修改其“数量”值为 350；分别将作为窗户的矩形及其副本对象移到合适位置，如图 5-30 所示。

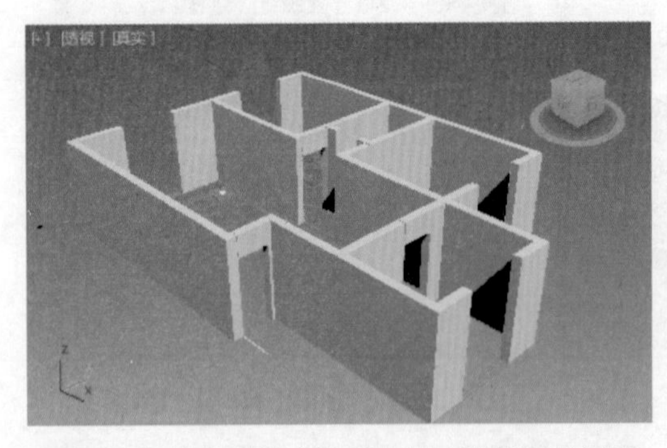

图 5-29 为门添加“挤出”修改器并调整矩形

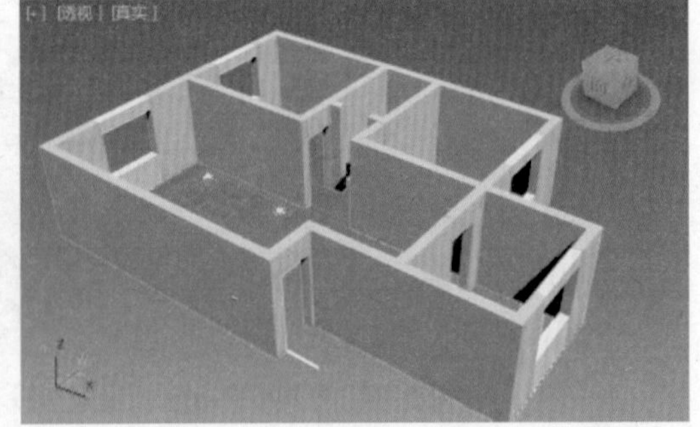

图 5-30 为窗户添加“挤出”修改器并创建副本

Step 13 通过“线”工具在模型外围绘制一条闭合的样条线，如图 5-31 所示。

Step 14 为样条线添加“挤出”修改器并将其移到模型底部，作为地面，如图 5-32 所示。

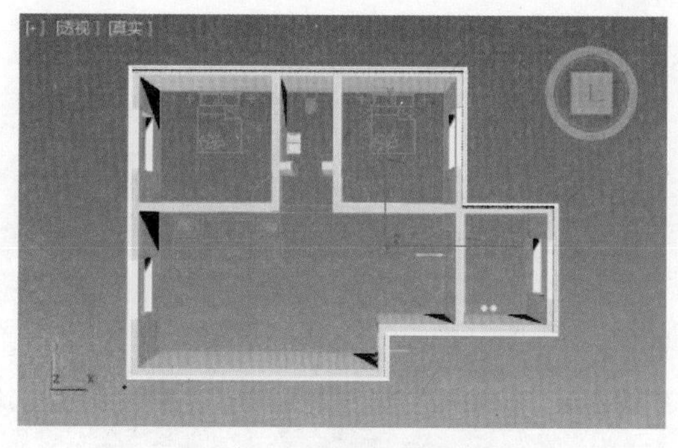

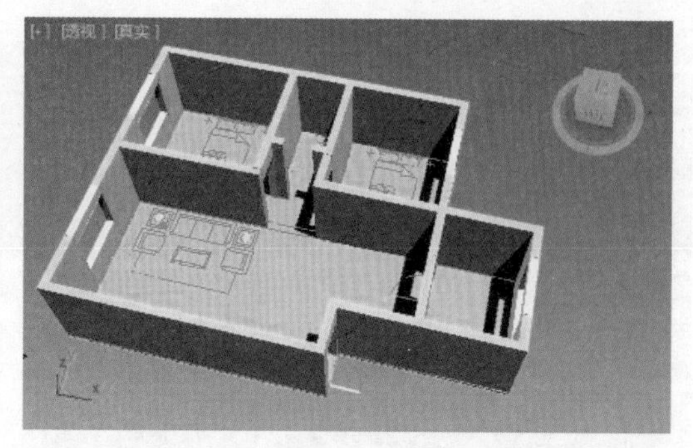

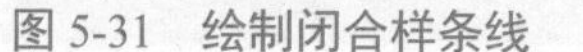

图 5-31　绘制闭合样条线　　图 5-32　为地面添加“挤出”修改器并进行调整

即使在“封口”选项区中设置了“封口始端”和“封口末端”，有时挤出的对象仍然会缺少封口，如图 5-33 所示。

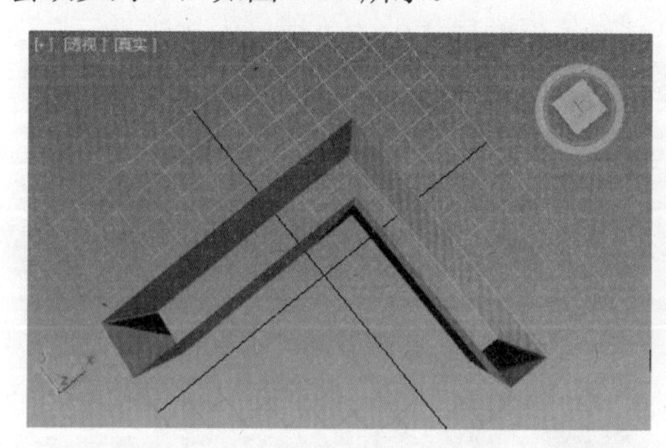

图 5-33　缺少封口

这是由于所绘制的样条线并未闭合所致，如同一条样条线上的两个顶点并没有焊接在一起，或者需要挤出的图形由两条不同的样条线构成，分别如图 5-34 所示。

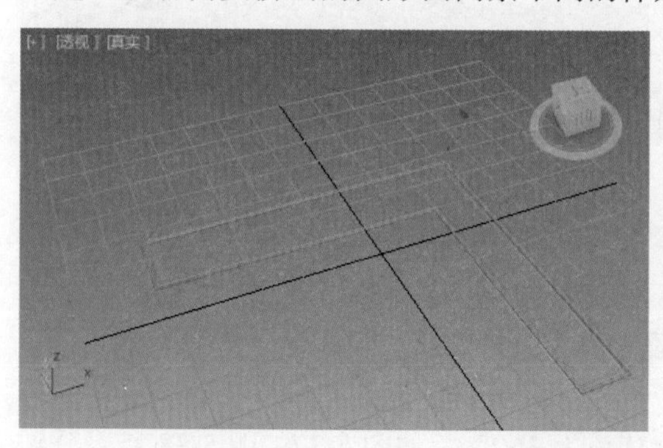

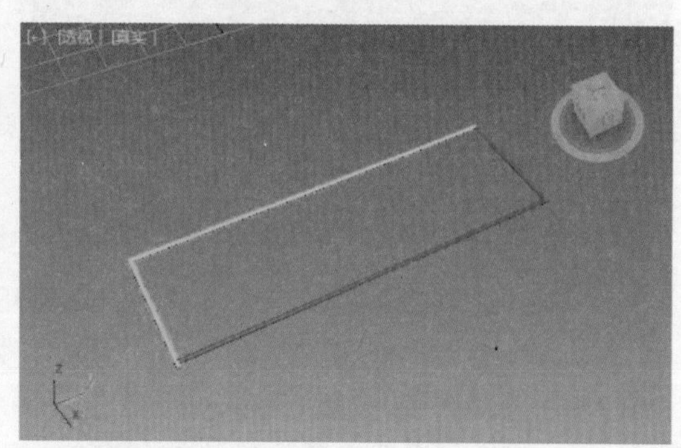

图 5-34　未闭合样条线

如果需要挤出的图形由两条不同的样条线组成，则选中其中任意一条样条线，然后切换到“修改”面板，再切换到“线段”子对象层级，单击“几何体”卷展栏中的“附加”按钮，此时鼠标指针将变换形状，移动鼠标指针单击拾取另一条样条线，即可将其附加为同一条样条线，如图 5-35 所示。

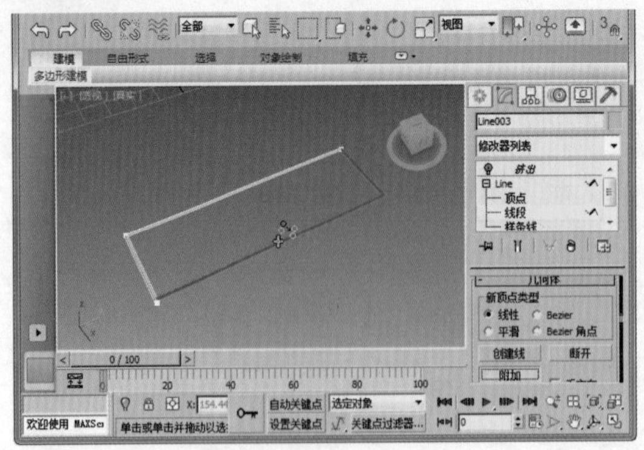

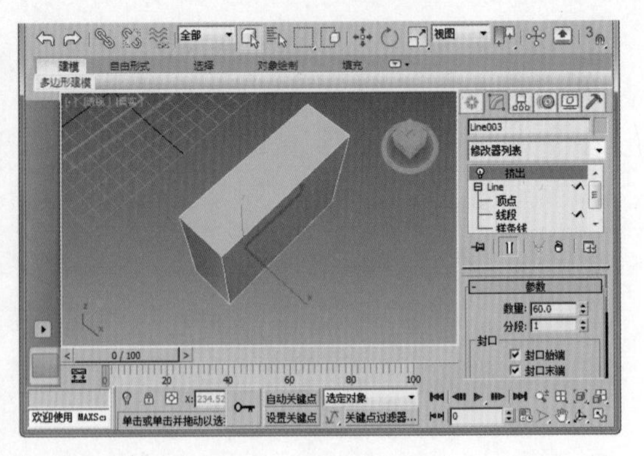

图 5-35　附加样条线

如果同一条样条线上的两个顶点为断开状，则同时选中这两个顶点，然后在“修改”面板下切换到“顶点”子对象层级，再单击“几何体”卷展栏中的“焊接”按钮进行自动焊接，如图 5-36 所示。如果焊接不成功，则适当调大“焊接”右侧数值框中的值或移近两个顶点的位置，再进行焊接操作。

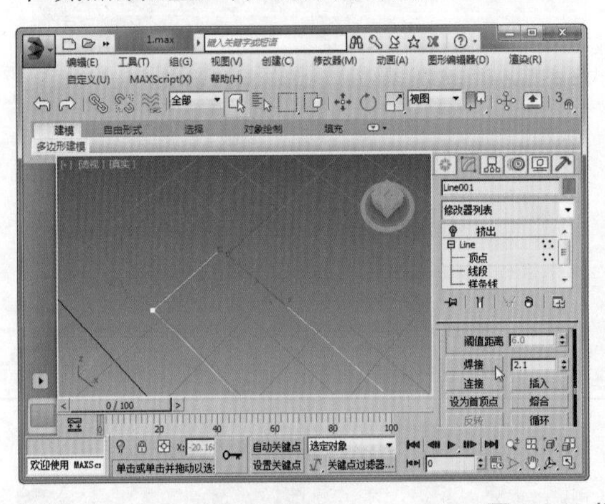

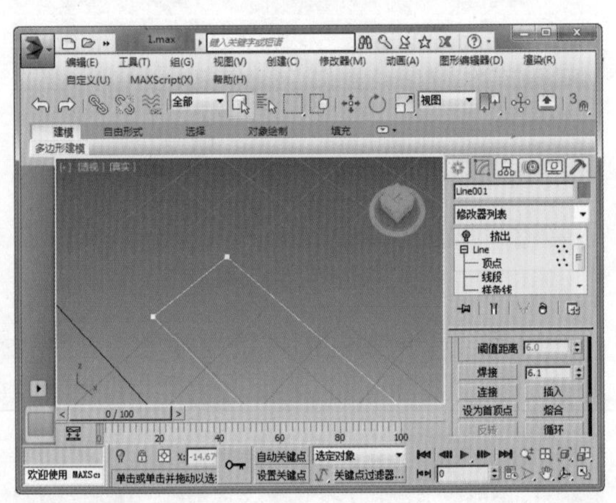

图 5-36　焊接样条线

实例 2　“车削”修改器的应用

车削即通过绕轴旋转一个图形或 NURBS 曲线来创建 3D 对象。“车削”修改器对应的“参数”卷展栏包含“度数”与“分段”数值框、“封口”选项区、“方向”选项区、“对齐”选项区和“输出”选项区等。

- **度数：**设置对象绕轴旋转的角度，默认值为 360°。如图 5-37、图 5-38 所示分别为车削 360° 和 270° 时生成的对象。
- **焊接内核：**通过将旋转轴中的顶点进行焊接来简化网格。
- **翻转法线：**旋转对象可能会内部外翻，从而导致车削生成的对象显示错误。通过切换“翻转法线”复选框的状态可以修正此问题。
- **分段：**在起始点与终点之间，确定在曲面上创建多少插补线段。
- **“封口”选项区：**如果设置的车削对象的角度小于 360°，则控制是否在车削对象内部创建封口。

➢　**“方向”选项区：**相对对象的轴点，设置轴的旋转方向。
➢　**“对齐”选项区：**将旋转轴与图形的最小、中心或最大范围对齐。
➢　**“输出”选项区：**指定车削生成的对象类型。

图 5-37　车削 360°

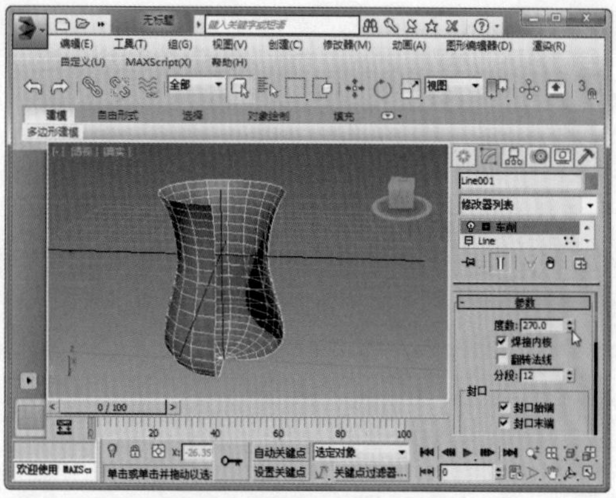

图 5-38　车削 270°

下面将以水杯的建模为例，对“车削”修改器的应用进行介绍，最终效果如图 5-39 所示（此为加材质后的效果图，关于材质与贴图在后面章节中会有介绍）。

图 5-39　水杯的渲染效果

创建水杯模型的具体操作步骤如下：

Step 01　利用“线”工具在前视图绘制如图 5-40 所示的样条线，并调整其顶点类型与位置。

Step 02　选中样条线，切换到“样条线”子对象层级，通过设置“几何体”卷展栏中的“轮廓”数值添加轮廓，如图 5-41 所示。

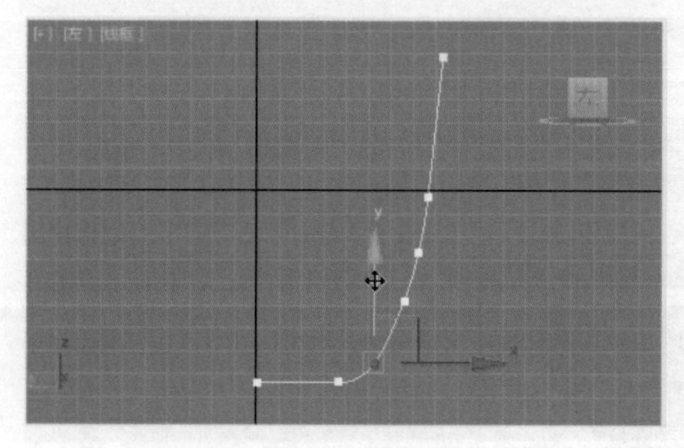

图 5-40　绘制并调整样条线

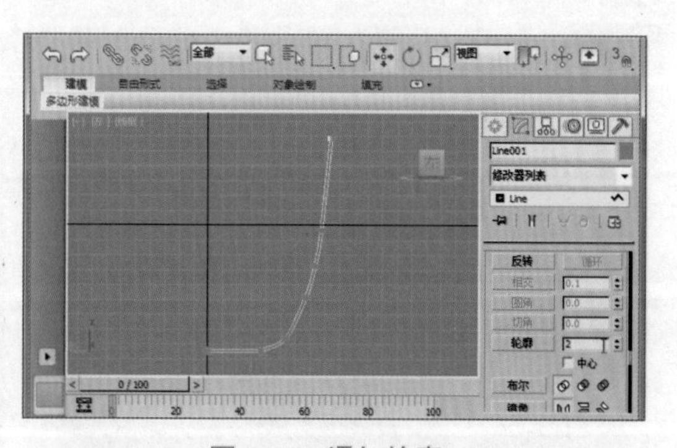

图 5-41　添加轮廓

Step 03 切换到“顶点”子对象层级，选择样条线最上方的两个顶点，通过设置“几何体”卷展栏中的“圆角”数值添加圆角，如图 5-42 所示。

Step 04 切换到“线段”子对象层级，选择最左侧的线段并将其删除，如图 5-43 所示。

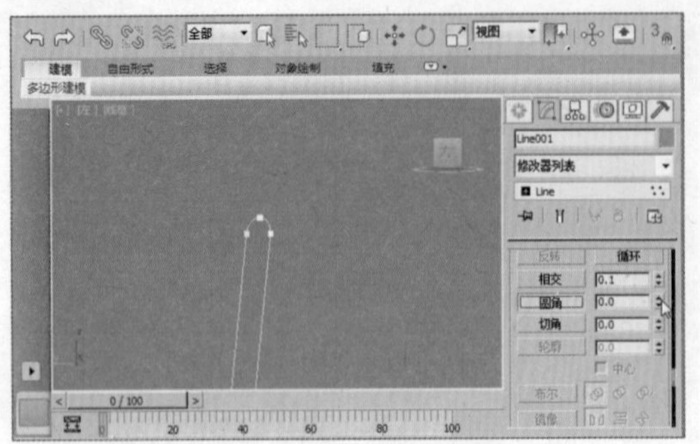
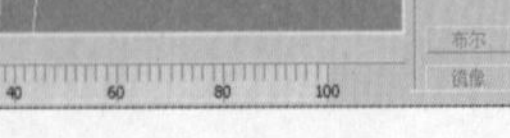

图 5-42 添加圆角

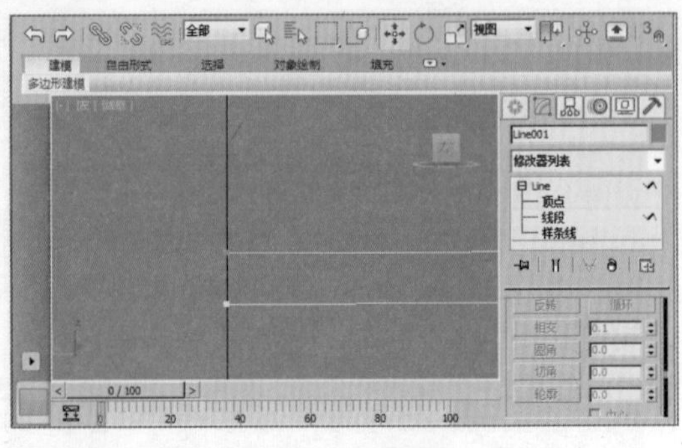

图 5-43 删除线段

Step 05 通过修改器列表添加“车削”修改器。展开“参数”卷展栏，依次单击“Y”和“最小”按钮，然后勾选“翻转法线”复选框，如图 5-44 所示。

Step 06 此时即可正确显示出所需车削对象，如图 5-45 所示。如果由于绘制样条线时的视图方向不同，无法得到正确结果，可以尝试依次单击“方向”选项区与“对齐”选项区中的按钮，直到得到所需的图形。

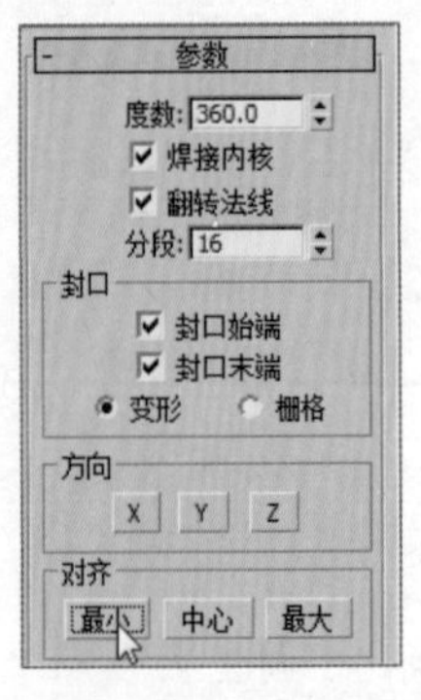

图 5-44 设置参数

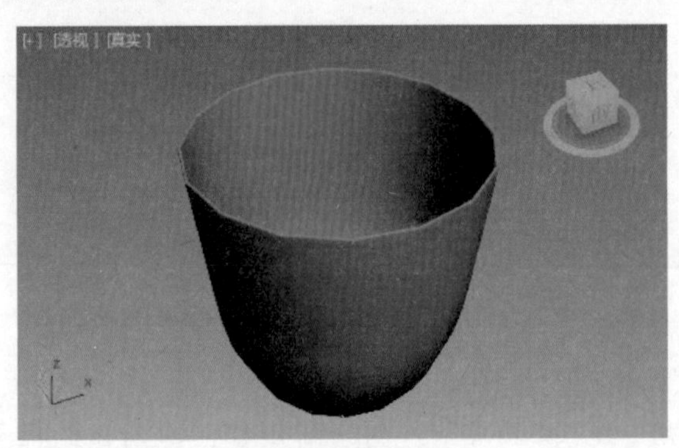

图 5-45 车削对象

Step 07 利用“线”工具和“椭圆”工具绘制如图 5-46 所示的样条线。

Step 08 利用“放样”工具将之前绘制的样条线放样成三维对象，如图 5-47 所示。

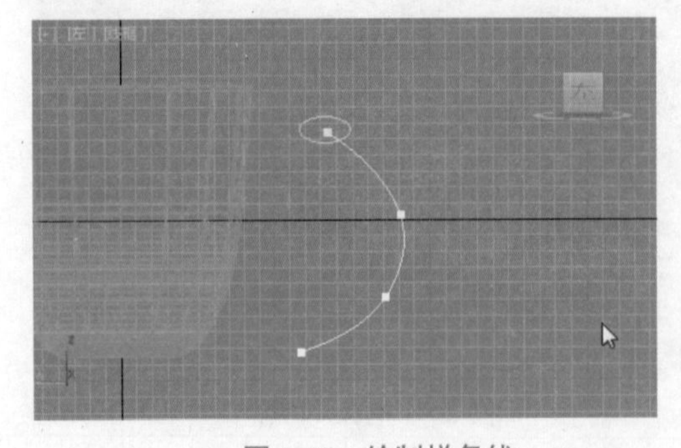

图 5-46 绘制样条线

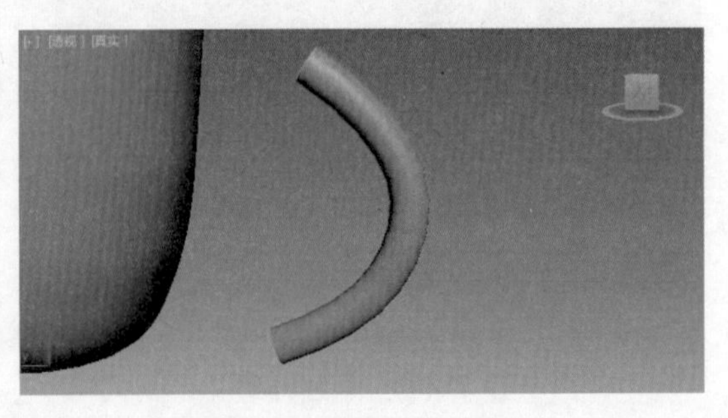

图 5-47 放样样条线

Step 09 适当调整放样对象上方顶点的位置，然后将放样对象移到车削对象的合适位置，如图 5-48 所示。

Step 10 采用同样的方法绘制另一条样条线并创建轮廓，如图 5-49 所示。

图 5-48　调整位置

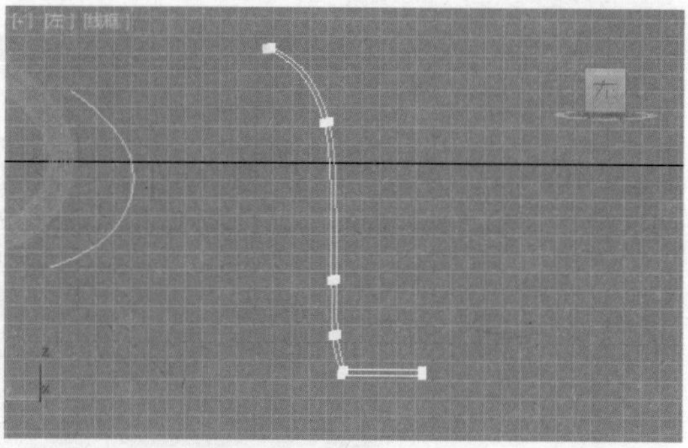

图 5-49　绘制样条线并添加轮廓

Step 11 适当调整图形上方的顶点位置，删除最右侧的线段，如图 5-50 所示。

Step 12 为样条线添加“车削”修改器，通过调整“方向”与“对齐”选项区中的参数，得到如图 5-51 所示的车削对象。

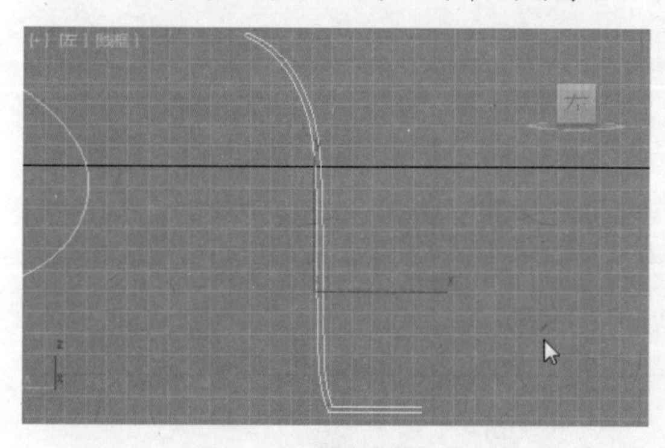

图 5-50　删除线段

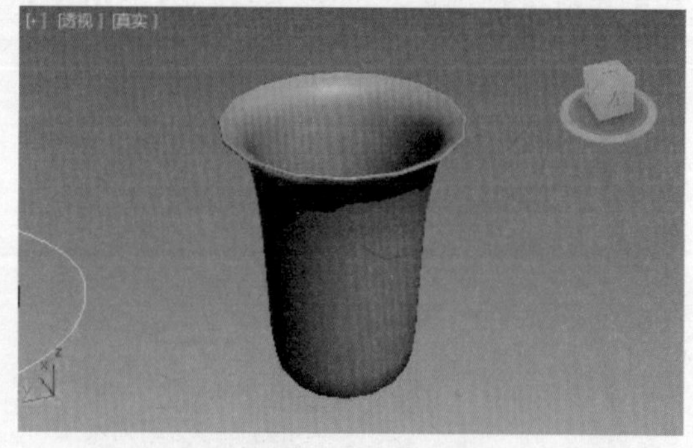

图 5-51　添加“车削”修改器

Step 13 利用“线”工具和“椭圆”工具绘制样条线，并通过“放样”工具生成三维对象，如图 5-52 所示。

Step 14 移动对象到合适位置，最终效果如图 5-53 所示。

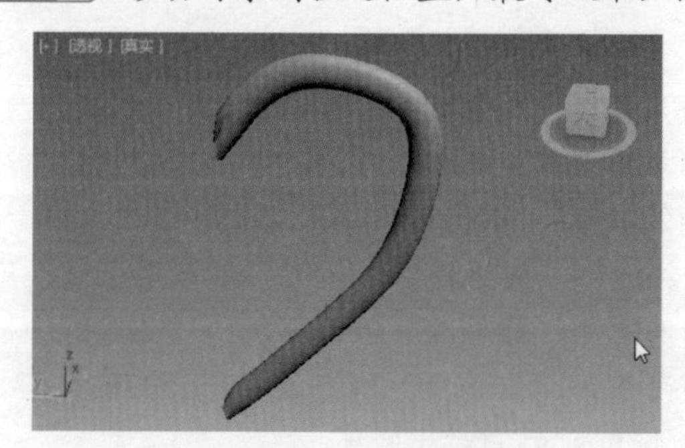

图 5-52　创建三维对象

图 5-53　完成建模

实例 3 “倒角”修改器的应用

通过“倒角”修改器可以将图形挤出为三维对象，并在边缘应用平或圆的倒角。“倒角”修改器通常被用于创建三维文本和徽标，倒角三维文本如图 5-54 所示。

图 5-54 倒角三维文本

“倒角”修改器包含“参数”和“倒角值”两个卷展栏，分别用于对倒角对象的参数和倒角值进行设置，如图 5-55、图 5-56 所示。

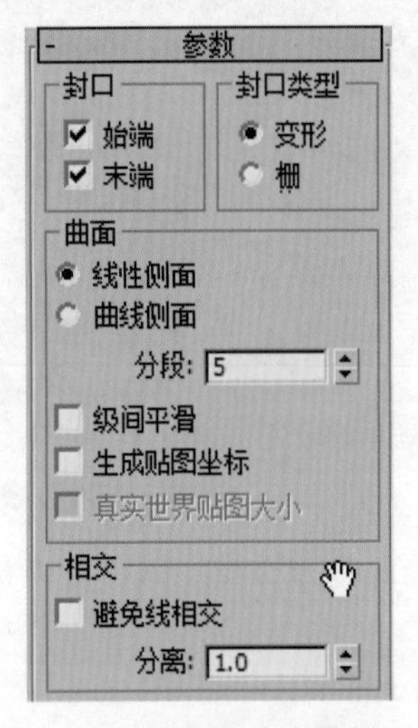

图 5-55 “参数”卷展栏

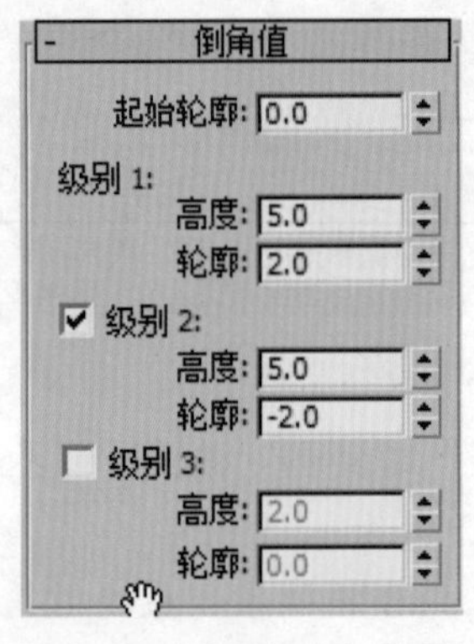

图 5-56 “倒角值”卷展栏

- **“封口”选项区：**用于控制倒角对象是否要在一端封口。
- **“封口类型”选项区：**用于设置封口类型。
- **“曲面”选项区：**用于控制曲面侧面的曲率、平滑度和贴图。
- **“相交”选项区：**用于防止从重叠的邻近边产生锐角。小于 90° 的图形会由于产生极化倒角而导致其与邻边重合。勾选“避免线相交”复选框，通过在轮廓中插入额外的顶点，并用一条平直的线段覆盖锐角来防止轮廓彼此相交。如图 5-57、图 5-58 所示为勾选“避免线相交”复选框前后的对比效果。

图 5-57　勾选“避免线相交”复选框前

图 5-58　勾选“避免线相交”复选框后

“倒角值”卷展栏包含“高度”和三个级别的倒角量的参数设置。倒角对象最少需要两个层级，即始端和末端。添加更多的级别，可以改变倒角从开始到结束的量和方向。

下面将以文字特效的建模为例，对“倒角”修改器的应用进行介绍，最终效果如图 5-59 所示。

图 5-59　文字特效的渲染效果

创建文字特效模型的具体操作步骤如下：

Step 01　切换到“图形” | “样条线”创建面板，单击“文本”按钮，如图 5-60 所示。

Step 02　在“参数”卷展栏下设置文本的字体与字间距等参数，如图 5-61 所示。

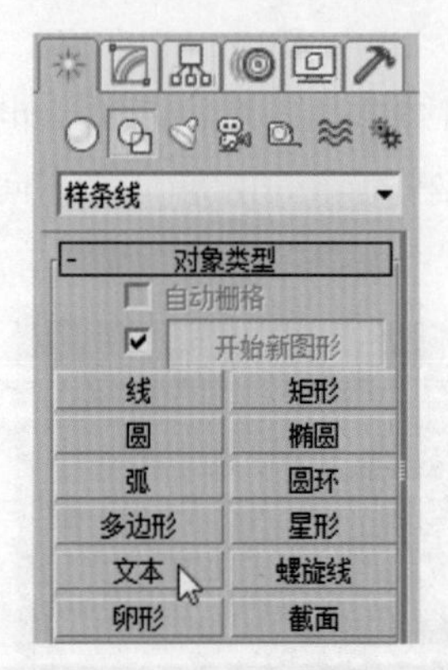

图 5-60　创建文本样条线

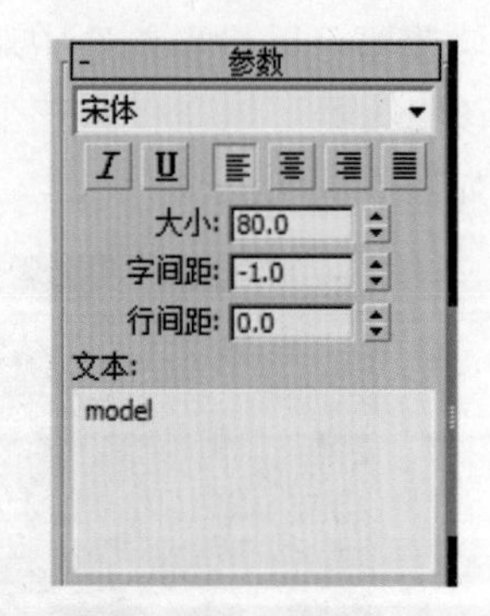

图 5-61　设置文本参数

Step 03　在场景中单击创建已设置参数的文本，如图 5-62 所示。

Step 04　选中新创建的文本，打开修改器列表，选择“倒角”选项，为文本添加“倒角”修改器，如图 5-63 所示。

图 5-62　创建文本

图 5-63　添加“倒角”修改器

Step 05 在“修改”面板中设置“倒角值”卷展栏中的各项参数，如图 5-64 所示。

Step 06 此时即可查看添加“倒角”修改器并修改参数后的模型效果，如图 5-65 所示。

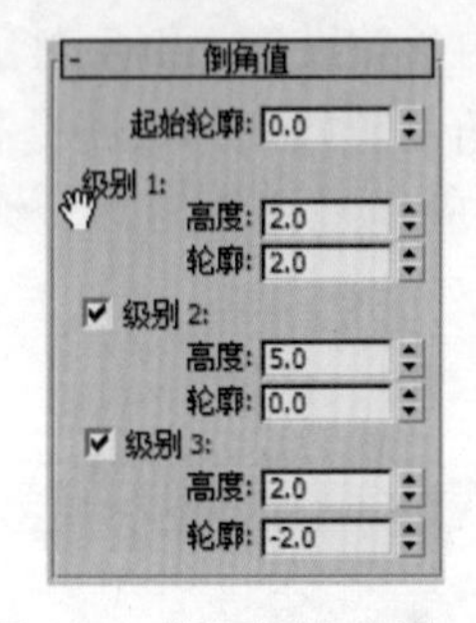

图 5-64　设置倒角参数

图 5-65　倒角效果

5.3　变形类修改器的应用

本节将介绍 3ds Max 中常用的变形类修改器，主要包括“弯曲”修改器、“噪波”修改器、“FFD”修改器及“晶格”修改器。

实例 1　“弯曲”修改器的应用

利用“弯曲”修改器可以将当前选中对象围绕单独轴弯曲 360°，也可以在对象几何体中产生均匀弯曲。该修改器可以在任意三个轴上控制弯曲的角度和方向，也可以对几何体的一段限制弯曲，如图 5-66 所示。

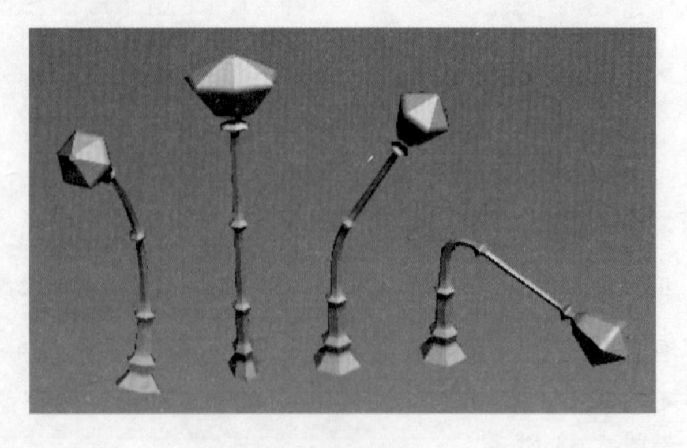
图 5-66　弯曲效果

在“弯曲”修改器的堆栈中包含“Gizmo”和“中心”两个层级。通过设置“Gizmo”层级，可以改变“弯曲”修改器的效果。“Gizmo”的位置不同，得到的弯曲效果也会不同，如图 5-67 所示。

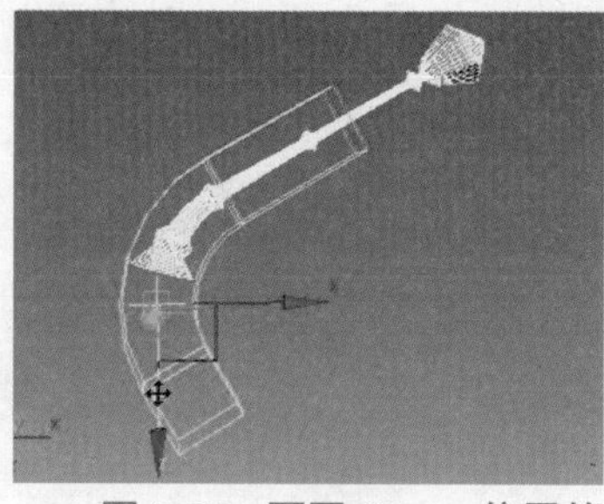

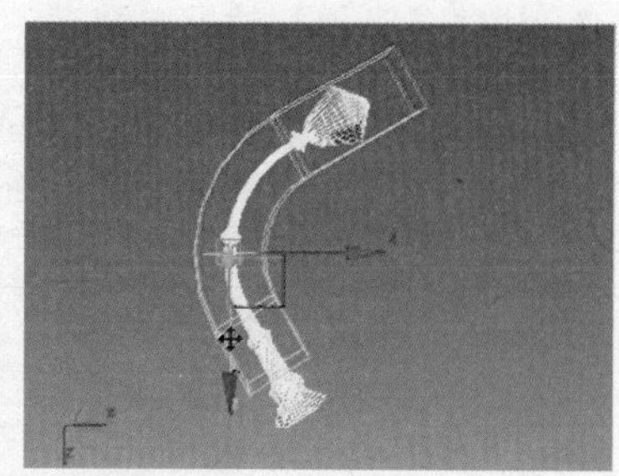

图 5-67　不同 Gizmo 位置的弯曲效果

“弯曲”修改器对应的“参数”卷展栏包含“弯曲”选项区、“弯曲轴”选项区及“限制”选项区。

- **“弯曲”选项区：**用于控制弯曲的角度，以及相对于水平面的方向。
- **“弯曲轴”选项区：**指定要弯曲的轴，默认设置为 *z* 轴。
- **“限制”选项区：**应用限制约束到弯曲效果，默认设置为禁用状态。通过设置“上限”和“下限”数值，以确定选择对象是轴心原点以上部分还是以下部分受弯曲作用影响。勾选“限制效果”复选框后，“弯曲”修改器将不再影响超出设置边界的几何体。如图 5-68 所示分别为未勾选“限制效果”复选框及设置“上限”后的效果。

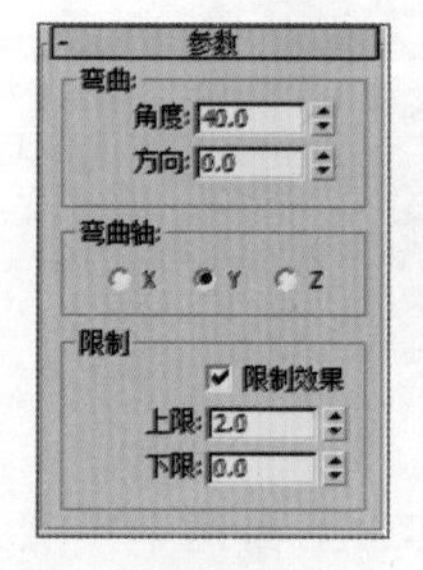

参数设置

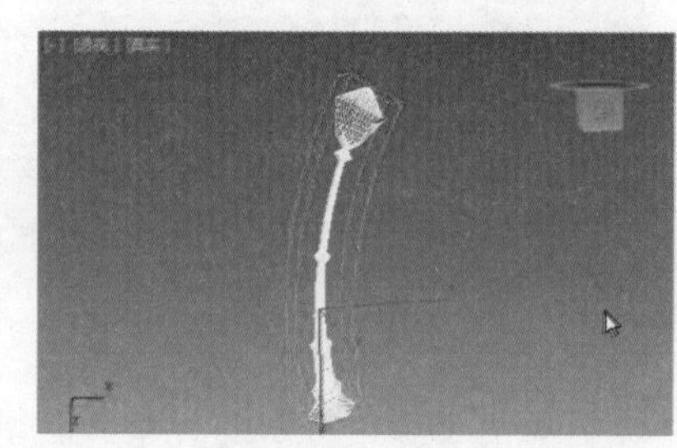

未勾选“限制效果”复选框

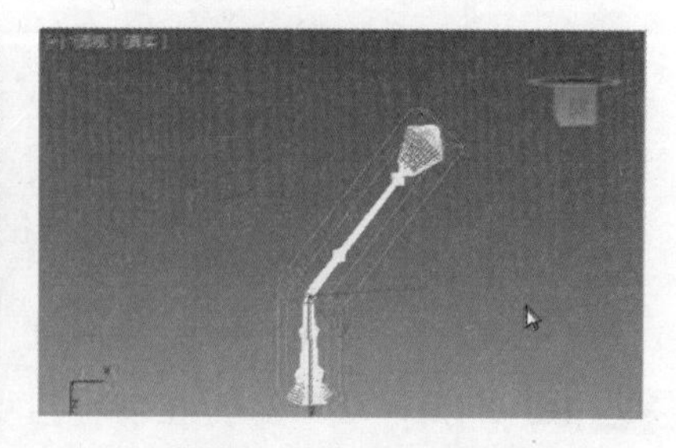

设置“上限”后的效果

图 5-68　“限制效果”选项区设置

下面将以桌面便笺的建模为例，对“弯曲”修改器的应用进行介绍，最终效果如图 5-69 所示。

图 5-69　桌面便笺

创建桌面便笺模型的具体操作步骤如下：

Step 01 通过“圆柱体”工具创建一个高为 40、半径为 1 的圆柱体，通过“球体”工具创建一个半径为 3 的球体，如图 5-70 所示。

Step 02 按住【Shift】键移动球体，创建球体的三个副本对象，如图 5-71 所示。

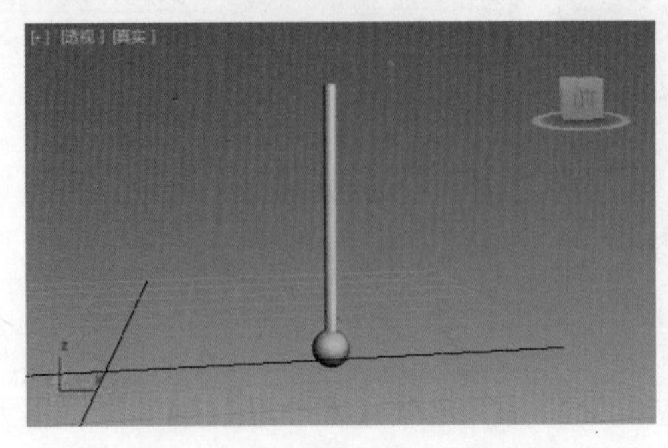

图 5-70　创建圆柱体和球体

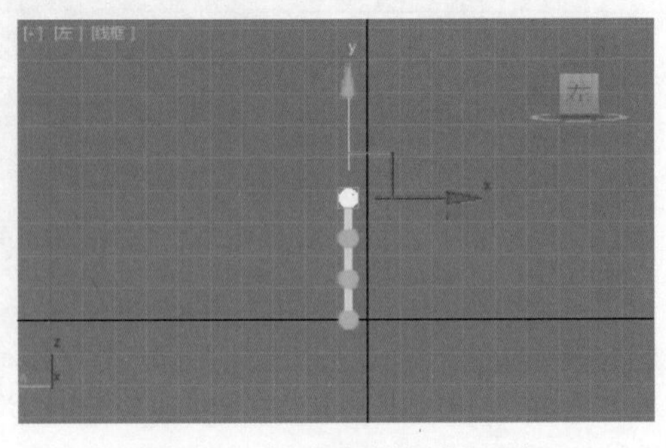

图 5-71　创建球体的副本对象

Step 03 全选对象，通过修改器列表添加“弯曲”修改器。展开其“参数”卷展栏，设置弯曲参数，如图 5-72 所示。

Step 04 此时即可查看添加“弯曲”修改器并调整其参数后的效果，如图 5-73 所示。

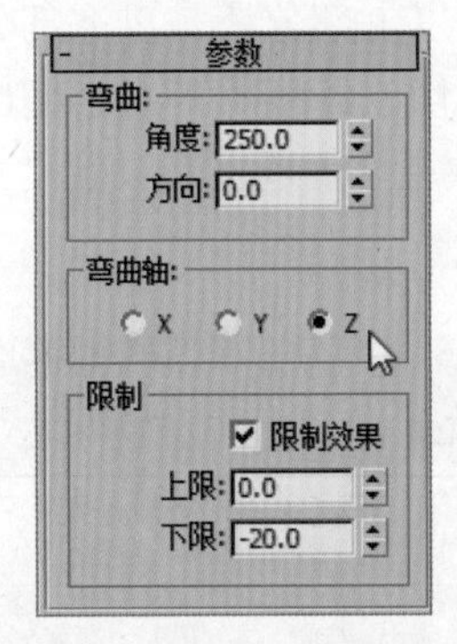

图 5-72　添加“弯曲”修改器

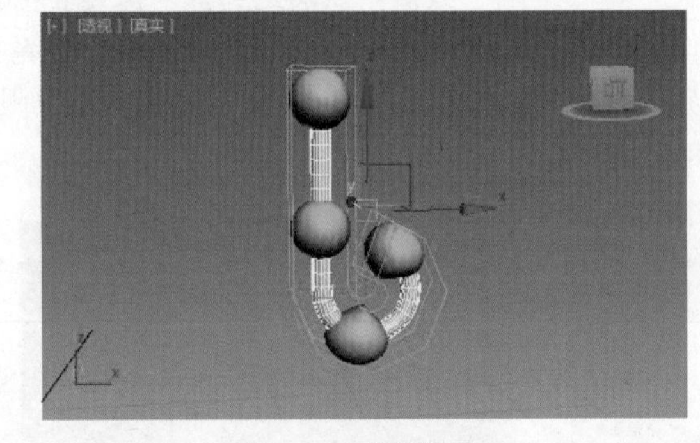

图 5-73　弯曲效果

Step 05 利用“线”工具在前视图中绘制如图 5-74 所示的样条线，其中上面两个顶点是 Bezier 角点，用于调整弧度。

Step 06 利用“车削”修改器将样条线创建为如图 5-75 所示的三维对象。

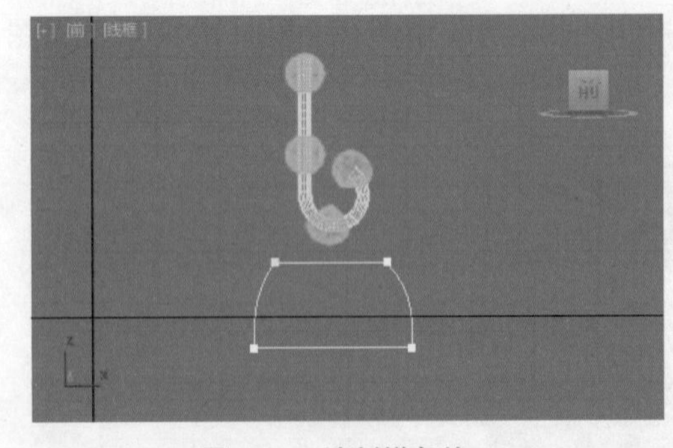

图 5-74　绘制样条线

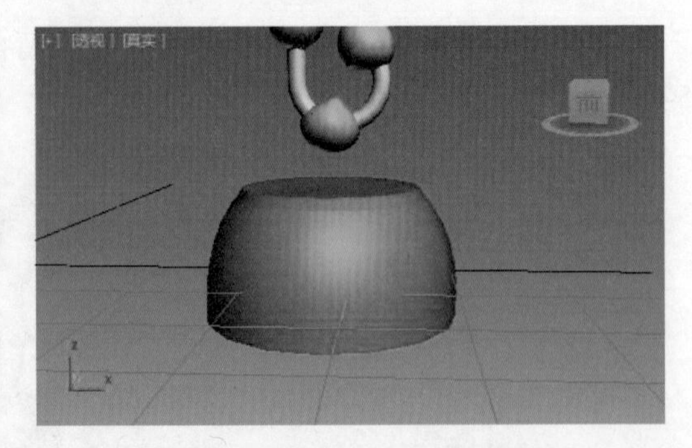

图 5-75　添加“车削”修改器

Step 07 修改车削对象的颜色，并将其对齐到如图 5-76 所示的位置。

Step 08 绘制一个平面图形，并通过“旋转”工具和“移动”工具将其放置到如图 5-77 所示的位置。

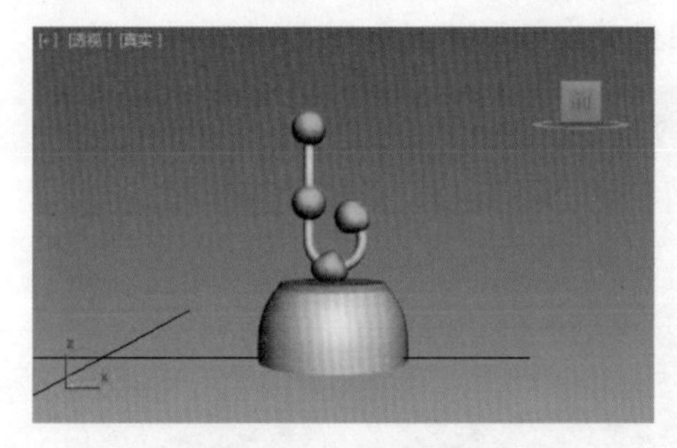

图 5-76　对齐对象

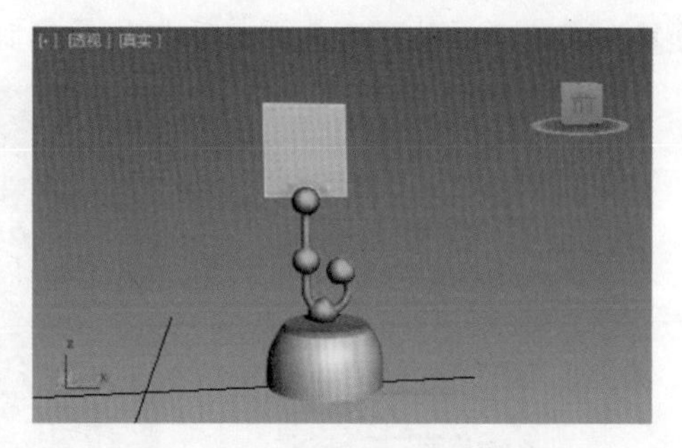

图 5-77　绘制并调整平面图形

Step 09 选择新创建的平面并单击鼠标右键，在弹出的快捷菜单中选择“转换为”|“转换为可编辑多边形”命令，如图 5-78 所示。

Step 10 在“修改”面板中通过“选择”卷展栏中的按钮切换到“多边形”子对象层级，选择平面上的全部多边形，如图 5-79 所示。

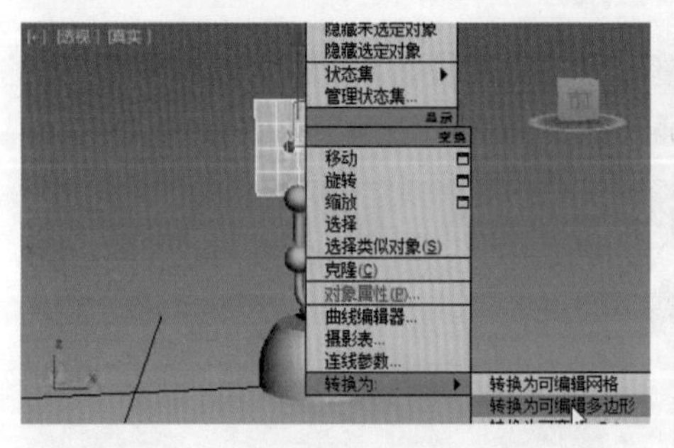

图 5-78　转换为可编辑多边形

图 5-79　选择多边形

Step 11 在“编辑多边形”卷展栏下单击“挤出”按钮，移动鼠标指针到所选多边形上，按住鼠标左键并进行拖动，挤出一定的厚度，如图 5-80 所示。

Step 12 为挤出对象创建一个副本对象，切换到“顶点”子对象层级，选择对象右上角的顶点，如图 5-81 所示。

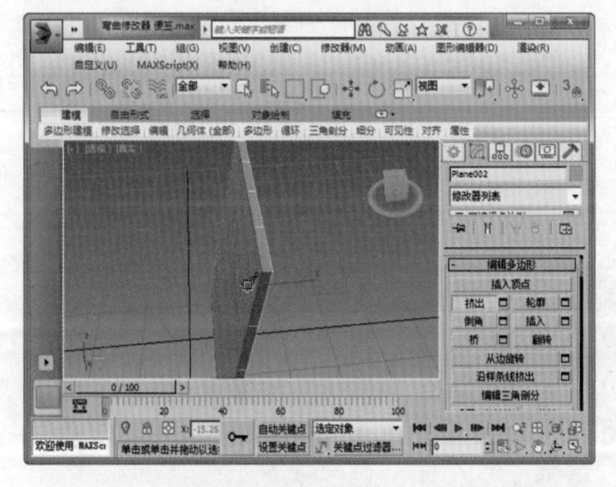

图 5-80　挤出厚度

图 5-81　创建副本对象

Step 13 在“修改”面板中下展开“软选择”卷展栏，勾选“使用软选择”复选框并调整各项参数，如图 5-82 所示。

Step 14 通过“移动”工具调整顶点位置以改变对象的形状，如图 5-83 所示。

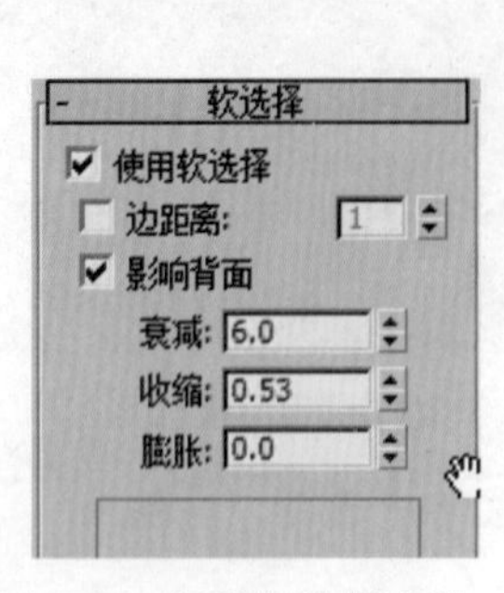

图 5-82 调整软选择参数

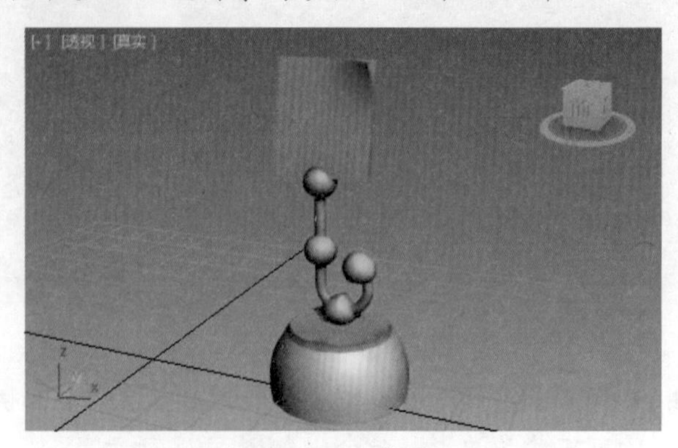

图 5-83 改变对象的形状

实例 2 “噪波”修改器的应用

通过“噪波”修改器可以沿三个轴任意组合调整对象顶点的位置，从而模拟对象形状的随机变化。例如，通过“噪波”修改器创建波涛汹涌的海平面，如图 5-84、图 5-85 所示。

图 5-84 应用了分形噪波的平面

图 5-85 对含有纹理的平面使用噪波

“噪波”修改器对应的“参数”卷展栏包含“噪波”选项区、“强度”选项区及“动画”选项区，如图 5-86 所示。

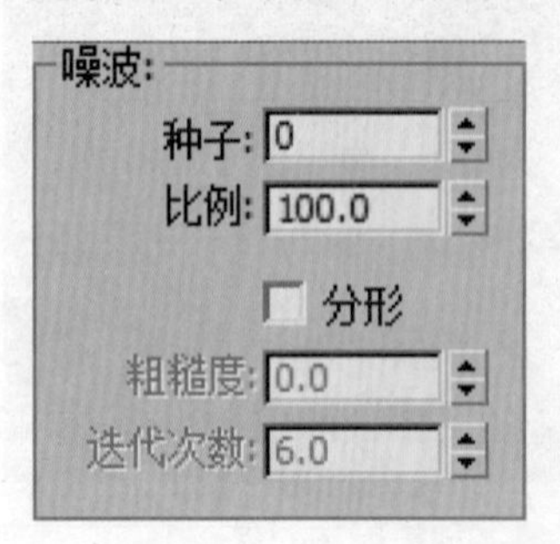

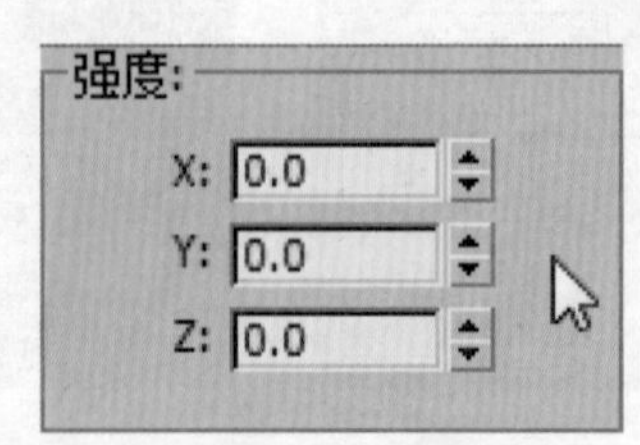

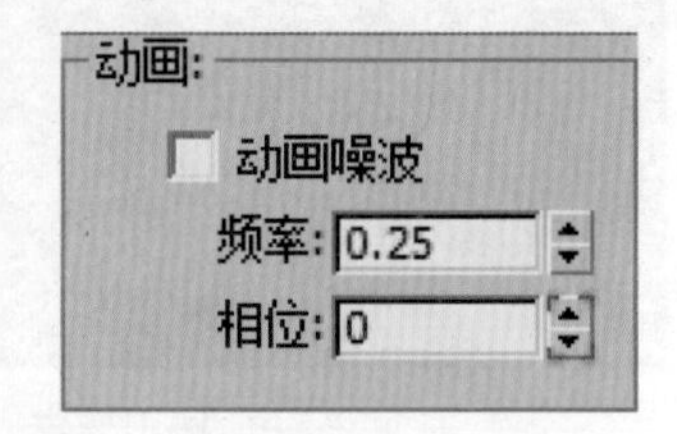

图 5-86 “噪波”修改器的参数卷展栏

"噪波"选项区下包含"种子""比例""分形""粗糙度"及"迭代次数"的参数设置：

- **种子**：以设置的参数为依据生成一个随机起始点，每种设置都可以生成不同的效果。
- **比例**：设置噪波影响（非强度）的大小。较大的值产生更为平滑的噪波，较小的值产生锯齿现象更严重的噪波。
- **分形**：控制是否产生分形效果。
- **粗糙度**：决定分形变化的程度。数值设置得越低，得到的效果越精细。
- **迭代次数**：控制分形功能所使用的迭代次数。

此外，"强度"选项区用于控制三个轴上噪波效果的大小；而"动画"选项区主要用于控制整体噪波效果、噪波振动的速率等。

下面将以海滩效果图的建模为例，对"噪波"修改器的应用进行介绍，最终效果如图5-87所示。

图5-87　海滩的建模效果

创建海滩模型的具体操作步骤如下：

Step 01 通过"长方体"工具绘制长为1 000、宽为2 000、高为10的长方体，如图5-88所示。

Step 02 展开其"参数"卷展栏，设置"长度分段"和"宽度分段"为合适的值，如图5-89所示。

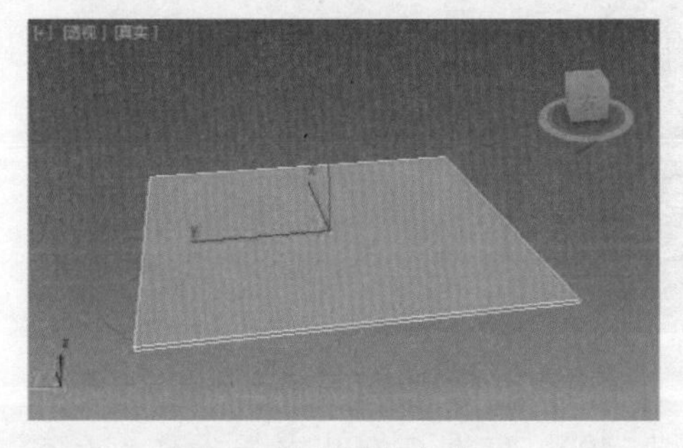

图5-88　创建长方体

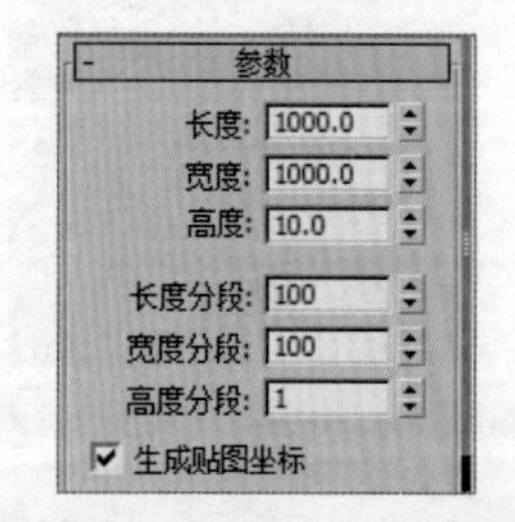

图5-89　设置合适的参数值

Step 03 通过修改器列表添加"噪波"修改器，展开其"参数"卷展栏，设置"噪波"和"强度"选项区参数，如图5-90所示。

Step 04 此时即可查看添加"噪波"修改器并设置参数后的沙滩模型效果，如图5-91所示。

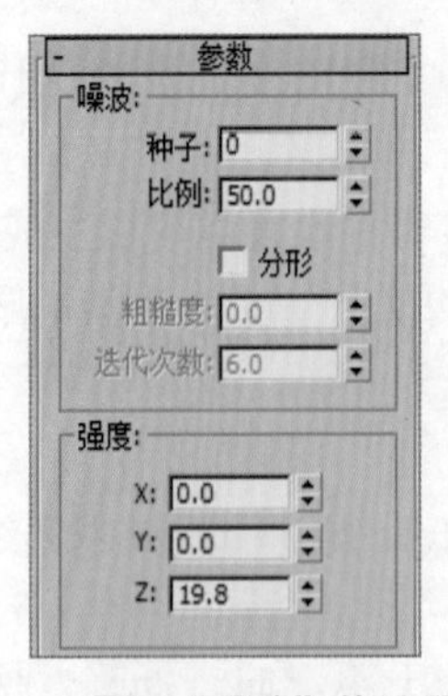

图 5-90 添加“噪波”修改器

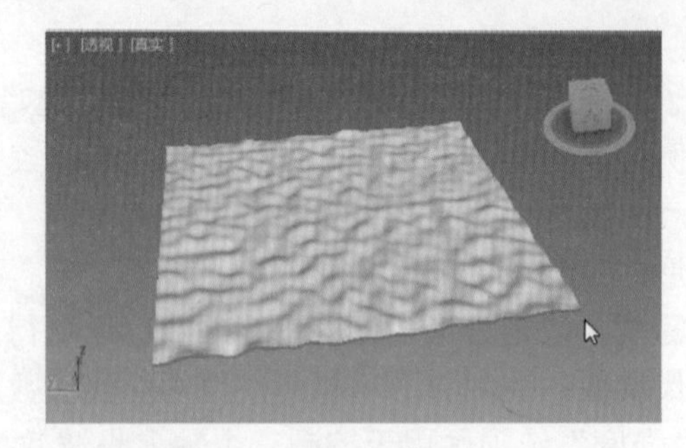

图 5-91 沙滩模型效果

Step 05 通过“平面”工具创建一个长为 600、宽为 1 000 的平面，如图 5-92 所示。

Step 06 展开其“参数”卷展栏，设置“长度分段”和“宽度分段”为合适值，如图 5-93 所示。

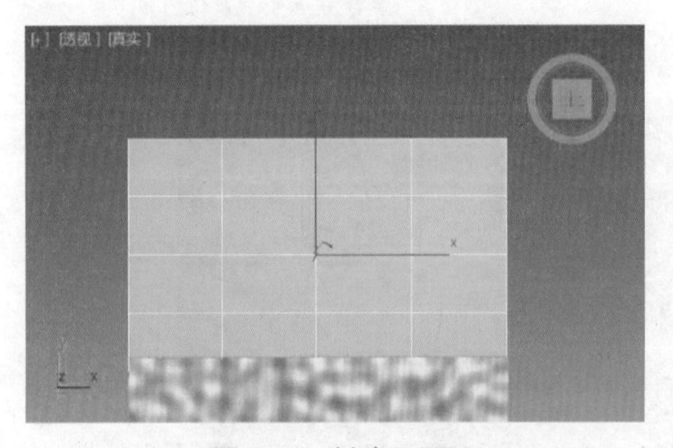

图 5-92 创建平面

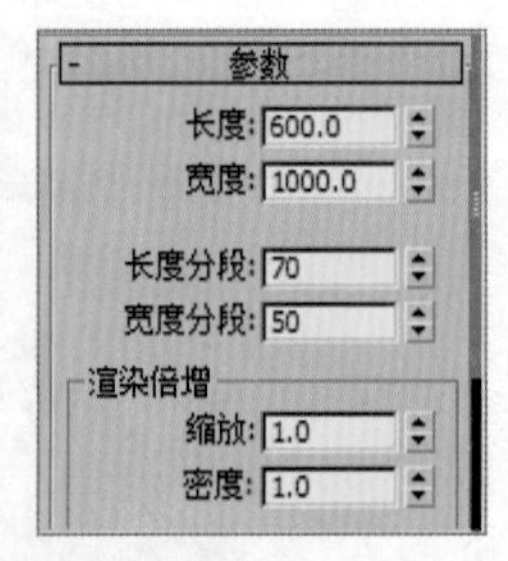

图 5-93 设置参数

Step 07 通过修改器列表添加“噪波”修改器，展开其“参数”卷展栏，设置“噪波”和“强度”选项区参数，如图 5-94 所示。

Step 08 此时即可查看添加“噪波”修改器并设置参数后的海洋模型效果，如图 5-95 所示。

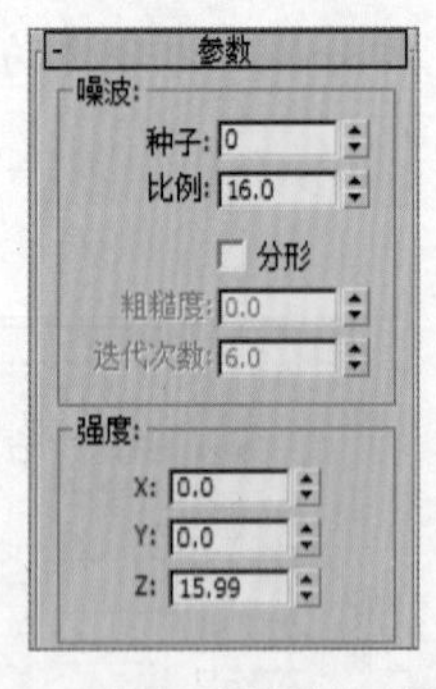

图 5-94 添加“噪波”修改器

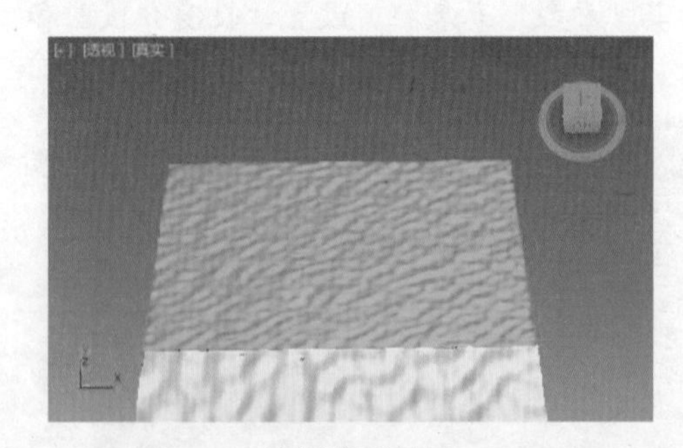

图 5-95 海洋模型效果

Step 09 通过“平面”工具创建一个长为 400、宽为 2 000 的平面作为天空，如图 5-96 所示。

Step 10 将已创建的对象通过“移动”工具和“旋转”工具放置到合适的位置，如图 5-97 所示。

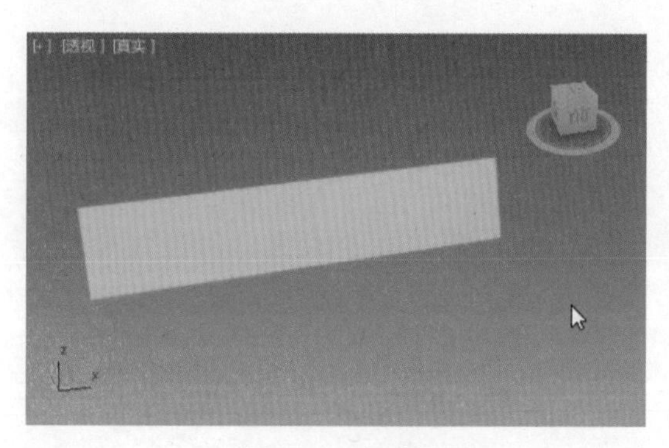

图 5-96　创建平面

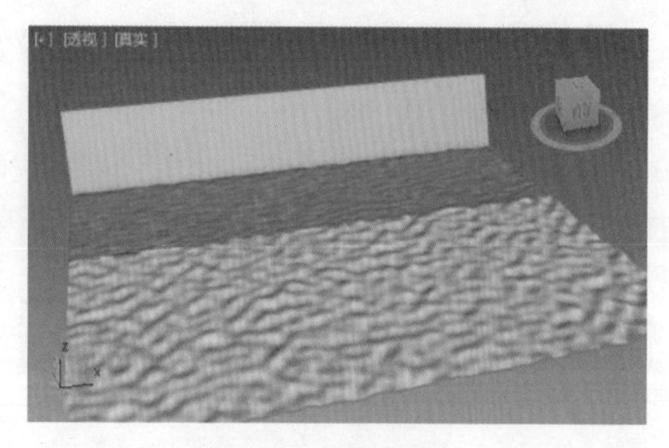

图 5-97　完成建模

实例 3　“晶格”修改器的应用

通过使用“晶格”修改器，可以将对象的线段或边转化为圆柱形结构，并在顶点上产生可选的关节多面体。使用该修改器可基于网格拓扑创建可渲染的几何体结构，或获得可渲染的线框对象，效果如图 5-98 所示。

“晶格”修改器对应的“参数”卷展栏包含“几何体”选项区、“支柱”选项区、“节点”选项区及“贴图坐标”选项区。

- **“几何体”选项区：**用于控制修改器是应用于整个对象还是选中的子对象。
- **“支柱”选项区：**用于设置几何体结构的线框显示效果，半径、分段和边数，以及是否应用末端封口和平滑等参数。
- **“节点”选项区：**用于指定网格线交点的显示效果，节点的多面体类型，以及节点的半径和分段数目。
- **“贴图坐标”选项区：**用于指定给对象的贴图类型。

下面将以鸟笼的建模为例，对“晶格”修改器的应用进行介绍，最终效果如图 5-99 所示。

图 5-98　“晶格”修改器的效果

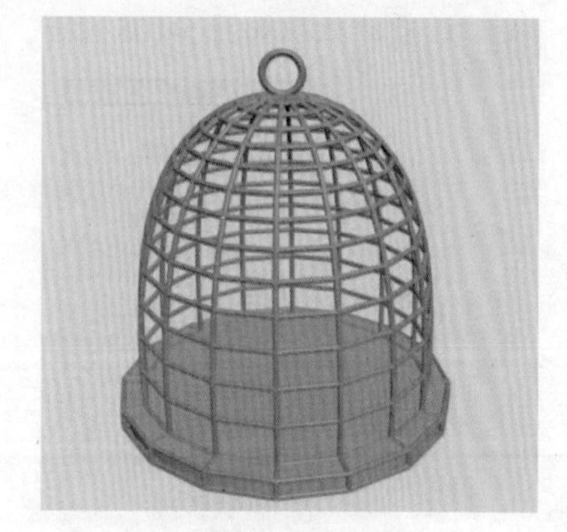

图 5-99　鸟笼

创建鸟笼模型的具体操作步骤如下：

Step 01　通过“线”工具在左视图中绘制如图 5-100 所示的样条线。

Step 02　通过修改器列表添加“车削”修改器，创建车削对象，如图 5-101 所示。

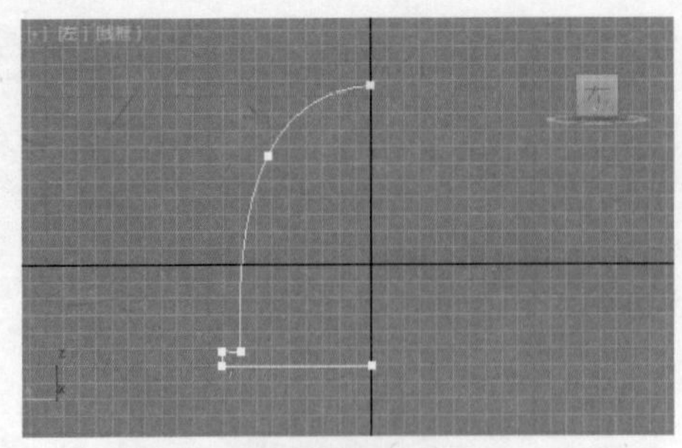

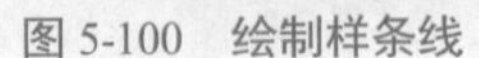

图 5-100　绘制样条线

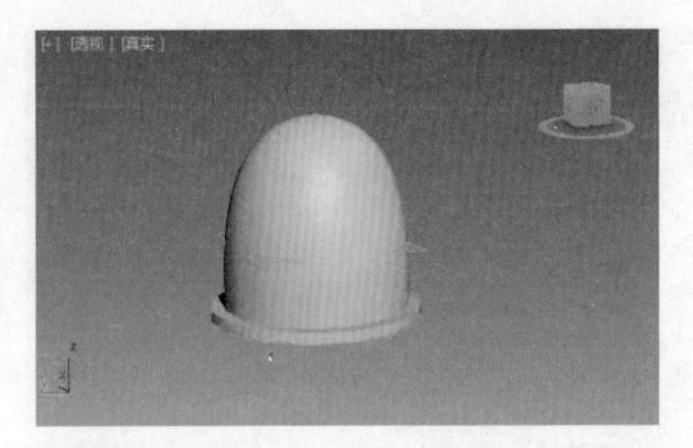

图 5-101　添加“车削”修改器的效果

Step03 在对象上单击鼠标右键，在弹出的快捷菜单中选择“转换为”|“转换为可编辑多边形”命令，如图 5-102 所示。

Step04 在“修改”面板中通过“选择”卷展栏中的按钮切换到“边”子对象层级，选择对象的上半部分全部的边，如图 5-103 所示。

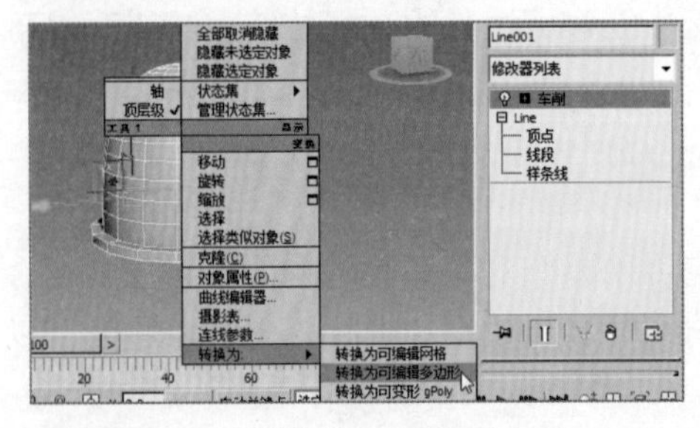

图 5-102　转换为可编辑多边形

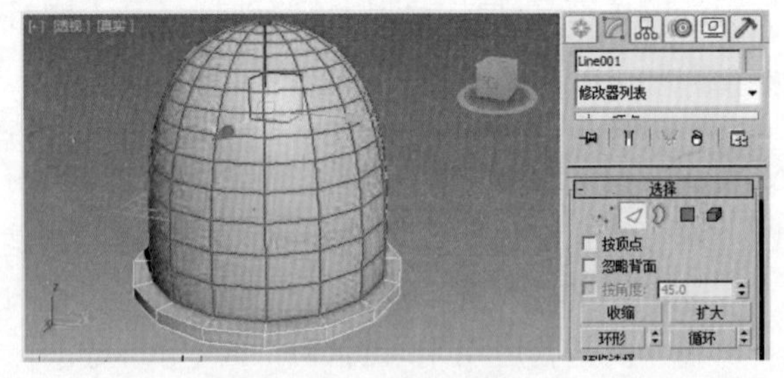

图 5-103　选择边

Step05 为所选边添加“晶格”修改器，取消“应用于整个对象”复选框的勾选状态，设置其支柱的“半径”为 1.5，调整其“边数”等参数，如图 5-104 所示。

Step06 创建圆环几何体，将圆环对齐到鸟笼顶部，创建适合的圆柱体对齐到鸟笼底部，最终效果如图 5-105 所示。

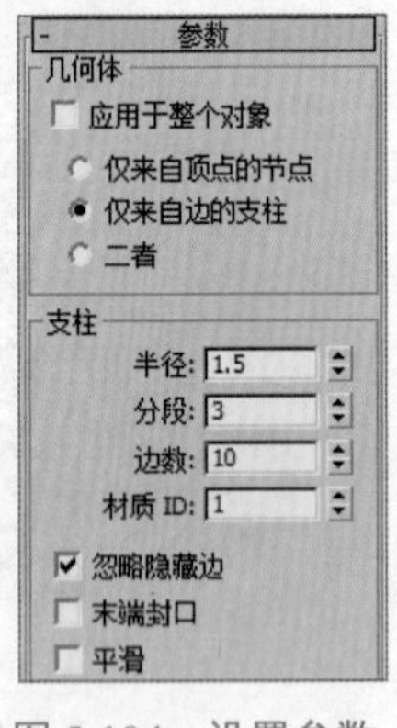

图 5-104　设置参数

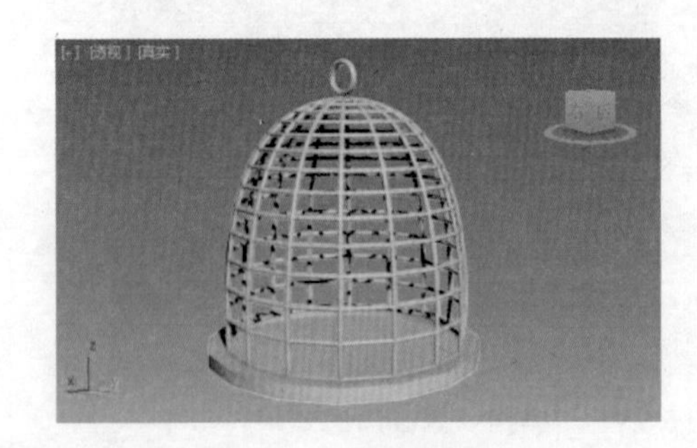

图 5-105　完成建模

实例 4　“FFD”修改器的应用

“FFD”意指“自由形式变形”。“FFD”修改器通过使用晶格框包围选中的几何体，调整晶格的控制点以改变封闭几何体的形状。“FFD”修改器按照晶格分辨率的不同分为三种不同类型，分别为“FFD 2×2×2”“FFD 3×3×3”和“FFD 4×4×4”。其中，“FFD 3×3×3”修改器共有 27 个控制点，如图 5-106 所示。

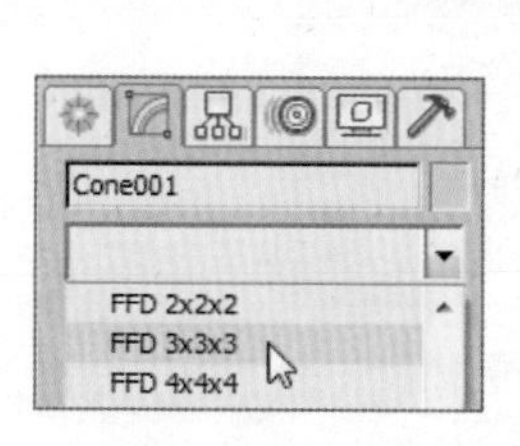

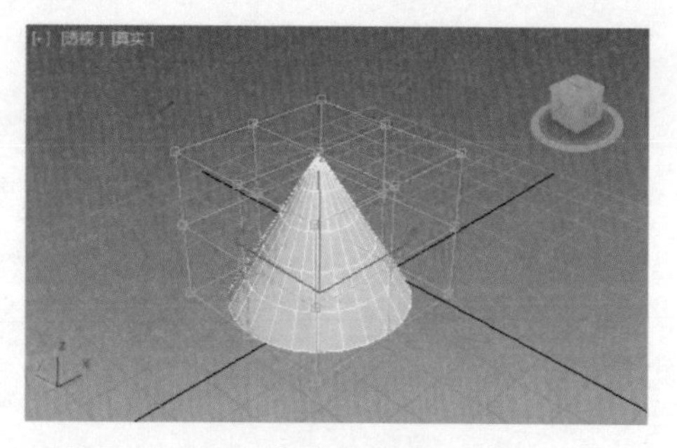

图 5-106　“FFD 3×3×3”修改器

此外，还有两个与 FFD 相关的修改器，即“FFD（长方体）”和“FFD（圆柱体）”修改器。该类型修改器可以在晶格上设置任意数目的点，因此比基本的“FFD”修改器的功能更为强大，如图 5-107、图 5-108 所示。

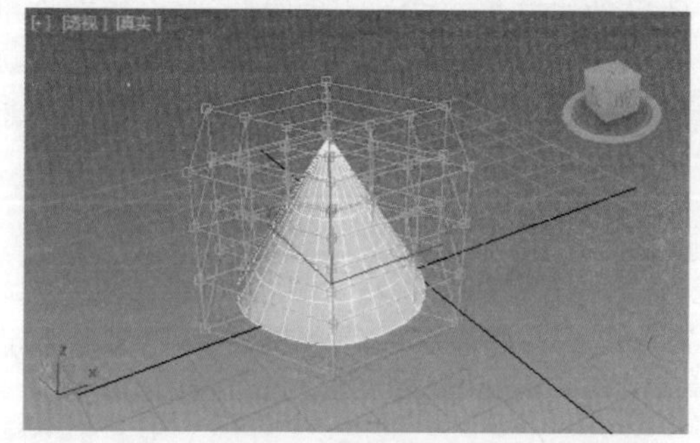

图 5-107　“FFD（圆柱体）”修改器的效果

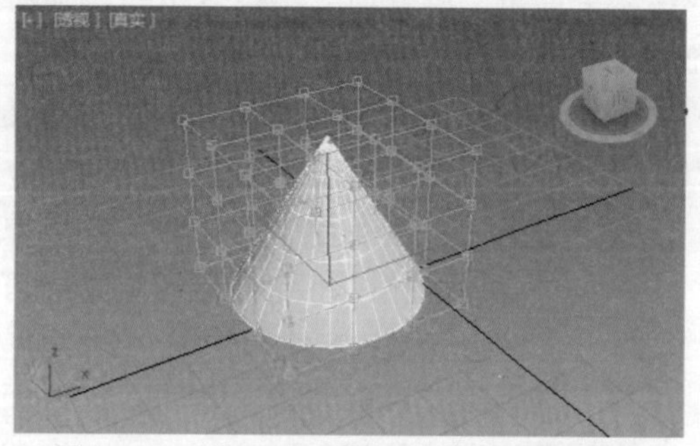

图 5-108　“FFD（长方体）”修改器的效果

“FFD”修改器的堆栈包含“控制点”“晶格”及“设置体积”三个层级。

- **控制点：**通过变换控制点可以改变对象的形状。
- **晶格：**默认为一个包围几何体的边界框。移动或缩放晶格时，仅位于体积内的顶点子集合可应用局部变形。
- **设置体积：**可选择并操作控制点而不影响晶格框中的对象，通常用于设置晶格的原始状态。如图 5-109、图 5-110 所示，当调整“控制点”层级时，应用“FFD”修改器的对象，其形状会发生变化；而当调整“设置体积”层级时，只有晶格形状发生变化。

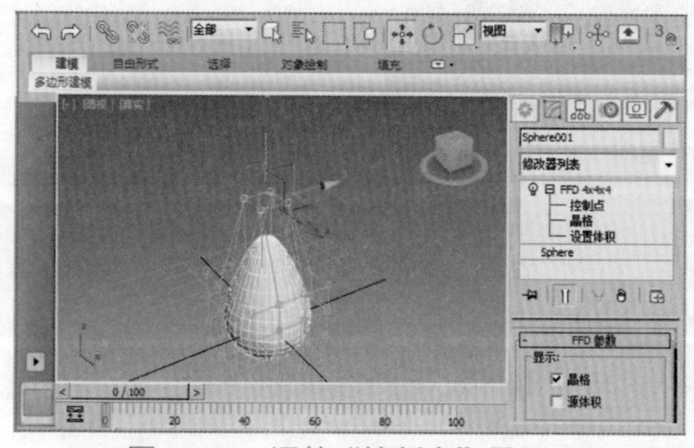

图 5-109　调整“控制点”层级

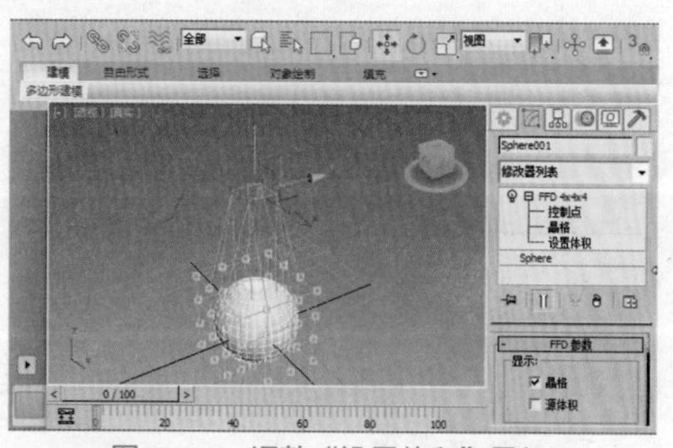

图 5-110　调整“设置体积”层级

“FFD”修改器对应的“FFD 参数”卷展栏包含“显示”选项区、“变形”选项区及“控制点”选项区，如图 5-111 所示。

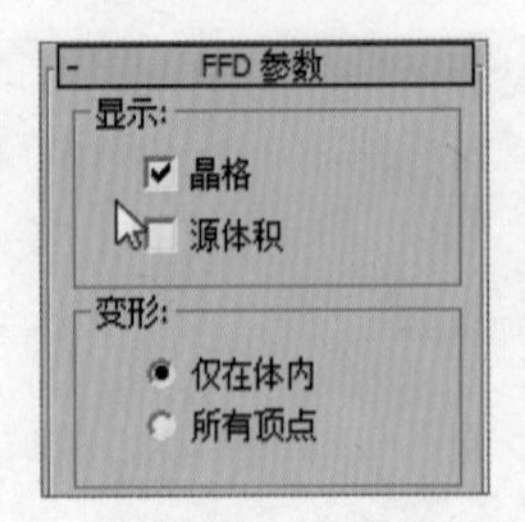

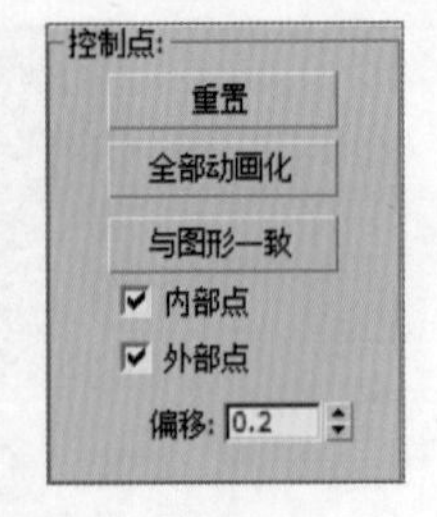

图 5-111 “FFD 参数”卷展栏

“显示”选项区包含“晶格”和“源体积”两个复选框。

- **晶格**：控制是否绘制连接控制点的线条以形成栅格。
- **源体积**：勾选该复选框后，控制点和晶格会以未修改的状态显示。

“变形”选项区默认单击“仅在体内”单选按钮，即只有位于源体积内的顶点会变形；如果单击“所有顶点”单选按钮，则所有顶点都将变形，不管它们位于源体积的内部还是外部。

“控制点”选项区包含“重置”“全部动画化”“与图形一致”按钮，以及“内部点”“外部点”复选框和“偏移”数值框。

- **重置**：将所有控制点返回到各自原始位置。
- **全部动画化**：将控制器指定给所有控制点，使它们在“轨迹视图”中立即可见。
- **与图形一致**：在对象中心控制点的位置之间，沿直线延长线将每一个 FFD 控制点移到修改对象的交叉点上，可以通过“偏移”微调器指定一个补偿的偏移距离。
- **内部点、外部点**：控制受“与图形一致”影响的对象的内部点或外部点。
- **偏移**：指定受“与图形一致”影响的控制点偏移对象曲面的距离。

下面以创建桥梁模型为例，对“FFD”修改器的应用进行介绍，其效果如图 5-112 所示。

图 5-112 桥梁模型

创建桥梁模型的具体操作步骤如下：

Step 01 通过“长方体”工具绘制长为 130、宽为 3、高为 7 的长方体，设置其长度分段为 18、宽度分段为 3、高度分段为 1，效果如图 5-113 所示。

Step 02 通过修改器列表添加“细分”修改器，从而在图形表面细分出多条边，效果如图 5-114 所示。

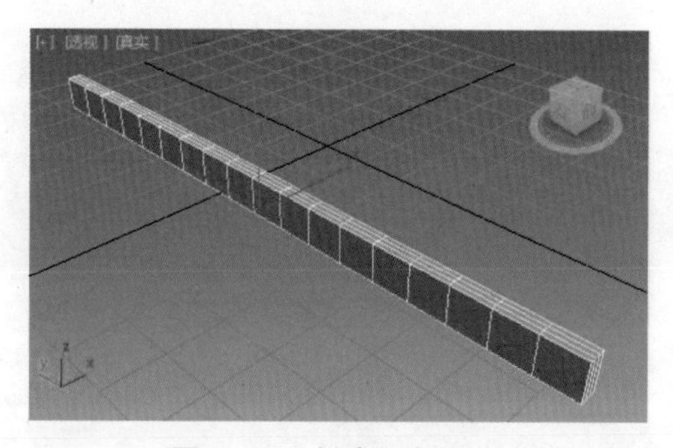

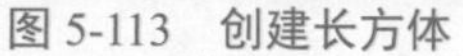

图 5-113　创建长方体

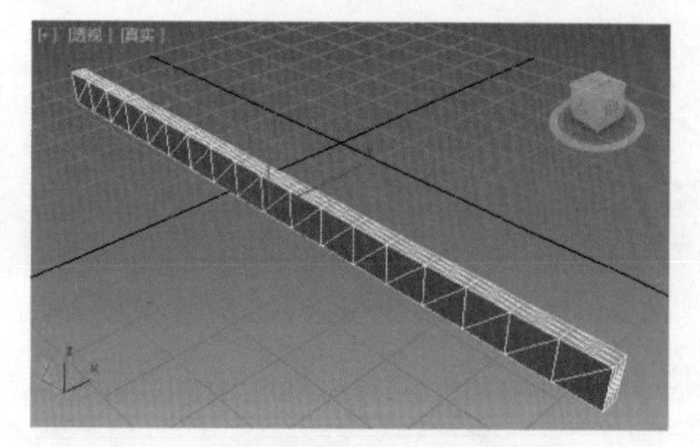

图 5-114　添加“细分”修改器

Step 03　通过修改器列表添加“晶格”修改器，展开其“参数”卷展栏，设置其支柱的“半径”“边数”等参数，如图 5-115 所示。

Step 04　此时即可查看添加“晶格”修改器并设置参数后的对象效果，如图 5-116 所示。

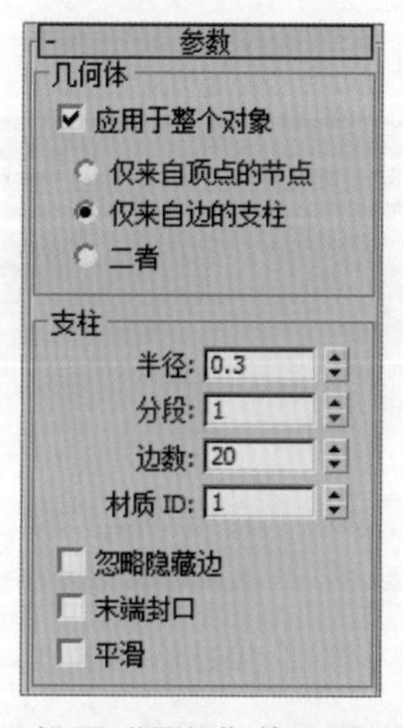

图 5-115　设置“晶格”修改器的参数

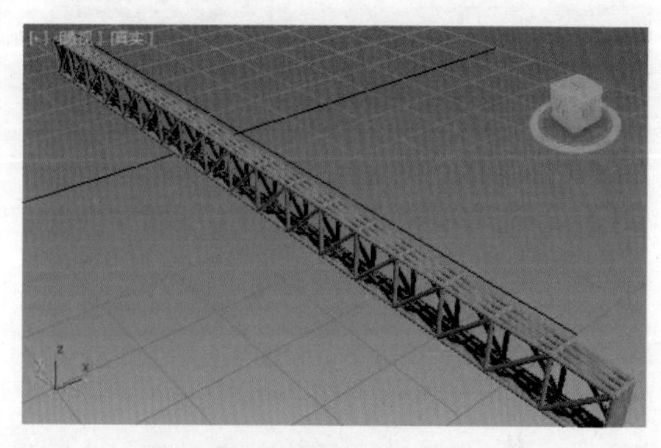

图 5-116　对象效果

Step 05　通过修改器列表添加“FFD 3×3×3”修改器，然后切换到“控制点”层级，通过移动控制点的位置调整对象的形状，如图 5-117 所示。

Step 06　通过旋转“FFD 3×3×3”修改器的控制点调整对象两端的形状，如图 5-118 所示。

图 5-117　添加“FFD 3×3×3”修改器

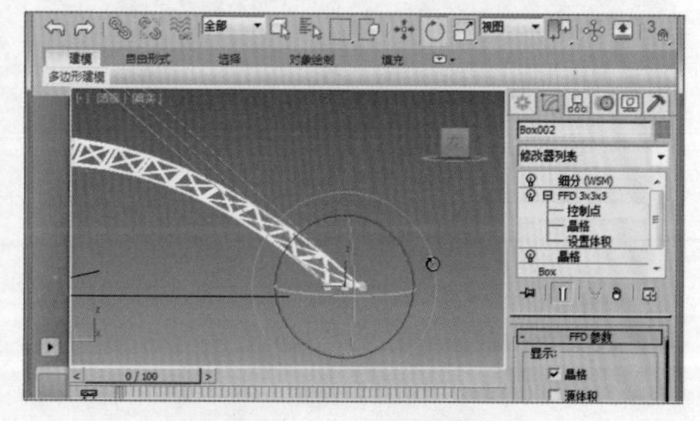

图 5-118　调整形状

Step 07　通过“复制”工具在适当的位置创建该对象的副本，如图 5-119 所示。

Step 08　通过“平面”工具绘制长为 230、宽为 22 的平面，如图 5-120 所示。

图 5-119　创建副本对象

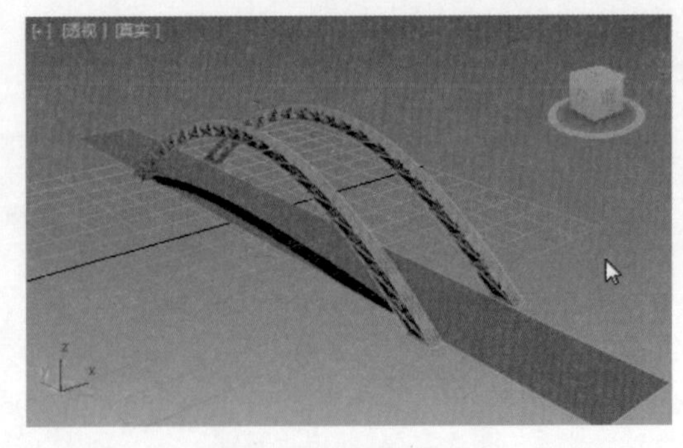
图 5-120　创建平面

Step 09　通过“长方体”工具创建长为 230、宽为 7、高为 1 的长方体，并将其复制到合适的位置，如图 5-121 所示。

Step 10　通过“平面”工具创建长为 30、宽为 3 的平面，设置其“长度分段”为 5、“宽度分段”为 1，并添加“细分”修改器，如图 5-122 所示。

图 5-121　创建长方体

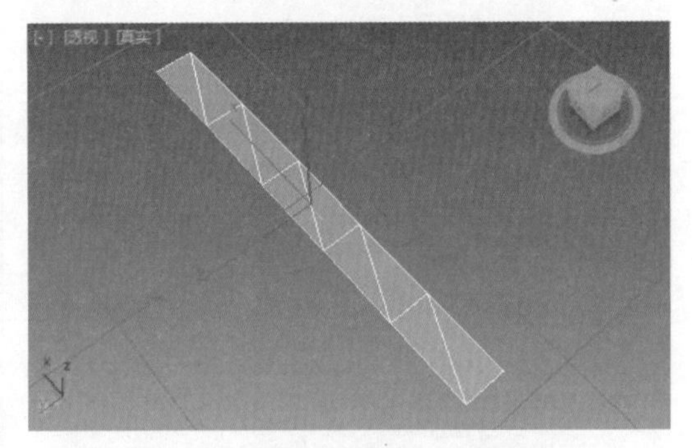
图 5-122　添加“细分”修改器

Step 11　为平面添加“晶格”修改器，设置其支柱的“半径”为 0.3，调整其“边数”，勾选“平滑”复选框，效果如图 5-123 所示。

Step 12　将晶格对象移到合适的位置，并创建对象的两个副本，如图 5-124 所示。

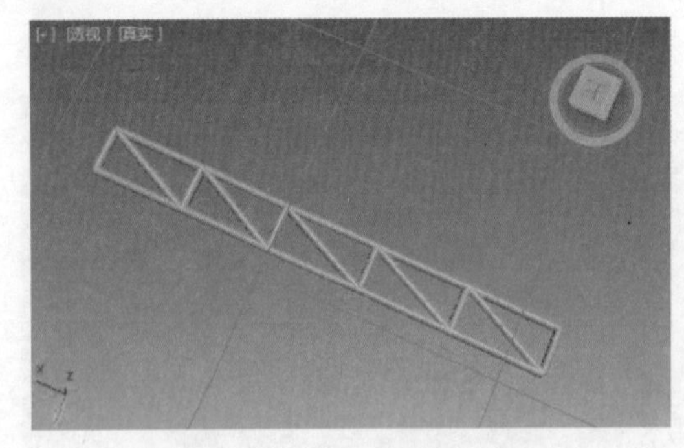
图 5-123　添加“晶格”修改器

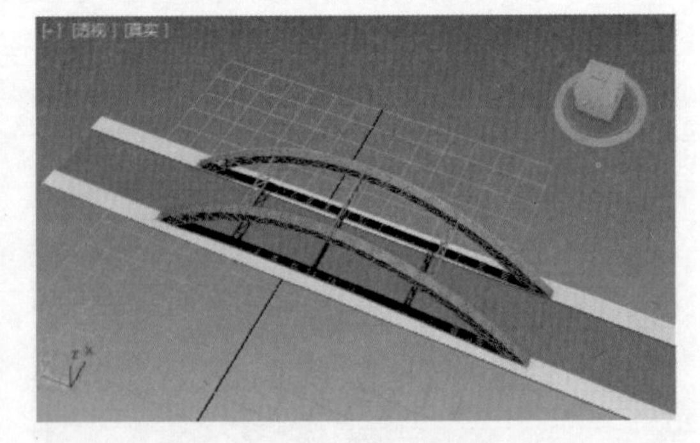
图 5-124　创建副本对象

Step 13　通过“直线”工具在左视图中适当的位置绘制直线，如图 5-125 所示。

Step 14　复制直线到合适的位置，启用渲染显示方式，并调整“厚度”为 0.2，效果如图 5-126 所示。

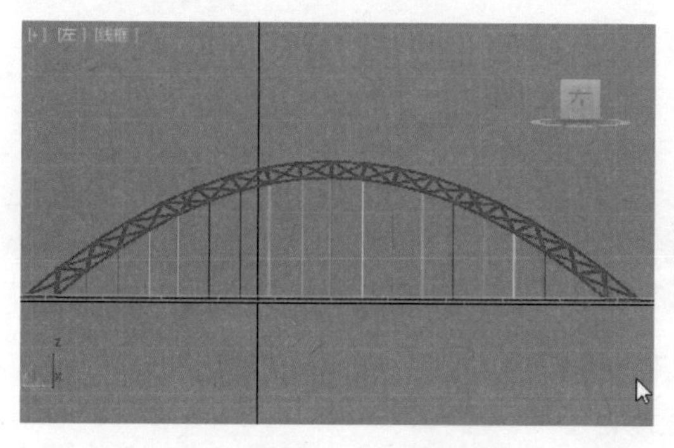

图 5-125　绘制直线

图 5-126　调整直线

5.4　优化类修改器的应用

基本知识

本节将介绍 3ds Max 中常用的优化类修改器，主要包括“平滑”修改器、“涡轮平滑”修改器及“优化”修改器。

一、“平滑”修改器

“平滑”修改器可以基于相邻面的角提供自动平滑，也可以将新的平滑组应用到对象上，其“参数”卷展栏包含“自动平滑”“禁止间接平滑”“阈值”及“平滑组”选项区等参数设置，如图 5-127 所示。

图 5-127　“平滑”修改器的参数

- **自动平滑**：当勾选“自动平滑”复选框时，可以通过该复选框下方的“阈值”设置自动平滑对象。“自动平滑”是基于面之间的角设置平滑组。如果法线之间的角小于阈值的角，就可以将任何两个相接表面输入进相同的平滑组。
- **禁止间接平滑**：当勾选“禁止间接平滑”复选框时，可以避免未指定平滑的区域同样被平滑。
- **阈值**：以度数为单位指定阈值角度。
- **“平滑组”选项区**：包含 32 个按钮的栅格，用于为选定面手动指定平滑组。

二、“涡轮平滑”修改器

“涡轮平滑”修改器可以使新曲面的角在边角交错时将几何体细分，并对对象的所有曲面应用一个单独的平滑组。“涡轮平滑”卷展栏包含“主体”选项区、“曲面参数”选项区及“更新选项”选项区，如图 5-128 所示。

图 5-128 “涡轮平滑”修改器的参数

“主体”选项区用于设置涡轮平滑的基本参数。

- **迭代次数**：设置网格细分的次数。增加该值时，每次新的迭代会通过在迭代之前对顶点、边和曲面创建平滑差补顶点来细分网格。修改器会通过细分曲面来使用这些新的顶点，迭代次数的默认值为 1，数值范围为 0~10。注意，该数值设置过高将导致系统耗费较长时间进行平滑运算。
- **渲染迭代次数**：允许在渲染时选择一个不同数量的平滑迭代次数应用于对象。
- **等值线显示**：勾选该复选框时，3ds Max 将只显示对象在平滑之前的原始边。
- **明确的法线**：允许“涡轮平滑”修改器为输出效果计算法线。

“曲面参数”选项区用于通过曲面属性对对象应用平滑组并限制平滑效果。

- **平滑结果**：对所有曲面应用相同的平滑组。
- **材质**：防止在不共享材质 ID 的曲面之间的边上创建新曲面。
- **平滑组**：防止在不共享至少一个平滑组的曲面之间的边上创建新曲面。

在“更新选项”选项区可以设置手动或渲染时的更新选项，该选项区参数适用于平滑对象的复杂度过高而不能应用自动更新的情况。

三、“优化”修改器

通过“优化”修改器可以简化高面数的平滑模型，同时使模型的外观不会发生较大的改变。如图 5-129 所示，左图为优化前的图形，右图为添加“优化”修改器后的效果。

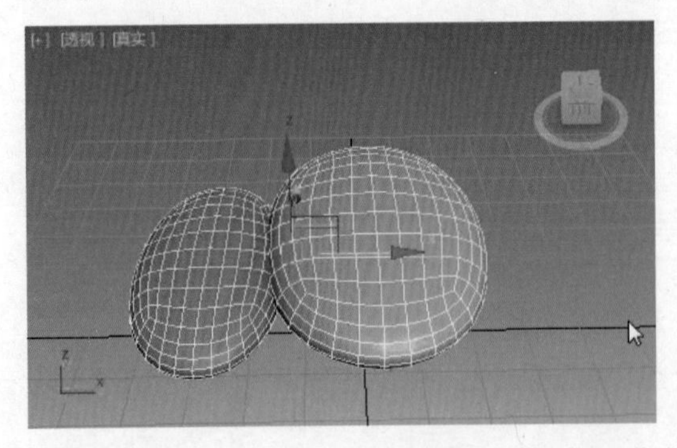
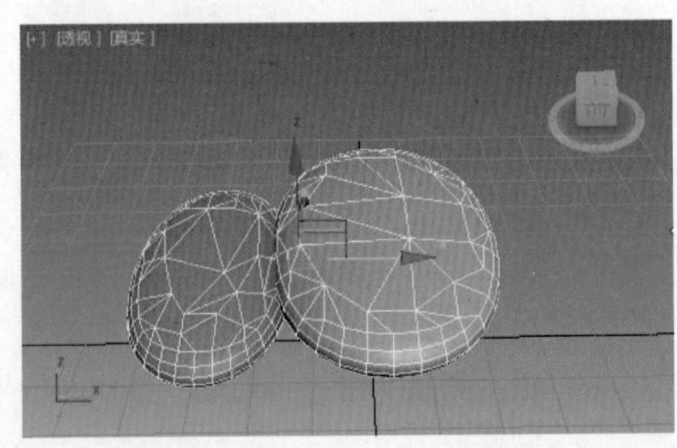

图 5-129 “优化”修改器使用前后的效果

“优化”修改器的“参数”卷展栏包含“详细信息级别”“优化”“保留”“更新”及“上次优化状态”等选项区，如图 5-130 所示。

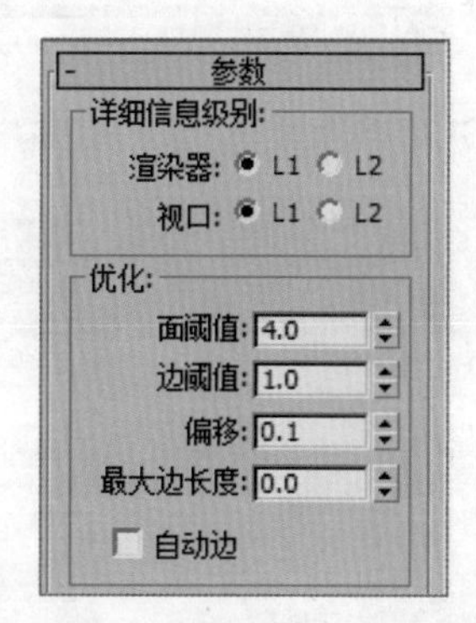

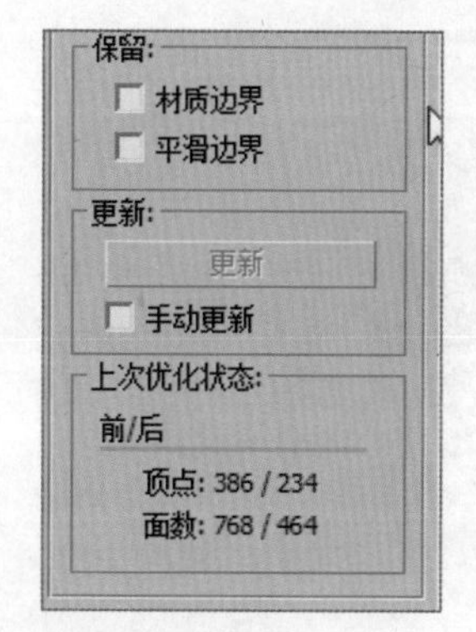

图 5-130　“优化”修改器的参数

- **“详细信息级别”选项区：**用于控制视口和渲染器的优化级别。
- **“优化”选项区：**通过设置“面阈值”“边阈值”等参数来调整图形的优化程度。
- **“保留”选项区：**用于在材质边界和平滑边界间保持面层级的清除分隔。
- **“更新”选项区：**用于手动更新当前的视口。
- **“上次优化状态”选项区：**通过使用顶点和面数前后读数来显示优化的数值结果。

实例　优化类修改器的应用——创建桃子模型

下面将以桃子的建模为例，对“平滑”修改器和“涡轮平滑”修改器的应用进行介绍，最终效果如图 5-131 所示。

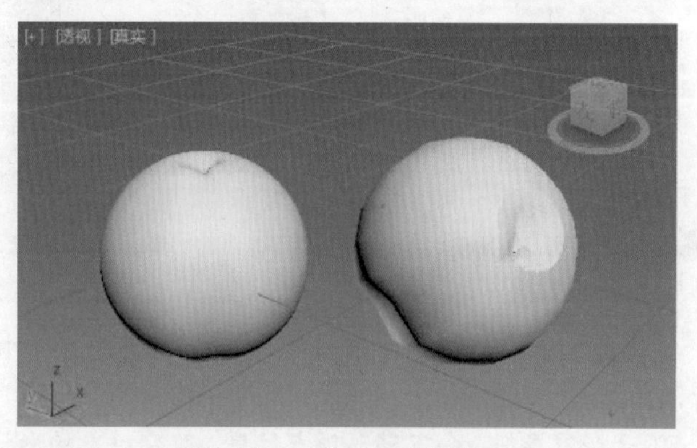

图 5-131　桃子的渲染效果

创建桃子模型的具体操作步骤如下：

Step 01 通过“球体”工具绘制半径为 5、分段数为 18 的球体，并取消勾选“平滑”复选框，如图 5-132 所示。

Step 02 在球体对象上单击鼠标右键，在弹出的快捷菜单中选择“转换为”|“转换为可编辑多边形”命令，如图 5-133 所示。

图 5-132　创建球体

图 5-133　转换为可编辑多边形

Step03 切换到“修改”面板，在“选择”卷展栏下切换到“边”子对象层级，然后选择对象顶部顶点旁的任意一边，如图 5-134 所示。

Step04 在“选择”卷展栏下单击“扩大”按钮，此时将选中所选边以及其环形周围的其他边，如图 5-135 所示。对于不需要选择的边，可以通过按【Alt】键减选。

图 5-134　选择边

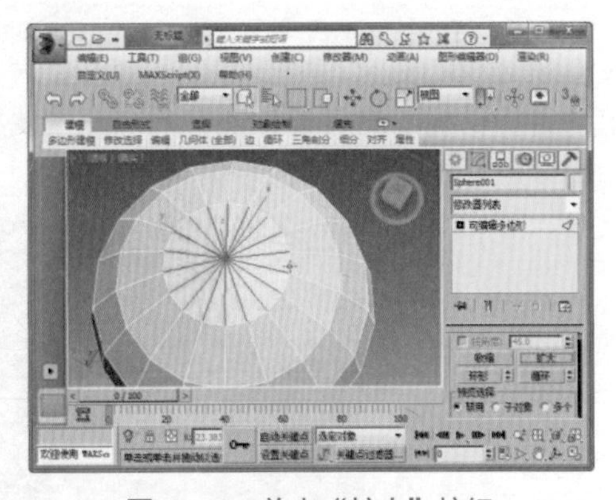
图 5-135　单击“扩大”按钮

Step05 通过单击“编辑边”卷展栏下的“连接”按钮，在所选边的中心创建环形边，如图 5-136 所示。

Step06 切换到“顶点”子对象层级，向下移动顶点位置，改变对象的形状，如图 5-137 所示。

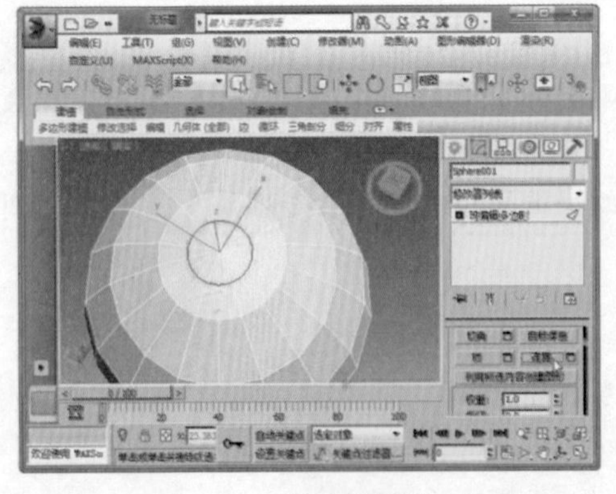
图 5-136　创建环形边

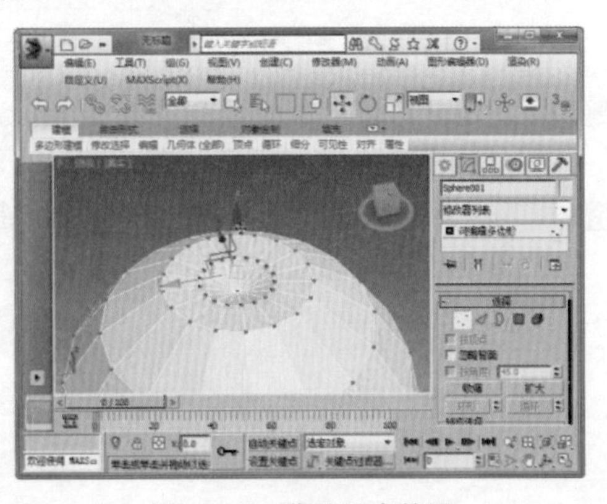
图 5-137　移动顶点位置

Step 07　切换到“边”子对象层级，选择对象上任意一条竖直边，并单击“选择”卷展栏下的“循环”按钮，选择其他各边，如图 5-138 所示。

Step 08　通过“缩放”工具向内缩放边，改变对象的形状，如图 5-139 所示。

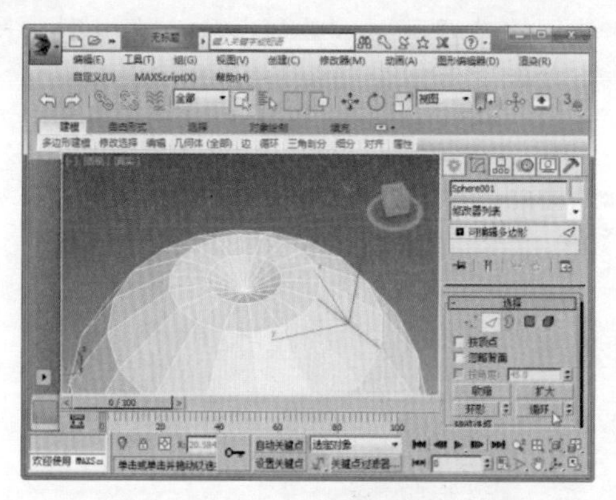
图 5-138　选择边

图 5-139　向内缩放边

Step 09　创建一个副本对象，通过“旋转”工具和“移动”工具调整其位置和角度，如图 5-140 所示。

Step 10　选择右侧的多边形对象，通过修改器列表添加“平滑”修改器，在其“参数”卷展栏下勾选“自动平滑”复选框，如图 5-141 所示。

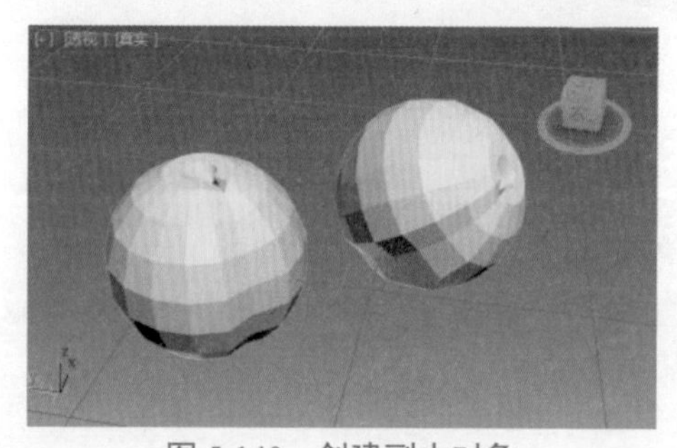
图 5-140　创建副本对象

图 5-141　添加“平滑”修改器

Step 11　选择左侧的多边形对象，通过修改器列表添加“涡轮平滑”修改器，在其“涡轮平滑”卷展栏下设置“迭代次数”为 1，如图 5-142 所示。

Step 12　将“迭代次数”修改为 2，修改参数后的对象效果如图 5-143 所示。

图 5-142　添加“涡轮平滑”修改器

图 5-143　修改效果

本章小结

在 3ds Max 2015 中提供了大量的修改器，使用修改器可以创建复杂的三维模型。学好修改器的使用方法，会使读者在 3ds Max 中的建模能力有更大的提升。

本章习题

运用本章所学知识，使用修改器工具制作如图 5-144 所示的碗模型。

图 5-144　碗模型

重点提示：

①创建球体，将其转化为可编辑多边形。删除上部顶点，制作碗的形状。

②选择最下面第二层的顶点，利用“缩放”工具将其放大，制作碗底形状。选择最下面的顶点，使用“移动”工具将其向上移动，使碗底形成平面。

③添加“壳”修改器，设置合适的参数。

第 6 章　多边形、曲面与面片建模

【本章导读】

本章将介绍多边形建模、曲面建模和面片建模的知识，其中包括可编辑多边形的转换、选择与软选择、子对象的编辑、NURBS 对象的创建、NURBS 子对象的创建、面片对象的创建等，使读者能够轻松掌握 3ds Max 的主要建模工具，创建出理想的三维模型。

【本章目标】

➢　能够编辑多边形的子对象、几何体等。
➢　能够通过曲面建模创建复杂的曲面物体。
➢　能够通过面片建模创建与编辑面片对象。

6.1　多边形建模的应用

“多边形建模”是在原始的、较简单的模型上，通过增减点、面数，或调整点、面的位置来产生所需要的模型。多边形建模是较为传统且发展最为完善的建模方式，目前已被广泛应用于游戏角色、室内外建筑、工业造型等领域。

多边形建模由网格建模演化而来，一直是 3ds Max 的主要建模工具，有着不可动摇的地位。

实例 1　转换为可编辑多边形

在进行多边形建模前，首先要将通过“几何体”创建工具及其他方式创建的对象转换为可编辑的多边形。可以通过多种方法进行转换，具体操作方法如下。

方法一：选择需要转换的对象并单击鼠标右键，在弹出的快捷菜单中选择“转换为”|“转换为可编辑多边形”命令，此时在修改器堆栈中的对象类型将变为“可编辑多边形”，如图 6-1 所示。

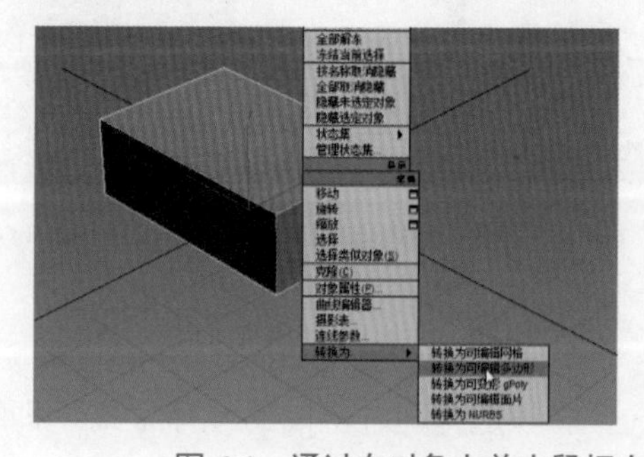

图 6-1　通过在对象上单击鼠标右键进行转换

方法二：选择需要转换的对象，通过修改器列表添加“编辑多边形”修改器。此时，在修改器堆栈中将增加一个“编辑多边形”层级，如图 6-2 所示。

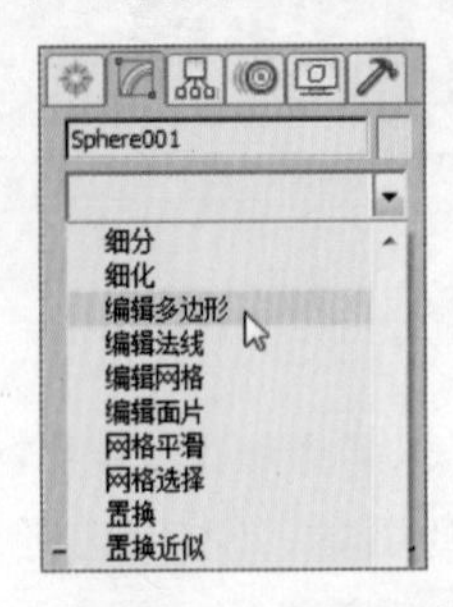

图 6-2　添加“编辑多边形”修改器

方法三：在修改器堆栈中的对象层级上单击鼠标右键，在弹出的快捷菜单中选择“可编辑多边形”命令，即可将其转换为可编辑多边形，如图 6-3 所示。

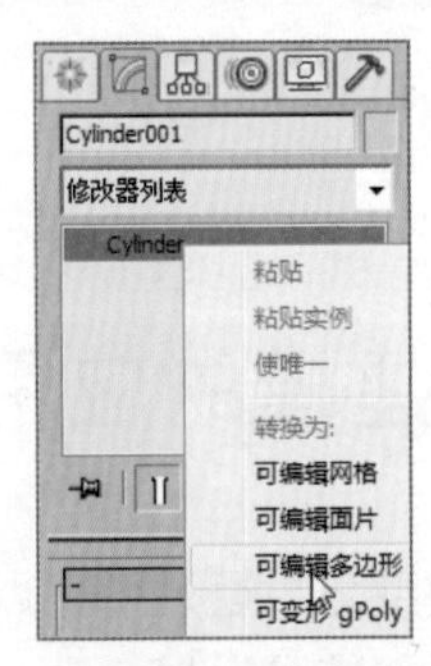

图 6-3　通过在修改器堆栈上单击鼠标右键进行转换

方法四：切换到“建模”选项卡，移动鼠标指针到“多边形建模”按钮上，弹出其对应的面板。通过选择“转化为多边形”或“应用编辑多边形模式”选项，可将所选对象转换为可编辑多边形，或添加“编辑多边形”修改器到修改器堆栈，如图 6-4 所示。

图 6-4　通过“建模”选项卡转换

实例 2　选择与软选择——制作沙发抱枕

在 3ds Max 2015 中，可以分为选择和软选择两种不同的选择方式。下面将分别对其卷展栏和涉及的工具进行介绍。

1．“选择”卷展栏

“选择”卷展栏包含五个子对象层级，以及相关辅助选择按钮，如图 6-5 所示。

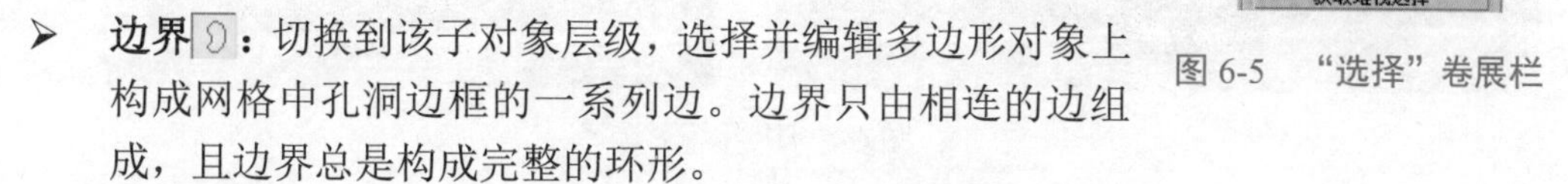

图 6-5　“选择”卷展栏

➢ **顶点**：切换到该子对象层级，选择并编辑多边形对象上的顶点。
➢ **边**：切换到该子对象层级，选择并编辑多边形对象上的边。
➢ **边界**：切换到该子对象层级，选择并编辑多边形对象上构成网格中孔洞边框的一系列边。边界只由相连的边组成，且边界总是构成完整的环形。
➢ **多边形**：切换到该子对象层级，选择并编辑多边形对象。
➢ **元素**：切换到该子对象层级，选择对象中所有相邻的多边形。

如图6-6所示分别为“顶点”“边”“边界”“多边形”和“元素”子对象层级的编辑状态。

顶点　边　边界　多边形　元素

图 6-6　子对象层级的编辑状态

➢ **按顶点**：勾选该复选框后，只有在所选区域内包含顶点才能选择子对象。该功能在“顶点”子对象层级上不可用。
➢ **忽略背面**：勾选该复选框后，将只能选择到面朝用户的子对象。
➢ **按角度**：勾选该复选框后，选择一个多边形时会基于该复选框右侧的“角度”数值的设置同时选择相邻多边形。
➢ **收缩**：取消选择最外部的子对象，缩小子对象的选择区域，如图 6-7 所示。

图 6-7　缩小子对象的选择区域

➢ **扩大**：朝所有可用方向外侧扩展选择区域，与“收缩”作用相反。
➢ **环形**：通过选择所有平行于选中边的边来扩展边选择，只适用于边和边界的选择，如图 6-8 所示。

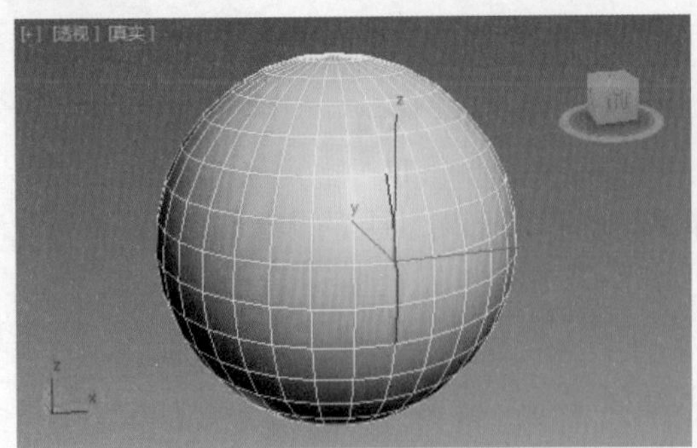
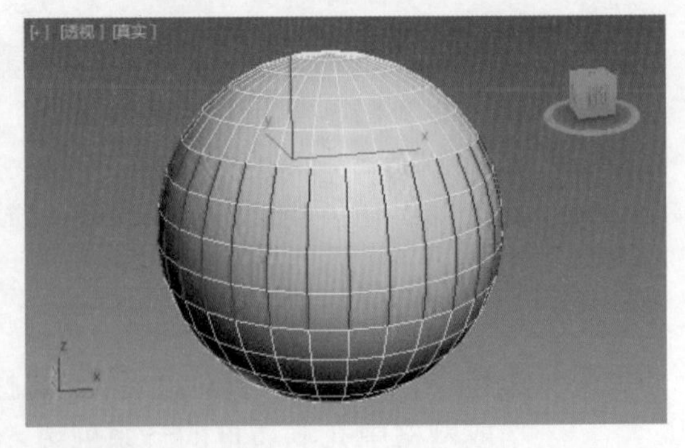

图 6-8　执行环形选择

➢　**循环**：在与所选边对齐的同时，尽可能远地扩展边选择范围，如图 6-9 所示。

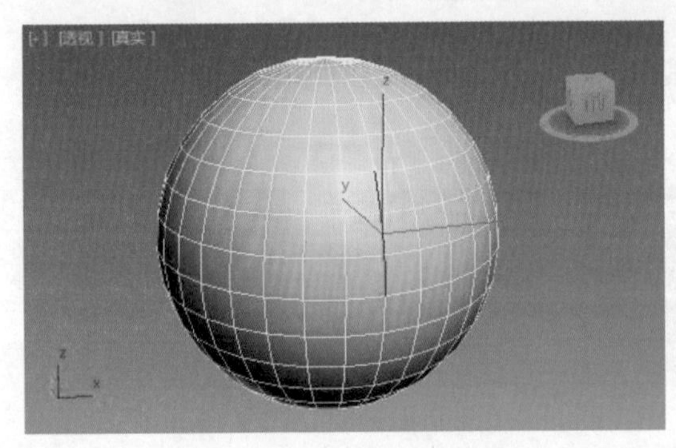
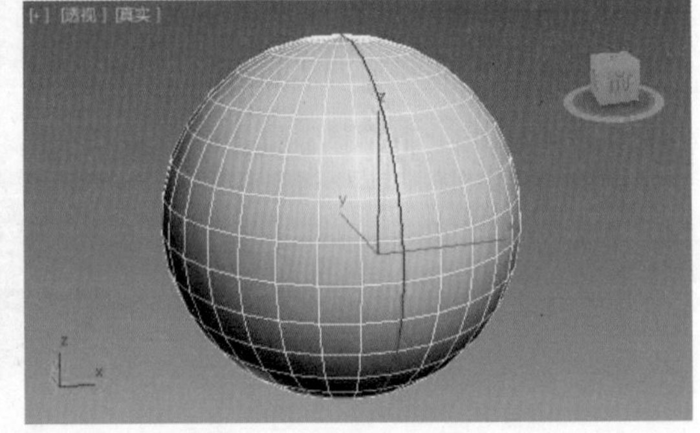

图 6-9　循环选择

2．“软选择”卷展栏

通过“软选择”卷展栏中的相关参数可以部分选择邻接处的子对象，如图 6-10 所示。软选择呈现的衰减表现为选择区域周围的颜色渐变，即红、橙、黄、绿、蓝。其中，红色代表最高的选择值，蓝色代表未选择。

“软选择”卷展栏包含软选择应用与设置参数，以及绘制软选择参数，如图 6-11 所示。

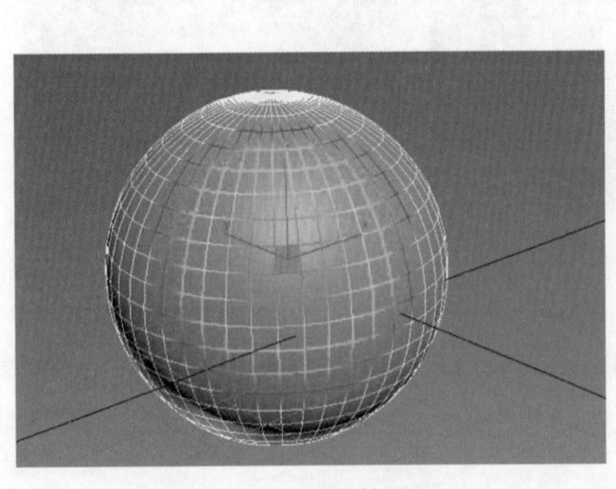

图 6-10　软选择效果

图 6-11　“软选择”卷展栏

3．软选择应用与设置工具

- **使用软选择：**启用软选择工具。
- **边距离：**勾选该复选框后，将软选择限制到指定的面数。
- **影响背面：**勾选该复选框后，法线方向与选定子对象的平均法线方向相反的面将会受到软选择的影响。
- **衰减：**用于定义影响区域的距离，即从中心到周围边的距离。
- **收缩：**沿着垂直轴提高或降低曲线的顶点。当值为负数时，将生成凹陷；当值为 0 时，将生成平滑变换。
- **膨胀：**沿着垂直轴展开或收缩曲线。当“收缩”值为 0 且“膨胀”值为 1 时，将会产生最为平滑的凸起。
- **明暗处理面切换：**单击该按钮后，程序将对软选择对象进行着色，如图 6-12 所示。

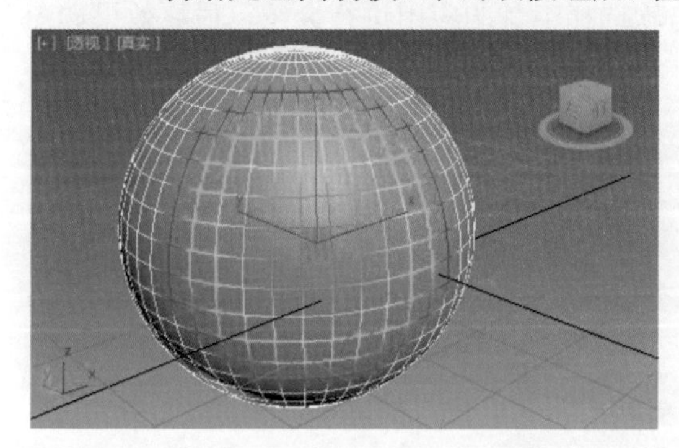
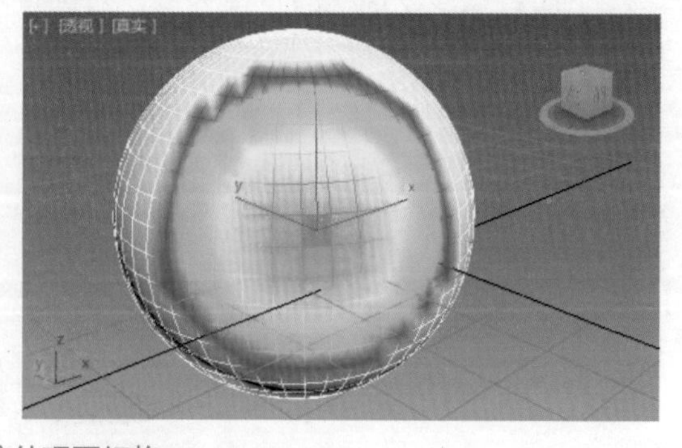

图 6-12　明暗处理面切换

- **锁定软选择：**勾选该复选框后，可以防止误操作对软选择的更改。

4．绘制软选择工具

用户可以通过在选择区域中拖动鼠标指针来绘制软选择范围。通过三种绘制模式可以绘制软选择范围，即“绘制”“模糊”和“复原”，如图 6-13 所示。

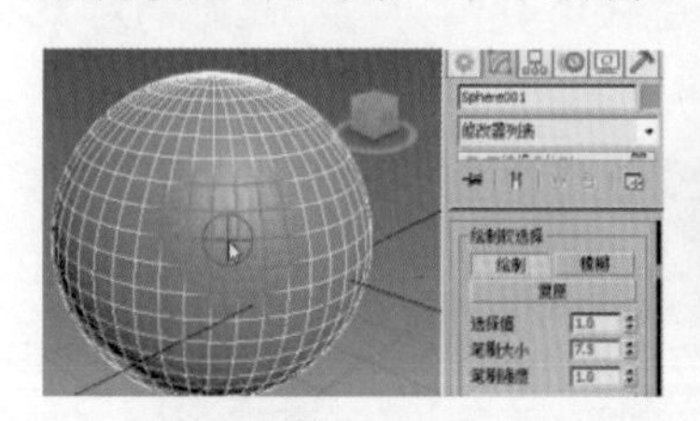

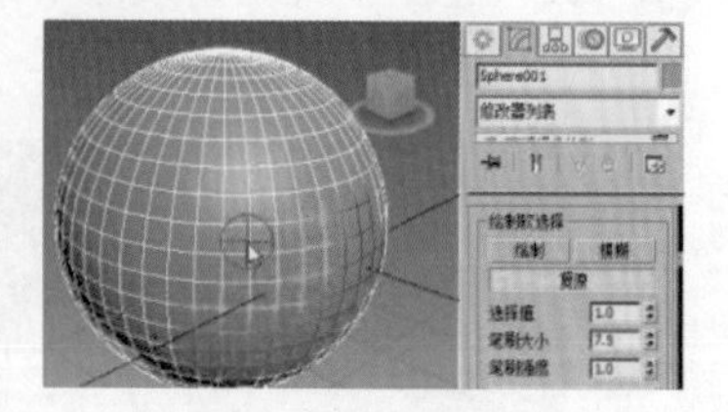

图 6-13　软选择绘制模式

- **选择值：**绘制或复原的软选择的最大相对选择范围。
- **笔刷大小：**绘制选择的圆形笔刷的半径。
- **笔刷强度：**绘制软选择范围时，使绘制的子对象达到最大值的速率。
- **笔刷选项：**用于打开“绘制选项”窗口，如图 6-14 所示。通过该对话框可以设置笔刷的详细属性，如笔刷属性、显示选项及压力选项等。

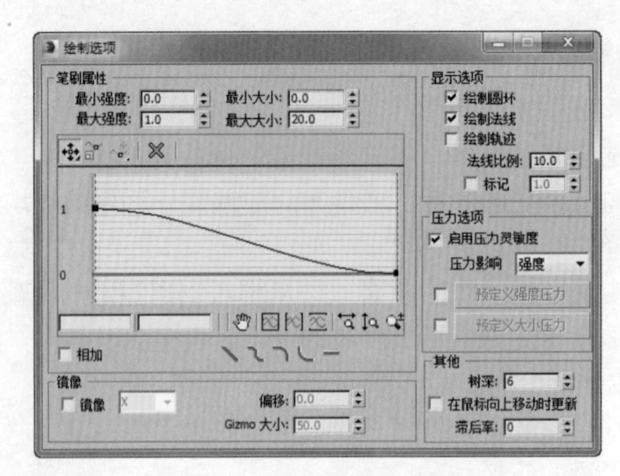

图 6-14　“绘制选项”窗口

下面将以沙发抱枕的建模为例，对选择与软选择工具的应用进行介绍，最终效果如图 6-15 所示。

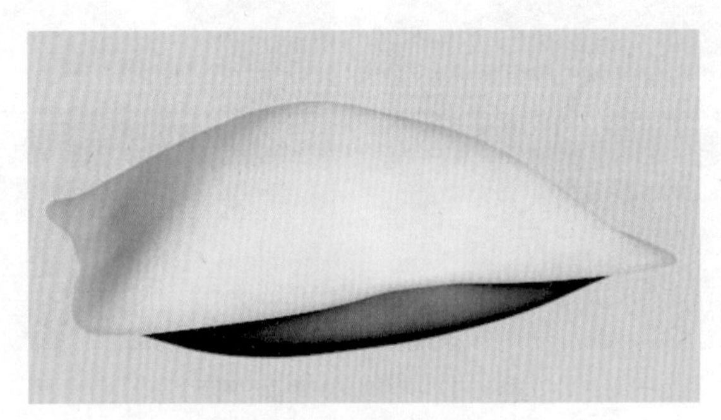

图 6-15　沙发抱枕

创建沙发抱枕模型的具体操作步骤如下：

Step 01　通过“长方体”工具创建长为 50、宽为 40、高为 15 的长方体，设置其“长度分段”为 4、“宽度分段”为 4、“高度分段”为 2，效果如图 6-16 所示。

Step 02　通过修改器列表添加“涡轮平滑”修改器，设置“迭代次数”为 2，此时的对象效果如图 6-17 所示。

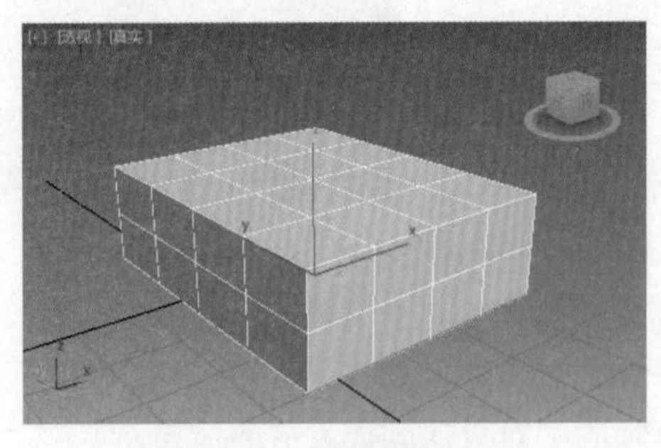

图 6-16　创建长方体

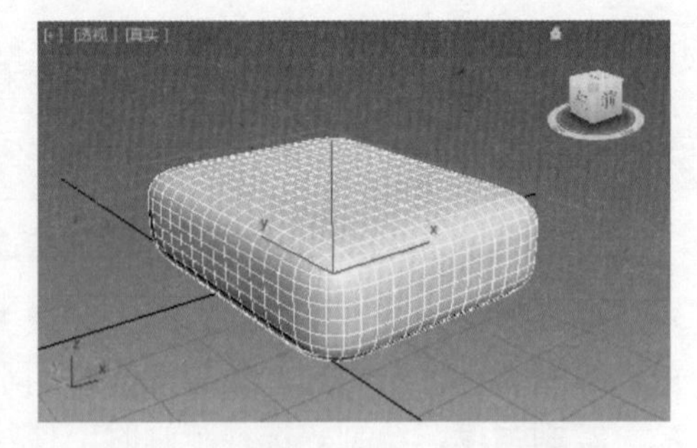

图 6-17　添加“涡轮平滑”修改器

Step 03　将长方体转换为可编辑多边形，切换到“边”子对象层级，选择长方体一侧中心位置竖直的两条相邻边，如图 6-18 所示。

Step 04　在“选择”卷展栏下单击“环形”按钮，加选所选对象环形位置上的其他边，如图 6-19 所示。

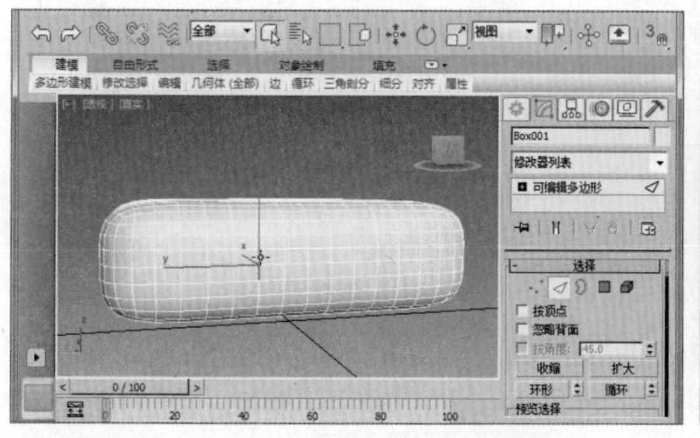

图 6-18　转换为可编辑多边形并选择边

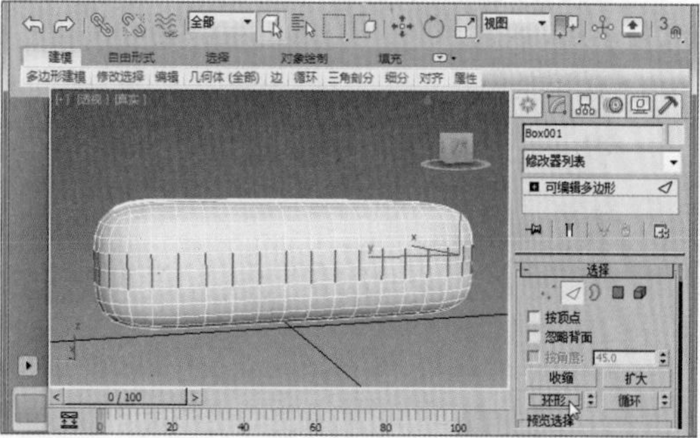

图 6-19　单击“环形”按钮

Step 05 单击“选择”卷展栏中的“扩大”按钮，扩大选择范围，如图 6-20 所示。

Step 06 在“软选择”卷展栏下启用软选择，并设置“衰减”“收缩”等参数，如图 6-21 所示。

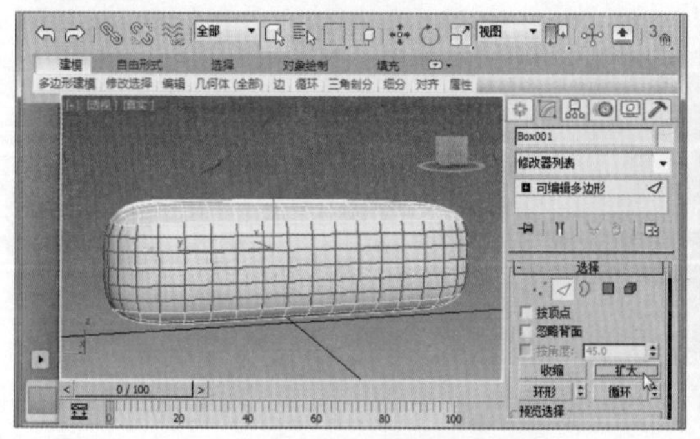

图 6-20　扩大选择范围

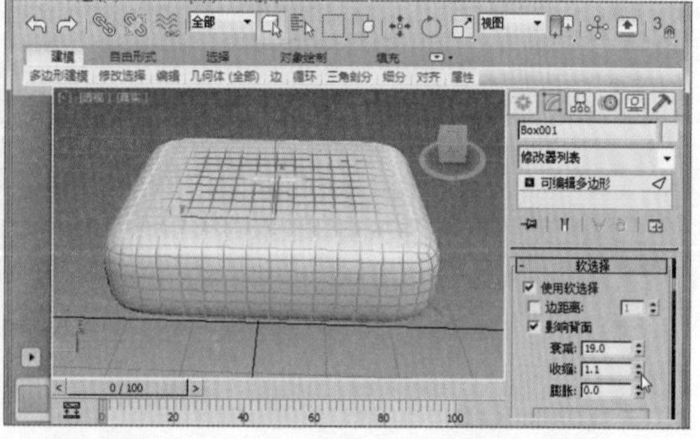

图 6-21　设置“软选择”卷展栏参数

Step 07 通过“缩放”工具垂直缩放对象，改变对象的形状，如图 6-22 所示。

Step 08 切换到“顶点”子对象层级，选择对象上方中心位置的顶点以调整软选择范围；调整顶点位置，改变对象顶面的形状；采用同样的方法调整底面形状，如图 6-23 所示。

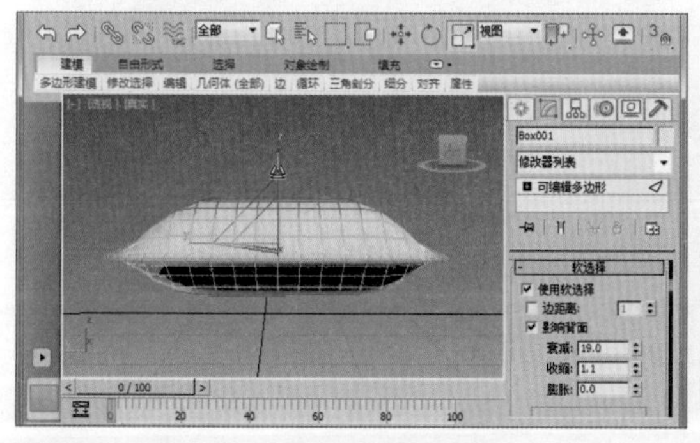

图 6-22　改变对象的形状

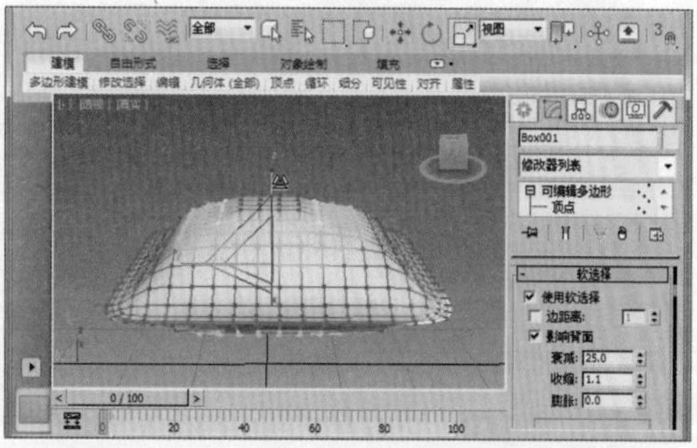

图 6-23　调整顶点的位置

Step 09 分别选择并移动对象各个侧面的顶点，调整侧面的形状，如图 6-24 所示。

Step 10 调整对象四个角的顶点的位置，再为对象添加“网格平滑”修改器，调整边角的形状，如图 6-25 所示。

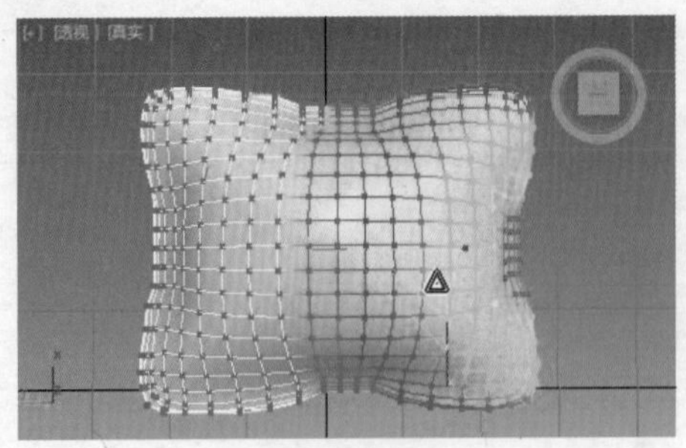

图 6-24　调整侧面的形状

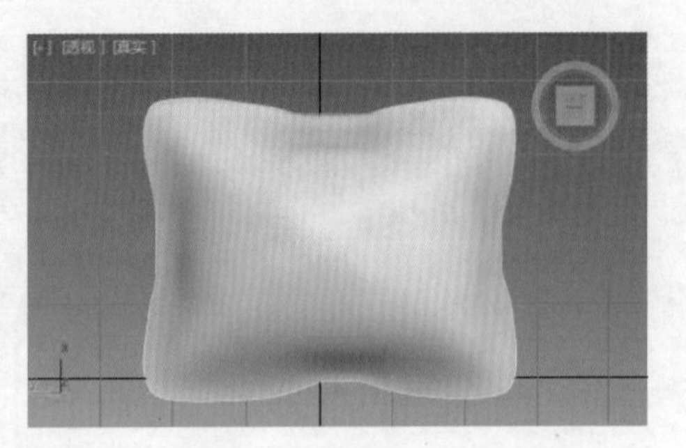

图 6-25　调整边角的形状

实例 3　编辑子对象——制作沙发模型

当切换到多边形对象的任一子对象层级时，在“修改”面板下将显示对应的编辑（子对象）卷展栏，如图 6-26 所示。

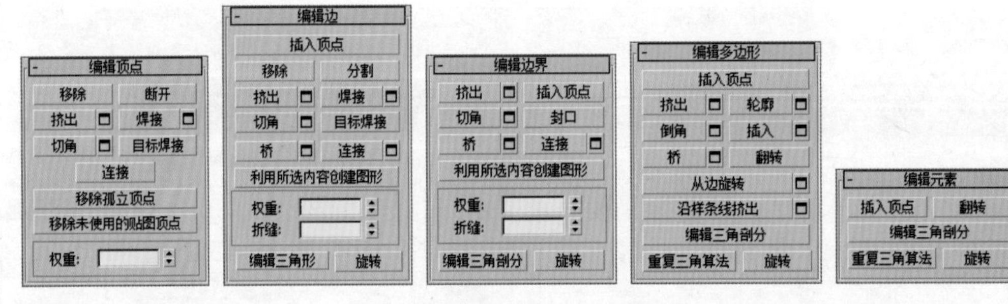

图 6-26　编辑（子对象）卷展栏

1．“编辑顶点”卷展栏

➢ **移除**：表示删除选中的顶点。与直接按【Delete】键删除顶点不同的是，移除顶点后那些依赖于顶点的多边形将会被保留，而不是在网格中出现一个空洞，如图 6-27 所示。

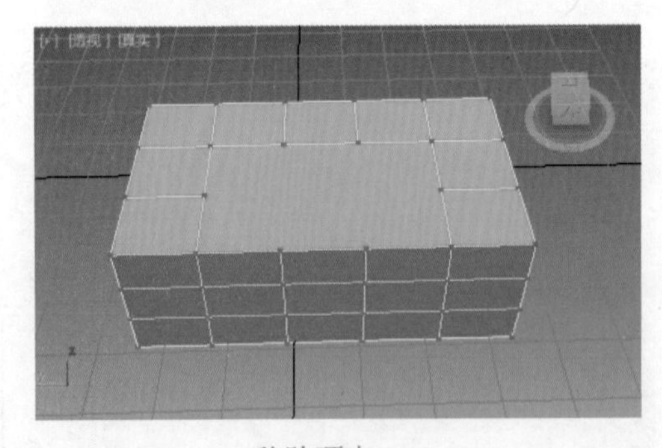

移除顶点

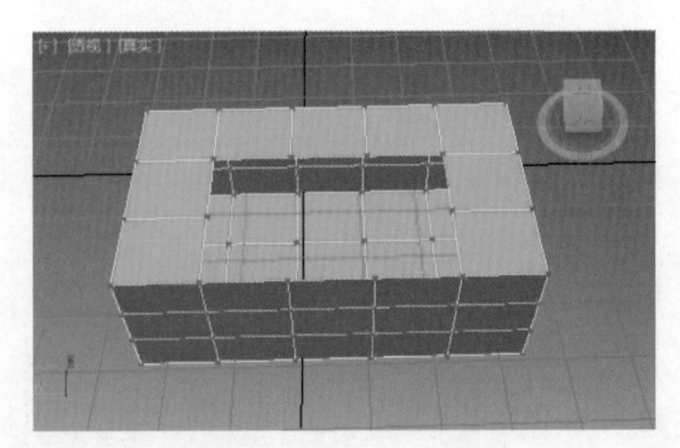

直接按【Delete】键删除顶点

图 6-27　编辑顶点的效果对比

➢ **断开**：在与选定顶点相连的每个多边形上创建一个新顶点，使多边形的转角相互分开，不再相连于原来的顶点上，如图 6-28 所示。

➢ **挤出**：单击此按钮后，垂直拖动对象上的任何顶点，可以挤出该顶点，如图 6-29 所示。

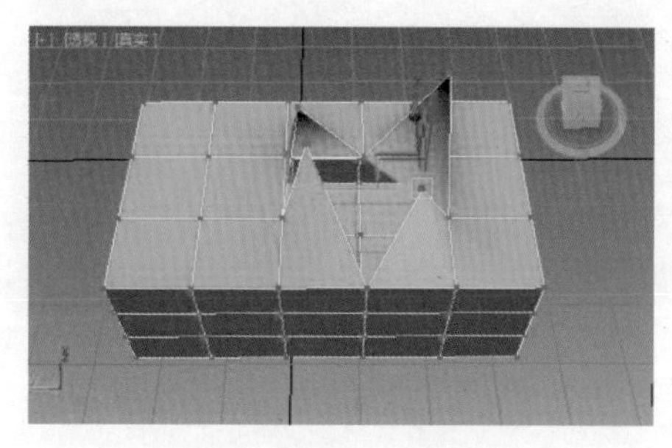

图 6-28　执行断开操作

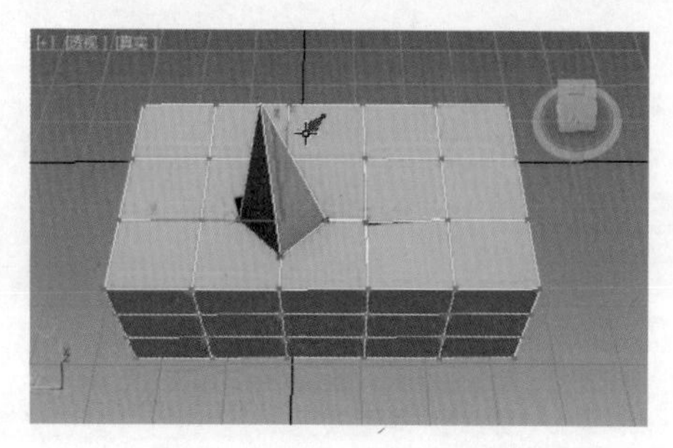

图 6-29　执行挤出操作

➢　**焊接：**对指定的公差范围内选定的连续顶点进行合并，所有边都会与产生的单个顶点连接，如图 6-30 所示。

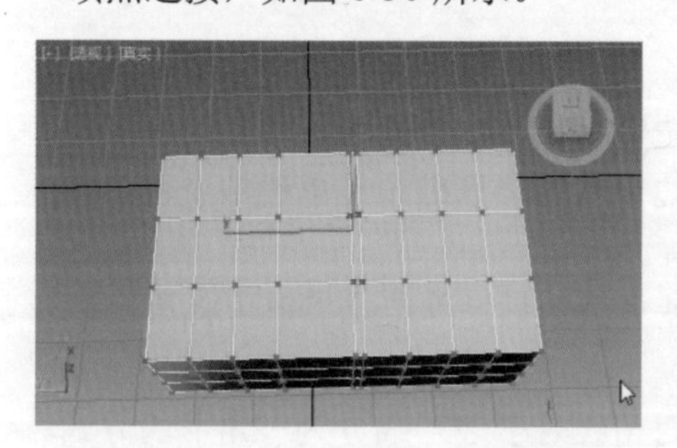

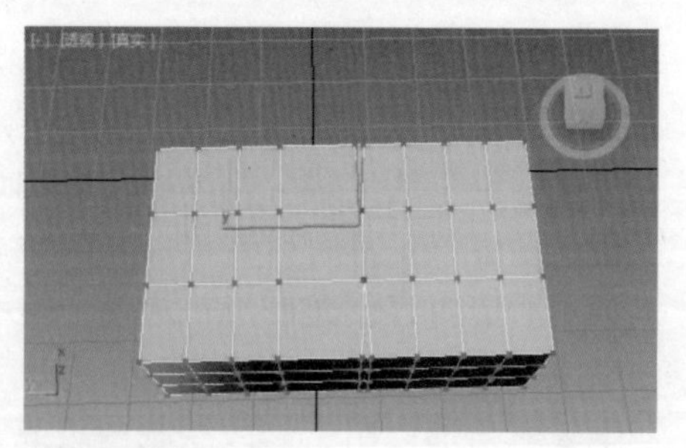

图 6-30　执行焊接操作

➢　**切角：**单击此按钮后，在活动对象中拖动顶点即可创建切角，如图 6-31 所示。

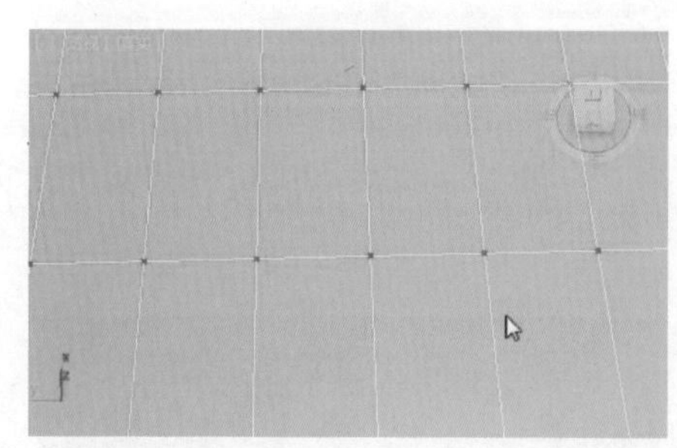

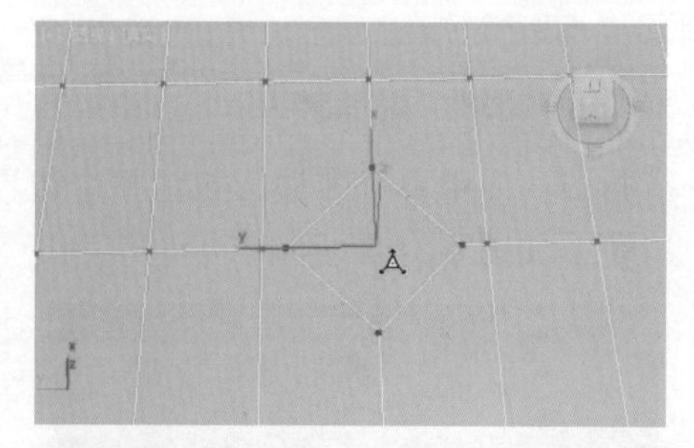

图 6-31　执行切角操作

➢　**目标焊接：**选择一个顶点并将其焊接到相邻目标的顶点。该工具只可焊接成对的连续顶点，即顶点有一边相连，如图 6-32 所示。

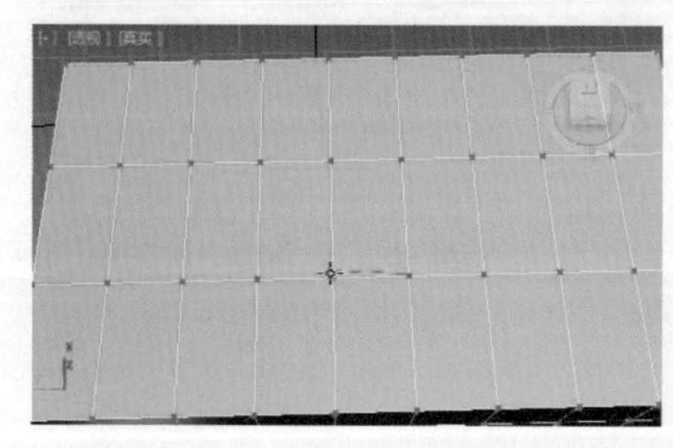

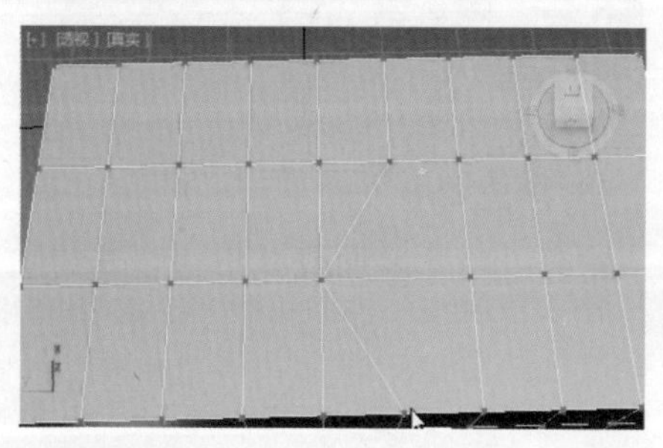

图 6-32　执行目标焊接操作

➢　**连接：**在选中的两个顶点之间创建新的边，如图 6-33 所示。

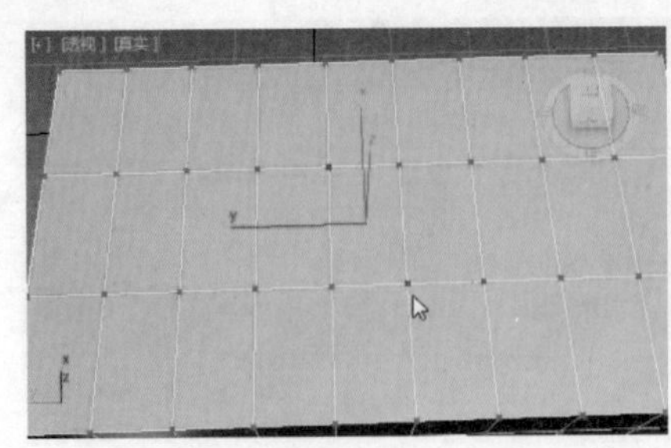

图 6-33　连接两个顶点

- **移除孤立顶点：** 将不属于任何多边形的所有顶点删除。
- **移除未使用的贴图顶点：** 将某些建模操作留下的未使用的（孤立）贴图顶点删除。

2．“编辑边”卷展栏

- **插入顶点：** 单击该按钮后，单击某边即可在该位置处添加顶点。
- **分割：** 沿着选定边分割网格。影响边末端的顶点必须是单独的个体。
- **桥：** 通过该工具可以连接对象的边。
- **利用所选内容创建图形：** 选择一条或多条边后，单击此按钮可将选定边创建成一个或多个样条线对象。
- **编辑三角形：** 用于修改绘制内边或对角线时多边形细分为三角形的方式。
- **旋转：** 用于通过单击对角线修改多边形细分为三角形的方式。

其他工具如“移除”“挤出”和“切角”等，使用方式与“编辑顶点”卷展栏工具大致相同，故不再赘述。

3．“编辑边界”卷展栏

- **封口：** 使用单个多边形封住整个边界环。选择需要封口的边界后，单击该按钮即可，如图 6-34 所示。

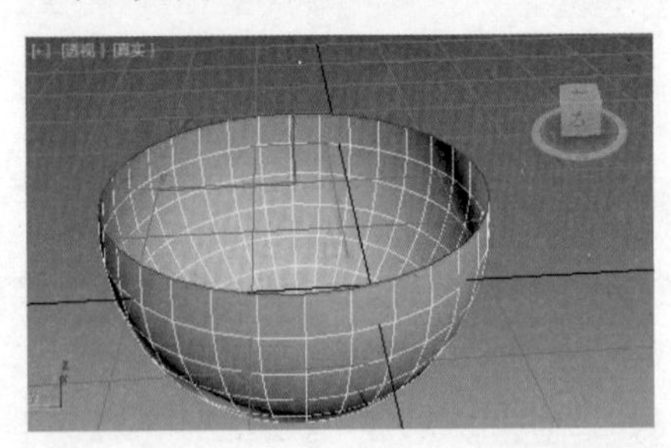
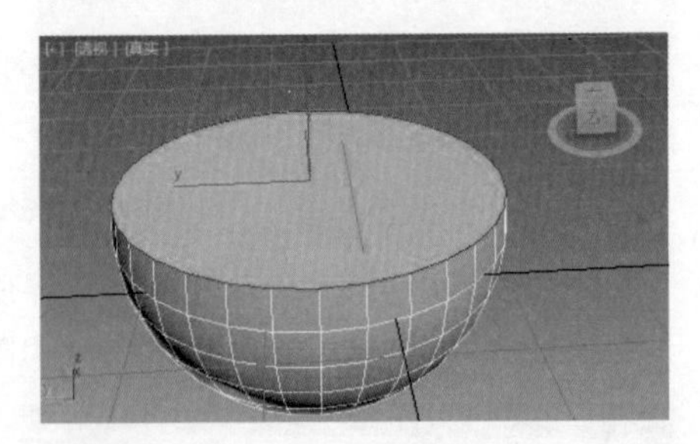

图 6-34　执行封口操作

4．“编辑多边形”卷展栏

- **轮廓：** 用于增加或减小每组连续的选定多边形的外边，如图 6-35 所示。

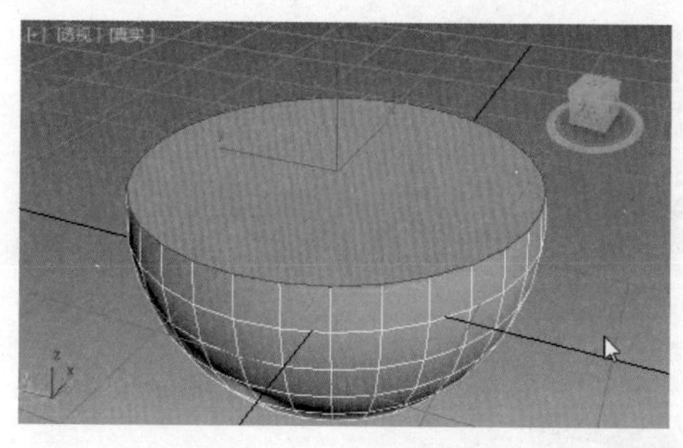
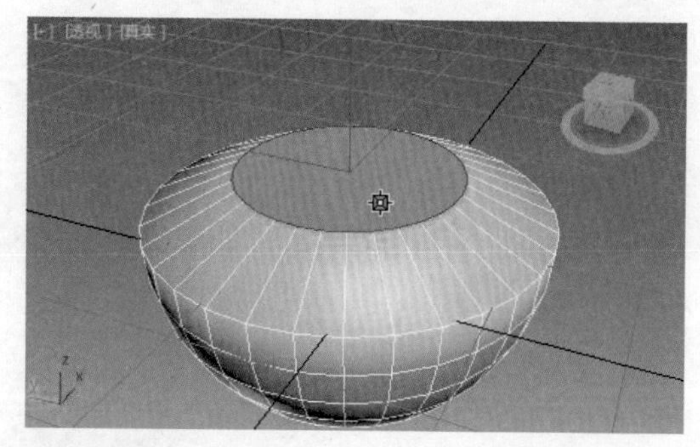

图 6-35 执行轮廓操作

➢ **倒角**：单击此按钮，然后垂直拖动任意多边形，将其挤出，松开鼠标左键，再垂直移动鼠标指针，即可创建倒角，如图 6-36 所示。

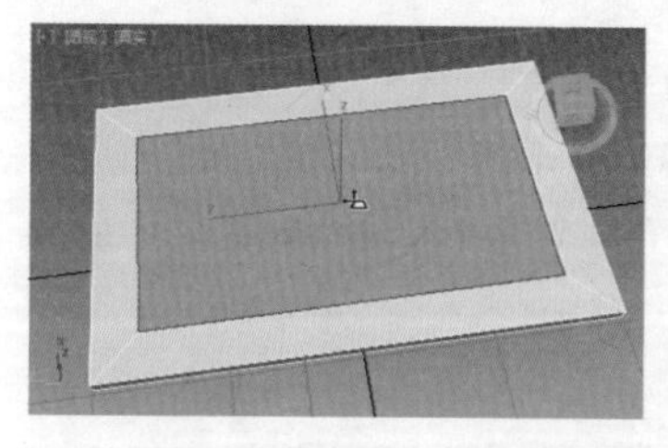

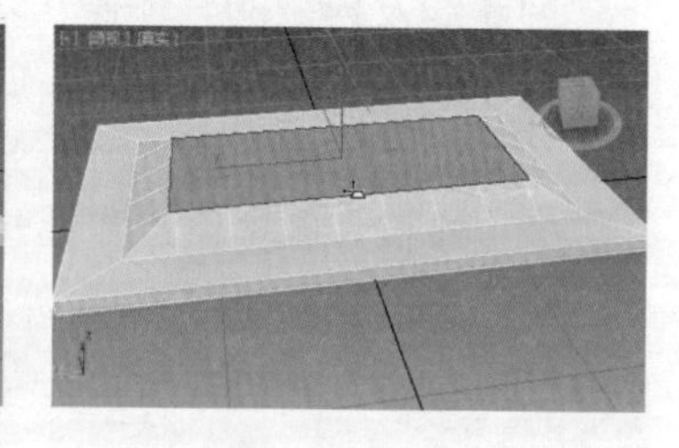

图 6-36 执行倒角操作

➢ **插入**：执行没有高度的倒角操作，即在选定多边形的平面内部执行操作。
➢ **翻转**：反转选定多边形的法线方向，使其面向用户。
➢ **从边旋转**：在视口中执行手动旋转操作。选择多边形，单击该按钮，然后沿着垂直方向拖动任何边，即可旋转选定多边形，如图 6-37 所示。

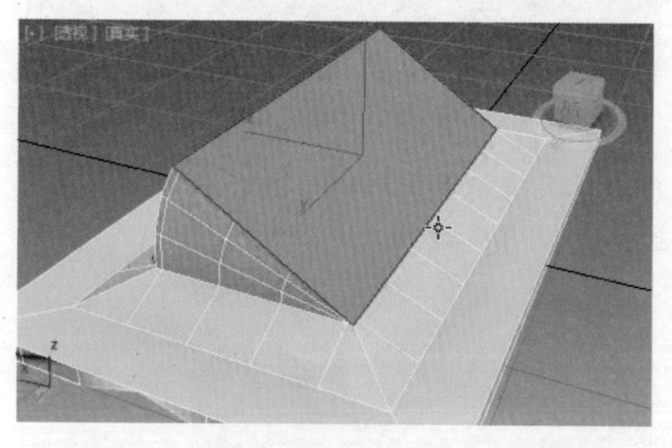

图 6-37 从边旋转多边形

➢ **沿样条线挤出**：沿样条线挤出当前的选定内容。
➢ **重复三角算法**：对当前选定的多边形自动执行最佳的三角剖分操作。

下面将以沙发的建模为例，对“多边形”子对象层级的编辑方法进行介绍，最终效果如图 6-38 所示。

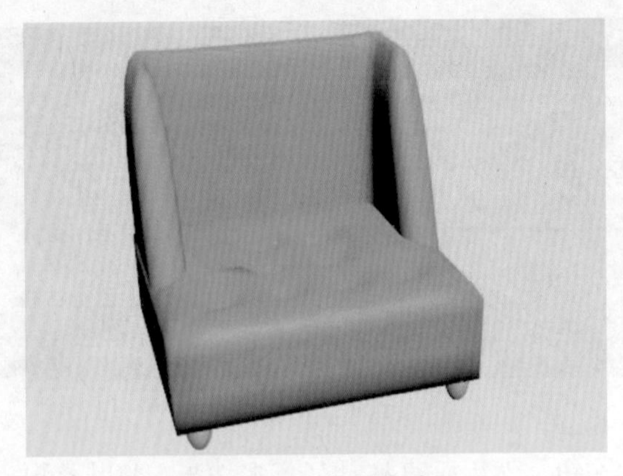

图 6-38　沙发模型

创建沙发模型的具体操作步骤如下：

Step 01 通过“长方体”工具创建长为 7、宽为 8、高为 3 的长方体。设置其“长度分段”和“宽度分段”均为 8，“高度分段”为 3，如图 6-39 所示。

Step 02 将长方体转换为可编辑多边形，切换到“多边形”子对象层级，选择需要挤出的多边形，如图 6-40 所示。

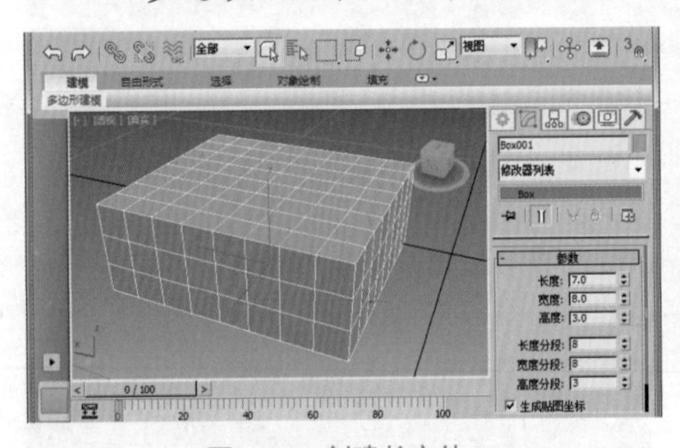

图 6-39　创建长方体

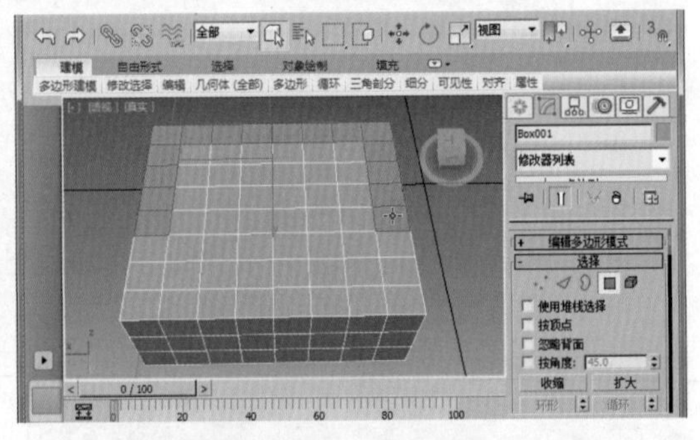

图 6-40　转换为可编辑多边形

Step 03 通过“编辑多边形”卷展栏中的“挤出”工具挤出多边形，如图 6-41 所示。

Step 04 通过“缩放”工具沿 y 轴垂直缩放多边形，如图 6-42 所示。

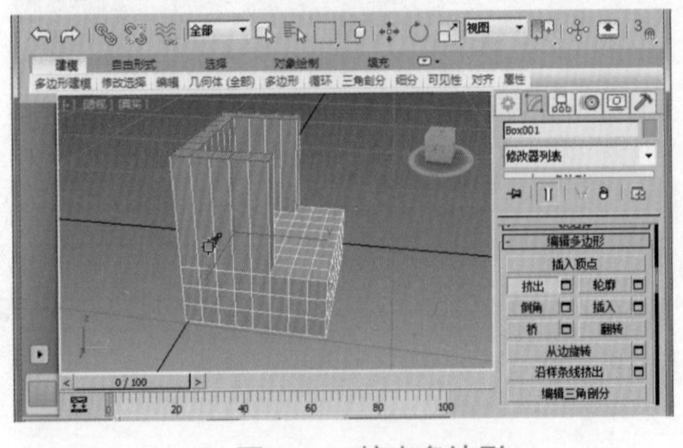

图 6-41　挤出多边形

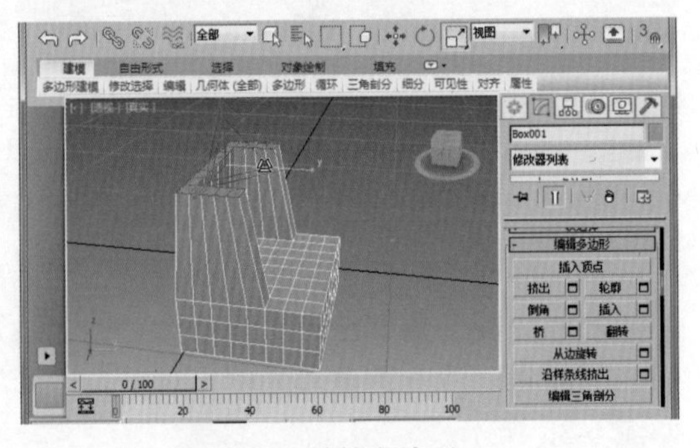

图 6-42　缩放多边形

Step 05 通过“移动”工具向前移动多边形，改变对象的形状，如图 6-43 所示。

Step 06 切换到“边”子对象层级，选择需要编辑的边，如图 6-44 所示。

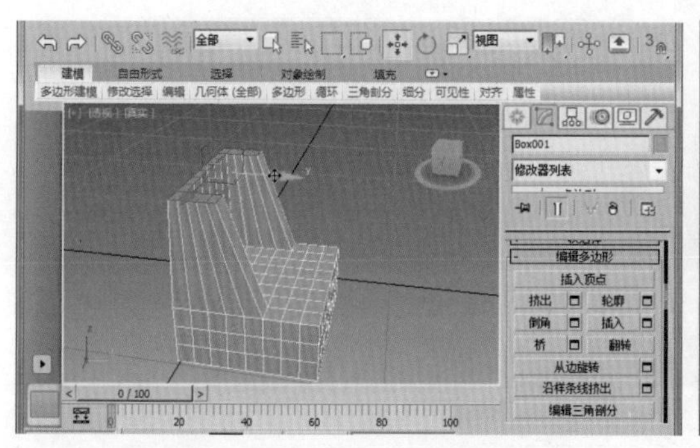

图 6-43　移动多边形

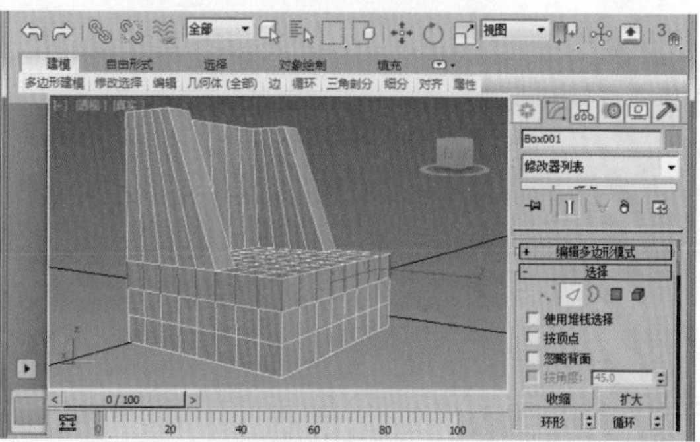

图 6-44　选择边

Step 07　单击“编辑边”卷展栏下“连接”按钮右侧的“设置”按钮，如图 6-45 所示。

Step 08　弹出悬浮对话框，设置“连接”数为 2，再单击“确定”按钮，如图 6-46 所示。

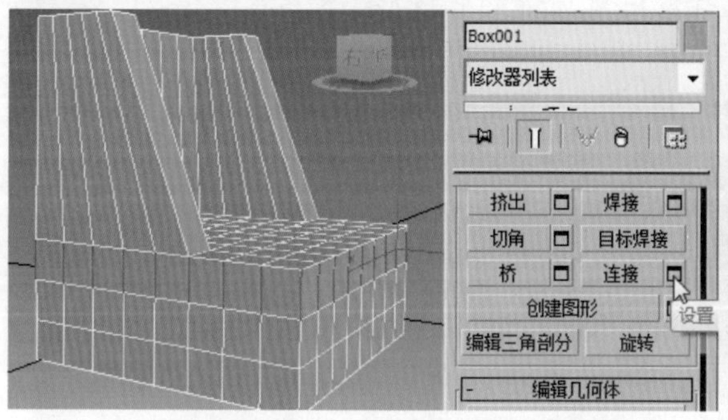

图 6-45　单击“设置”按钮

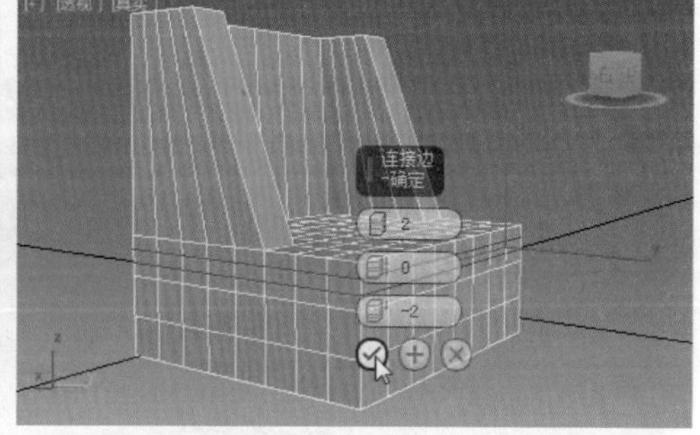

图 6-46　设置参数

Step 09　通过窗交方式框选对象上方的多条边，如图 6-47 所示。

Step 10　在“编辑几何体”卷展栏下单击“分离”按钮，将其分离成单个对象，如图 6-48 所示。

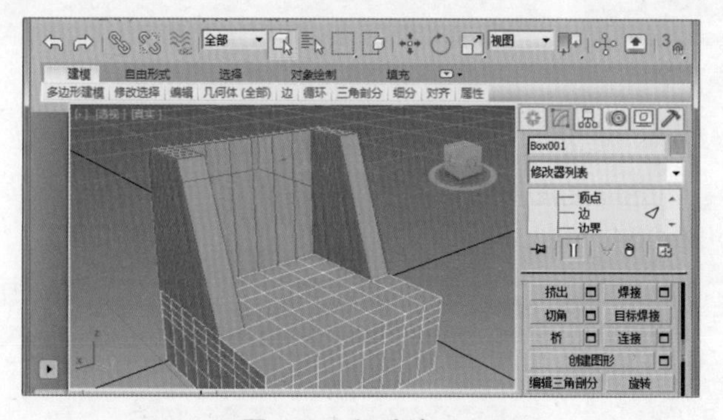

图 6-47　框选边

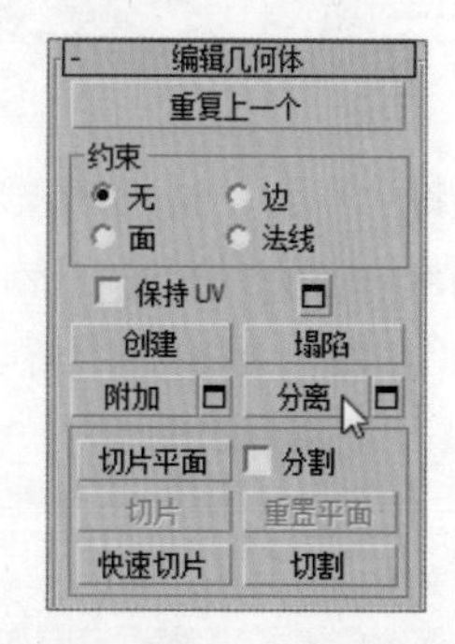

图 6-48　单击“分离”按钮

Step 11　移动分离出的对象到适当的位置，选择源对象，切换到“边界”子对象层级，选择边界，如图 6-49 所示。

Step 12　在“编辑边界”卷展栏下单击“封口”按钮，为所选边界创建封口，如图 6-50 所示。

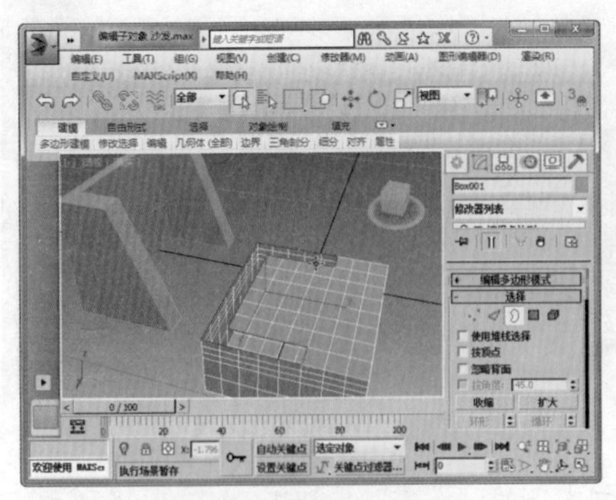
图 6-49　选择边界

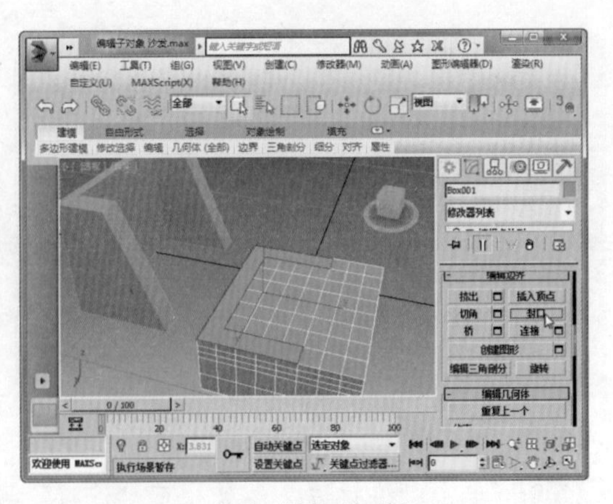
图 6-50　单击“封口”按钮

Step 13 切换到“多边形”子对象层级，选择源对象顶部的多边形，开启软选择，通过“缩放”工具缩放多边形，如图 6-51 所示。

Step 14 切换到“顶点”子对象层级，按住【Ctrl】键依次单击选择所需的顶点，如图 6-52 所示。

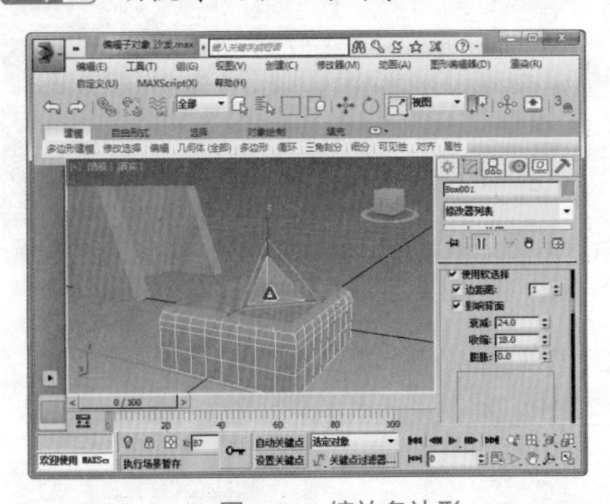
图 6-51　缩放多边形

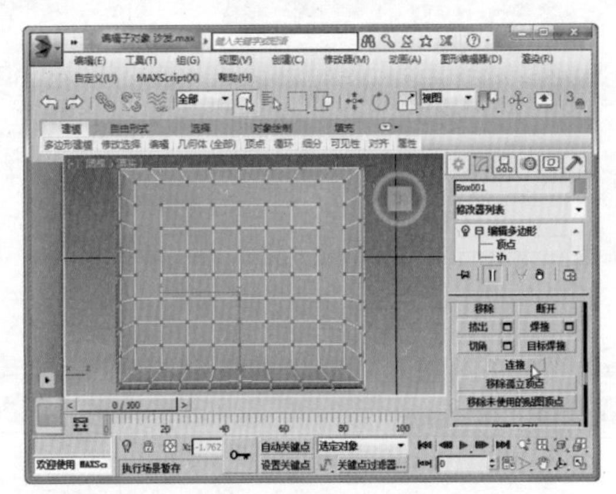
图 6-52　选择顶点

Step 15 单击“编辑顶点”卷展栏下的“连接”按钮，连接顶点，如图 6-53 所示。

Step 16 切换到“边”子对象层级，选择错误连接的边，单击“编辑边”卷展栏下方的“移除”按钮，将其移除，如图 6-54 所示。

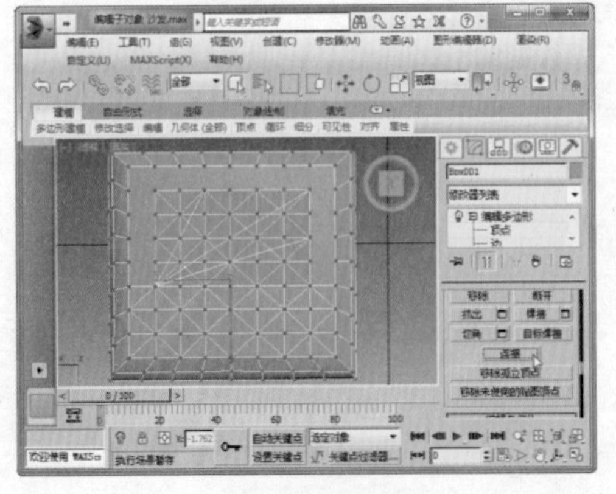
图 6-53　连接顶点

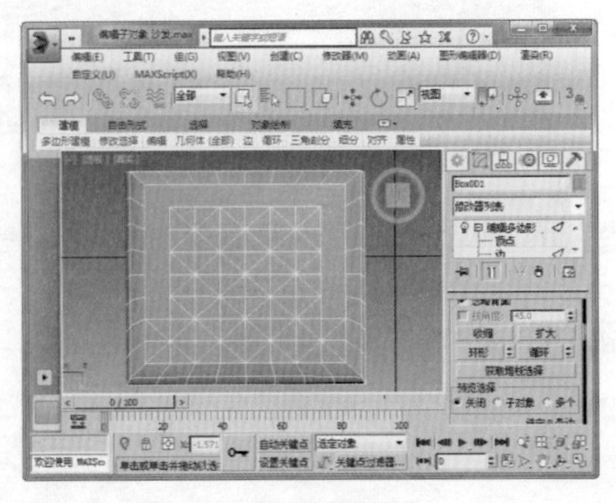
图 6-54　移除错误的边

Step 17 切换到“顶点”子对象层级，选择所需的顶点，通过“编辑顶点”卷展栏下方的“切角”工具创建切角，如图 6-55 所示。

Step 18 切换到“多边形”子对象层级，选择所需的多边形并向下移动，改变对象的形状，如图 6-56 所示。

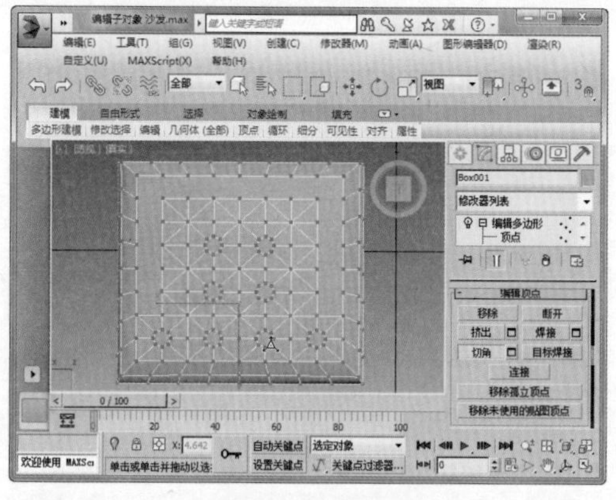

图 6-55 创建切角

图 6-56 移动多边形

Step 19 执行“样条线”命令，绘制如图 6-57 所示的样条线。

Step 20 通过修改器列表添加“车削”修改器，创建车削对象，如图 6-58 所示。

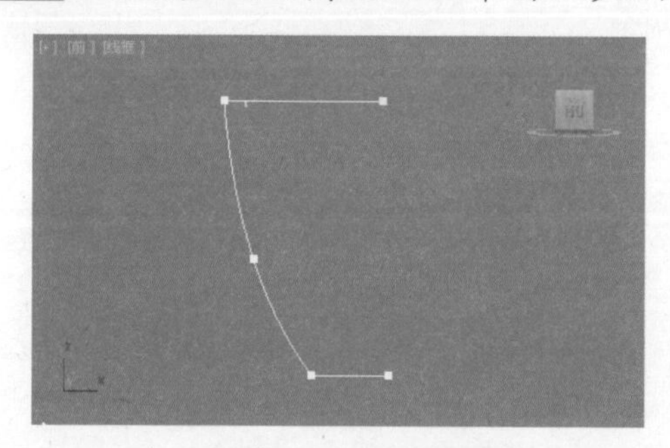

图 6-57 绘制样条线

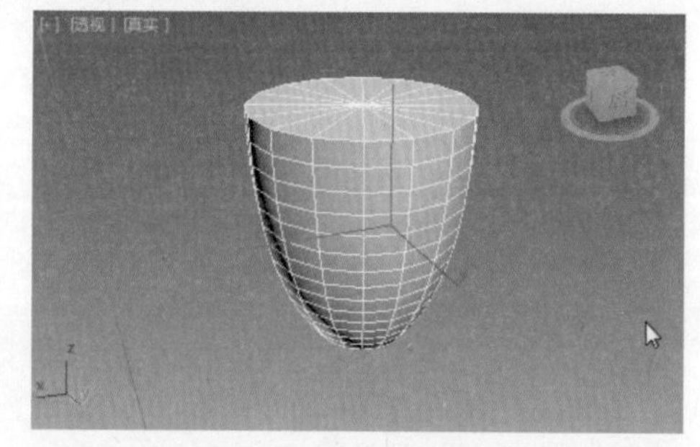

图 6-58 创建车削对象

Step 21 将新创建的车削对象复制并粘贴到沙发底部的位置作为沙发腿，然后移动之前创建的挤出对象到适当的位置，如图 6-59 所示。

Step 22 分别为构成沙发的两个主体添加“涡轮平滑”修改器，如图 6-60 所示。

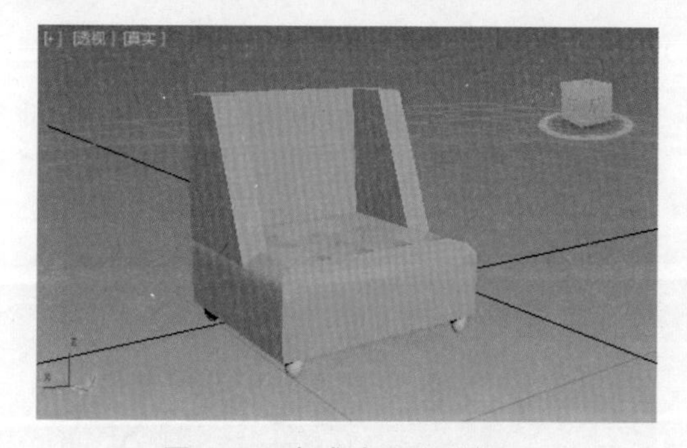

图 6-59 完成沙发的形状

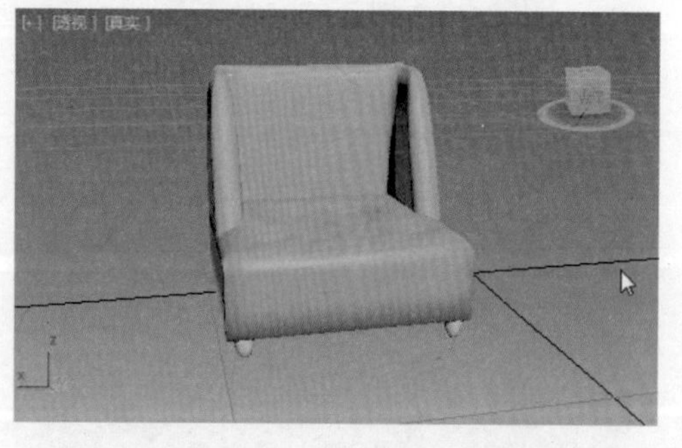

图 6-60 添加“涡轮平滑”修改器后的效果

实例 4　编辑几何体——制作床铺模型

“编辑几何体”卷展栏用于在顶对象层级或子对象层级更改多边形几何体的参数，这些参数在所有层级中的功能大致相同，如图 6-61 所示。

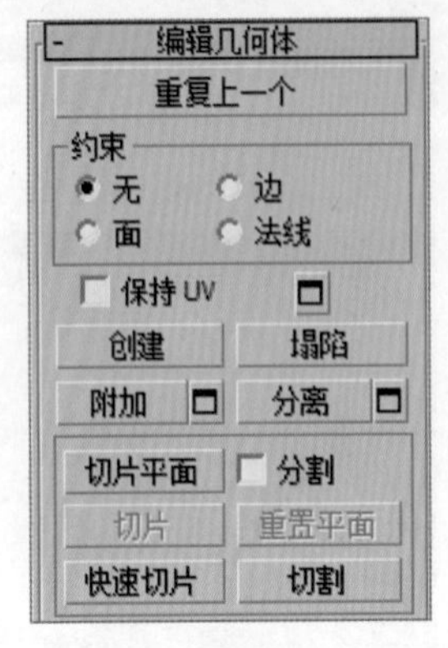

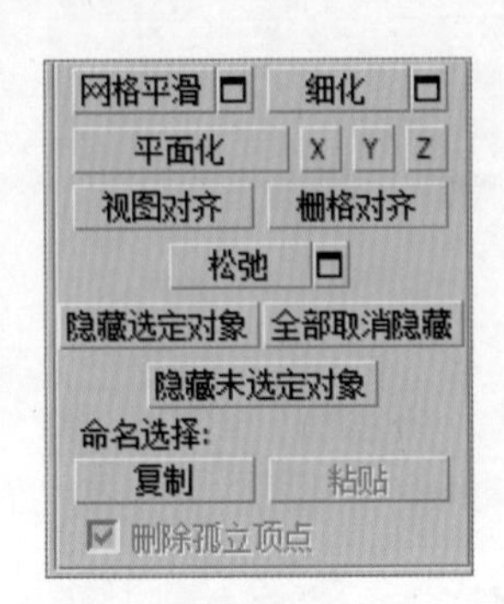

图 6-61　“编辑几何体”卷展栏

➢ **重复上一个：** 重复之前使用的命令。例如，如果刚刚挤出了某个多边形，并且需要对其他几个多边形应用相同的挤出效果，可以单击“重复上一个”按钮，选择所需的多边形，如图 6-62 所示。

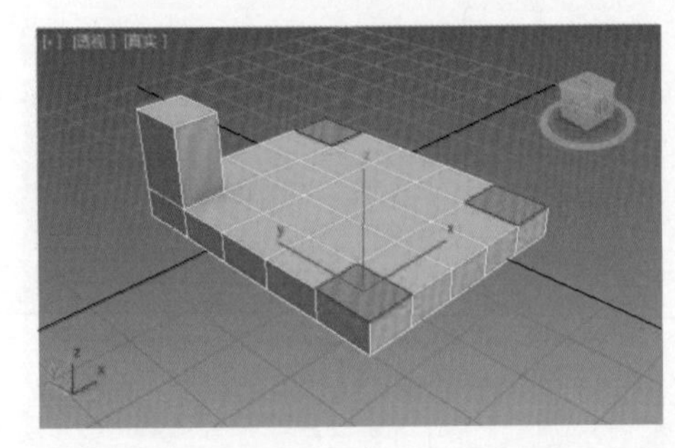

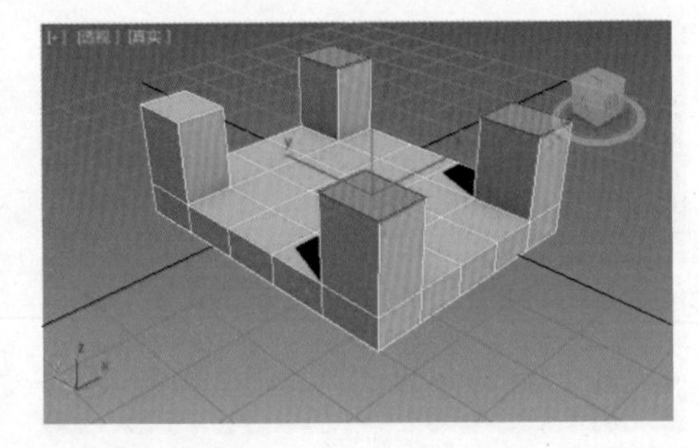

图 6-62　“重复上一个”操作

➢ **约束：** 使用现有的几何体约束子对象的变换。

➢ **创建：** 创建新的几何体，创建类型取决于活动的子对象级别。

➢ **塌陷：** 通过将其顶点与选择中心的顶点焊接，使连续选定子对象的组产生塌陷，如图 6-63 所示。

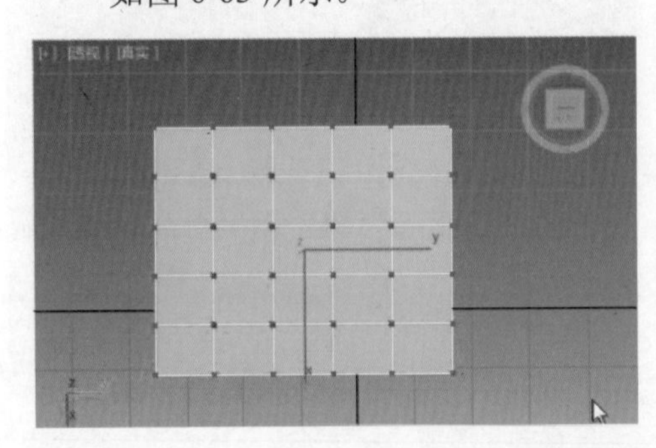

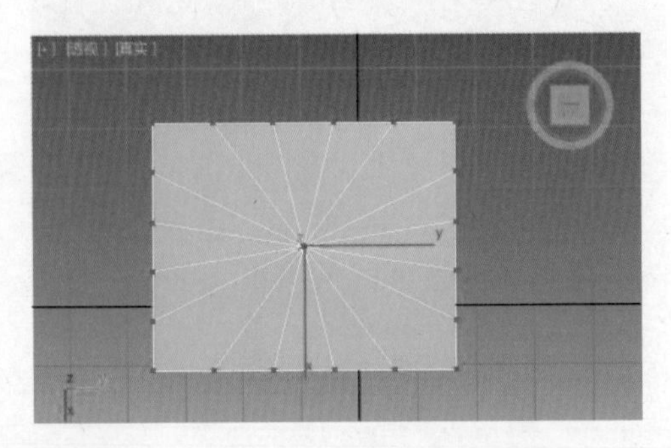

图 6-63　创建塌陷

- **附加**：用于将场景中的其他对象附加到选定的多边形对象，如图 6-64 所示。
- **分离**：将选定的子对象和附加到子对象的多边形作为单独的对象或元素进行分离。当执行“分离”操作时会弹出对话框，提示选择指定的选项，如图 6-65 所示。

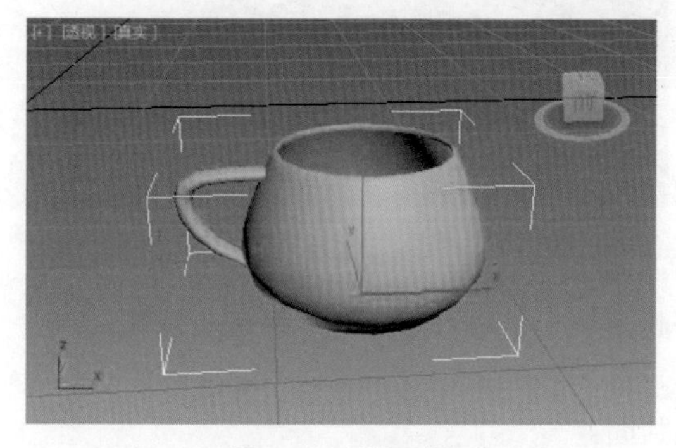

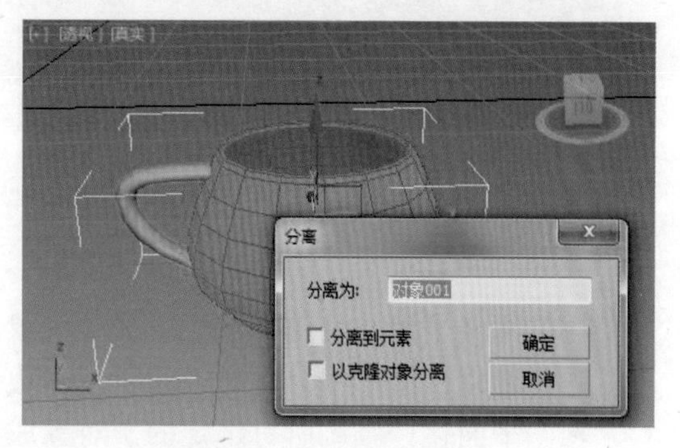

图 6-64　附加对象　　　　图 6-65　分离对象

- **切片平面**：仅限子对象层级。为切片平面创建 Gizmo，可以定位和旋转平面，指定切片位置，如图 6-66 所示。

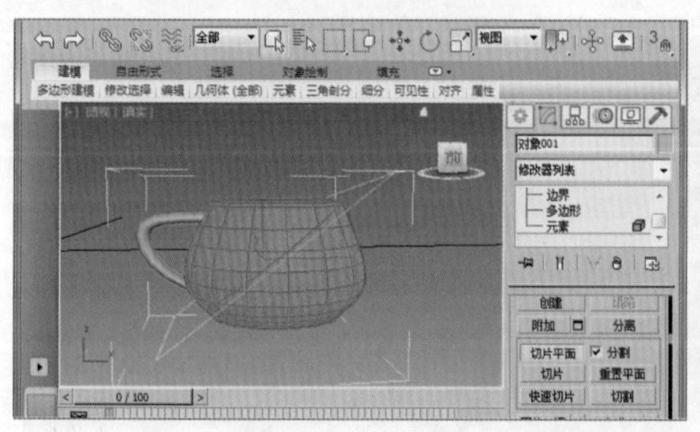

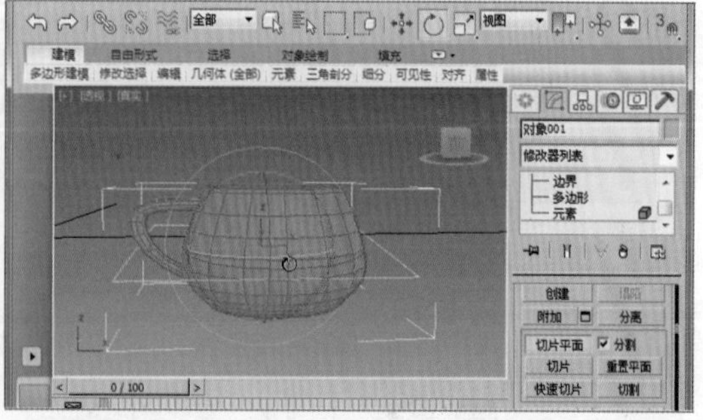

图 6-66　指定切片位置

- **切片**：在切片平面位置处执行切片操作，如图 6-67 所示。

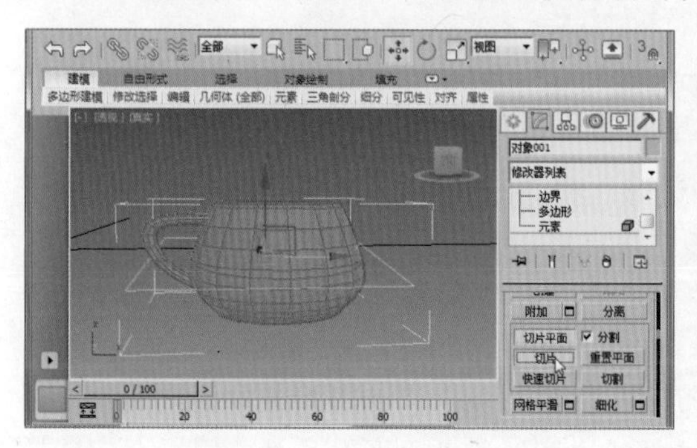

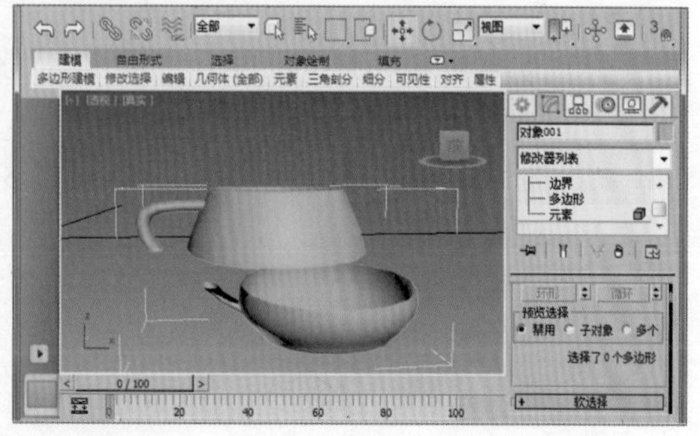

图 6-67　执行切片操作

- **重置平面**：将切片平面恢复到其初始位置和方向。
- **快速切片**：通过单击指定切片的起点和终点位置，将对象快速切片而不控制切片平面的 Gizmo。
- **切割**：在两个多边形之间或在多边形的内部创建边，如图 6-68 所示。

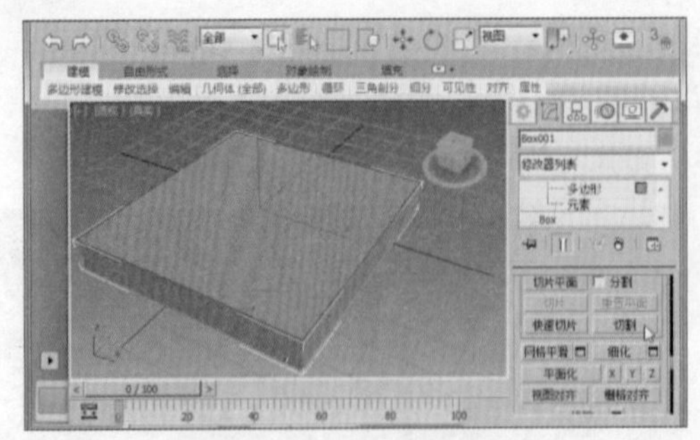
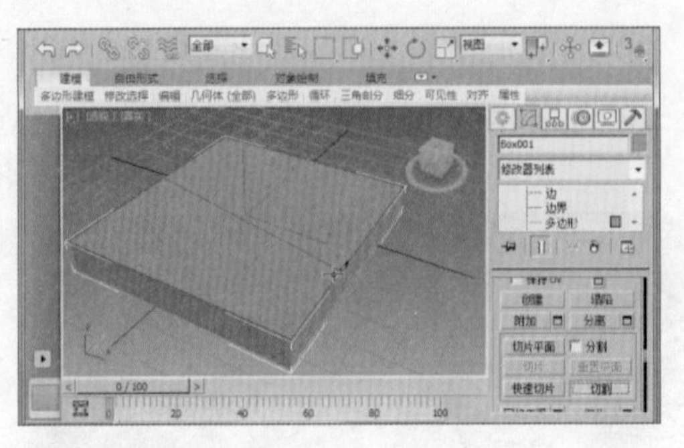

图 6-68　执行切割操作

- **网格平滑：**使用当前设置平滑对象。此命令效果与“网格平滑”修改器相似。
- **细化：**用于细分对象中的所有多边形。
- **平面化：**强制所有选定的子对象成为共面。
- **X、Y、Z：**平面化选定的所有子对象，并使平面化后的面与对象的局部坐标系中的相应平面对齐。
- **视图对齐：**使对象中的所有顶点与活动视口所在的平面对齐。
- **栅格对齐：**使选定对象中的所有顶点与活动视口所在的平面对齐。
- **松弛：**此命令效果类似于“松弛”修改器，如图 6-69 所示。

图 6-69　执行松弛操作

- **隐藏选定对象：**仅限于“顶点”“多边形”和“元素”子对象层级，隐藏选定的子对象。
- **全部取消隐藏：**仅限于“顶点”“多边形”和“元素” 子对象层级，将隐藏的子对象恢复为可见。
- **隐藏未选定对象：**仅限于“顶点”“多边形”和“元素”子对象层级，隐藏未选定的子对象。
- **命名选择：**仅限子对象层级，用于复制和粘贴对象之间的子对象的命名选择集。
- **删除孤立顶点：**仅限于“边”“边界”“多边形”和“元素”子对象层级。勾选该复选框时，在删除连续子对象的选择时会删除孤立顶点；取消勾选该复选框时，删除子对象时会保留所有顶点。

下面将以床铺的建模为例，对“编辑几何体”卷展栏的应用进行介绍，最终效果如图 6-70 所示。

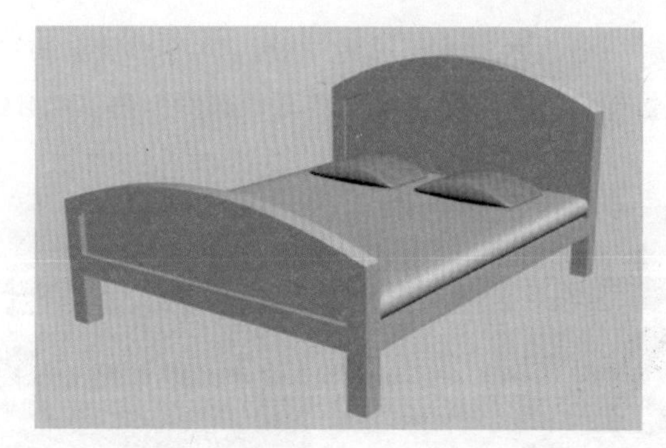

图6-70　床铺

创建床铺模型的具体操作步骤如下：

Step 01 通过“长方体”工具创建长为220、宽为180、高为10的长方体，设置其“长度分段”和“宽度分段”均为3，“高度分段”为1，如图6-71所示。

Step 02 将长方体转换为可编辑多边形，通过“缩放”工具将中间横排、竖排的顶点依次移动到指定位置，如图6-72所示。

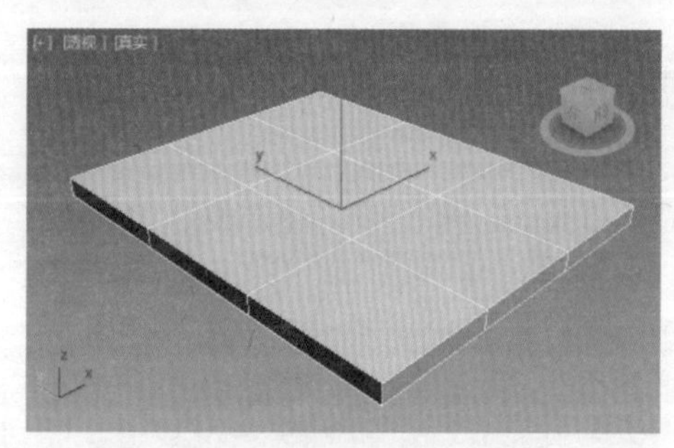

图6-71　创建长方体

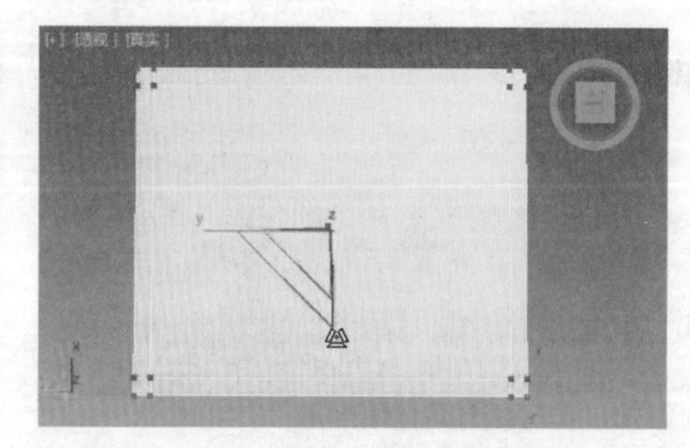

图6-72　移动顶点的位置

Step 03 切换到“多边形”子对象层级，选择对象底部位于四个角的多边形，通过“编辑多边形”卷展栏下的“挤出”工具挤出多边形，如图6-73所示。

Step 04 选择对象顶部两端的多边形，通过“挤出”工具将其挤出，如图6-74所示。

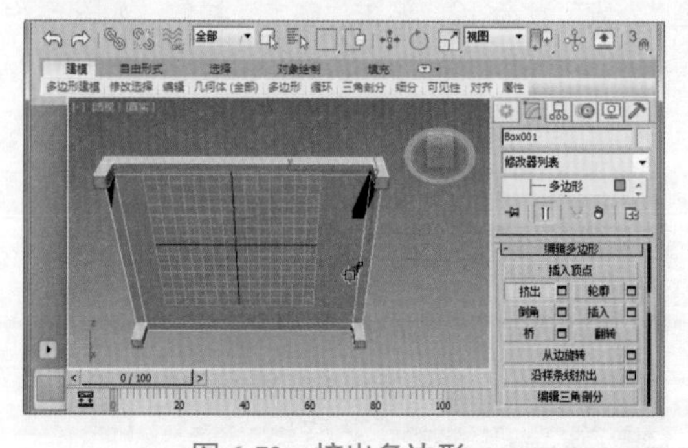

图6-73　挤出多边形

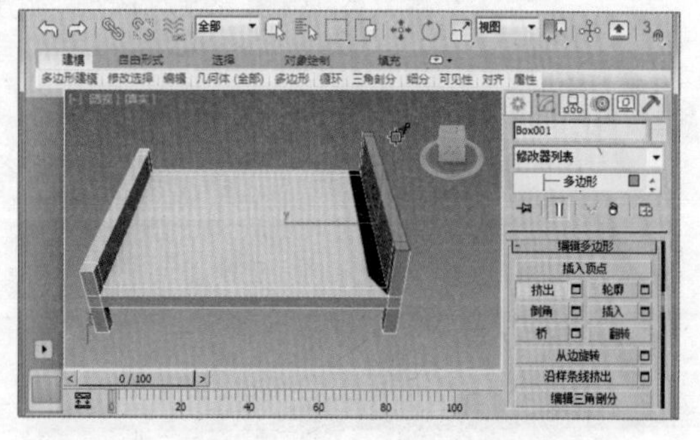

图6-74　挤出顶部多边形

Step 05 选择挤出对象中间的多边形，单击“编辑几何体”卷展栏下的“分离”按钮，弹出“分离”对话框，单击“确定”按钮，将其分离，如图6-75所示。

Step 06 为分离对象创建一个副本对象，通过“缩放”工具沿 z 轴缩放对象，调整其高度，为其添加“涡轮平滑”修改器，设置“迭代次数”为 2，用以平滑对象，如图 6-76 所示。

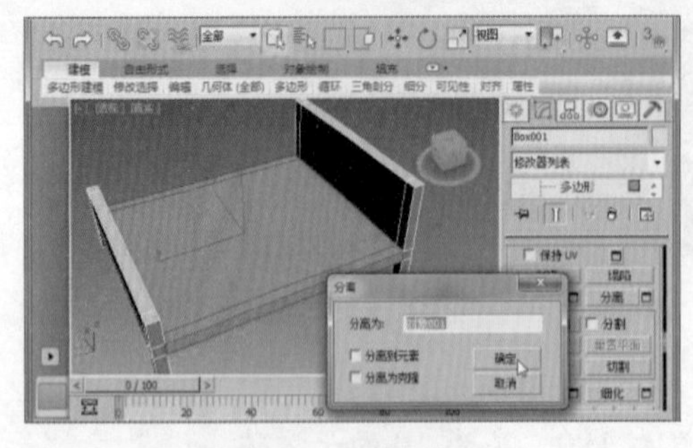
图 6-75　分离对象

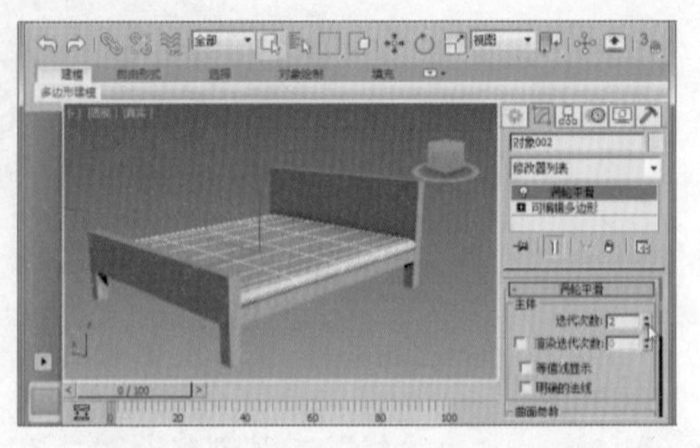
图 6-76　添加“涡轮平滑”修改器

Step 07 切换到“边”子对象层级，选择前方挤出对象床头部分的全部竖直边，在“编辑几何体”卷展栏下单击“切片平面”按钮，然后调整其平面位置，再单击“切片”按钮进行切片，如图 6-77 所示。

Step 08 选择另一端的挤出对象的边，采用同样的方法对其进行切片操作，如图 6-78 所示。

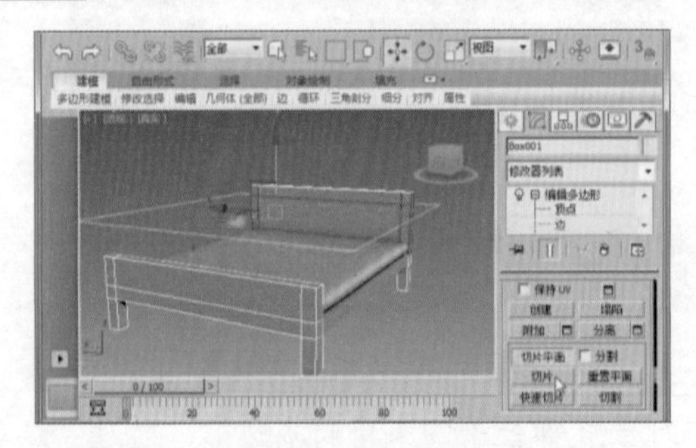
图 6-77　单击“切片”按钮进行切片

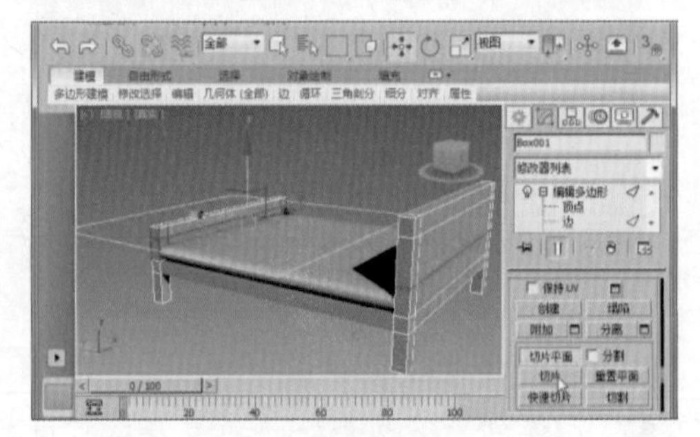
图 6-78　进行切片操作

Step 09 选择一端挤出对象顶部的四条水平边，单击“编辑边”卷展栏下方“连接”按钮右侧的“设置”按钮▣，弹出悬浮对话框，设置“分段”数为 12，单击“确定”按钮，如图 6-79 所示。

Step 10 选择其对面挤出对象顶部的四条水平边，单击“编辑几何体”卷展栏下方的“重复上一个”按钮，重复“连接”命令，如图 6-80 所示。

图 6-79　设置“连接”参数

图 6-80　重复“连接”命令

Step 11 切换到“元素”子对象层级，选择前方的挤出对象，将其分离成单个对象，为其添加一个“FFD 3×3×3”修改器，切换到“控制点”层级，选择并调整其顶部控制点的位置，如图6-81所示。

Step 12 选择对面的挤出对象，同样为其添加一个“FFD 3×3×3”修改器，调整其控制点的位置，如图6-82所示。

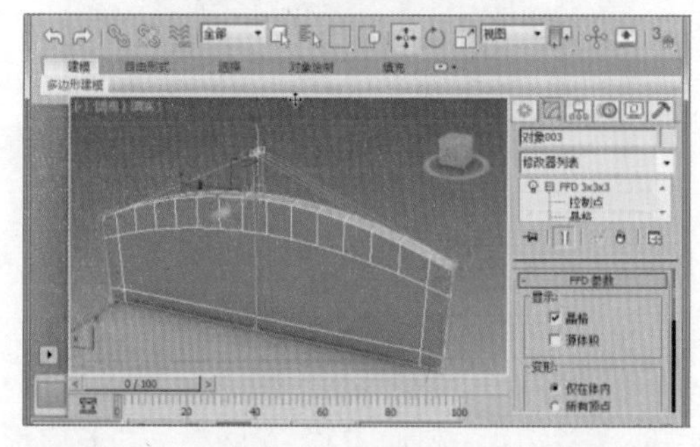

图6-81　添加“FFD 3×3×3”修改器

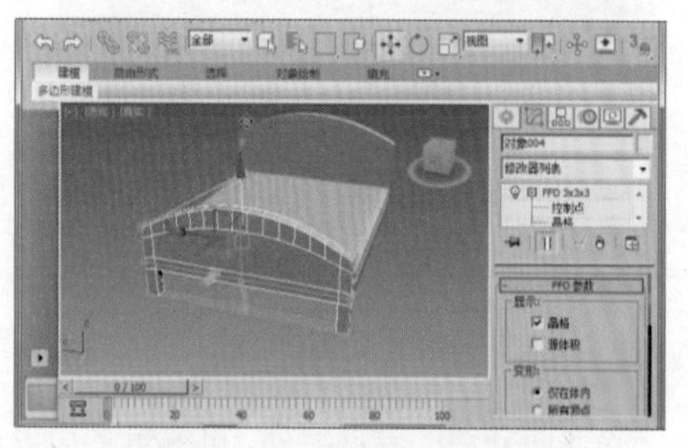

图6-82　调整控制点的位置

Step 13 选择床头对象，在修改器堆栈中将“FFD 3×3×3”修改器塌陷。切换到“多边形”子对象层级，选择多边形，并通过“挤出”工具向内挤出多边形，如图6-83所示。

Step 14 采用同样的方法，向内挤出其他多边形，如图6-84所示。

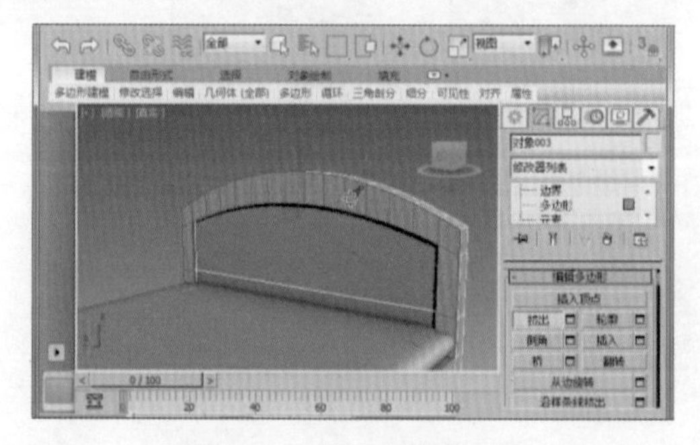

图6-83　挤出多边形

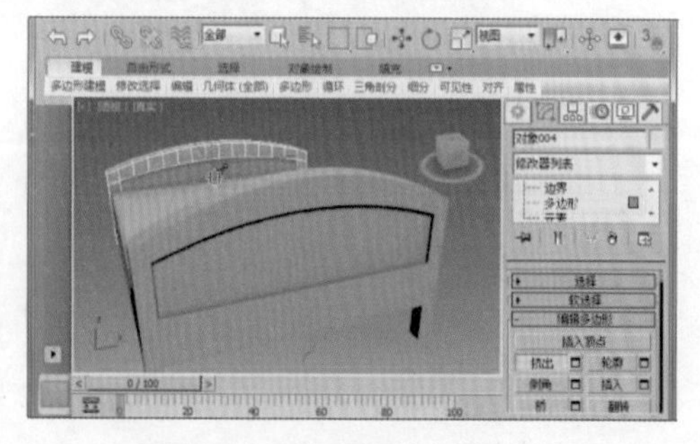

图6-84　挤出其他多边形

Step 15 通过“长方体”工具创建一个长为40、宽为62、高为14的长方体，设置其“长度分段”和“宽度分段”为6，“高度分段”为2，如图6-85所示。

Step 16 为长方体添加“涡轮平滑”修改器和“FFD 4×4×4”修改器，通过“缩放”工具调整控制点的位置，改变长方体的形状，如图6-86所示。

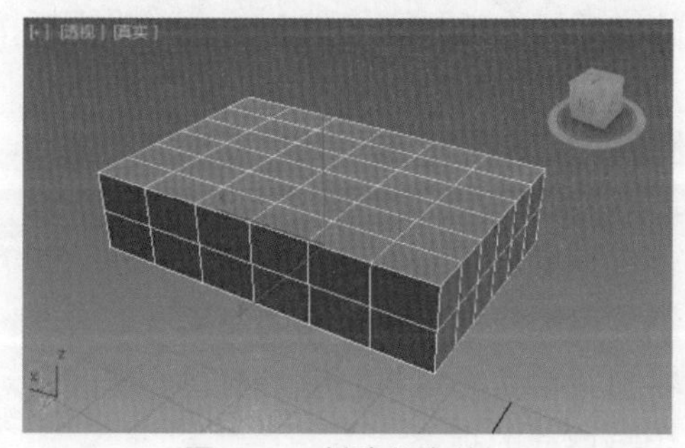

图6-85　创建长方体

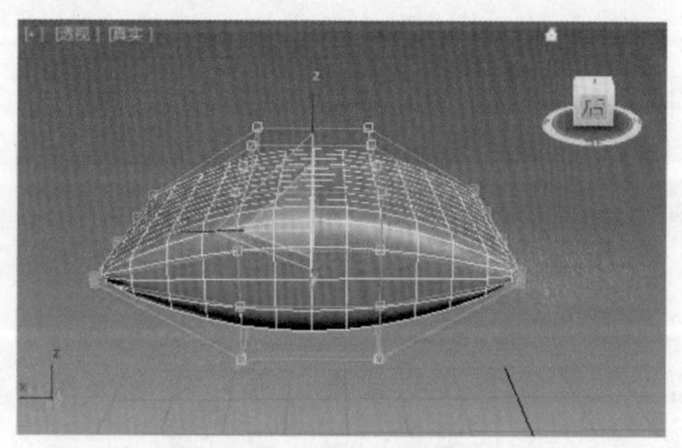

图6-86　添加修改器

Step 17 通过“移动”工具调整控制点的位置改变其形状，制作枕头模型，如图 6-87 所示。

Step 18 为枕头模型创建一个副本对象，并将其移动到适当的位置，如图 6-88 所示。

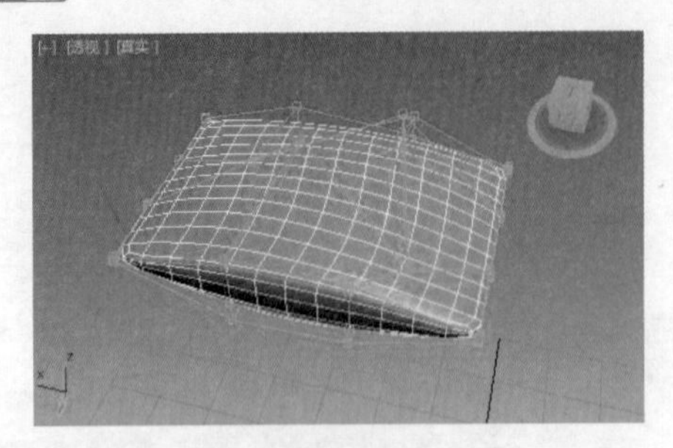

图 6-87 调整控制点的位置

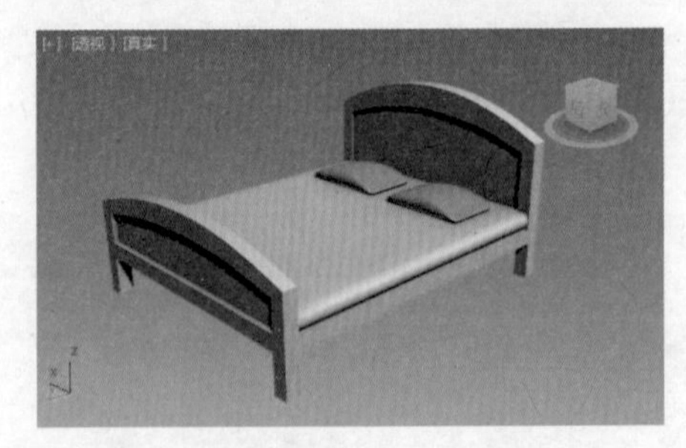

图 6-88 创建副本对象并调整位置

实例 5 其他卷展栏的应用

除前面介绍的卷展栏外，可编辑多边形还包括“多边形：材质 ID”卷展栏、“多边形：平滑组”卷展栏、“多边形：顶点颜色”卷展栏、“细分曲面”卷展栏、“细分置换”卷展栏及“绘制变形”卷展栏等，如图 6-89 所示。

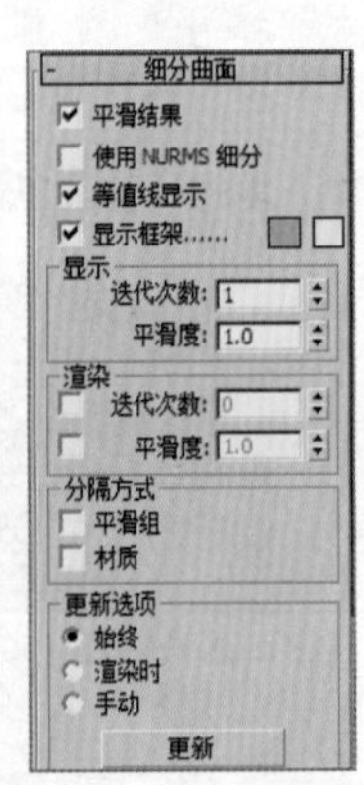

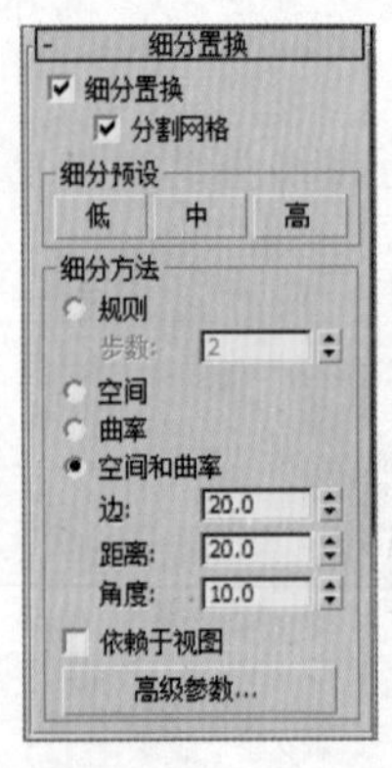

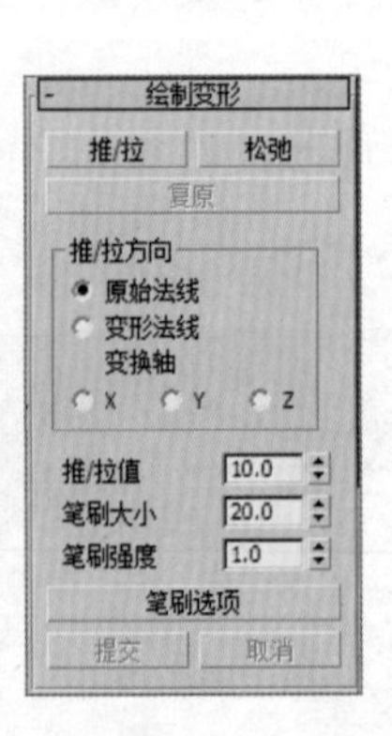

图 6-89 其他卷展栏

“多边形：材质 ID”卷展栏用于指定材质 ID 和按材质 ID 选择对应的材质。

通过“多边形：平滑组”卷展栏，可以向不同的平滑组分配选定的多边形，还可以按照平滑组选择多边形。

如图 6-90 所示，在“多边形”子对象层级下选择需要指定平滑组的多边形对象，然后在“多边形：平滑组”卷展栏下单击指定平滑组。当需要再次选择指定了平滑组的多边形时，只需单击“按平滑组选择”按钮，在弹出的对话框中选择平滑组并单击“确定”按钮即可。

通过“多边形：顶点颜色”卷展栏，可以更改选定多边形或元素中各顶点的颜色、照明颜色及 Alpha（透明）值等参数。

“细分曲面”卷展栏用于将细分设置应用于采用网格平滑模式的对象。

通过“细分置换”卷展栏，可以指定用于细分可编辑多边形对象的曲面近似设置。与“细分曲面”卷展栏设置的不同之处在于：虽然细分置换与网格应用于相同的修改器堆栈层级，但当网格用于渲染时细分置换始终应用于该堆栈的顶部。

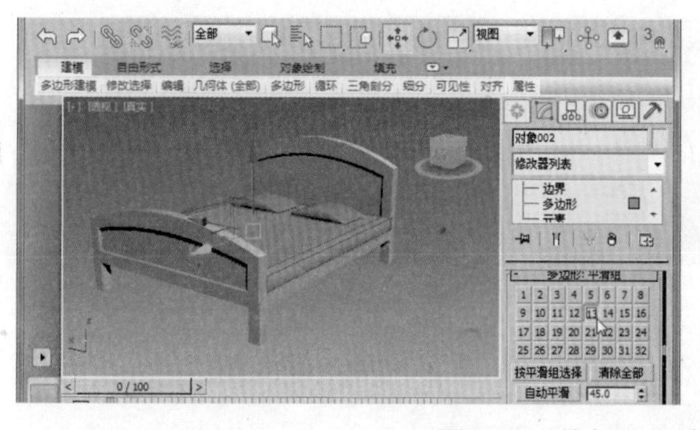

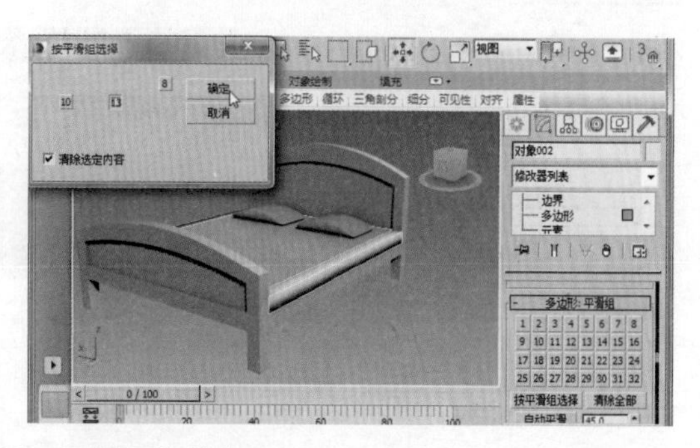

图 6-90 执行“多边形：平滑组”操作

通过“绘制变形”卷展栏，可以在对象曲面上拖动鼠标指针进行推拉等操作，以影响顶点与对象的形状，如图 6-91 所示。

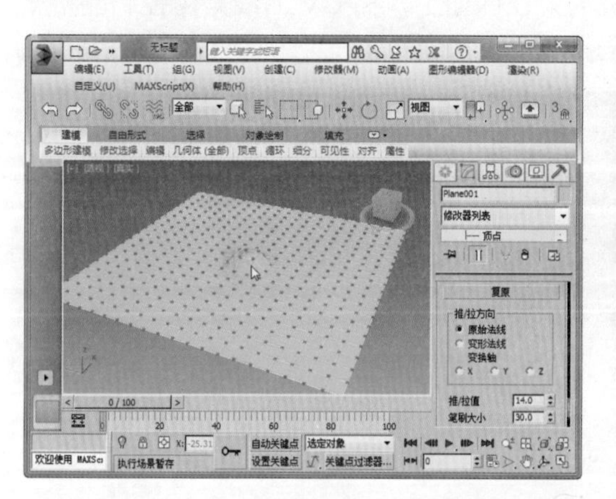

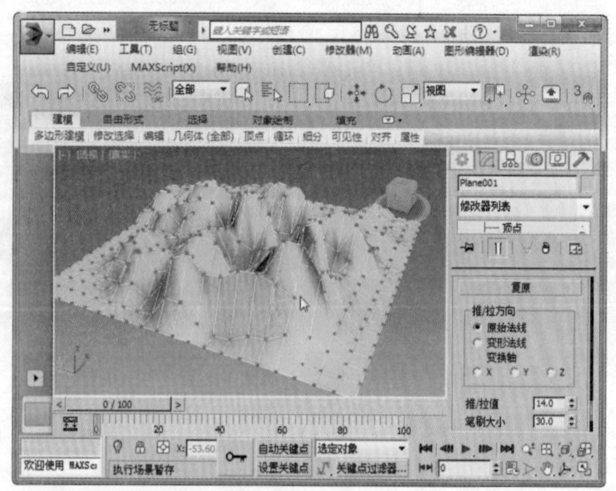

图 6-91 执行“绘制变形”操作

6.2 曲面建模的应用

曲面建模也被称为“NURBS 建模”，主要被应用于复杂曲面对象的创建。NURBS 的全称为“Non-Uniform Rational B-Splines”，即“非均匀有理数 B 样条曲线”。

实例 1 创建 NURBS 对象

NURBS 对象包含 NURBS 曲面和 NURBS 曲线两种类型。

1. NURBS 曲面

NURBS 曲面是曲面建模的基础，通过“创建”面板可以创建点曲面和 CV 曲面两种不同的曲面。

点曲面通过点来控制对象的形状，每一个点都被约束在曲面上；而 CV 曲面的控制点并不位于曲面上，它们定义一个控制晶格包住整个曲面，每个 CV 均有相应的权重，可以通过调整权重更改曲面的形状。NURBS 曲面如图 6-92 所示。

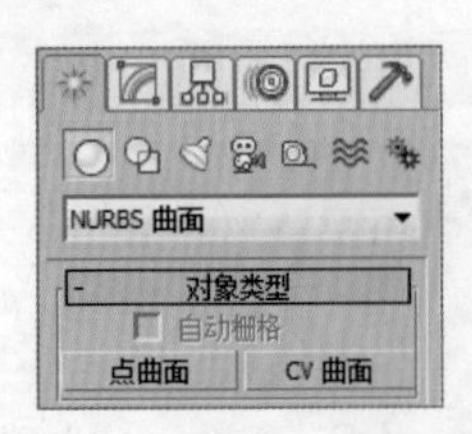

“NURBS 曲面”创建面板

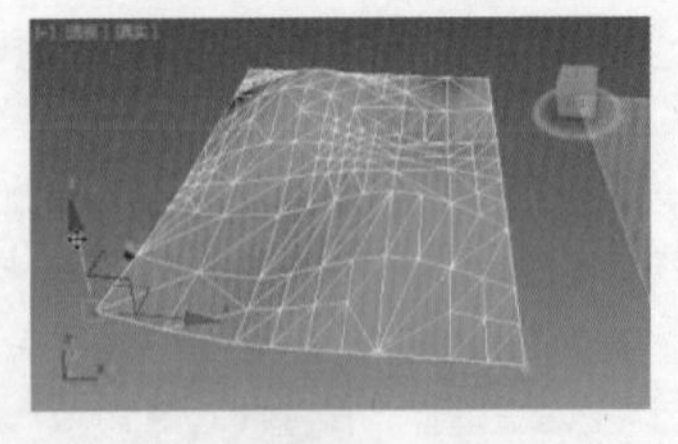

点曲面

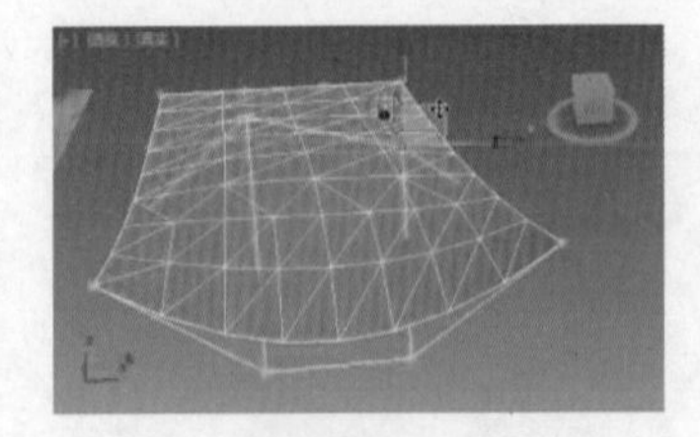

CV 曲面

图 6-92　NURBS 曲面

2．NURBS 曲线

NURBS 曲线同样包含两种不同的类型，分别为点曲线和 CV 曲线，可以通过指定类型的“创建”面板进行创建。点曲线上的点被约束在曲面上，而 CV 曲线是由控制晶格来控制曲线的形状，NURBS 曲线如图 6-93 所示。

“NURBS 曲线”创建面板

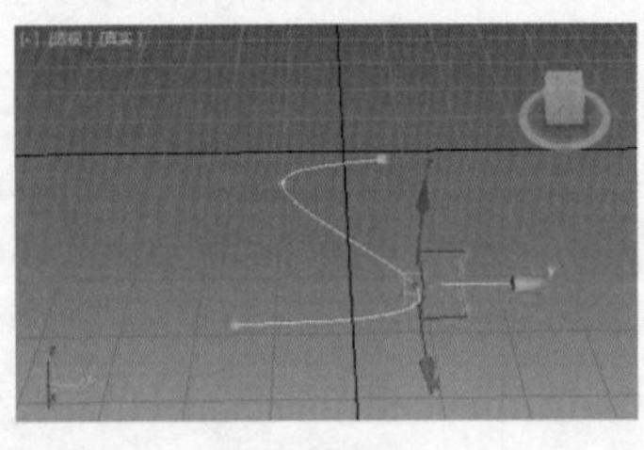

点曲线

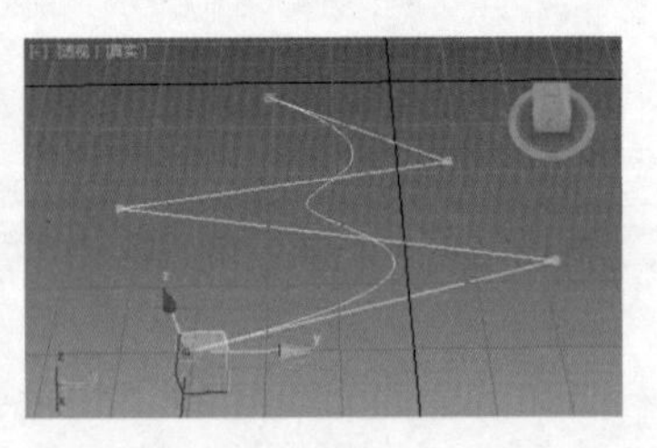

CV 曲线

图 6-93　NURBS 曲线

3．转换为 NURBS 对象

除了直接创建 NURBS 对象外，还可将其他三维实体与样条线等对象转换为 NURBS 曲面或曲线对象。

方法一：在场景中选择需要转换的对象并单击鼠标右键，在弹出的快捷菜单中选择“转换为”|“转换为 NURBS”命令，如图 6-94 所示。

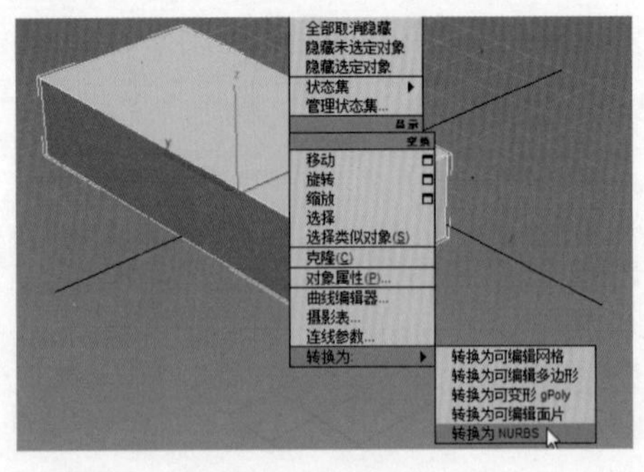

图 6-94　选择“转换为 NURBS”命令

方法二：在场景中选择需要转换的对象，在修改器堆栈中的对应层级上单击鼠标右键，在弹出的快捷菜单中选择“NURBS”命令，如图 6-95 所示。

方法三：为对象添加“挤出”或“车削”修改器，设置输出类型为“NURBS”，如图 6-96 所示为通过“挤出”修改器进行设置。

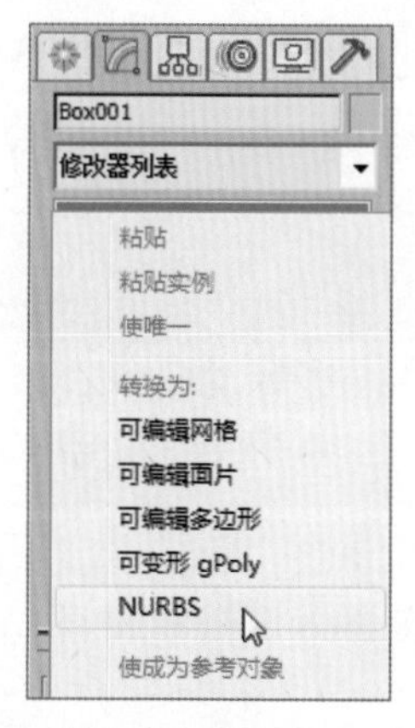

图 6-95　选择“NURBS”命令

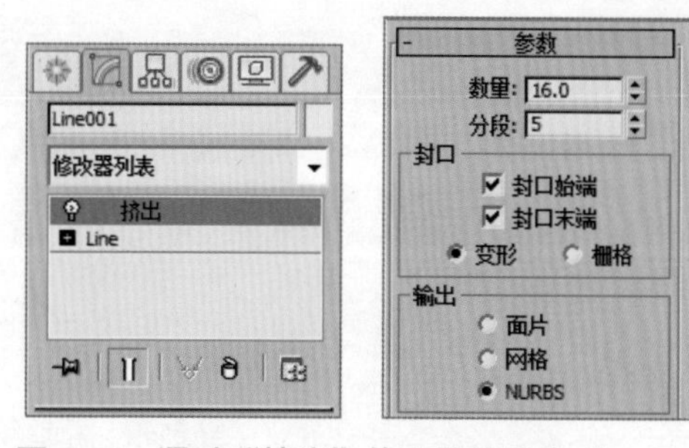

图 6-96　通过“挤出”修改器设置为“NURBS”

实例 2　创建 NURBS 子对象——制作花瓶模型

当创建 NURBS 对象后，可以通过 NURBS 创建工具箱及“修改”面板下的创建卷展栏创建 NURBS 子对象。

NURBS 创建工具箱包含用于创建 NURBS 子对象的各类工具。当选中 NURBS 对象并单击“修改”面板下“常规”卷展栏中的“NURBS 创建工具箱”按钮后，即可显示工具箱并进行子对象的创建，如图 6-97 所示。

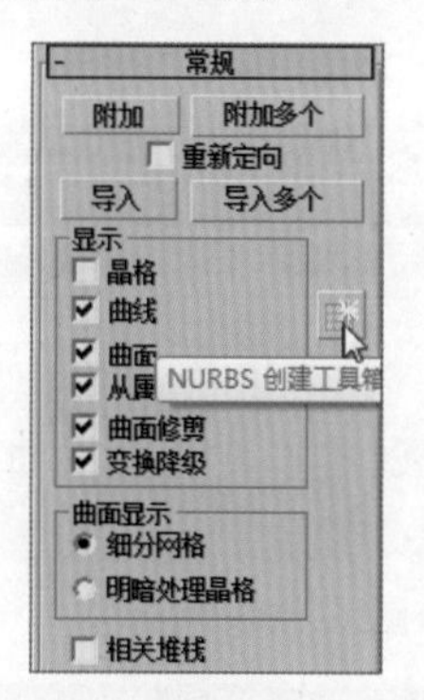

图 6-97　NURBS 创建工具箱

通过 NURBS 曲面“修改”面板下的“创建曲面”卷展栏、“创建曲线”卷展栏或“创建点”卷展栏同样可以进行 NURBS 子对象的创建，如图 6-98 所示。

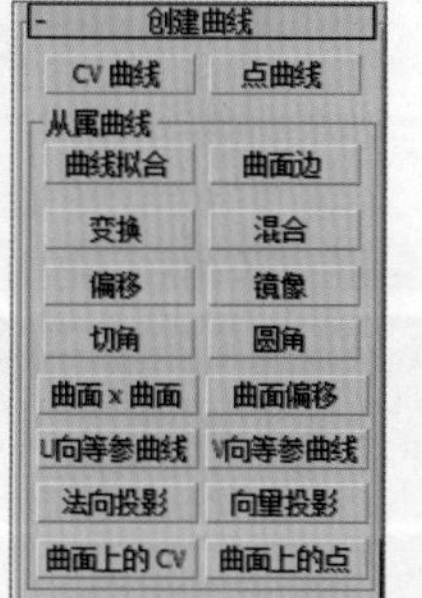

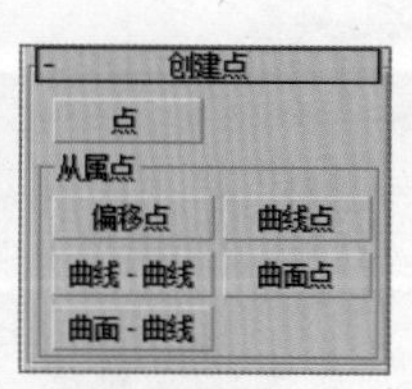

图 6-98　NURBS 曲面“修改”面板下的卷展栏

下面将以花瓶的建模为例，对 NURBS 创建工具的应用进行介绍，最终效果如图 6-99 所示。

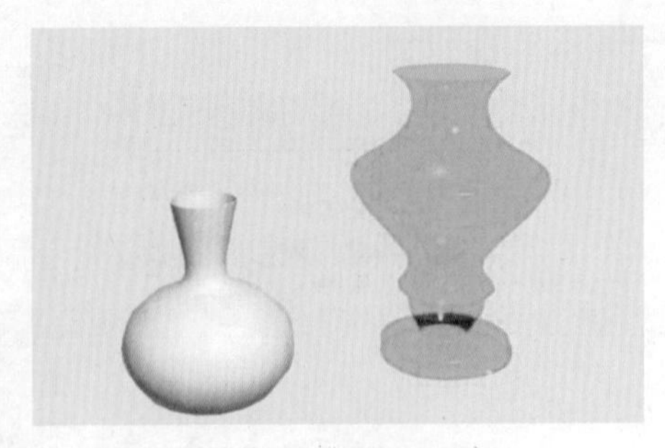

图 6-99　花瓶模型

创建花瓶模型的具体操作步骤如下：

Step 01　在“创建”面板下切换到“NURBS 曲线”面板，单击“对象类型”卷展栏下的“点曲线”按钮，如图 6-100 所示。

Step 02　在场景中切换到前视图，依次单击绘制点曲线，如图 6-101 所示。

图 6-100　单击“点曲线”按钮

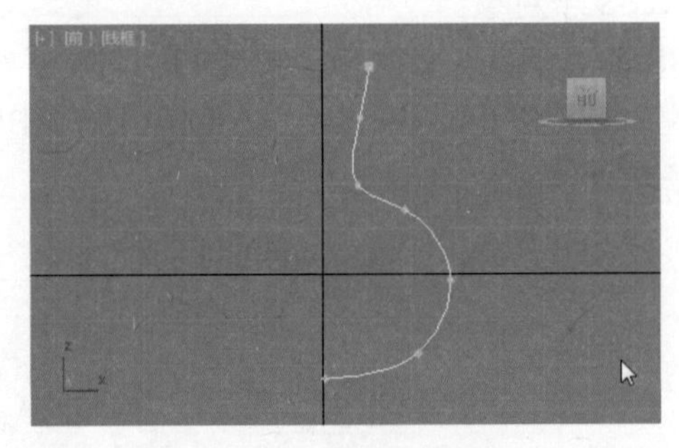

图 6-101　绘制点曲线

Step 03　在“常规”卷展栏下单击“NURBS 创建工具箱”按钮，弹出工具箱窗口，单击“创建车削曲面”按钮，如图 6-102 所示。

Step 04　此时即可在场景中创建车削曲面，如图 6-103 所示。

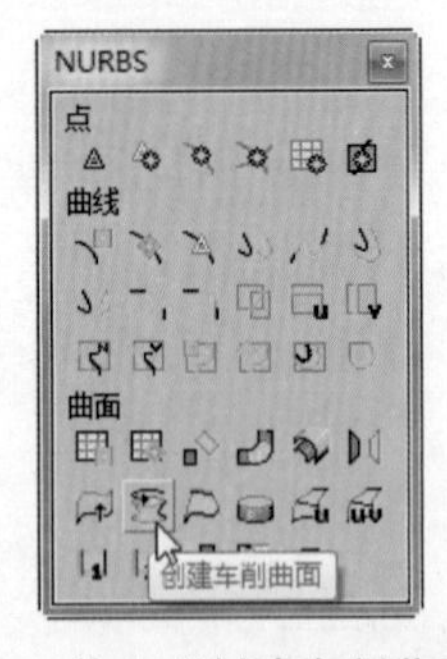

图 6-102　单击“创建车削曲面”按钮

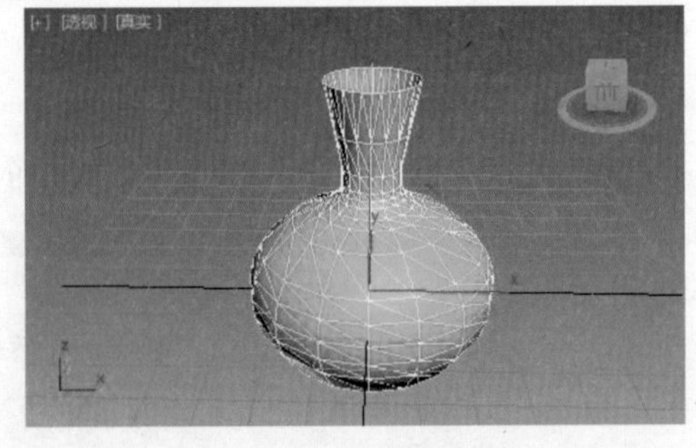

图 6-103　创建车削曲面

Step 05　通过修改器列表为对象添加“壳”修改器，设置其“内部量”的值为 0.4，效果如图 6-104 所示。

Step 06　再次执行“点曲线”命令，在场景中切换到顶视图，依次单击绘制点曲线，如图 6-105 所示。

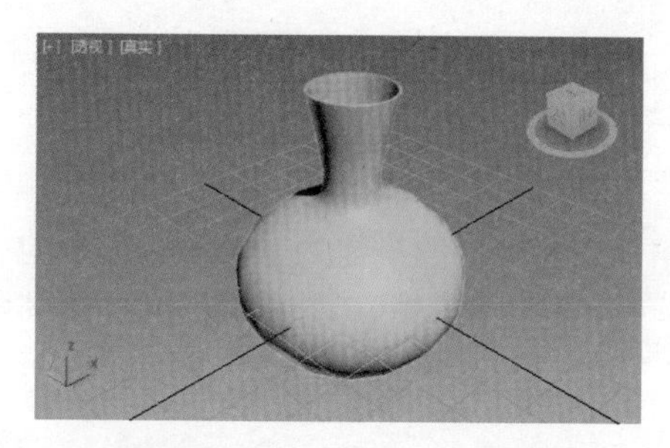

图 6-104　添加“壳”修改器

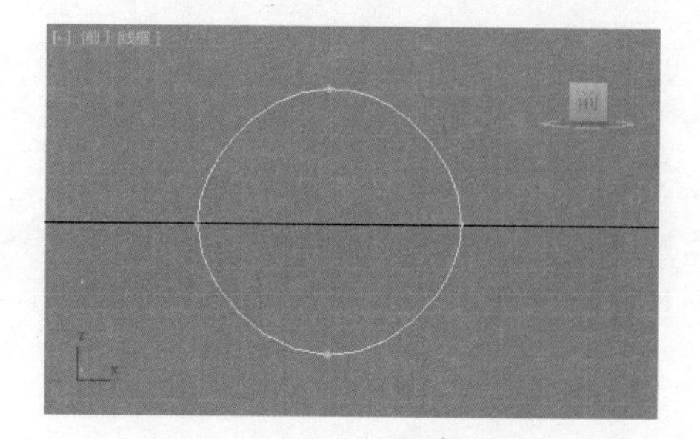

图 6-105　绘制点曲线

Step 07　向上依次复制点曲线到指定位置，再通过“缩放”工具对其缩放，如图 6-106 所示。

Step 08　打开 NURBS 创建工具箱，单击“创建 U 向放样曲面”按钮，如图 6-107 所示。

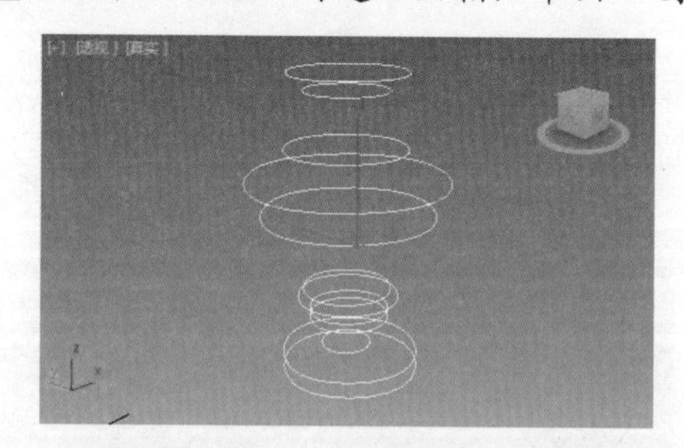

图 6-106　复制点曲线并进行修改

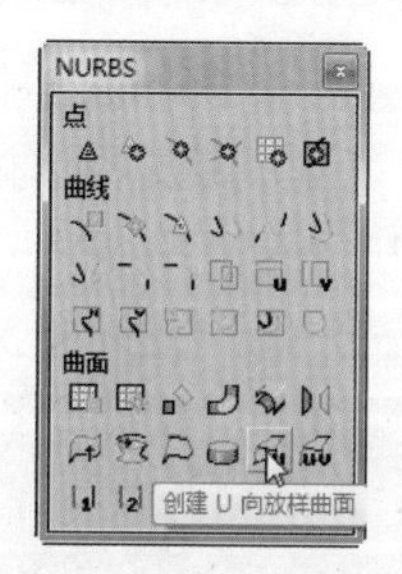

图 6-107　单击“创建 U 向放样曲面”按钮

Step 09　在场景中从上向下依次单击拾取点曲线，创建放样曲面，如图 6-108 所示。

Step 10　打开 NURBS 创建工具箱，单击“创建封口曲面”按钮，如图 6-109 所示。

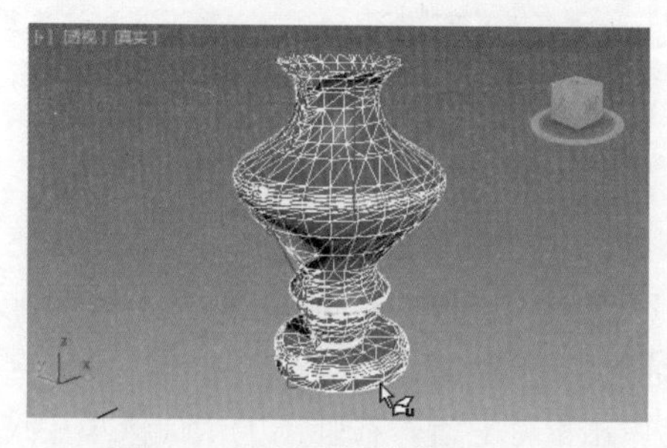

图 6-108　创建放样曲面

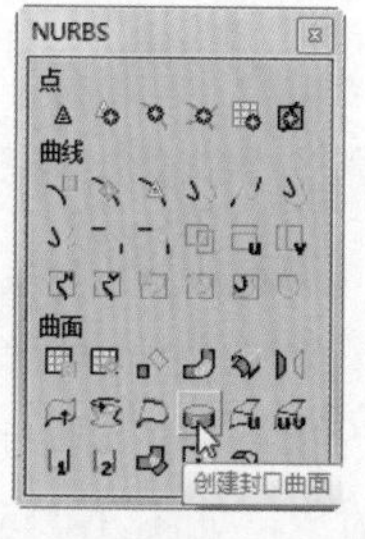

图 6-109　单击“创建封口曲面”按钮

Step 11　移动鼠标指针到曲面底部，指定曲面封口，如图 6-110 所示。

Step 12　通过修改器列表为对象添加“壳”修改器，设置适当的“内部量”数值，效果如图 6-111 所示。

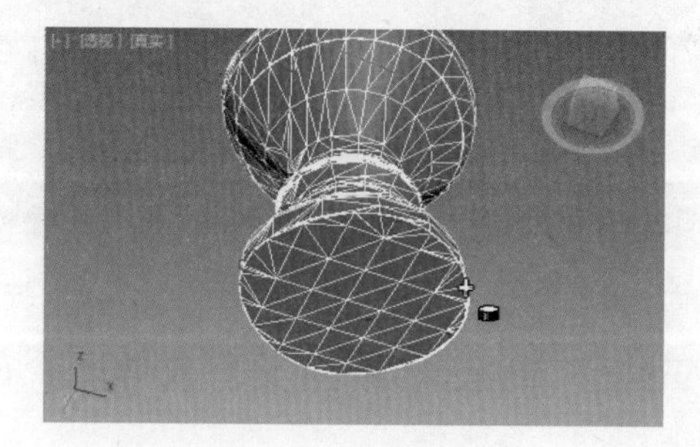

图 6-110　指定曲面封口

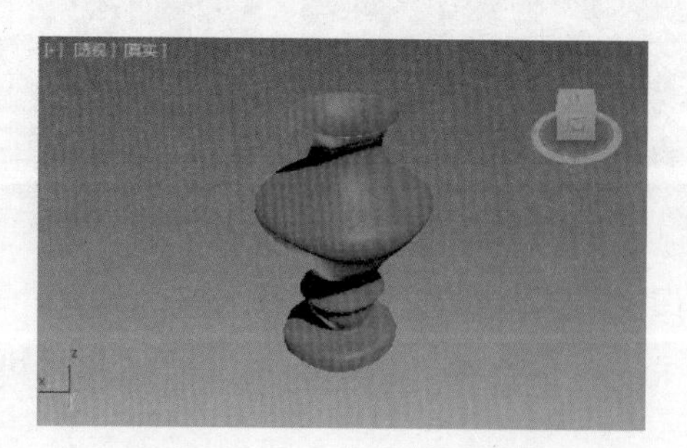

图 6-111　添加“壳”修改器

6.3　面片建模的应用

面片建模是一种较为独特的建模方式，它是以立体线框的搭建为基础进行模型的创建。通过面片建模方式可以创建外观类似于网格，但可以通过控制柄（如微调器）控制其曲面曲率的对象。

实例 1　创建面片对象——制作灯笼模型

在 3ds Max 2015 中，可以通过两种不同的方式创建面片对象，下面将分别对其进行介绍。

1．通过“创建”面板建模

通过“创建”面板可以创建两种类型的面片对象，分别为四边形面片和三角形面片。四边形面片由可见的矩形面构成，而三角形面片则是由三角形面构成的平面栅格，如图 6-112、图 6-113 所示。

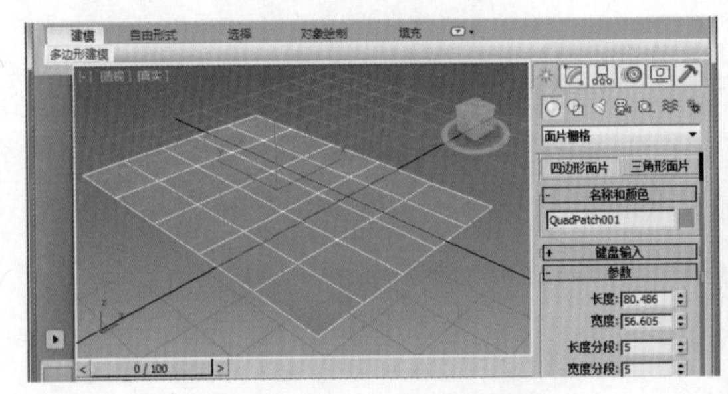

图 6-112　四边形面片

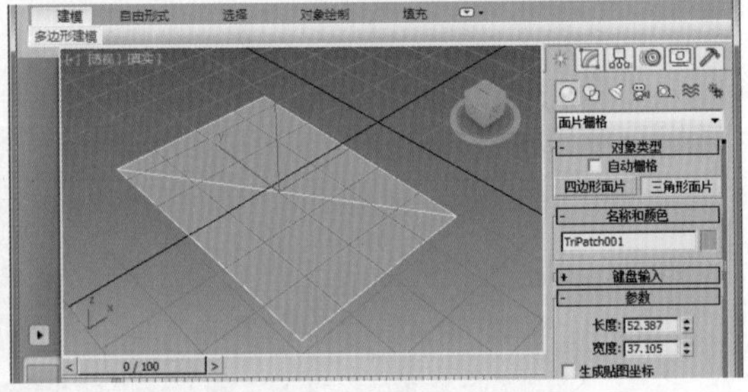

图 6-113　三角形面片

2．通过“曲面”修改器建模

用户可以通过样条线绘制工具绘制模型的线框，然后通过“曲面”修改器使其成为曲面，再将其转换为可编辑面片，进一步加工完成建模。例如，通过“线”工具绘制如图 6-114 所示的样条线，并将其附加成一个整体，然后通过修改器列表为其添加“曲面”修改器，将其转换为曲面对象，如图 6-115 所示。在该对象上单击鼠标右键，在弹出的快捷菜单中选择“转换为”|“转换为可编辑面片”命令完成建模，如图 6-116 所示。

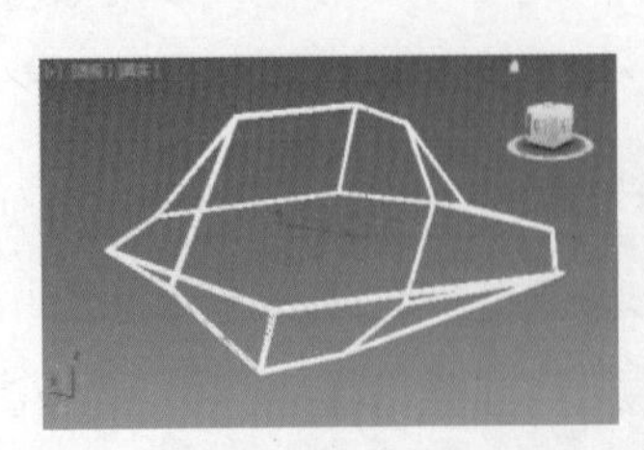

图 6-114　绘制样条线

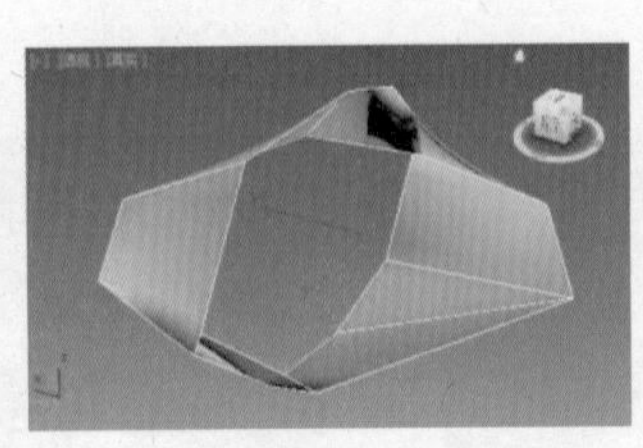

图 6-115　添加“曲面”修改器

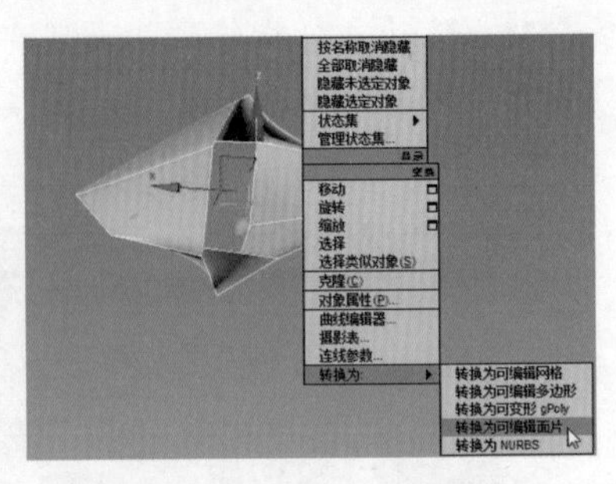

图 6-116　转换为可编辑面片

下面将以灯笼的建模为例，对面片建模工具的应用进行介绍，最终效果如图 6-117 所示。

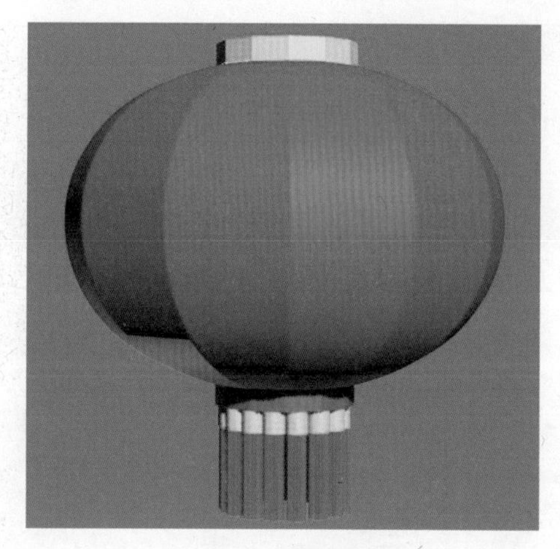

图 6-117　灯笼模型

创建灯笼模型的具体操作步骤如下：

Step 01　执行"视图"|"视口背景"|"配置视口背景"命令（或按【Alt+B】组合键），弹出"视口配置"对话框，选择"背景"选项卡，单击"使用文件"单选按钮，然后单击"文件"按钮，如图 6-118 所示。

Step 02　弹出"选择背景图像"对话框，选择"创建面片对象 灯笼.jpg"图形文件，单击"打开"按钮将其打开，如图 6-119 所示。

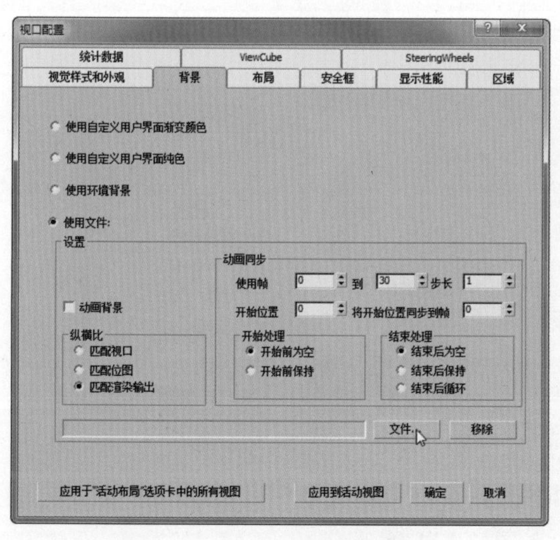

图 6-118　"视口配置"对话框

图 6-119　"选择背景图像"对话框

Step 03　返回"视口配置"对话框，在"纵横比"选项区中单击"匹配位图"单选按钮，单击"确定"按钮，如图 6-120 所示。

Step 04　在场景中切换到前视图，缩放视图到合适的大小，添加背景图像后的效果如图 6-121 所示。

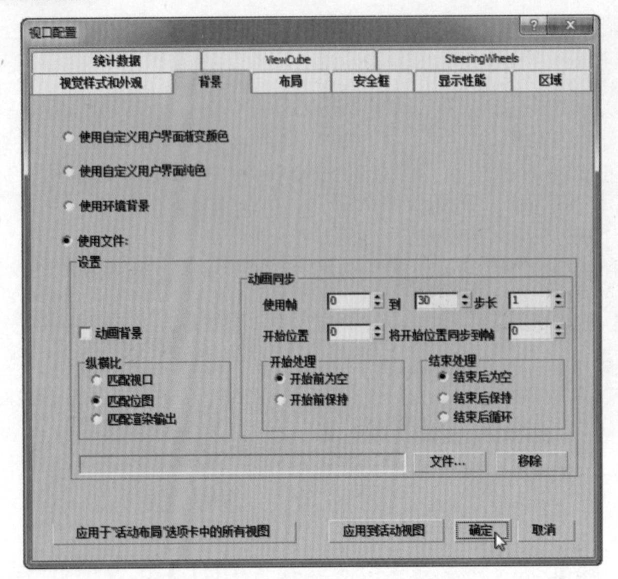

图 6-120 “视口配置”对话框

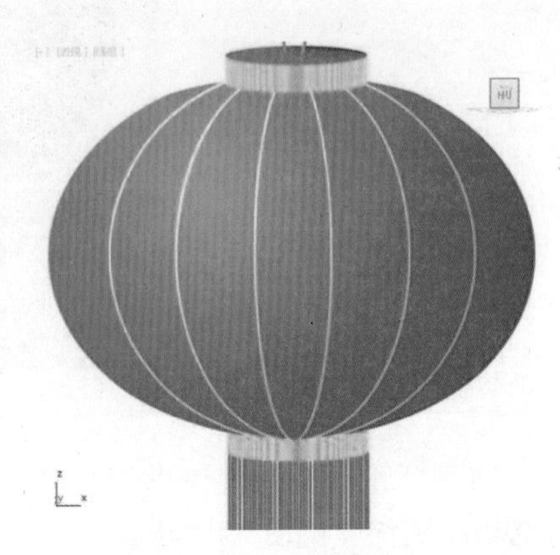

图 6-121 背景图像

Step 05 使用“线”工具参照背景图像绘制样条线的轮廓，如图 6-122 所示。

Step 06 切换到“层次”面板，在“调整轴”卷展栏下单击“仅影响轴”按钮，然后通过“移动”工具移动样条线的轴到指定位置，如图 6-123 所示。

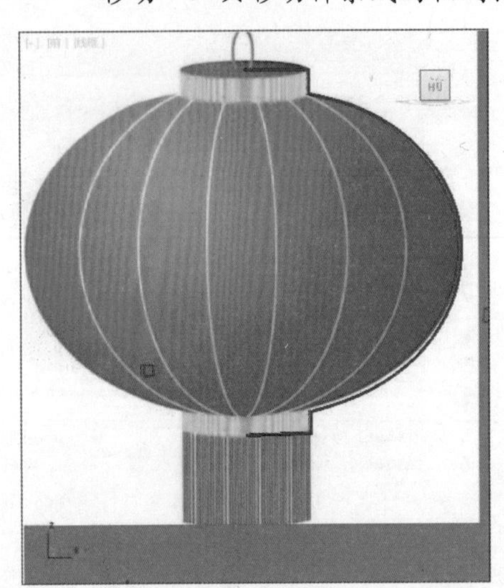

图 6-122 绘制样条线

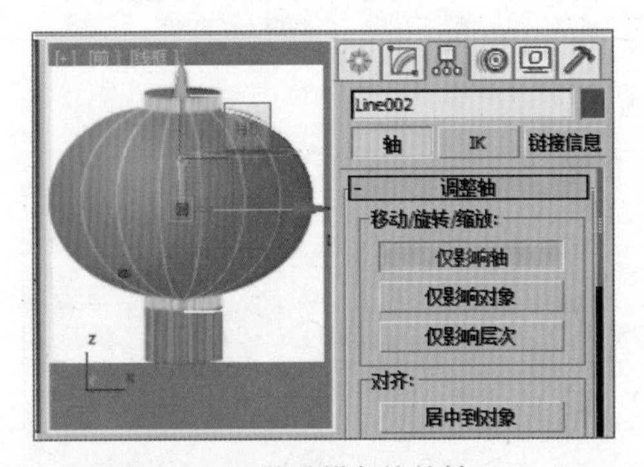

图 6-123 移动样条线的轴

Step 07 按住【Shift】键沿 z 轴旋转样条线 30°，弹出“克隆选项”对话框，设置“副本数”为 11，然后单击“确定”按钮，如图 6-124 所示。

Step 08 此时即可按照旋转角度创建指定数目的副本对象，如图 6-125 所示。

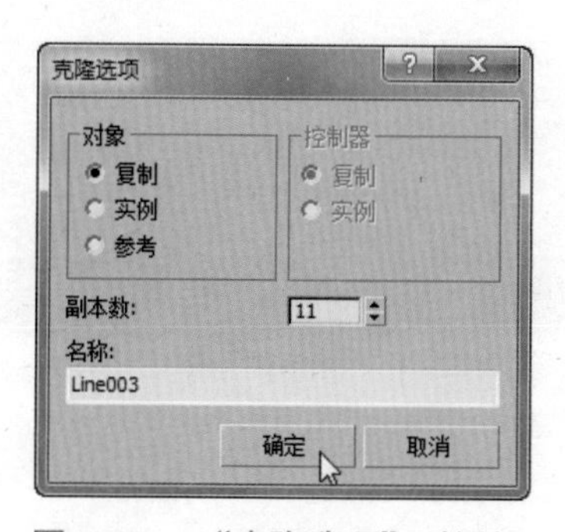

图 6-124　“克隆选项”对话框

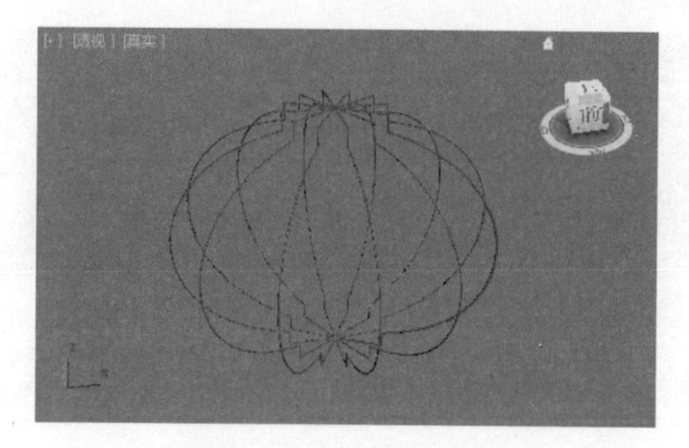

图 6-125　创建副本对象

Step 09　选择其中的任一样条线，单击“几何体”卷展栏下的“附加”按钮，将全部样条线附加为一个整体，如图 6-126 所示。

Step 10　选择样条线并切换到“顶点”子对象层级，在“几何体”卷展栏下单击“横截面”按钮，通过捕捉顶点创建横截面，如图 6-127 所示。对于无法创建横截面的顶点，可以通过“创建线”工具逐一创建。

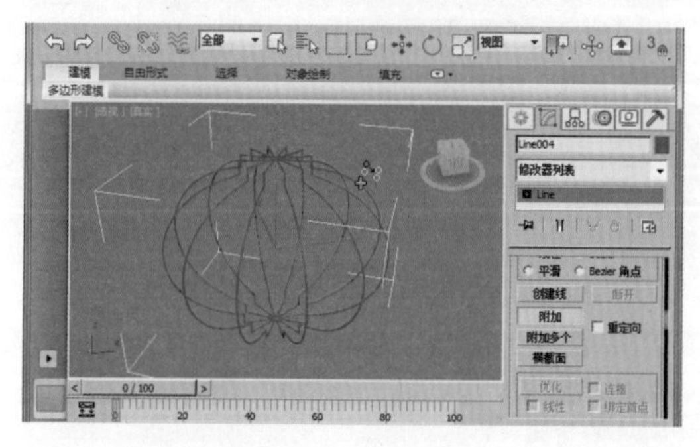

图 6-126　附加对象

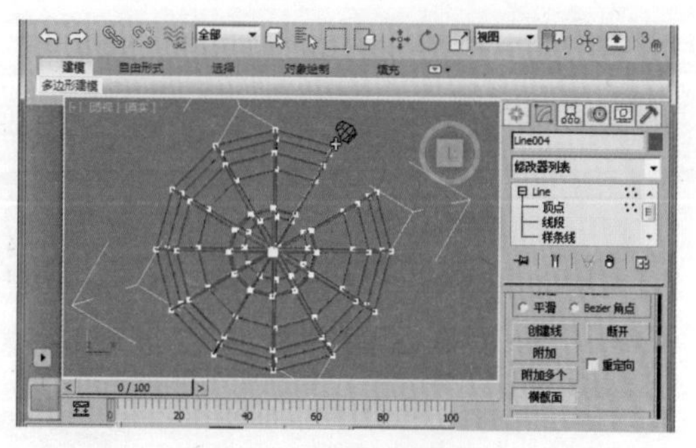

图 6-127　创建横截面

Step 11　通过修改器列表添加“曲面”修改器，从而通过样条线创建曲面，如图 6-128 所示。

Step 12　通过“圆柱体”工具创建一个圆柱体，将其转换为可编辑多边形，分别删除其顶面和底面，然后通过“线”工具创建样条线，如图 6-129 所示。

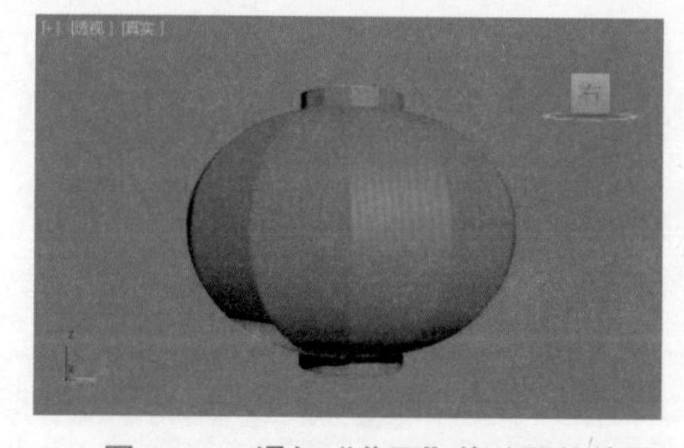

图 6-128　添加“曲面”修改器的效果

图 6-129　创建样条线

Step 13　通过“层次”面板中的“仅影响轴”工具调整线的轴到圆柱体底面的中心位置，按住【Shift】键旋转创建线的多个副本对象，如图 6-130 所示。

Step 14　选择多边形对象与线对象，执行“组”|“成组”命令，将其合并为组对象；调整组对象的轴到灯笼对象底面的中心位置，同样以旋转的方式进行复制，效果 6-131 所示。

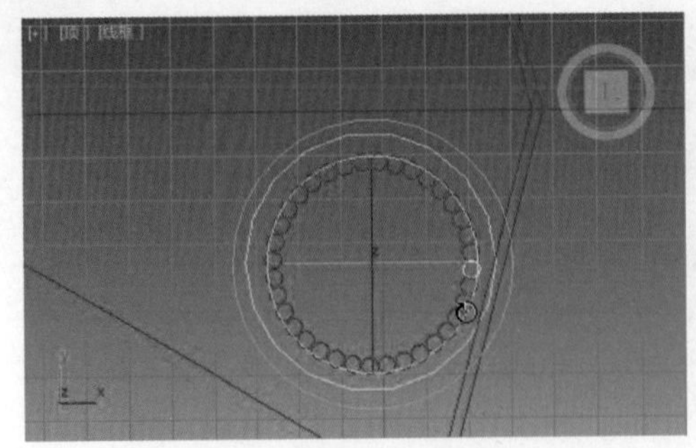

图 6-130　创建线的副本对象

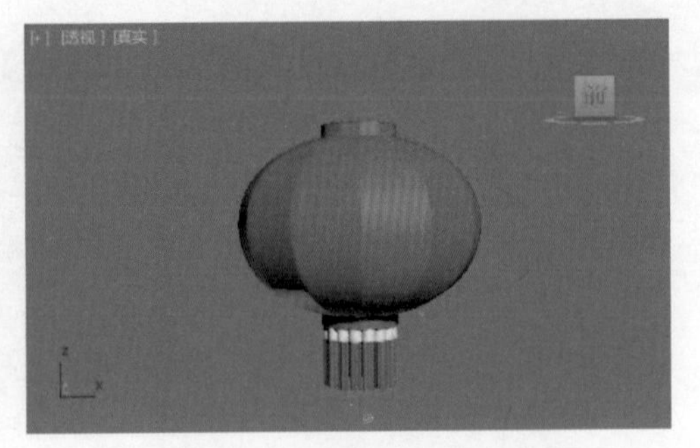

图 6-131　合并为组并进行调整

实例 2　可编辑面片

将面片对象转换为可编辑面片，该对象成为单个 Bezier 面片的集合，其中每个面片由顶点和边的框架以及曲面组成，此时即可从五个子对象层级对其进行操作，这五个子对象层级分别为“顶点”“控制柄”“边”“面片”和“元素”。可编辑面片的参数设置包含“选择”卷展栏、“软选择”卷展栏、“几何体”卷展栏及“曲面属性”卷展栏。

“选择”卷展栏提供了用于选择子对象层级和命名选择的工具，如图 6-132 所示。

图 6-132　“选择”卷展栏

- **顶点**：用于选择面片对象中的顶点控制点及其向量控制柄，在该层级中可以对顶点执行焊接和删除等操作。顶点周围的向量控制柄一般显示为围绕选定顶点的小型绿色方框。
- **控制柄**：用于选择与每个顶点关联的向量控制柄。
- **边**：用于选择面片对象的边界边。在该层级中可以细分边，或向开放的边添加新的面片。
- **面片**：用于选择整个面片。在该层级中可以分离或删除面片，以及细分其曲面。
- **元素**：用于选择和编辑整个元素。

“软选择”卷展栏主要用于平滑改变所选对象的形状，其用法与可编辑多边形中对应的参数设置相似，故在此不再赘述。

“几何体”卷展栏包含调整面片形状的大多数工具。当切换到不同的对象层级或子对象层级时，该卷展栏显示的参数设置有可能发生变化。如果某个参数设置不适用于该活动级别，则该参数设置可能会以灰色显示或被隐藏，视具体情况而定。

本章小结

本章主要介绍了多边形建模、曲面建模和面片建模的方法，这三种建模方法是3ds Max 2015中的三大建模利器。灵活运用这些强大的建模方法，可以极大地提高和完善建模能力，制作出几乎所有复杂的模型。

本章习题

下面运用本章所学知识，使用“多边形”建模工具创建如图6-133所示的飞机基础模型，然后通过添加“网格平滑”修改器等操作制作出如图6-134所示的飞机模型效果。

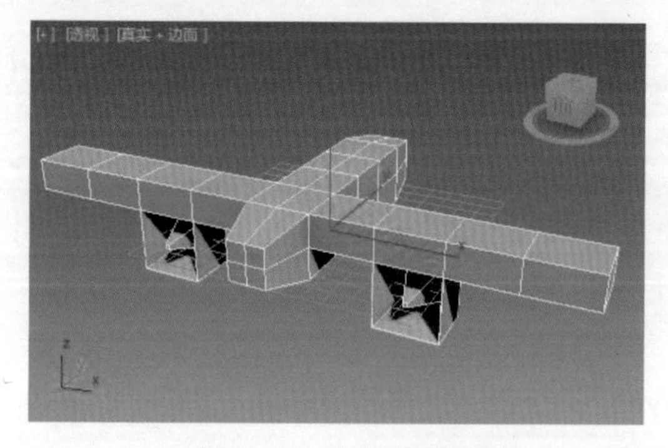

图6-133 飞机基础模型

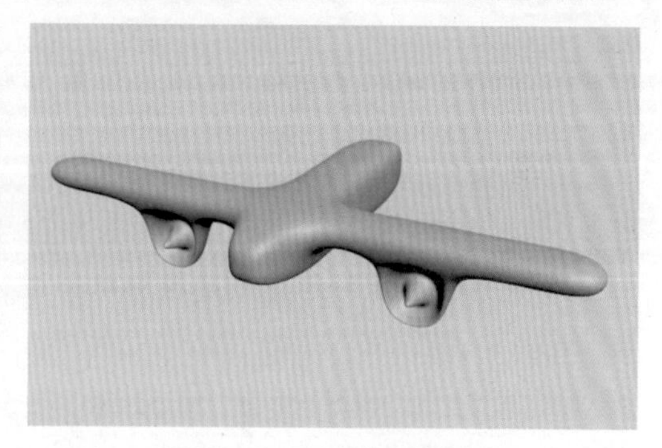

图6-134 飞机模型效果

重点提示：

①创建分段数分别为6、2、2的长方体作为飞机主架，并将其转换为可编辑多边形。

②删除左侧一列顶点，使用“镜像”工具再实例复制出另一半，方便后面所需的对称操作。通过多次挤出和轮廓操作，制作出基础模型效果。

③将两个对象附加为一个整体后，添加“网格平滑”修改器，设置“迭代次数”为2，即可完成建模。

第 7 章　光源与摄影机的应用

【本章导读】

本章将介绍光源创建与设置的知识，包括认识 3ds Max 光源、光度学灯光的应用、标准灯光的应用等，使读者轻松掌握如何为场景中的对象创建光源，并实现所需的渲染效果。本章还将介绍摄影机的相关知识，其中包括摄影机常用术语介绍、3ds Max 中的摄影机类型及摄影机的实际应用等，使读者可以系统地学习并掌握 3ds Max 中摄影机的使用方法。

【本章目标】

- 能够创建光度学灯光，且熟练目标灯光、自由灯光和“mr 天光入口”灯光的参数设置。
- 能够创建目标聚光灯、目标平行光、泛光灯和天光，了解各种灯光的特性。
- 清楚摄影机的相关术语及 3ds Max 中摄影机的类型。
- 能够在 3ds Max 中创建摄影机并进行参数设置。

7.1　光度学灯光的应用

3ds Max 包括三种类型的光度学灯光对象，分别为目标灯光、自由灯光和“mr 天光入口”灯光。

基本知识

一、3ds Max 的光源类型

当场景中未创建灯光或已删除所有的灯光时，3ds Max 将启用默认照明，对场景进行着色或渲染。默认照明由两个不可见的灯光组成：一个位于场景上方偏左的位置，另一个位于场景下方偏右的位置。

添加灯光可以使场景的外观更加逼真，使对象呈现出真实的三维立体效果。一旦在场景中创建一个或多个灯光，那么默认照明就会被禁用。通过 3ds Max 可以添加两种类型的灯光，即光度学灯光和标准灯光。

光度学灯光使用光度学（光能）值来精确定义灯光，使用户可以设置灯光的分布、强度、色温以及其他与真实世界灯光相同的特性，还可以通过导入照明制造商的特定光度学文件设计基于商用灯光的照明。

标准灯光是基于计算机模拟灯光对象。不同的灯光对象可以用不同的方法投影，从而模拟出不同种类的光源，如家用或办公室灯光、舞台灯光、太阳光等。与光度学灯光不同的是，标准灯光不具有基于物理的强度值。

二、3ds Max 的阴影类型

在 3ds Max 2015 中，当创建灯光后可以在“常规参数”卷展栏下为其设置不同类型的阴影，如阴影贴图、区域阴影、光线跟踪阴影、高级光线跟踪及 mental ray 阴影贴图，如图 7-1 所示。

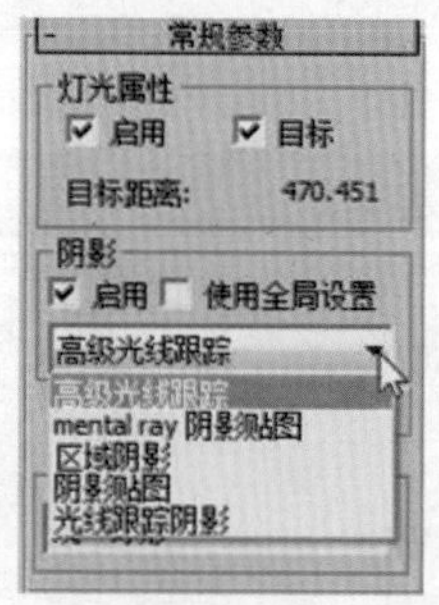

图 7-1　“常规参数”卷展栏

- **阴影贴图：**“阴影贴图”是 3ds Max 中效率最高的阴影类型。它不支持使用透明度或不透明度贴图的对象，在处理场景细节时无法得到最佳的阴影效果。
- **区域阴影：**“区域阴影”占用内存较少，且能够实现较为柔和的阴影效果。通过“区域阴影”，可以创建柔化边缘，柔和效果会随着对象和阴影之间距离的增加而愈加明显。
- **光线跟踪阴影：**相对于“阴影贴图”，“光线跟踪阴影”的设置更为符合现实。通过“光线跟踪阴影”，可以得到较为理想的图像效果。
- **高级光线跟踪：**“高级光线跟踪”与“光线跟踪阴影”相似；不同的是，它在阴影设置上具有更多的控制，且可以通过“优化”卷展栏使用其他参数。
- **mental ray 阴影贴图：**该阴影贴图适用于 3ds Max 集成的 mental ray 渲染器。虽然相对于“光线跟踪阴影”，“mental ray 阴影贴图”不够精确，但它在渲染处理速度上有所提升。

三、“mr 天光入口”灯光

“mr 天光入口”灯光提供了一种聚集内部场景中现有天空照明的方法。“mr 天光入口”灯光从环境中导出亮度与颜色，其作用类似于一个区域灯光。

“mr 天光入口”灯光的“修改”面板包含“mr 天光入口参数”卷展栏和“高级参数”卷展栏两部分，分别用于灯光、阴影、维度和颜色源等相关参数的控制，如图 7-2 所示。

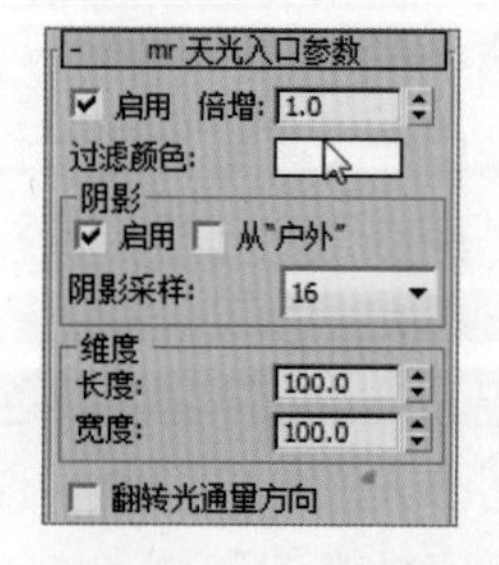

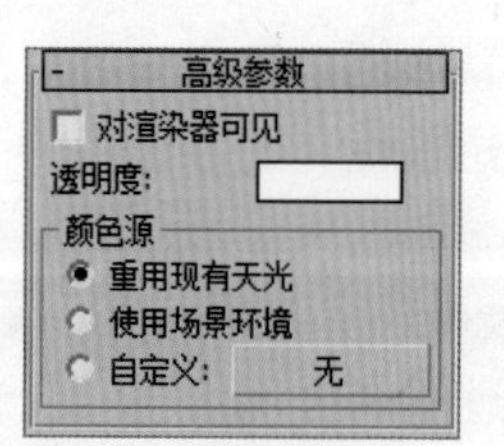

图 7-2　“mr 天光入口”灯光的修改面板

在场景中必须包含天光组件，如 IES 天光、mr 天光或是天光，才能使“mr 天光入口”灯光正确地工作。

实例 1　创建目标灯光——为餐厅场景应用目标灯光

目标灯光包含灯光与目标指向两部分。在“对象类型”卷展栏下单击“目标灯光”按钮，然后在视口中拖动鼠标指针。拖动的初始点即为灯光的位置，松开鼠标指针的点为目标位置。通过“目标灯光”工具可以创建球形分布、聚光灯分布及光度学 Web 分布等多种类型的目标灯光，如图 7-3 所示。

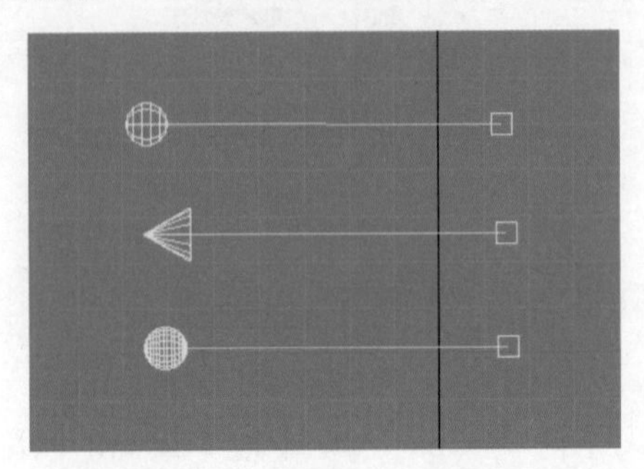

图 7-3　目标灯光的类型

当创建目标灯光后，可以通过“修改”面板中的相关卷展栏对其参数进行设置。

- **“模板”卷展栏：**通过“模板”卷展栏可以选择各式各样的模板，从而快速创建所需的目标灯光。例如，通过模板创建一个街灯对象，如图 7-4 所示。

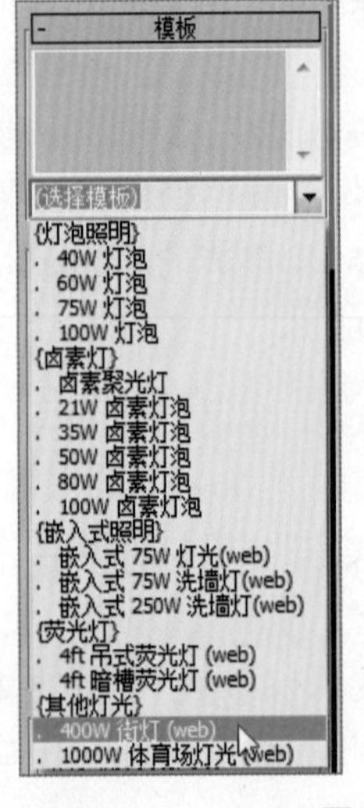

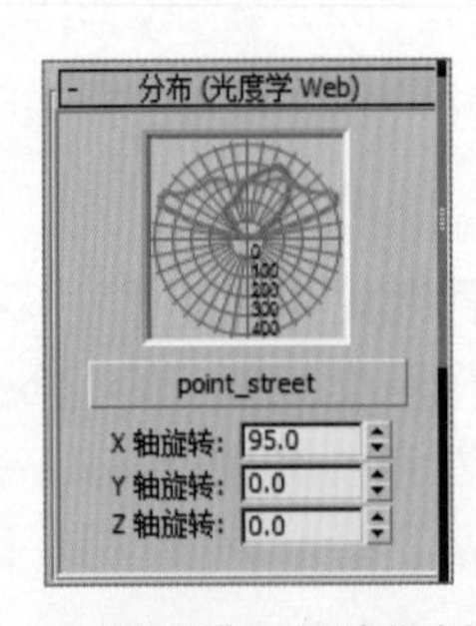

图 7-4　通过模板创建街灯对象

- **“常规参数”卷展栏：**用于设置灯光属性、阴影类型和灯光的分布类型。例如，取消选择“灯光属性”选项区中的“目标”复选框，目标灯光将变为自由灯光，如图 7-5 所示。
- **“强度/颜色/衰减”卷展栏：**用于设置灯光的强度、颜色和衰减效果。在设置颜色时，可以通过选择公用灯光，以光谱形式指定颜色；也可以单击“开尔文”单选按钮，通过调整“色温”微调器指定灯光的颜色。
- **“图形/区域阴影”卷展栏：**用于指定光源的图形类型，以及当灯光对象位于场景内时该对象是否在渲染中可见。如图 7-6 所示为将目标灯光改为“点光源”类型后的效果。

图 7-5　修改灯光属性

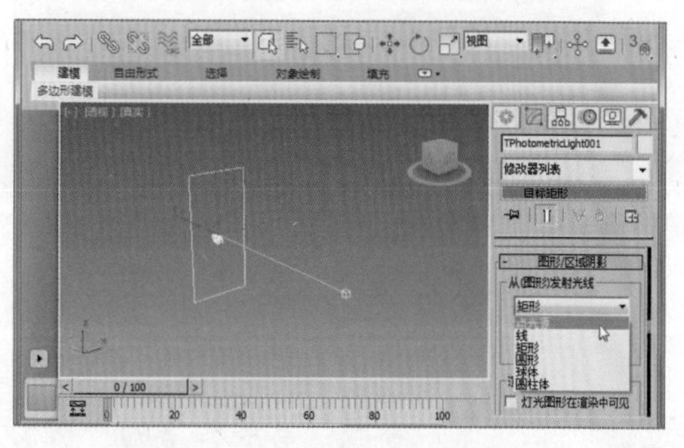

图 7-6　设置灯光图形类型

下面将以为餐厅场景应用目标灯光为例，对“目标灯光”创建工具的应用进行介绍，最终渲染效果如图 7-7 所示。

图 7-7　餐厅场景的灯光渲染效果

为餐厅场景创建目标灯光的具体操作步骤如下：

Step 01 打开“素材\第 7 章\目标灯光.max”文件，如图 7-8 所示。

Step 02 切换到“光度学”灯光创建面板，单击“对象类型”卷展栏下的“目标灯光”按钮，如图 7-9 所示。

图 7-8　打开素材文件

图 7-9　单击“目标灯光”按钮

Step 03 切换到前视图，通过在场景中的指定位置拖动鼠标指针创建目标灯光，如图 7-10 所示。

Step 04 切换到顶视图，移动灯光对象到吊灯对象的中心位置，如图 7-11 所示。

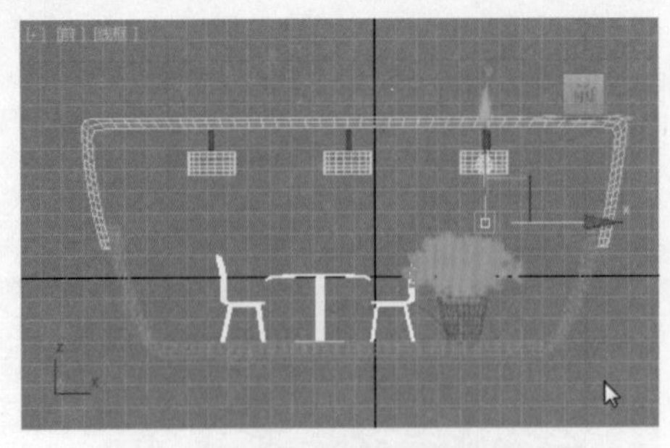

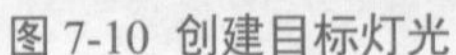
图 7-10 创建目标灯光

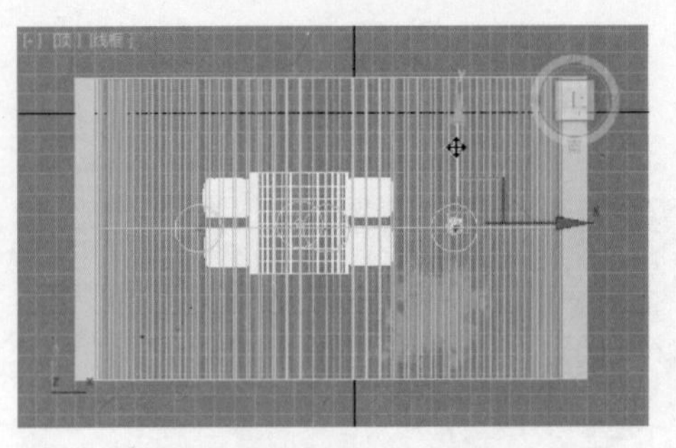

图 7-11 移动灯光对象

Step 05 在“常规参数”卷展栏下的“阴影”选项区中勾选“启用”复选框并设置阴影类型，在“灯光分布（类型）”选项区中设置灯光分布类型，如图 7-12 所示。

Step 06 在“强度/颜色/衰减”卷展栏下的“颜色”选项区中，设置目标灯光的颜色为“白炽灯”的颜色，在“强度”和“暗淡”选项区中设置强度和暗淡参数，如图 7-13 所示。

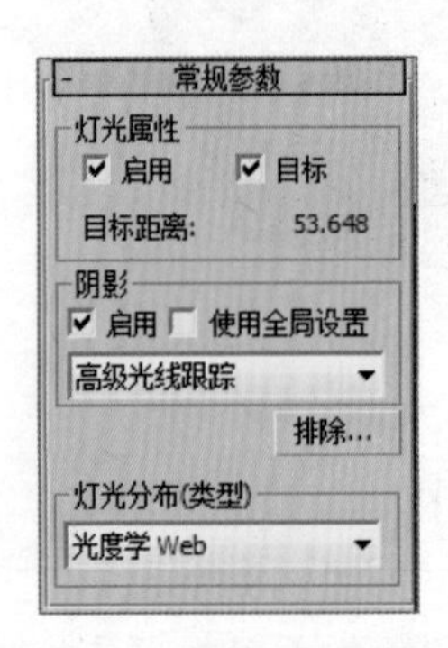

图 7-12 设置常规参数

图 7-13 设置强度/颜色/衰减参数

Step 07 复制目标灯光，并将其放置到对应吊灯对象所在的位置，如图 7-14 所示。

Step 08 创建另一个目标灯光，并将其放置到如图 7-15 所示的位置。

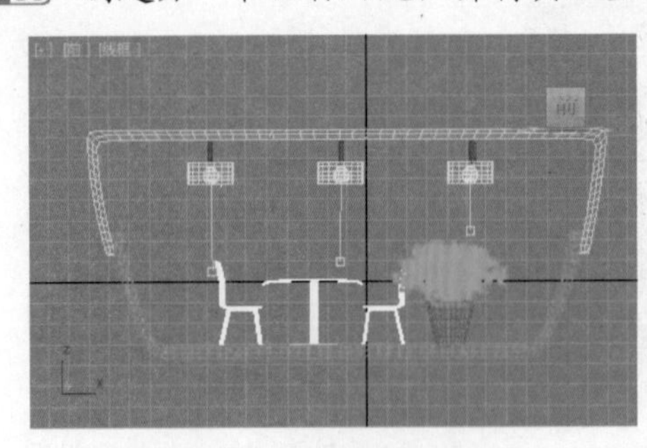

图 7-14 复制目标灯光

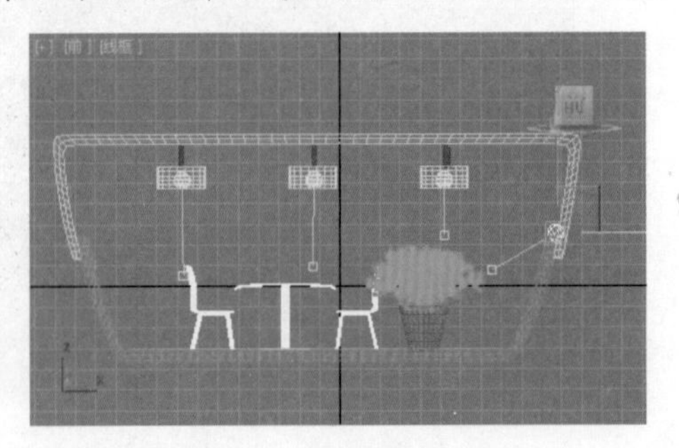

图 7-15 创建目标灯光

Step 09 在“模板”卷展栏下的下拉列表中选择模板，通过“常规参数”卷展栏下的“灯光分布（类型）”选项区设置灯光分布类型，如图 7-16 所示。

Step 10 复制目标灯光，并将其放置到指定位置，如图 7-17 所示。

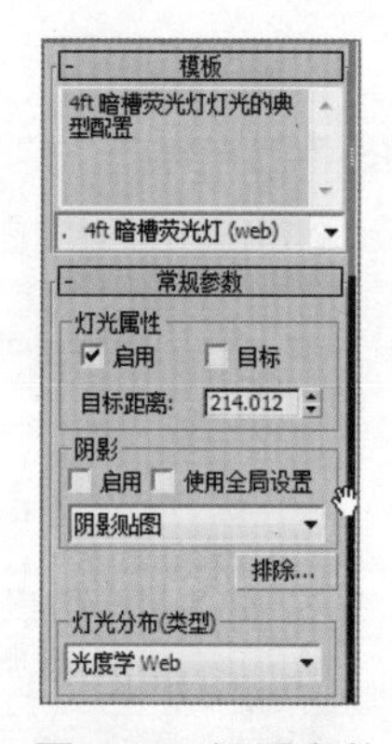

图 7-16　设置参数

图 7-17　复制目标灯光并调整位置

实例 2　创建自由灯光——为盆栽应用自由灯光

自由灯光的参数与目标灯光相似，不同之处在于其不具备目标子对象。通过“自由灯光”工具同样可以创建多种分布类型的自由灯光，如图 7-18 所示。

图 7-18　自由灯光类型

与目标灯光相比较，另一个不同之处是自由灯光可以通过“旋转”工具进行任意角度的旋转操作，如图 7-19 所示。

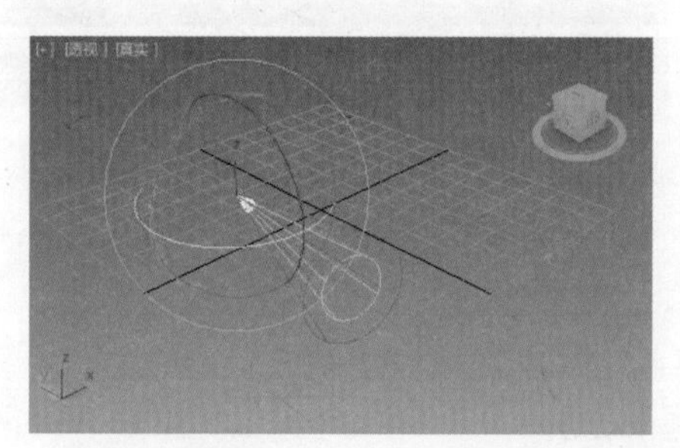

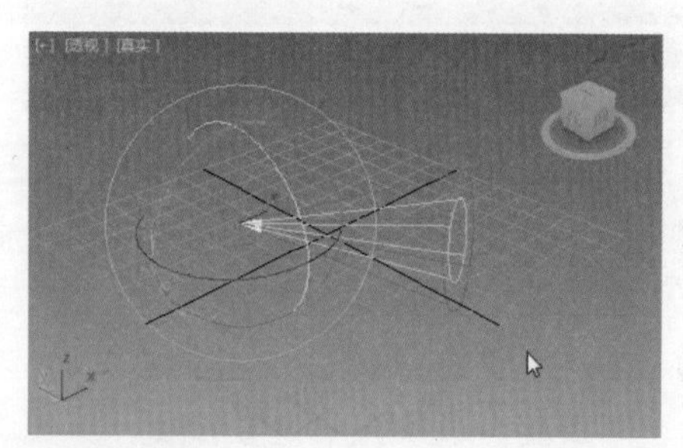

图 7-19　自由灯光的旋转操作

下面将以为盆栽应用自由灯光为例，对自由灯光的创建方法进行介绍，最终渲染效果如图 7-20 所示。

图 7-20　盆栽的灯光渲染效果

为盆栽应用自由灯光的具体操作步骤如下：

Step 01 打开“素材\第 7 章\自由灯光 盆栽.max”文件，如图 7-21 示。

Step 02 切换到“光度学”灯光创建面板，单击“对象类型”卷展栏下的“自由灯光”按钮，如图 7-22 所示。

图 7-21 打开素材文件

图 7-22 单击“自由灯光”按钮

Step 03 切换到左视图，在盆栽的适当位置创建一个自由灯光，如图 7-23 所示。

Step 04 切换到顶视图，移动灯光对象到盆栽对象的适当位置，如图 7-24 所示。

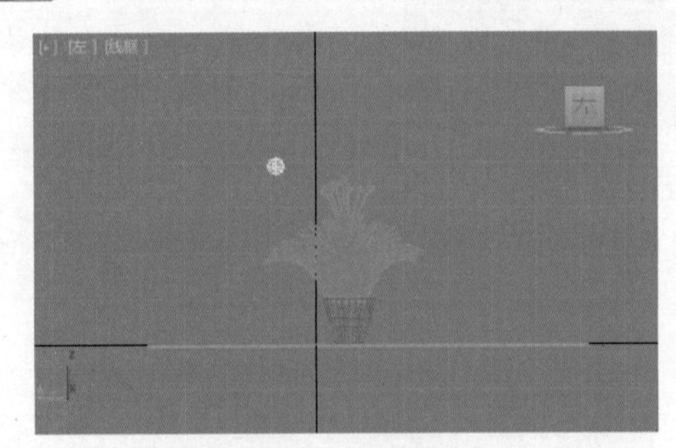

图 7-23 创建自由灯光

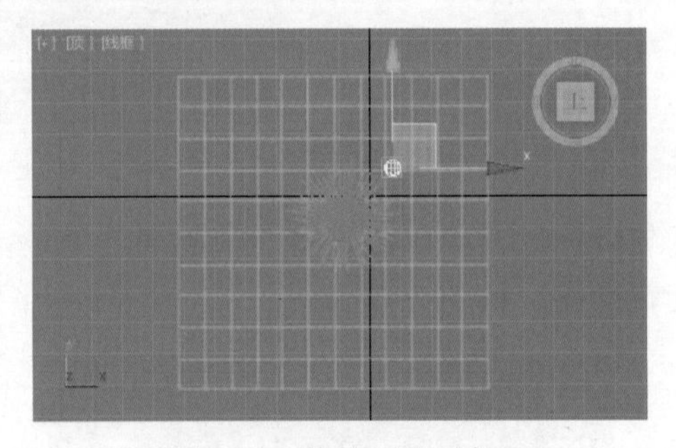

图 7-24 移动灯光对象

Step 05 在“常规参数”卷展栏下设置灯光的“目标距离”数值，以及阴影类型和灯光的分布类型，如图 7-25 所示。

Step 06 在“强度/颜色/衰减”卷展栏下的“颜色”选项区中设置灯光的颜色类型，然后在“强度”选项区中设置强度，如图 7-26 所示。

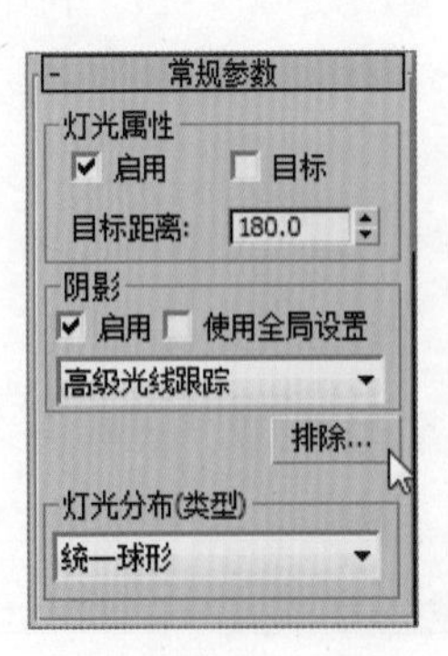

图 7-25 设置“常规参数”卷展栏参数

图 7-26 设置“强度/颜色/衰减” 卷展栏参数

7.2　标准灯光的应用

基本知识

3ds Max 2015 包括八种类型的标准灯光，分别为目标聚光灯、自由聚光灯、目标平行光、自由平行光、泛光灯、天光、mr 区域泛光灯及 mr 区域聚光灯。

一、目标聚光灯

聚光灯投影出聚焦的锥形光束，区域以外的对象将不会被灯光照到，从而突出显示聚光区的人或物，如剧院中的聚光灯效果。通过聚光灯可以实现强烈的方向和阴影效果，如图 7-27 所示。

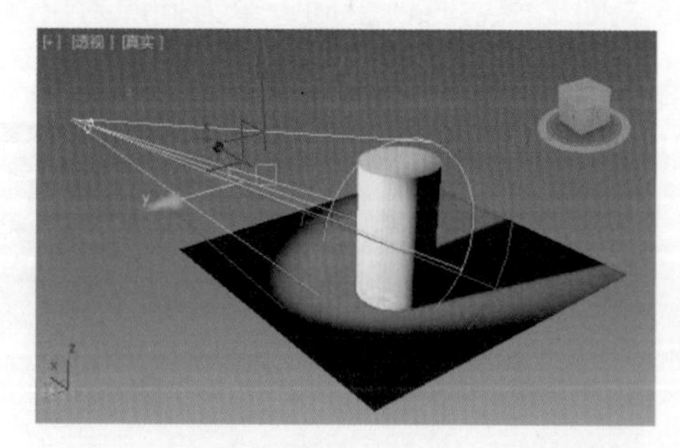
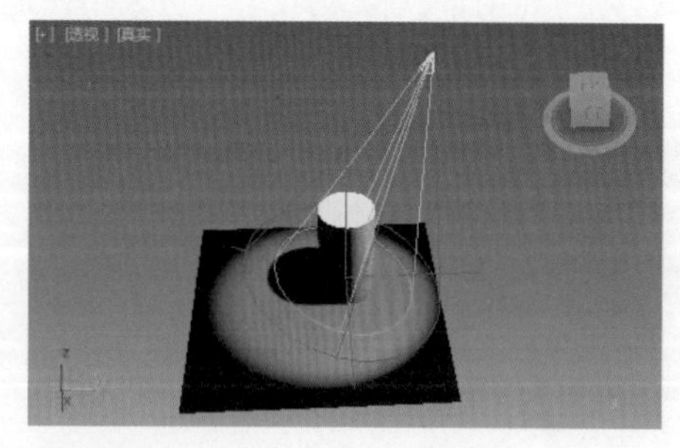

图 7-27　聚光灯效果

聚光灯包含“常规参数”“强度/颜色/衰减”“聚光灯参数”等多个卷展栏。

- **“常规参数”卷展栏：**用于灯光的启用、灯光类型的切换、灯光目标的设置及阴影类型的切换等。例如，通过启用“灯光类型”下拉列表，可以将“聚光灯”改为“平行光”，如图 7-28 所示。

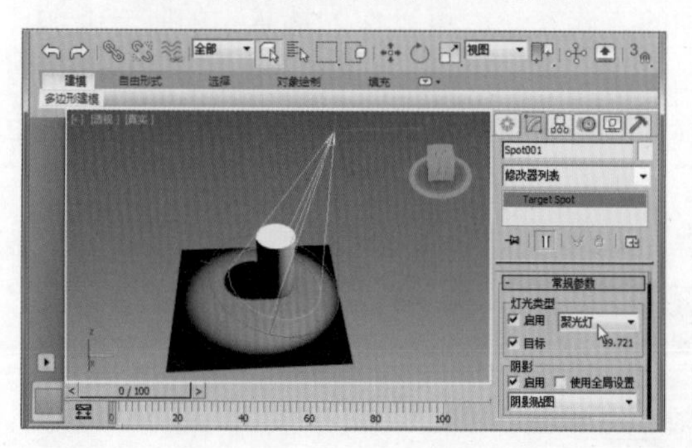

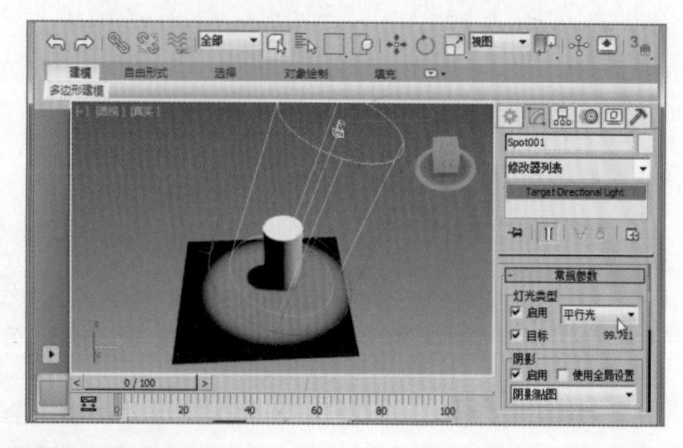

图 7-28　将“聚光灯”改为“平行光”

- **“强度/颜色/衰减”卷展栏：**用于聚光灯倍增强度的设置，以及衰减类型与衰减距离等的设置。如图 7-29 所示为设置了“远距衰减”的聚光灯效果。
- **“聚光灯参数”卷展栏：**用于光锥各项参数的设置，如衰减区范围、光锥形状、纵横比及泛光化的设置等，如图 7-30 所示。

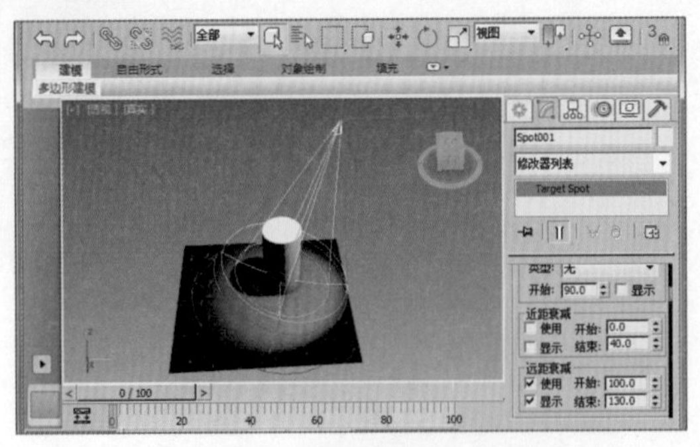

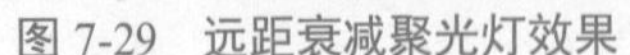

图 7-29　远距衰减聚光灯效果

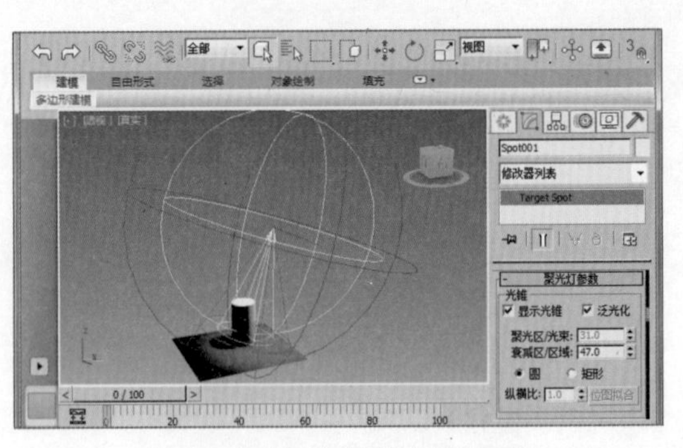

图 7-30　聚光灯的参数设置

二、目标平行光

平行光主要用于模拟太阳光。当太阳在地球表面上照射时，会向一个方向照射出平行光线。与聚光灯不同的是，平行光线呈圆形或矩形棱柱而不是圆锥体，如图 7-31 所示。

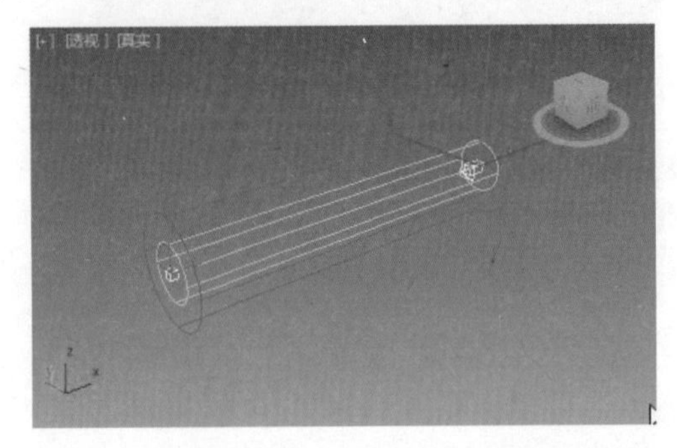

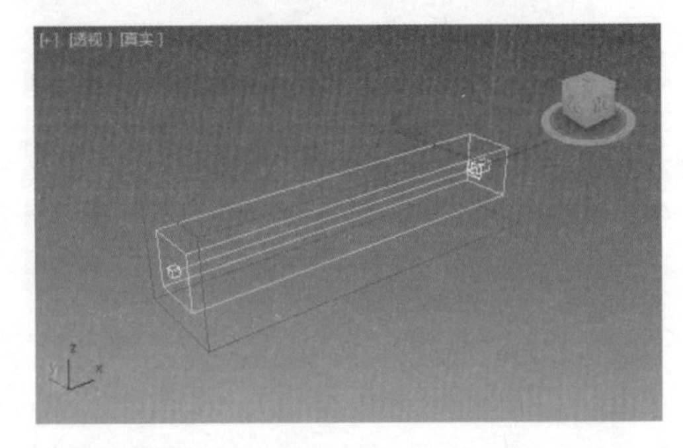

图 7-31　平行光的光线形状

三、天光参数设置

天光用于模拟天空中的太阳光。它以穹顶的方式发光，可以作为场景中的唯一光源，也可以配合其他灯光使用。如果单一使用天光，其产生的阴影将为边缘不够锐利的软阴影。

天光只是一个简单的辅助对象，可以被放置在场景中的任意位置，它与对象之间的距离变化对于其光照效果没有任何影响。

天光的参数较少，仅包含一个“天光参数”卷展栏，如图 7-32 所示。

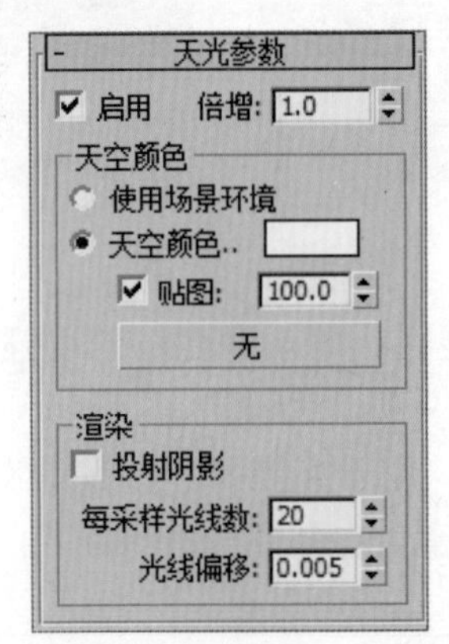

图 7-32　“天光参数”卷展栏

- **启用**：控制天光的开启与关闭。
- **倍增**：控制天光的强弱值。
- **使用场景环境**：使用“环境与特效”对话框中设置的背景颜色作为天光颜色。
- **天空颜色**：设置天光颜色。
- **贴图**：通过设置贴图来影响天光颜色。
- **投射阴影**：使天光投射阴影，默认设置为禁用状态。当使用光能传递或光线跟踪时，“投射阴影”切换无效。
- **每采样光线数**：用于计算落在场景中指定点上天光的光线数。
- **光线偏移**：对象可以在场景中指定点上投射阴影的最短距离。

实例 1　创建目标聚光灯——为盆栽应用目标聚光灯

下面将以为盆栽应用目标聚光灯为例，对目标聚光灯的创建方法进行介绍，最终渲染效果如图 7-33 所示。

图 7-33　目标聚光灯的渲染效果

为盆栽应用目标聚光灯的具体操作步骤如下：

Step 01　打开“素材\第 7 章\目标聚光灯.max”文件，如图 7-34 所示。

Step 02　切换到“标准”灯光创建面板，单击“对象类型”卷展栏下的“目标聚光灯”按钮，如图 7-35 所示。

图 7-34　打开素材文件

图 7-35　单击“目标聚光灯”按钮

Step 03　切换到左视图，在盆栽对象的适当位置创建一个目标聚光灯，如图 7-36 所示。

Step 04　切换到顶视图，移动灯光对象到盆栽对象的中心位置，如图 7-37 所示。

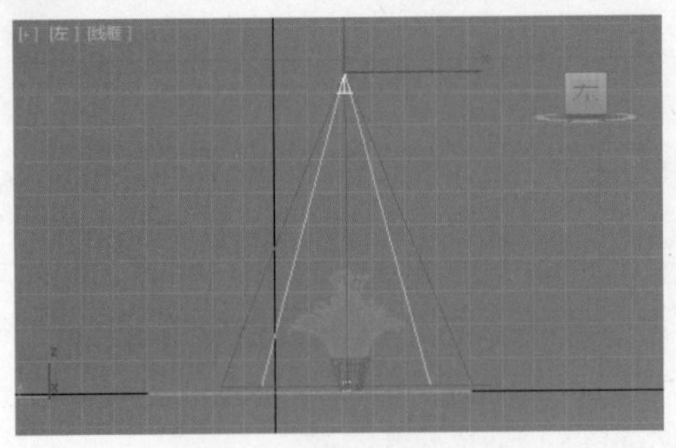

图 7-36　创建目标聚光灯

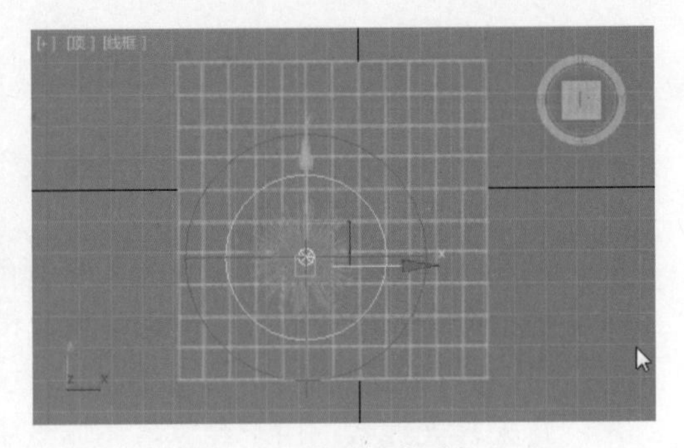

图 7-37　移动灯光对象

Step 05　在“常规参数”卷展栏下启用阴影效果，并设置阴影类型，如图 7-38 所示。

Step 06　在“强度/颜色/衰减”卷展栏下设置灯光倍增强度及灯光颜色等参数，如图 7-39 所示。

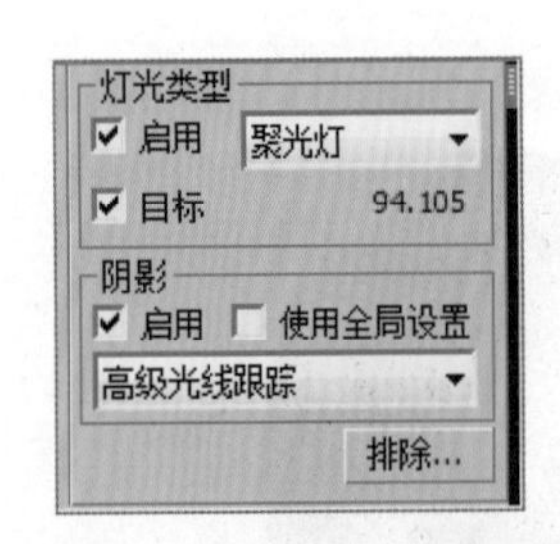

图 7-38　设置“常规参数”卷展栏参数

图 7-39　设置“强度/颜色/衰减”卷展栏参数

Step 07　在“聚光灯参数”卷展栏下设置聚光区的光束及衰减区的区域范围，如图 7-40 所示。

Step 08　此时即可查看更改参数后的聚光灯光束效果，如图 7-41 所示。

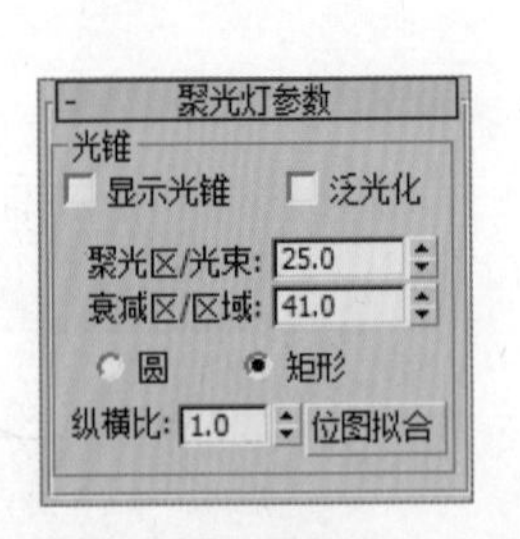

图 7-40　设置“聚光灯参数”卷展栏参数

图 7-41　聚光灯光束效果

实例 2　创建目标平行光——为餐厅场景应用目标平行光

下面将以为餐厅场景应用目标平行光为例，对目标平行光的创建方法进行介绍，最终渲染效果如图 7-42 所示。

图 7-42　餐厅场景的渲染效果

为餐厅场景应用目标平行光的具体操作步骤如下：

Step 01 打开“素材\第 7 章\目标平行光.max”文件，如图 7-43 所示。

Step 02 切换到“标准”灯光创建面板，单击“对象类型”卷展栏下的“目标平行光”按钮，如图 7-44 所示。

图 7-43　打开素材文件

图 7-44　单击“目标平行光”按钮

Step 03 切换到左视图，拖动鼠标指针指定目标平行光的光源位置与目标位置，如图 7-45 所示。

Step 04 切换到顶视图，调整目标平行光的光源位置与目标位置，如图 7-46 所示。

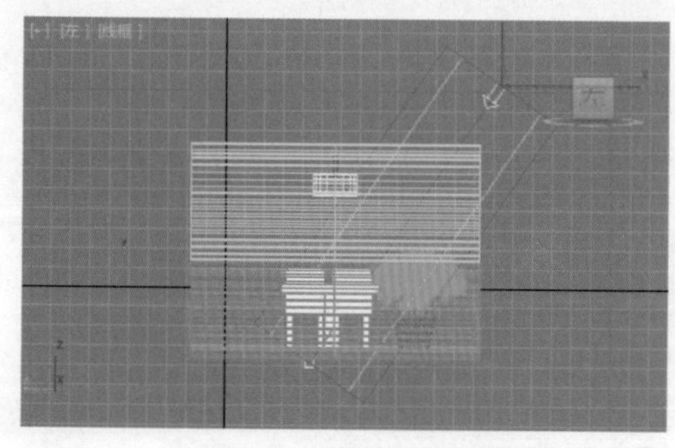

图 7-45　创建目标平行光

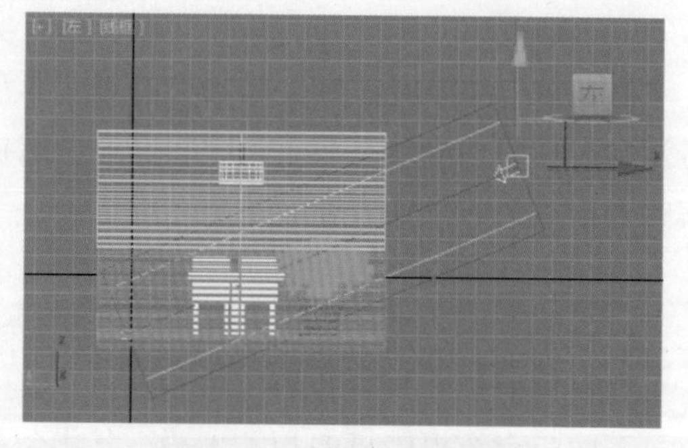

图 7-46　移动灯光对象

Step 05 在“常规参数”卷展栏下启用阴影效果，并设置阴影类型，如图 7-47 所示。

Step 06 在“强度/颜色/衰减”卷展栏下设置灯光倍增强度及灯光颜色等参数，如图 7-48 所示。

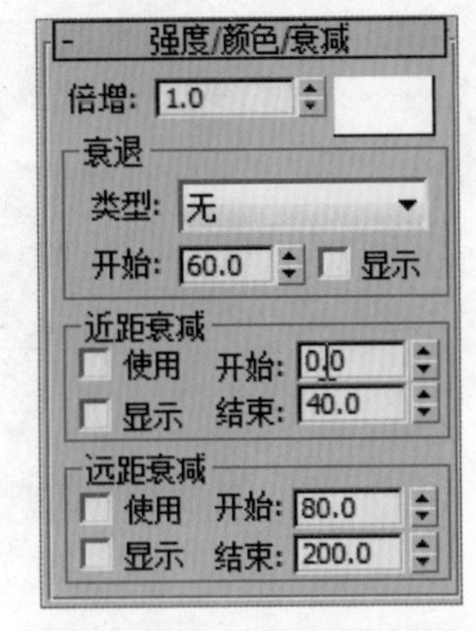

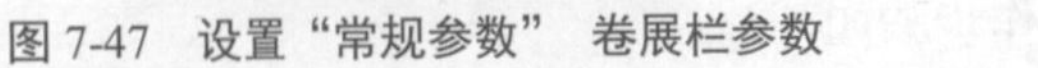

图 7-47　设置“常规参数”卷展栏参数　　　图 7-48　设置“强度/颜色/衰减”卷展栏参数

Step 07　在“平行光参数”卷展栏下设置平行光的聚光区光束及衰减区的区域范围，如图 7-49 所示。

Step 08　此时即可查看更改参数后的平行光光束效果，如图 7-50 所示。

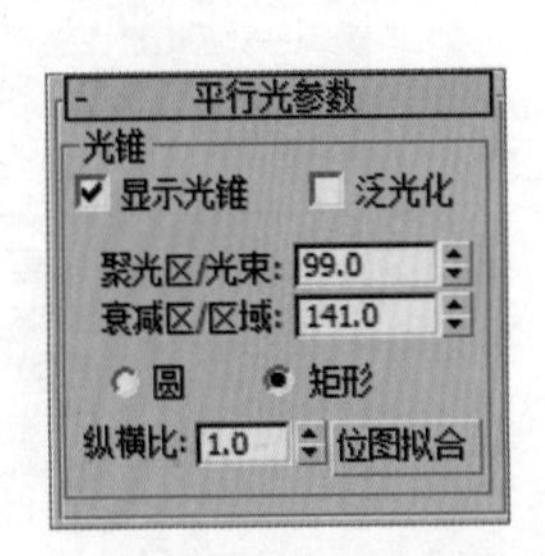

图 7-49　设置“平行光参数”卷展栏参数

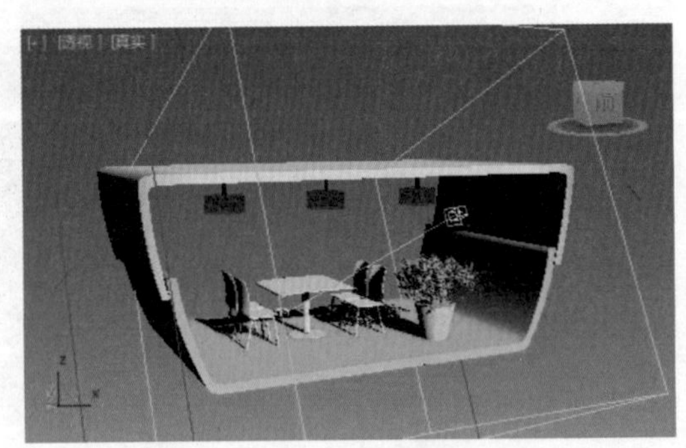

图 7-50　平行光光束效果

7.3　摄影机的应用

摄影机是 3ds Max 场景中重要的组成单位。创建摄影机后可以实现变焦、视角变化、景深等多种静态和动态效果，这些仅通过透视视图渲染是无法实现的。本节将学习摄影机的相关术语及 3ds Max 中的摄影机设置。

基本知识

一、摄影机的相关术语

下面将介绍摄影机的相关术语，其中包括镜头焦距、视野和景深等。

- **镜头焦距：**镜头与感光表面间的距离。焦距是摄影机的重要参数之一。焦距越长，摄影机画面中所包含的场景就越少，但远景细节将得到提高；反之，摄影机包含的场景则越多。焦距通常以“毫米”（mm）为单位，50mm 镜头为摄影机标准镜头，小于 50mm 的镜头被称作“广角镜头”，大于 50mm 的镜头被称作“长焦镜头”。

- **视野**：用于控制场景的可视范围。视野与镜头焦距相互联系，镜头焦距越短，则视野越宽。
- **景深**：当镜头聚焦于被摄景物中的一点时，在其前后仍有一定范围内的景物能够被清晰地记录，这个范围被称作“景深”。设置小的景深可以使背景模糊化，从而突出显示要拍摄的对象。

二、3ds Max 中的摄影机类型

3ds Max 提供了两种类型的摄影机，分别为目标摄影机和自由摄影机。目标摄影机通常被用于观察目标点附近的场景，易于定位；而自由摄影机则可以不受限制地移动。两种类型的摄影机如图 7-51、图 7-52 所示。

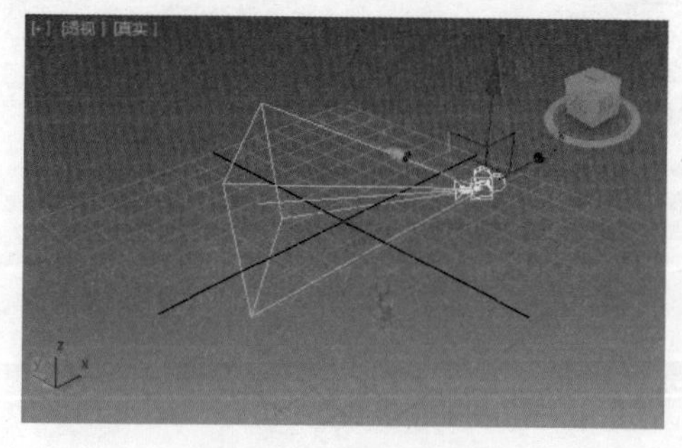

图 7-51　目标摄影机

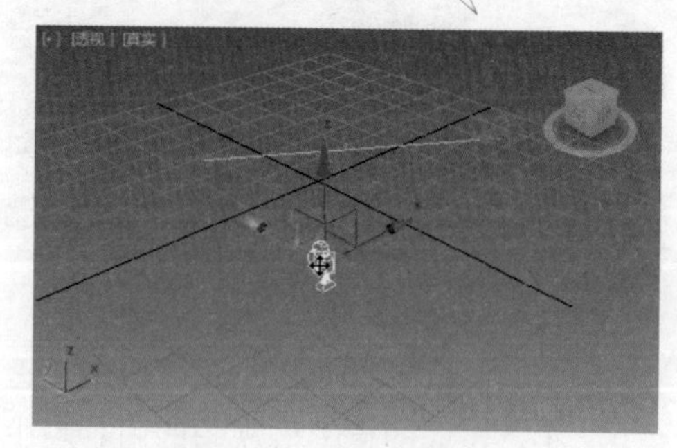

图 7-52　自由摄影机

当在场景中创建摄影机并切换到摄影机视图后，可以通过窗口右下角的“摄影机导航工具”进行摄影机视图的调整，如图 7-53 所示。

图 7-53　摄影机导航工具

- **推拉摄影机**：沿着摄影机的主轴移动摄影机图标，使摄影机移向或远离所指的方向。对于目标摄影机，如果摄影机图标超过目标点的位置，那么摄影机将翻转 180°。
- **透视**：维持此视图构图的同时改变透视张角量。
- **侧滚摄影机**：使摄影机围绕视线旋转。
- **穿行**：进入穿行导航模式后，光标将变为中空圆环，这时可通过按下包括箭头方向键在内的一组快捷键在视口中移动。
- **视野**：更改视野与更改摄影机的镜头焦距效果相似。视野越大，场景中可看到的部分越多且透视图会越扭曲，这与使用广角镜头相似；视野越小，场景中可看到的部分越少且透视图会越趋于展平，这与使用长焦镜头类似。
- **环游**：在围绕目标的圆形区域中移动摄影机。

实例　摄影机应用实例——汽车运动模糊

目标摄影机包含摄影机与目标指向两部分。在“创建”面板下单击“摄影机”按钮，切换到“摄影机”创建面板。在“对象类型”卷展栏下单击“目标”按钮，然后在视口中拖动鼠标指针，即可创建目标摄影机。目标摄影机默认包含“参数”卷展栏和“景深参数”卷展栏两部分。当在“多过程效果”卷展栏的下拉列表中选择“运动模糊”选项后，还将显示“运动模糊参数”卷展栏，用于运动模糊特效的控制。

一、“参数”卷展栏

“参数”卷展栏用于镜头、环境范围、剪切平面及多过程效果等参数的设置，如图 7-54 所示。

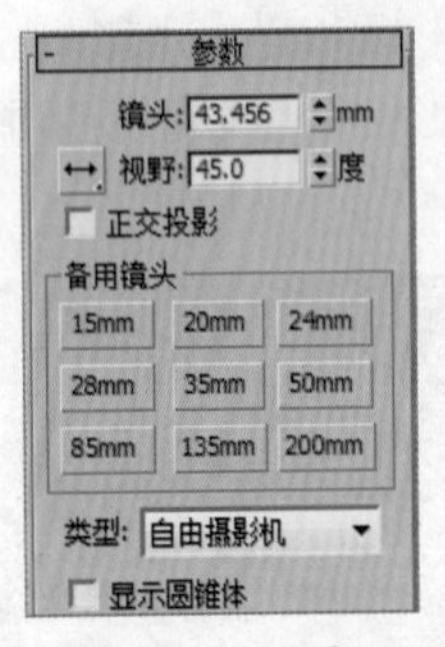

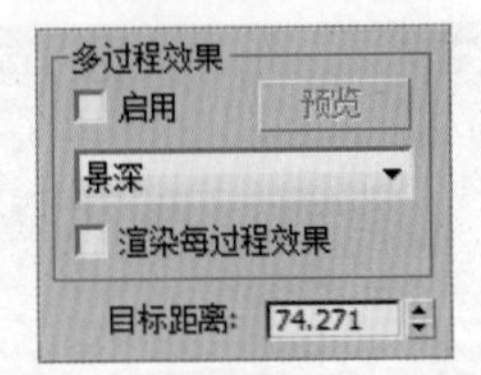

图 7-54 “参数”卷展栏

> **镜头：**以“毫米”（mm）为单位设置摄影机的焦距，数值越大，摄影机的广角越小，生成的摄影机视图的内容越少。
> **视野：**控制摄影机查看区域的角度，通常与镜头焦距结合使用。更改“镜头”参数时，“视野”参数也会自动匹配。
> **正交投影：**勾选此复选框后，摄影机视图将类似于正交视图。该复选框默认为禁用状态，因此摄影机视图默认以透视视图的方式显示。如图 7-55、图 7-56 所示分别为默认的摄影机视图和勾选“正交投影”复选框后的摄影机视图。

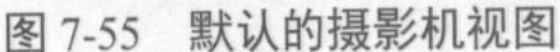

图 7-55 默认的摄影机视图

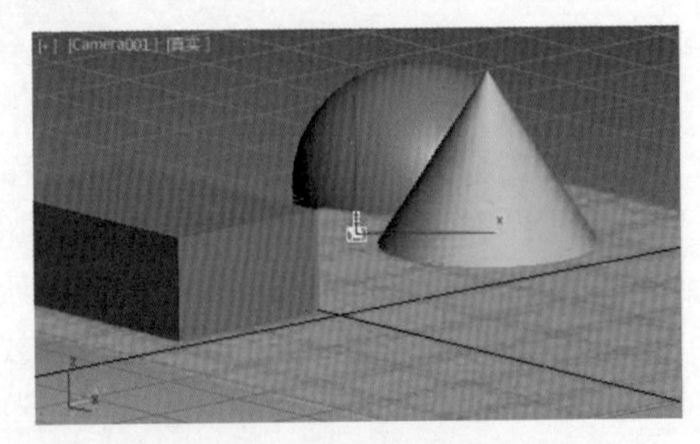

图 7-56 正交投影的摄影机视图

> **“备用镜头”选项区：**通过指定预设值设置摄影机的焦距。
> **类型：**将摄影机类型在目标摄影机与自由摄影机之间进行切换。
> **显示圆锥体：**显示摄影机视野定义的锥形光线。
> **“环境范围”选项区：**设置大气效果的近距范围和远距范围。
> **“剪切平面”选项区：**定义剪切平面。
> **“多过程效果”选项区：**用于指定摄影机的景深或运动模糊效果。
> **目标距离：**设置摄影机与其目标之间的距离。

二、“景深参数”卷展栏

“景深参数”卷展栏用于景深效果的控制，包含“焦点深度”“采样”“过程混合”等多个选项区，如图 7-57 所示。

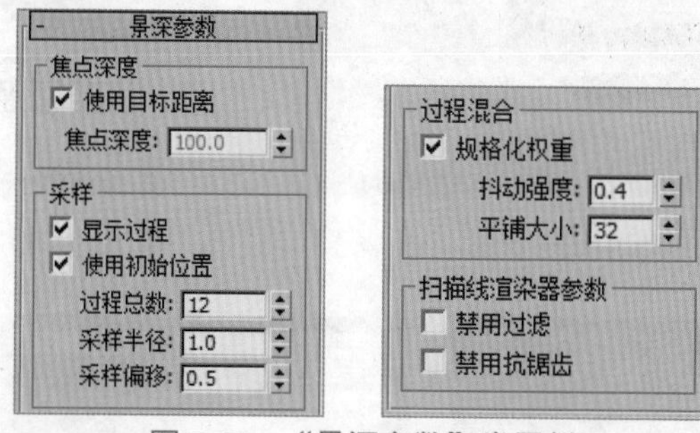

图 7-57　“景深参数”卷展栏

- **“焦点深度”选项区**：当勾选“使用目标距离”复选框后，将使用摄影机的目标距离作为景深的深度；当取消勾选该复选框后，将通过“焦点深度”值指定景深的深度。
- **“采样”选项区**：设置景深模糊效果的“过程总数”“采样半径”等参数。
- **“过程混合”选项区**：用于控制抖动混合的景深过程。
- **“扫描线渲染器参数”选项区**：在渲染多重过滤场景时禁用抗锯齿或过滤，从而缩短渲染时间。

三、“运动模糊参数”卷展栏

“运动模糊参数”卷展栏用于控制运动模糊特效的各项参数，其设置与“景深参数”卷展栏较为相似。下面将以为汽车模型应用运动模糊效果为例，对目标摄影机的应用进行介绍，最终渲染效果如图 7-58 所示。

图 7-58　汽车运动模糊的渲染效果

为汽车模型创建目标摄影机以应用运动模糊效果的具体操作步骤如下：

Step 01 打开“素材\第 7 章\目标摄影机.max”文件，如图 7-59 所示。

Step 02 切换到“摄影机”创建面板，在“对象类型”卷展栏下单击“目标”按钮，如图 7-60 所示。

Step 03 在场景中拖动鼠标指针创建目标摄影机，如图 7-61 所示。

Step 04 单击视图左上角的文字，在弹出的下拉菜单中选择“摄影机”｜“Camera 001”选项，如图 7-62 所示。

图 7-59　打开素材文件

图 7-60　单击“目标”按钮

图 7-61　创建目标摄影机

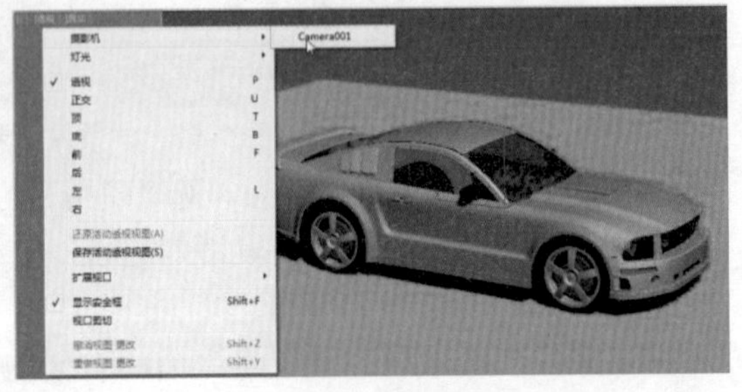

图 7-62　切换到摄影机视图

Step 05 通过窗口右下角的“摄影机导航工具”适当调整视图，效果如图 7-63 所示。

Step 06 沿 y 轴向后移动汽车对象到合适位置，然后单击状态栏右侧的“自动关键点”按钮，使该按钮始终处于被按下的状态，直至自动关键点创建完毕，如图 7-64 所示。

图 7-63　调整视图

图 7-64　移动对象并创建自动关键点

Step 07 移动时间调节滑块到第 5 帧位置，沿 y 轴移动汽车对象到原位置，创建另一个自动关键点，如图 7-65 所示。

Step 08 单击“自动关键点”按钮，完成关键点的编辑。退出摄影机视图，选择目标摄影机，在“参数”卷展栏下“多过程效果”选项区的下拉菜单中选择“运动模糊”选项，如图 7-66 所示。

Step 09 在“运动模糊参数”卷展栏下设置其“过程总数”“偏移”和“抖动强度”等参数，如图 7-67 所示。

Step 10 再次切换到摄影机视图，使汽车保持在第 5 帧的状态下，单击主工具栏中的“渲染设置”按钮，弹出“渲染设置”窗口，切换到“全局照明”选项卡，勾选“最终聚集（FG）”卷展栏下的“启用最终聚集”复选框，然后单击“渲染”按钮，如图 7-68 所示。

图 7-65　创建自动关键点

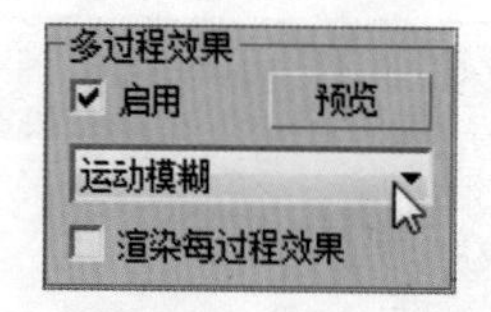

图 7-66　选择“运动模糊”选项

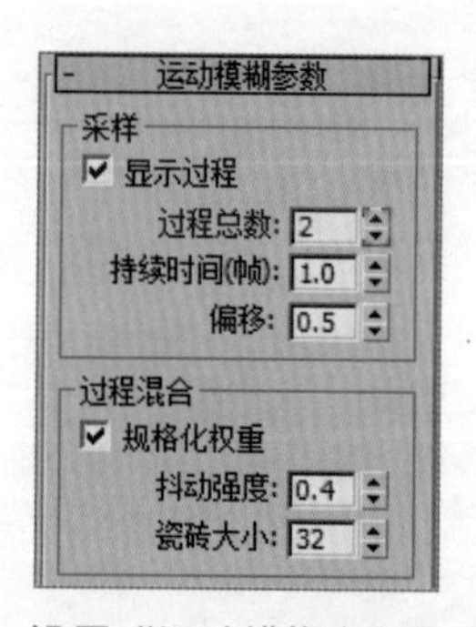

图 7-67　设置“运动模糊参数”卷展栏参数

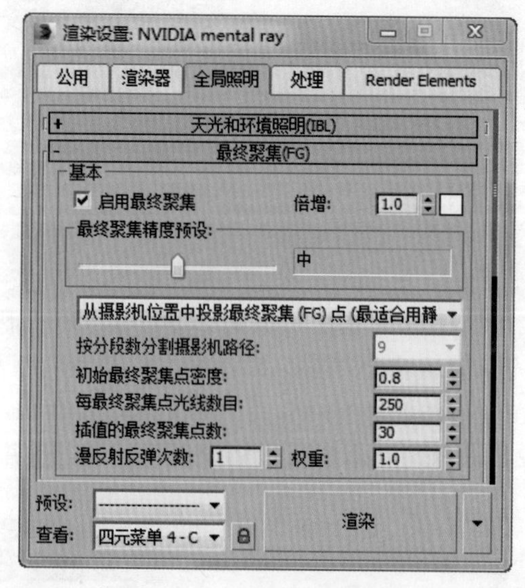

图 7-68　“渲染设置”窗口

读者可以自行尝试汽车处于不同帧数状态下渲染出来的模糊效果。“最终聚集”用于模拟指定点的全局照明。对于漫反射场景，采用“最终聚集”通常可以提高全局照明的质量。

在调整摄影机视图时，可以打开安全框作为调整摄影机视角的参考，以方便查看当前摄影机视图与最终输出尺寸之间的关系，避免出现场景中的部分模型在实际输出时没有显示的问题。

本章小结

本章详细介绍了灯光的使用方法。读者要注意观察实际生活中的各种灯光效果，再结合掌握的 3ds Max 2015 的灯光特性和具体设置，以更好地制作出光源的渲染效果。同时，本章还介绍了摄影机的类型、相关术语和基础操作。在 3ds Max 2015 中的摄影机类似于真实的摄影机，主要用于帮助选取合适的视角、录制动画等操作，用户可以任意修改其位置和角度，这大大提高了在三维场景中调整视角及创建动画的效率。

本章习题

（1）打开“素材\习题\第 7 章 场景.max”素材文件，如图 7-69 所示。添加灯光，使场景具有阳光从窗户入射的效果，如图 7-70 所示。

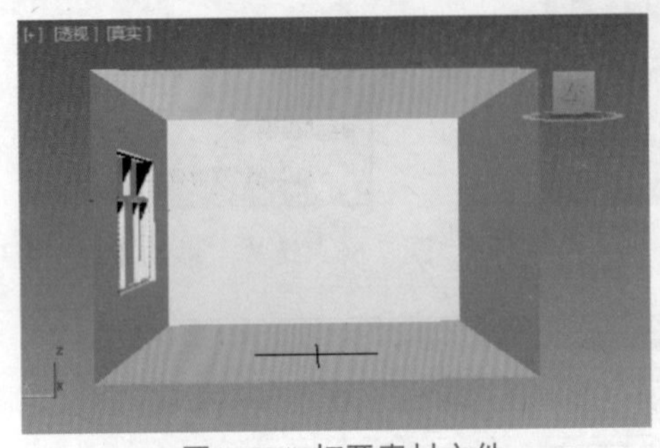

图 7-69 打开素材文件

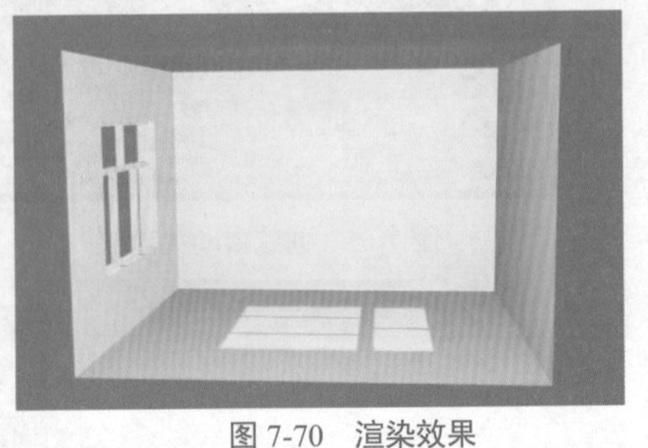

图 7-70 渲染效果

重点提示：

①在左视图中创建目标平行光，用于模拟阳光的入射效果。

②设置目标平行光。在“阴影”选项区中勾选“启用”复选框，设置类型为“阴影贴图”。在“阴影贴图参数”卷展栏中勾选“双面阴影”复选框，在“平行光参数”卷展栏中设置光束区域要超过窗口的高度，形状为“矩形”。

③在室内添加泛光灯作为辅助光源，进行渲染。

（2）下面运用本章所学知识创建场景，使用摄影机模拟出摄影景深效果，如图 7-71 所示。

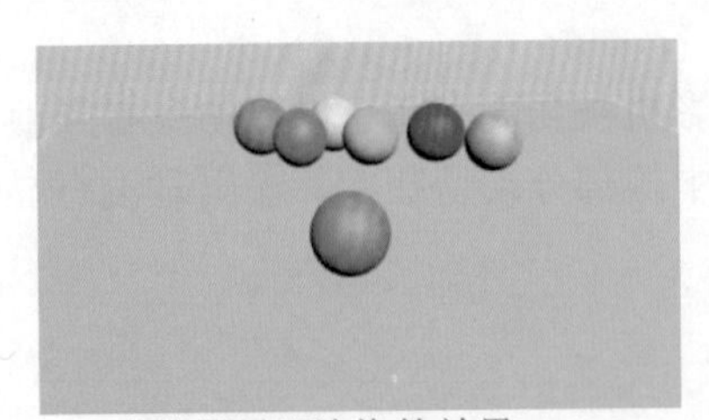

未使用景深渲染的效果

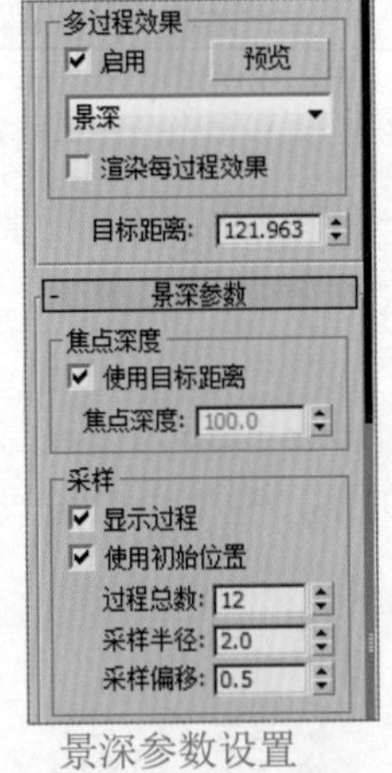

景深参数设置

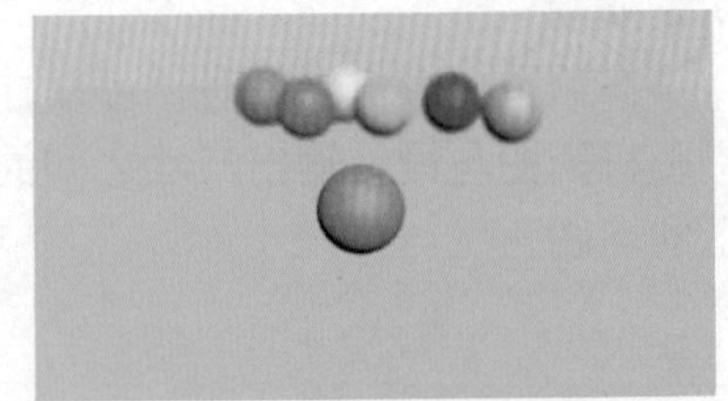

使用景深渲染的效果

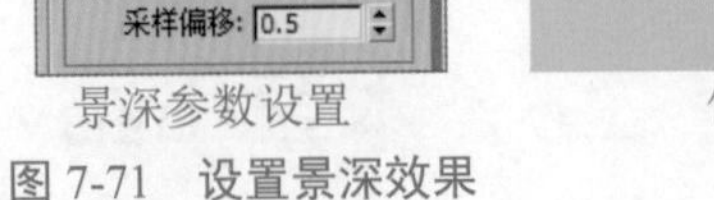

图 7-71 设置景深效果

重点提示：

①创建多个球体对象，调整其位置关系。

②添加目标摄影机，调节摄影机的目标和角度，切换到摄影机视图。

③为摄影机设置景深参数，渲染测试后若景深效果不明显，可重新设置“采样半径”的值。

第 8 章　材质与贴图的应用

【本章导读】

本章将对材质与贴图的相关知识进行介绍，其中包括认识材质编辑器与材质资源编辑器、标准材质与 mental ray 材质的应用、贴图的分类、位图贴图与环境贴图的应用等，使读者能够通过材质与贴图为三维模型赋予真实的质感与颜色。

【本章目标】

➢ 能够使用材质编辑器管理材质资源，熟练运用材质。
➢ 能够熟练应用位图贴图和环境贴图。

8.1　材质的应用

材质是三维设计中的重要组成部分，正因为材质对对象颜色、质地、纹理和光泽等特性的表现，才使三维模型如同现实世界中的物体般真实可信。本节将学习如何通过材质编辑器为三维模型赋予材质。

基本知识

一、材质编辑器

材质编辑器是用于材质创建与编辑的窗口。3ds Max 2015 包含两种不同类型的材质编辑器，分别为精简材质编辑器与平板（slate）材质编辑器，如图 8-1、图 8-2 所示。

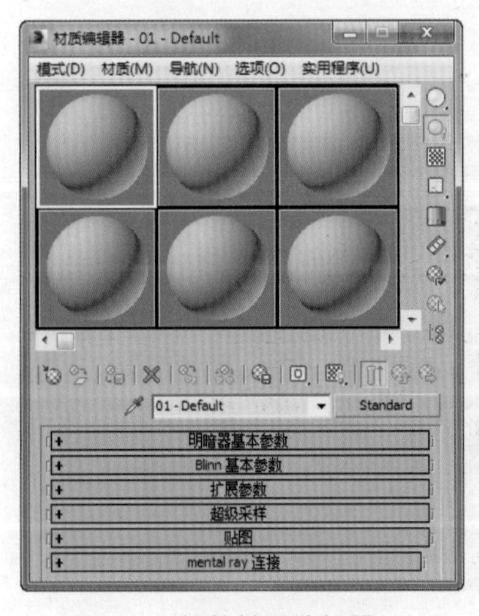

图 8-1　精简材质编辑器

图 8-2　平板材质编辑器

执行“渲染”|“材质编辑器”命令，选择启动所需类型的材质编辑器；也可以通过按【M】键或单击主工具栏中的“材质编辑器”按钮进行启动，如图 8-3 所示。

图 8-3　启动材质编辑器

1．精简材质编辑器

相对于平板材质编辑器，精简材质编辑器的窗口较为简洁，包含菜单栏、示例窗、位于示例窗右侧和下方的工具栏及，以及多个卷展栏等用于材质设计的主要工具。

（1）示例窗。示例窗主要用于预览材质和贴图效果，它可以直观地表现材质的属性，如凹凸、高光和透明等，如图 8-4 所示。

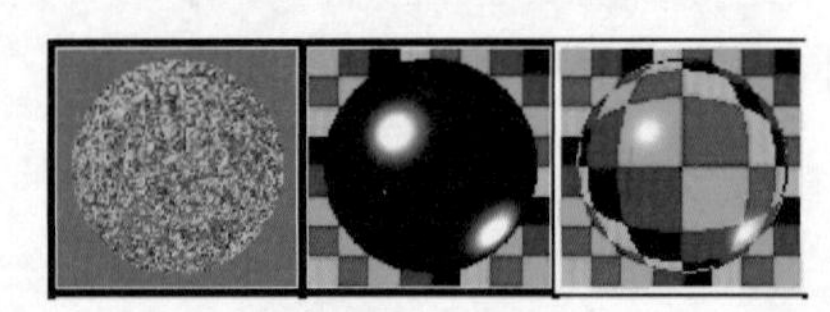

图 8-4　示例窗

示例窗共显示 24 个材质球，可以通过拖动其右侧与下方的调节滑块显示出窗口外的其他材质球；也可以通过在示例窗中单击鼠标右键，在弹出的快捷菜单中选择其他材质球排列方式，如图 8-5 所示。

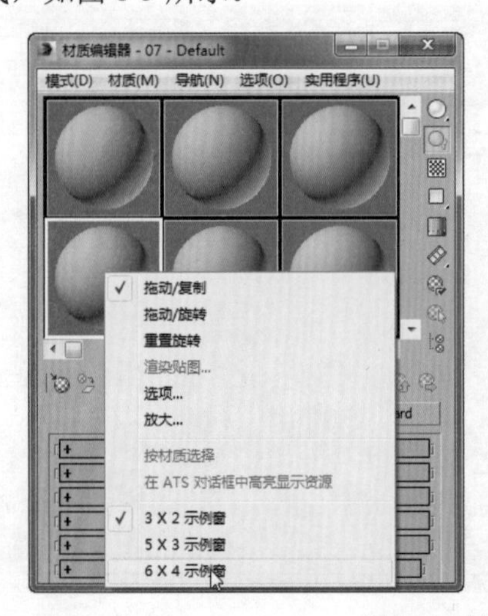

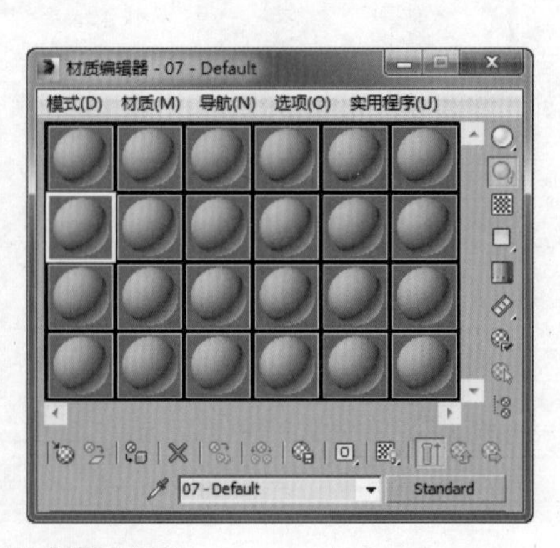

图 8-5　材质球排列方式

在示例窗的材质球上按住鼠标左键进行拖动，当将其拖到其他材质球上松开鼠标时，将复制原材质球到该位置；当将其拖到场景中的对象上时，可将该材质赋予所选对象，如图 8-6、图 8-7 所示。

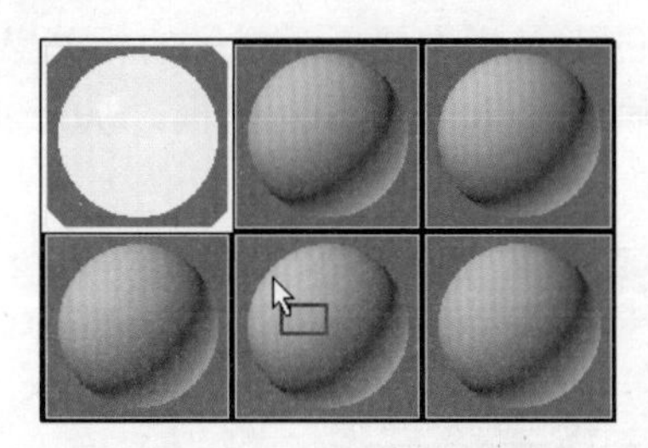
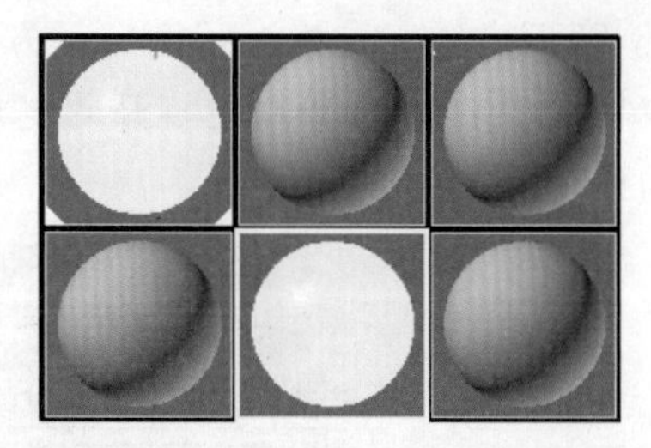

图 8-6　复制材质球

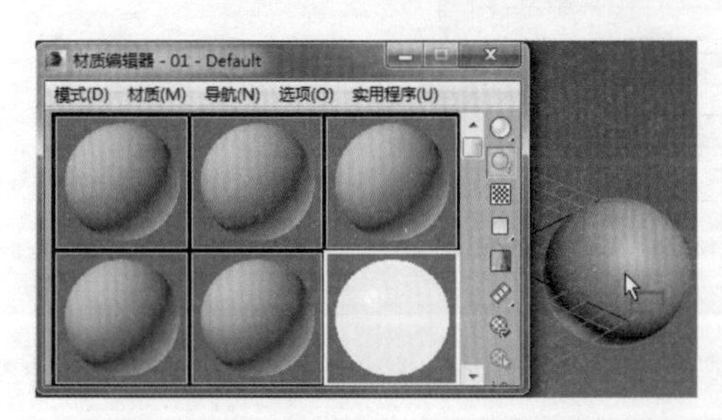

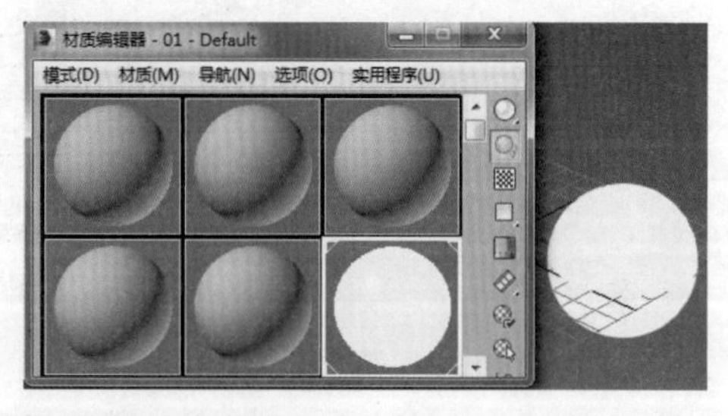

图 8-7　将材质赋予所选对象

（2）示例窗右侧的工具栏。示例窗右侧的工具栏主要是用于设置示例窗的显示方式及视频颜色检查、生成预览等操作。

➢ **采样类型**：设置示例窗显示的对象类型，默认为球体类型。用户可以手动切换到圆柱体和立方体类型，如图 8-8 所示。

图 8-8　采样类型

➢ **背光**：控制示例窗是否显示背景灯光，如图 8-9 所示。
➢ **背景**：控制示例窗是否显示彩色方格状背景，该功能在观察透明材质时较为常用，如图 8-10 所示。

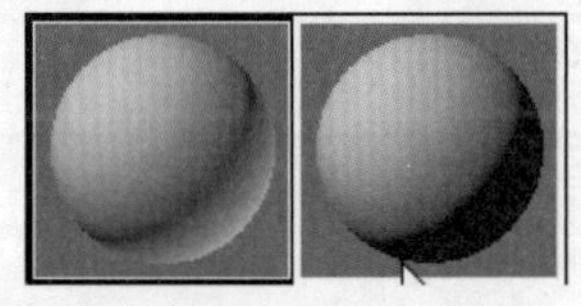

图 8-9　背光

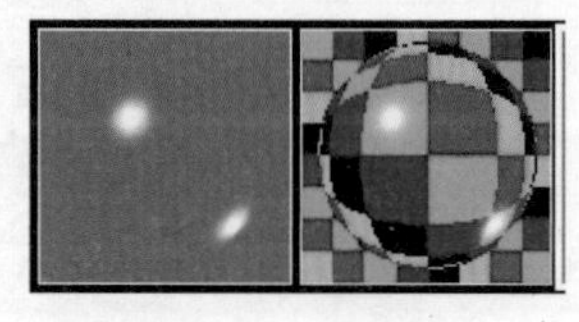

图 8-10　背景

➢ **采样 UV 平铺**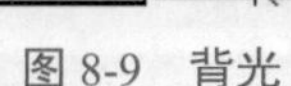：为示例窗中的贴图设置 UV 平铺显示。
➢ **视频颜色检查**：检查当前材质中不支持 NTSC 和 PAL 制式的颜色。
➢ **生成预览**：用于创建、播放和保存材质预览。
➢ **选项**：打开“材质编辑器选项”对话框，通过该对话框可以执行启用材质动画、加载自定义背景等操作。

- **按材质选择**：选择使用当前材质的所有对象。
- **材质/贴图导航器**：用于打开“材质/贴图导航器”对话框。

（3）示例窗下方的工具栏。示例窗下方的工具栏主要用于材质的相关操作。

- **获取材质**：为所选材质打开“材质/贴图浏览器”对话框，从而进行材质或贴图的指定，如图 8-11 所示。

图 8-11 “材质/贴图浏览器”对话框

- **将材质放入场景**：编辑材质，然后更新场景中的材质。“将材质放入场景”仅在满足以下条件时可用：在活动示例窗中的材质与场景中的材质同名；活动示例窗中的材质不是热材质（当从一个对象中获得材质时，该材质即为热材质，对热材质的任何修改都会在场景中反映出来。如果需要在编辑材质时不影响场景，可以在获取热材质后将其复制，复制的材质即为冷材质）。
- **将材质指定给选定对象**：选中场景中的某个对象后，通过该按钮可以将当前示例窗中的材质赋予所选的对象。
- **重置贴图/材质为默认设置**：删除修改的材质，将材质属性恢复到默认值。
- **生成材质副本**：在选定的示例窗中创建当前材质的副本。
- **使唯一**：将实例化的材质分离为独立的材质。
- **放入库**：重命名材质，并将其保存到当前库中。
- **材质 ID 通道**：为执行后期效果对材质设置 ID 通道，如图 8-12 所示。

图 8-12 材质 ID 通道

- **在视口中显示贴图**：在视口的对象上显示材质贴图。
- **显示最终结果**：显示材质与应用的全部层级。
- **转到父对象**：选择上一层级的材质。当材质位于顶级时不可用。
- **转到下一个同级项**：选择同一层级的下一个贴图或材质。

➢　**从对象拾取材质**：拾取场景中对象上的材质到示例窗中。

➢　Standard：用于打开“材质/贴图浏览器”对话框。

（4）卷展栏。位于“材质编辑器”窗口下方的多个卷展栏用于设置材质各项参数。当通过“材质/贴图浏览器”对话框指定不同的材质或贴图时，其需要设置的卷展栏也会不同。

2．平板材质编辑器

平板材质编辑器在设计材质时的功能更为强大，其工作界面是具有多个元素的图形界面，比较突出的特点是“材质/贴图浏览器”、当前活动视图及参数编辑器位于同一界面，从而便于浏览、组合材质和贴图，并对其设置进行更改，如图 8-13 所示。

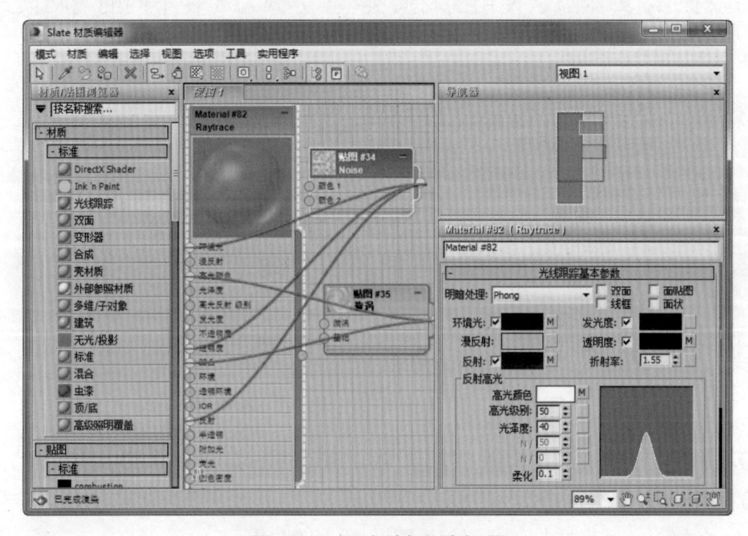

图 8-13　平板材质编辑器

二、材质管理器

材质管理器主要用于浏览与管理场景中的材质。执行“渲染”|“材质资源管理器”命令，可以打开材质管理器，如图 8-14 所示。

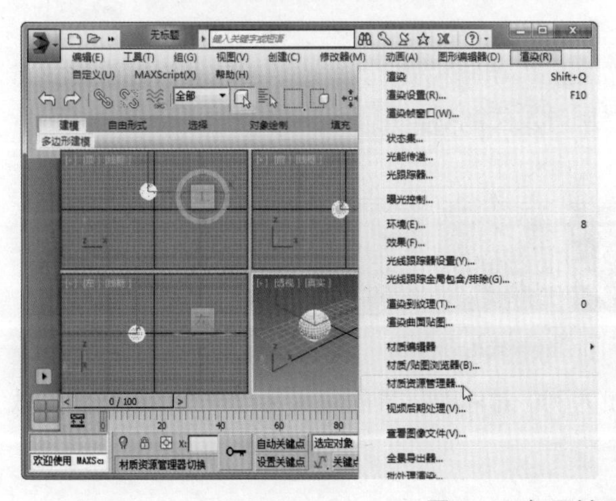

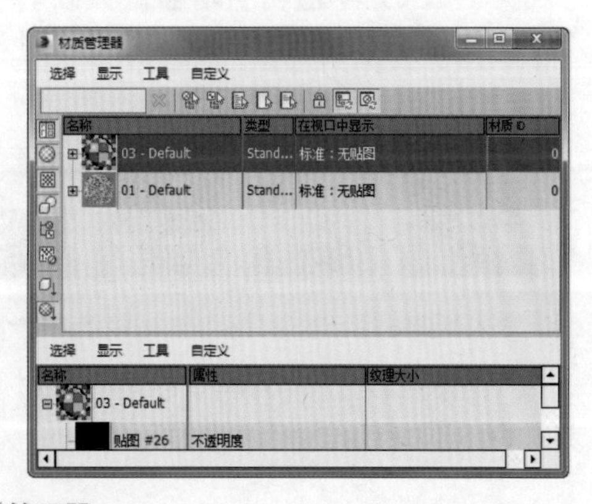

图 8-14　打开材质管理器

“材质管理器”窗口界面包含两部分：上半部分为“场景”面板，下半部分为“材质”面板。通过“场景”面板可以浏览场景中的材质，查找材质使用的贴图，查看材质与对象的应用关系，更改材质与贴图的分配，更改材质、贴图或对象名称，等等；通过“材质”面板可以浏览分配给材质的贴图，更换材质中的贴图，清理材质，等等。

在“材质管理器”窗口中，可以执行“工具”|“位图/光度学路径编辑器”命令或“工具”|“代理设置”命令。例如，执行“工具”|“位图/光度学路径编辑器”命令后，可以进行位图的查找与复制，以及设置路径等操作。

实例 1　标准材质应用实例——用金属材质创建打火机

标准材质是材质编辑器默认使用的材质类型，可分为 8 种不同的明暗模式，并通过“明暗器基本参数”卷展栏中的下拉列表进行切换，如图 8-15 所示。

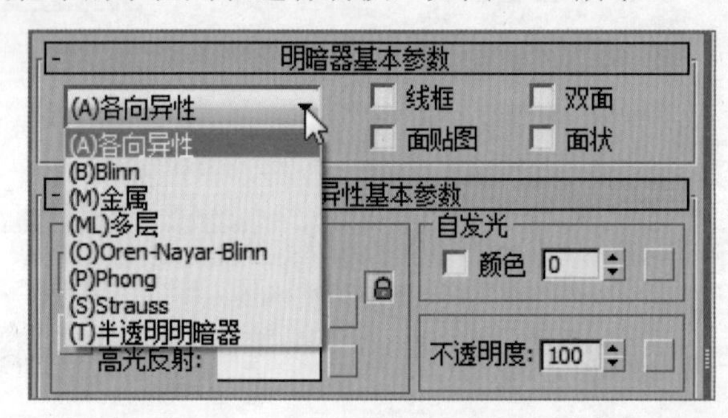

图 8-15　“明暗器基本参数”卷展栏

- **（A）各向异性：**产生长条状反光区，用于模拟流线型的表面高光。
- **（B）Blinn：**是使用较为广泛的明暗模式，其反光较为柔和。
- **（M）金属：**用于带有光泽的金属材质的创建。
- **（ML）多层：**具有双层高光反射，可以创建比“各向异性”明暗模式更复杂的高光。
- **（O）Oren-Nayar-Blinn：**创建平滑的无光曲面，如织物或陶瓦。
- **（P）Phong：**创建带有一些发光度的平滑曲面，不处理高光效果。
- **（S）Strauss：**创建非金属和金属曲面，参数比“金属”明暗模式要少。
- **（T）半透明明暗器：**类似于“Blinn”明暗模式。“半透明明暗器”明暗模式可指定半透明度，使光线在穿过材质时发生散射，用于模拟被侵蚀的玻璃。

各种类型的效果图如图 8-16 所示。

   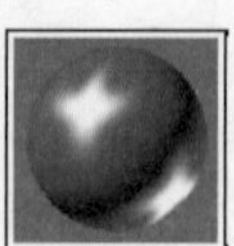    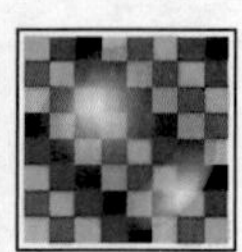

图 8-16　不同明暗模式的效果图

下面将以为打火机模型创建金属材质为例，对标准材质的应用进行介绍，最终渲染效果如图 8-17 所示。

图 8-17　打火机金属材质的渲染效果

创建“金属”明暗模式标准材质的具体操作步骤如下：

Step 01 打开“素材\第 8 章\标准材质应用实例.max”文件，如图 8-18 所示。

Step 02 打开精简材质编辑器，选择第一个示例窗。在“明暗器基本参数”卷展栏下通过下拉列表选择“(M) 金属”选项，如图 8-19 所示。

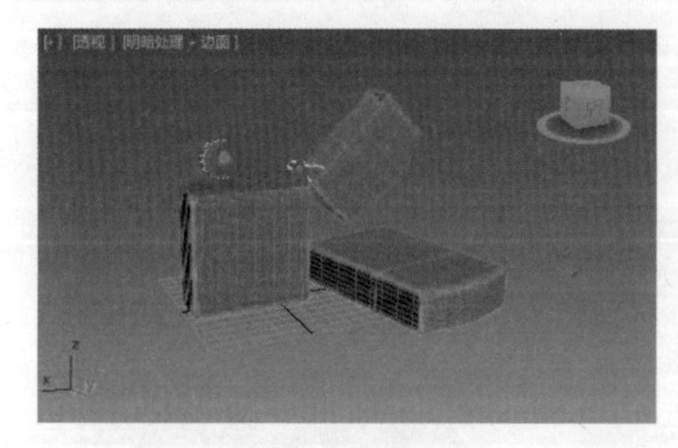

图 8-18　打开素材文件

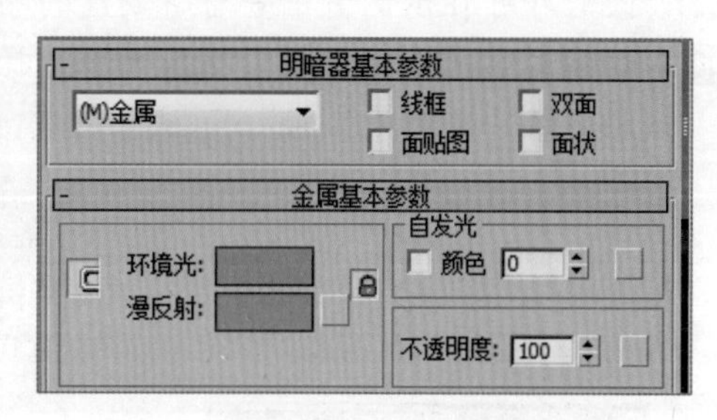

图 8-19　选择“(M) 金属”选项

Step 03 展开“金属基本参数”卷展栏，单击“漫反射”颜色图标，将颜色调整为白色。在“反射高光”选项区中设置“高光级别”和“光泽度”，如图 8-20 所示。

Step 04 展开“贴图”卷展栏，勾选“反射”复选框，修改其数值为 60，然后单击其右侧的“无”按钮，如图 8-21 所示。

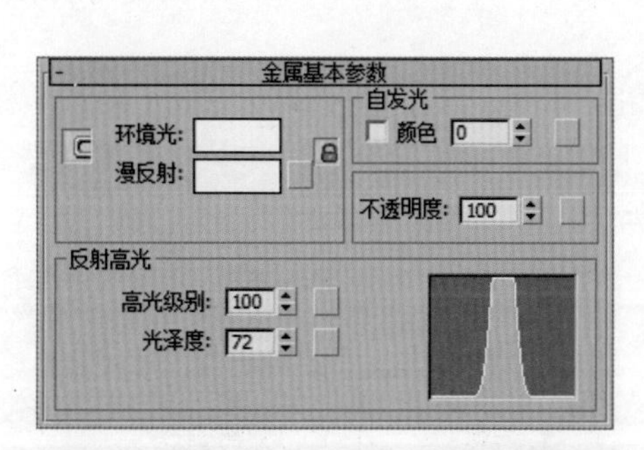

图 8-20　设置“金属基本参数”卷展栏

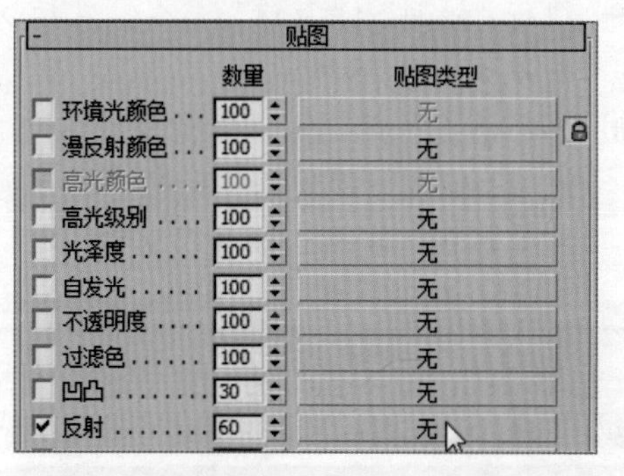

图 8-21　单击“无”按钮

Step 05 弹出“材质/贴图浏览器”对话框，双击“光线跟踪”选项，添加“光线跟踪”贴图到“反射”贴图的通道内，如图 8-22 所示。

Step 06 采用同样的方法在另一个示例窗中创建金属材质，将其“漫反射”颜色的 RGB 值设置为（132，132，132），带“光线跟踪”的“反射”贴图数值为 25，其他参数设置如图 8-23 所示。

图 8-22 添加“光线跟踪”贴图

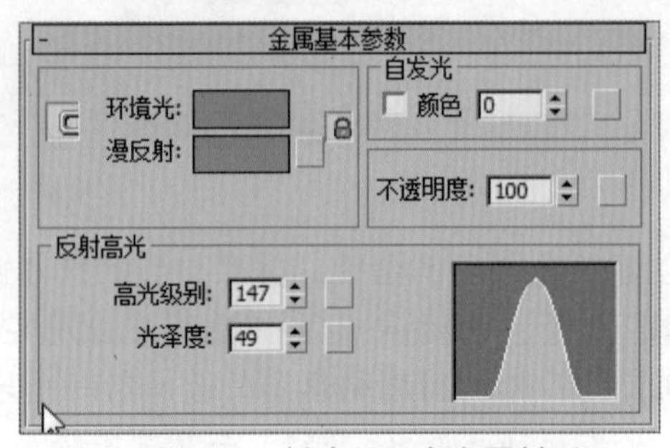

图 8-23 创建另一个金属材质

Step 07 此时即可在示例窗中查看新创建的两个金属材质，效果如图 8-24 所示。

Step 08 切换到第一个示例窗，在场景中选择对象，单击材质编辑器工具栏中的“将材质指定给选定对象”按钮赋予材质，效果如图 8-25 所示。

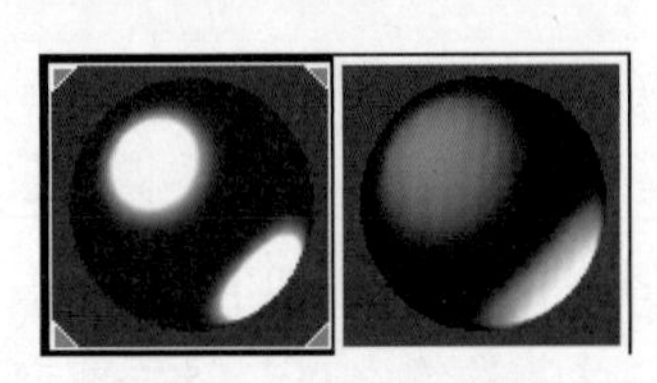

图 8-24 金属材质效果

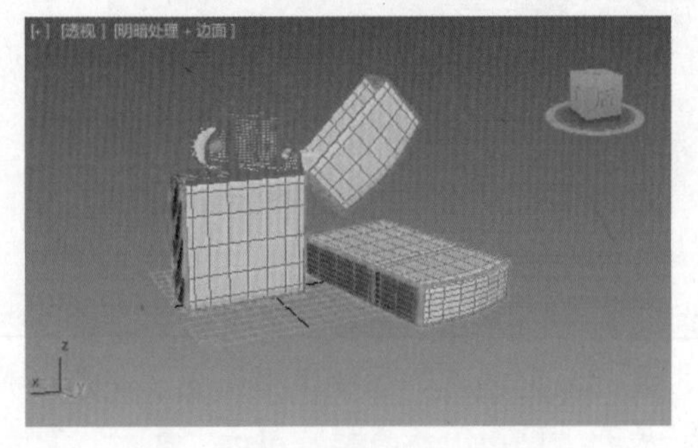

图 8-25 赋予材质到所选对象

Step 09 执行“编辑”|“反选”命令，然后切换到第二个示例窗，将材质指定给其他对象，效果如图 8-26 所示。

Step 10 选择第三个示例窗，保持其默认的 Blinn 明暗模式，展开其“Blinn 基本参数”卷展栏，设置“漫反射”的颜色为白色，带“光线跟踪”的“反射”贴图数值为 15，其他参数保持默认设置，如图 8-27 所示，将其作为地面材质。

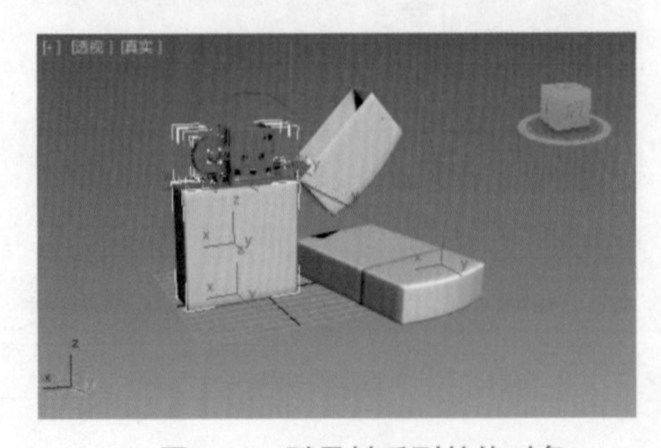

图 8-26 赋予材质到其他对象

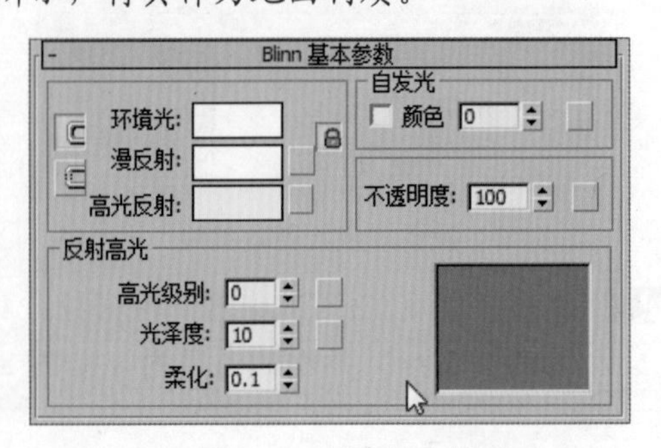

图 8-27 创建地面材质

Step 11 在场景中的对象底部创建一个适当大小的平面，然后将地面材质赋予该平面，如图 8-28 所示。

Step 12 切换到前视图，在场景中的合适位置创建一个目标聚光灯，如图 8-29 所示。

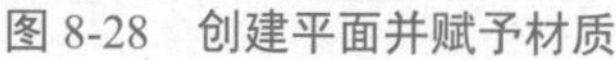

图 8-28　创建平面并赋予材质

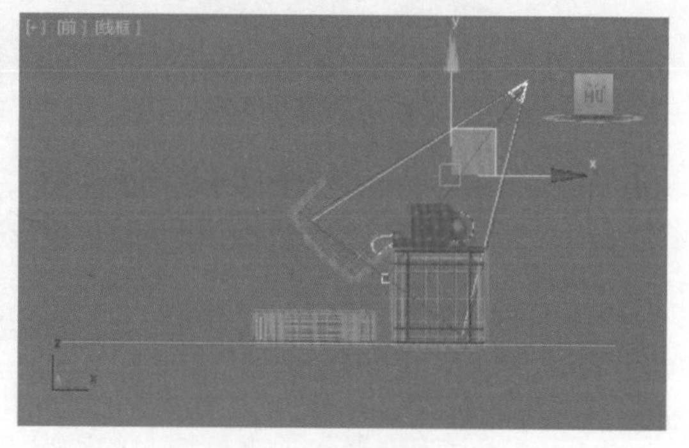

图 8-29　创建目标聚光灯

Step 13 展开其“常规参数”卷展栏，在“阴影”选项区中勾选“启用”复选框，并修改阴影类型为“区域阴影”；在“强度/颜色/衰减”卷展栏下设置“倍增”值为 0.5，如图 8-30 所示。

Step 14 在场景的合适位置创建另一个聚光灯，并设置其参数为合适值，然后执行渲染命令，效果如图 8-31 所示。

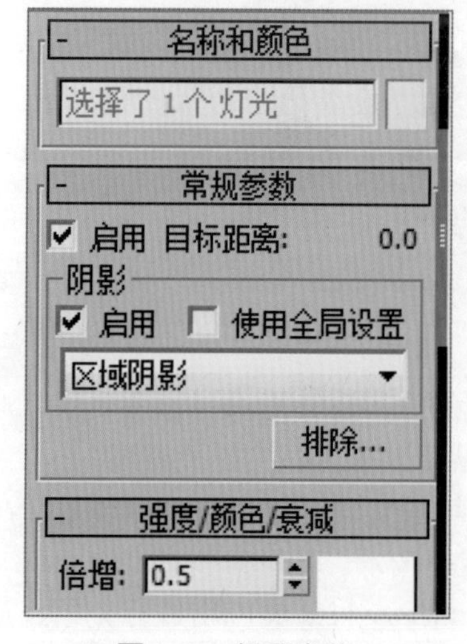

图 8-30　设置参数

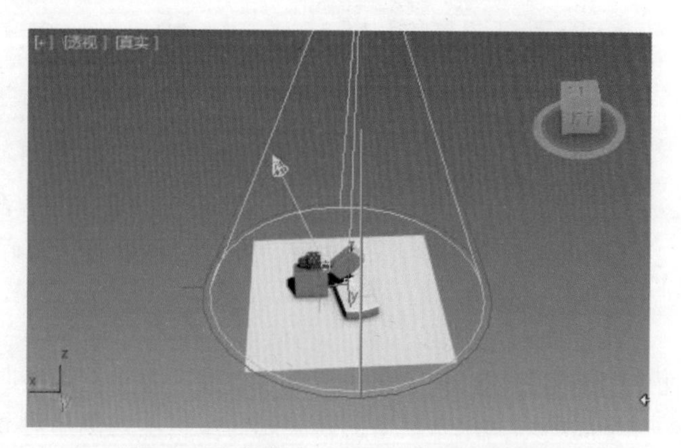

图 8-31　创建另一个聚光灯并进行渲染

实例 2　mental ray 材质应用实例——为汽车创建金属烤漆材质

mental ray 是业界广受好评的渲染器之一。与 3ds Max 默认的扫描线渲染器相比，mental ray 的渲染速度更快，且可实现高质量的反射、折射、焦散、全局照明、运动模糊和景深等效果。

由于 3ds Max 集成了 mental ray 渲染器，因此只需打开“渲染设置”窗口，通过“公用”选项卡下“指定渲染器”卷展栏中“产品级”右侧的 ... 按钮进行切换，即可应用 mental ray 渲染器，如图 8-32 所示。

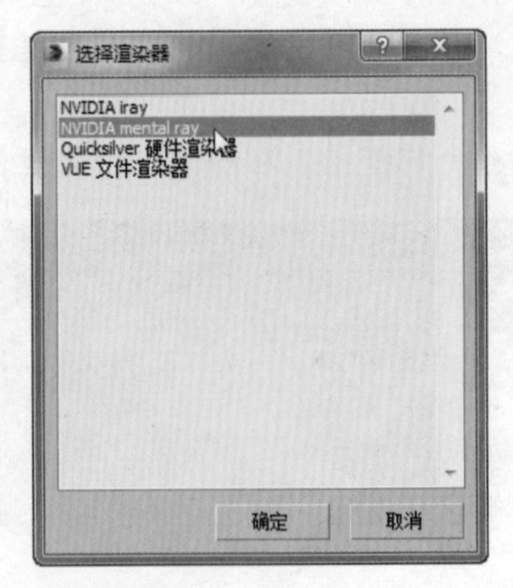

图 8-32　应用 mental ray 渲染器

mental ray 渲染器除了支持原有的部分 3ds Max 材质外，还包含自己的专有材质。例如，通过 Arch&Design（建筑与设计）材质可以非常方便地应用建筑与工业设计的相关材质与模板，如图 8-33 所示。

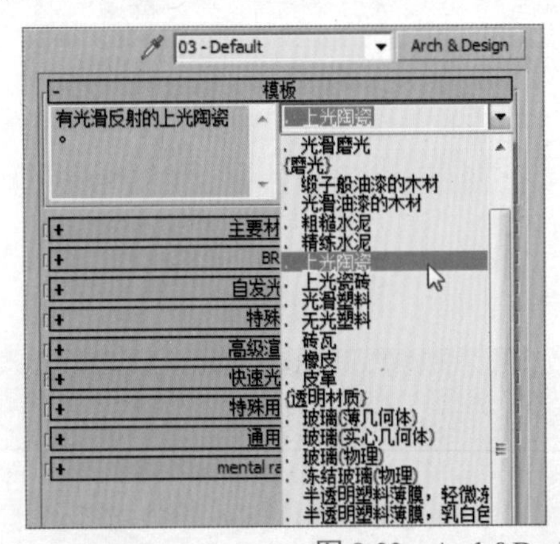

图 8-33　Arch&Design（建筑与设计）材质

Car Paint（车漆）材质包含三部分，即嵌有金属碎片的涂料漆、清漆层和杂质层。通过 Car Paint 材质可以真实地表现汽车的金属烤漆效果，以及汽车表面的各种污渍。

通过“无光/投影/反射”材质可以使照片背景与三维场景实现无缝合成，可以遮挡画面中的指定物体，调节阴影和反射效果，并支持间接照明等技术。

下面将以为汽车模型创建金属烤漆材质为例，对 mental ray 材质的应用进行介绍，最终渲染效果如图 8-34 所示。

图 8-34　汽车金属烤漆材质的渲染效果

为汽车模型创建金属烤漆材质的具体操作步骤如下：

Step 01 打开“素材\第 8 章\mental ray 材质应用实例.max”文件，如图 8-35 所示。

Step 02 单击主工具栏中的“渲染设置”按钮，打开“渲染设置”窗口。在“公用”选项卡下单击“指定渲染器”卷展栏中“产品级”右侧的...按钮，如图 8-36 所示，切换到 mental ray 渲染器。

图 8-35　打开素材文件

图 8-36　“渲染设置”窗口

Step 03 按【M】键打开“材质编辑器”窗口，单击工具栏中的“获取材质”按钮，如图 8-37 所示。

Step 04 弹出“材质/贴图浏览器”对话框，展开“材质”|“mental ray”卷展栏，双击“Car Paint”选项添加该材质，如图 8-38 所示。

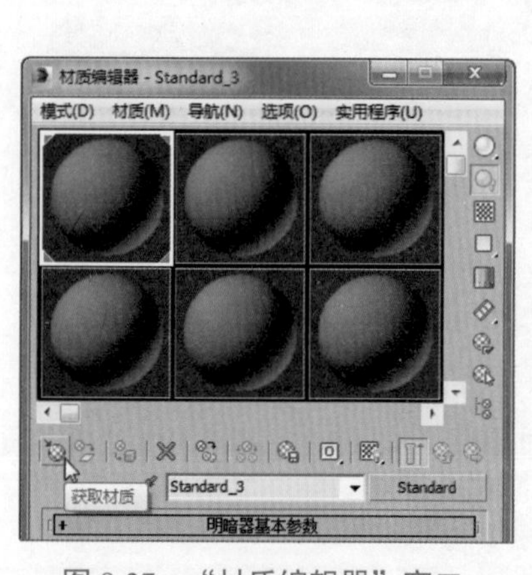

图 8-37　“材质编辑器”窗口

图 8-38　“材质/贴图浏览器”对话框

Step 05 展开“Diffuse Coloring”卷展栏，将“Base Color”颜色的 RGB 值设置为（230，237，47），将“Light Facing Color”颜色的 RGB 值设置为（175，201，0），效果如图 8-39 所示。

Step 06 展开“Flakes”卷展栏，设置“Flake Weight”的值为 0，其他值保持默认设置，如图 8-40 所示。

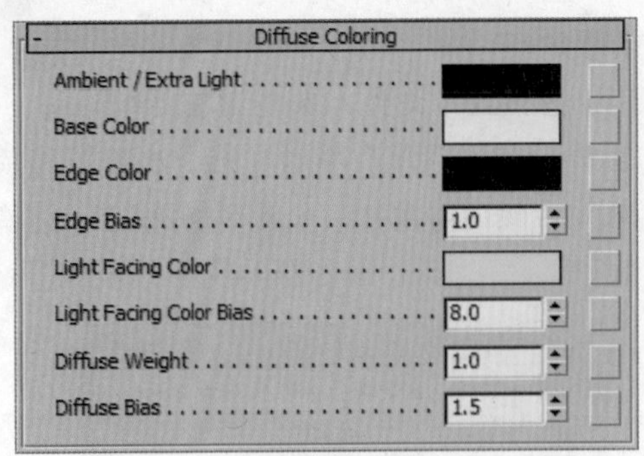

图 8-39 “Diffuse Coloring”卷展栏

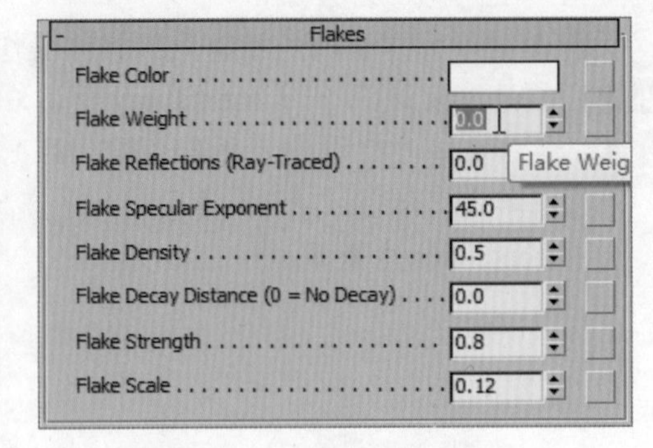

图 8-40 “Flakes”卷展栏

Step 07 展开“Specular Reflections”卷展栏，设置“Specular Weight #1”和“Specular Weight #2”的值分别为 0.1 和 0.2，如图 8-41 所示。

Step 08 将材质赋予车身对象，切换到摄影机视图。打开“渲染设置”窗口，在“渲染器”选项卡下设置“采样质量”卷展栏参数（如图 8-42 所示），单击“渲染”按钮。

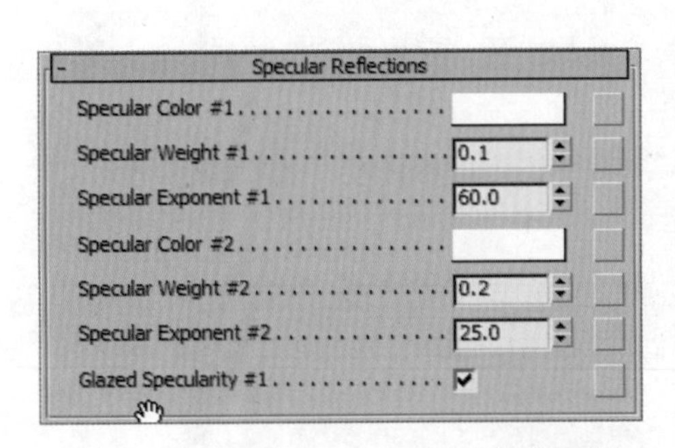

图 8-41 “Specular Reflections”卷展栏

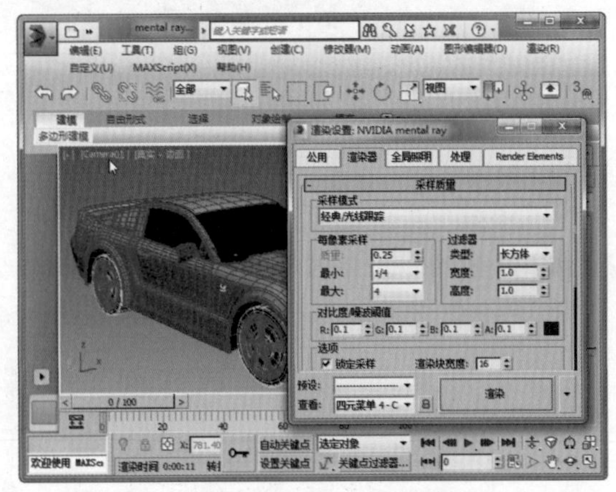

图 8-42 执行渲染操作

8.2 贴图的应用

贴图用于表现物体材质表面的纹理。通过贴图可以使三维模型的细节与质感得到增强，使其更为接近真实世界中的场景。

基本知识

贴图的分类

在材质“贴图”卷展栏下集中显示了多个属性的贴图通道。单击“无”贴图通道按钮，弹出“材质/贴图浏览器”对话框，即可加载所需的贴图。

也可以单击任意材质属性右侧的贴图通道按钮进行加载，如单击“漫反射”属性右侧的贴图通道按钮，如图 8-43 所示。

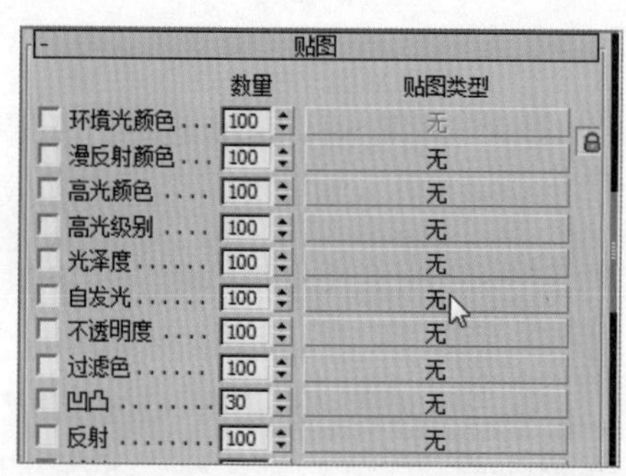

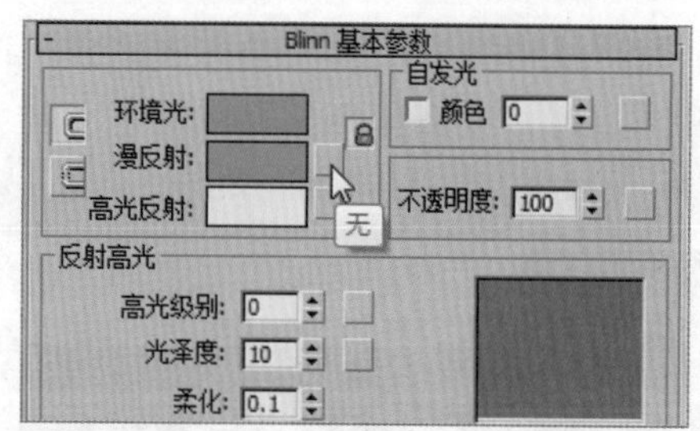

图 8-43　加载贴图

在 3ds Max 2015 中，贴图包含 2D 贴图、3D 贴图、合成器贴图、反射和折射贴图等多种类型，这些类型的贴图被分别放置于“材质/贴图浏览器”对话框的不同卷展栏中。当使用 mental ray 渲染器时，在“材质/贴图浏览器”对话框中还会显示 mental ray 明暗器贴图，如图 8-44 所示。

图 8-44　“材质/贴图浏览器”对话框

1．2D 贴图

2D 贴图通常作用于几何对象的表面，或作为环境贴图来为场景创建背景。位图贴图是 2D 贴图中较为常用的贴图类型，此外还包括棋盘格贴图、渐变贴图、渐变坡度贴图、漩涡贴图及平铺贴图等类型。如图 8-45、图 8-46 所示分别为棋盘格贴图和漩涡贴图的应用效果。

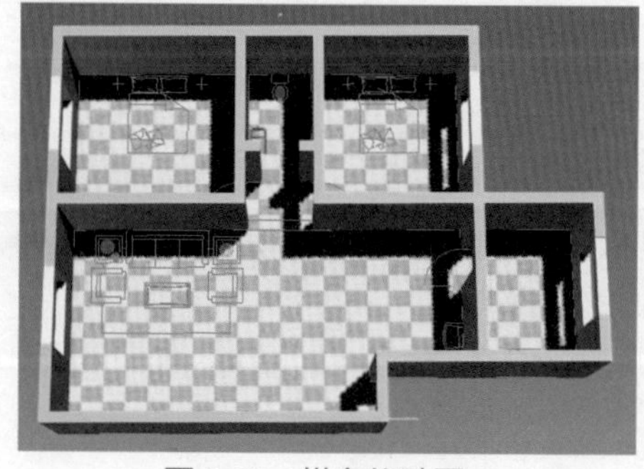

图 8-45　棋盘格贴图

图 8-46　漩涡贴图

2．3D 贴图

3D 贴图是根据程序以三维方式生成的图案，包含细胞贴图、凹痕贴图、衰减贴图、大理石贴图、噪波贴图和烟雾贴图等多种类型。如图 8-47 所示为噪波贴图的应用效果，如图 8-48 所示为烟雾贴图的应用效果。

图 8-47　噪波贴图

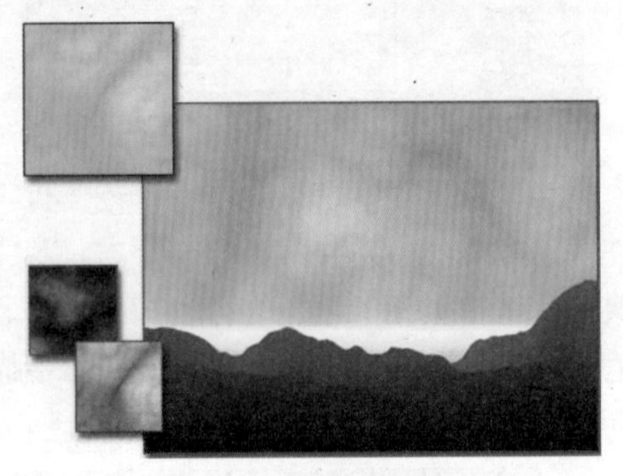

图 8-48　烟雾贴图

3．合成器贴图

合成器贴图用于合成其他颜色或贴图，包含合成贴图、遮罩贴图、混合贴图及 RGB 倍增贴图四种类型。例如，利用遮罩贴图可以在曲面上通过一种材质查看另一种材质，如图 8-49 所示。

4．反射和折射贴图

反射和折射贴图用于创建应用反射和折射效果的贴图，它包含平面镜贴图、光线跟踪贴图、反射/折射贴图及薄壁折射贴图四种类型。如图 8-50 所示为光线跟踪贴图的应用效果，使用光线跟踪贴图可以创建高度反射和折射的曲面。

图 8-49　遮罩贴图

图 8-50　光线跟踪贴图

实例 1　位图贴图应用实例——为墙面添加墙纸

位图是由彩色像素的固定矩阵生成的图像。位图贴图是最常用的贴图类型，通过位图贴图可以创建多种类型的材质，如木纹、墙面和花纹等。

下面将以为墙面添加墙纸为例，对位图贴图的应用进行介绍，最终渲染效果如图 8-51 所示。

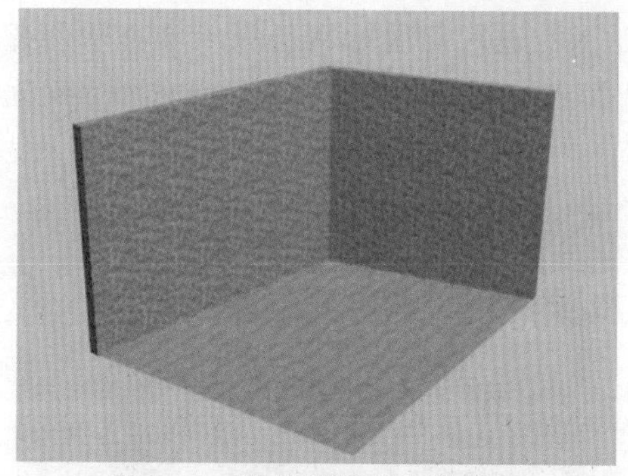

图 8-51　墙纸贴图的渲染效果

创建墙纸材质与贴图的具体操作步骤如下：

Step 01　在“创建”面板中设置“几何体”的创建类型为“AEC 扩展”，然后单击“墙”按钮创建墙，如图 8-52 所示。

Step 02　选择墙对象，按【M】键打开材质编辑器。选择第一个示例窗，然后单击按钮，再单击“漫反射”右侧的贴图按钮，如图 8-53 所示。

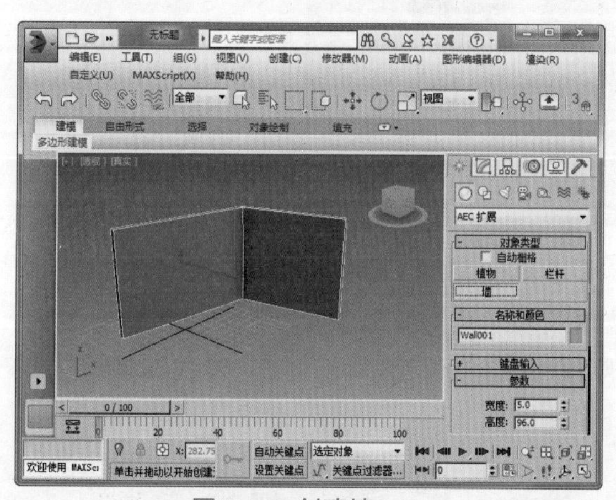

图 8-52　创建墙

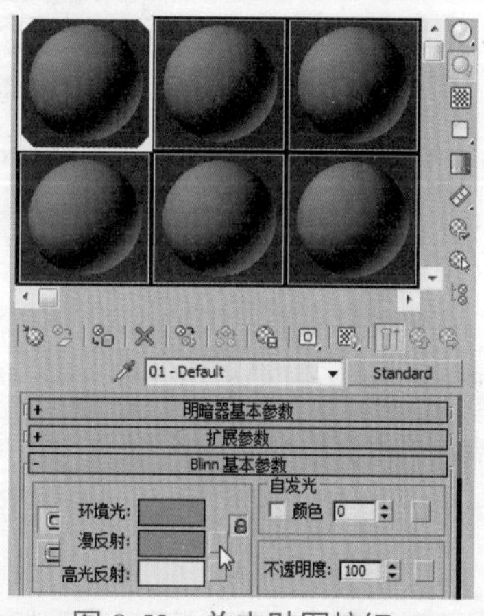

图 8-53　单击贴图按钮

Step 03　在弹出的“材质/贴图浏览器”对话框中双击“位图”选项，如图 8-54 所示。

图 8-54　“材质/贴图浏览器”对话框

Step 04 选择需要添加的贴图，进入贴图对象层级，单击示例窗下方工具栏的按钮显示设置效果，取消选择“使用真实世界比例”复选框，设置贴图平铺参数，如图 8-55 所示。

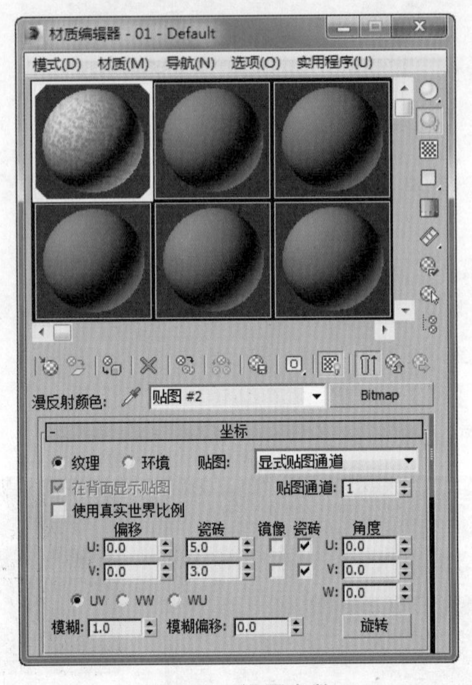

图 8-55 设置参数

Step 05 此时即可查看应用贴图后的墙体效果，如图 8-56 所示。

Step 06 单击按钮，转到父对象，将贴图卷展栏下“漫反射颜色”中的贴图类型拖到“凹凸”的贴图类型上，如图 8-57 所示。

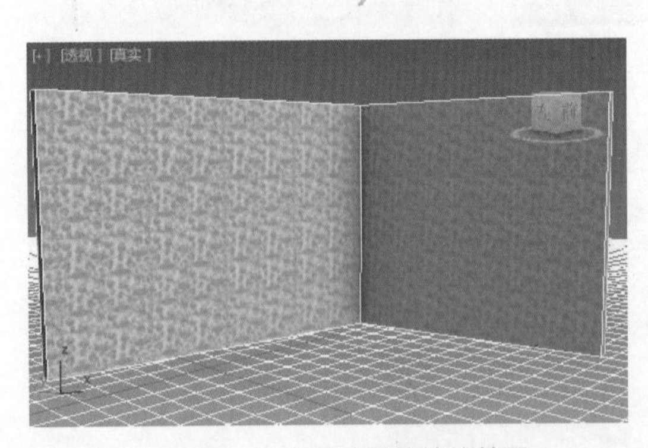

图 8-56 应用贴图的墙体效果

图 8-57 拖动贴图类型

Step 07 在弹出的对话框中单击“实例”单选按钮，单击“确定”按钮，如图 8-58 所示。

Step 08 采用同样的方法创建地板，设置“凹凸”的数量为 70，如图 8-59 所示。

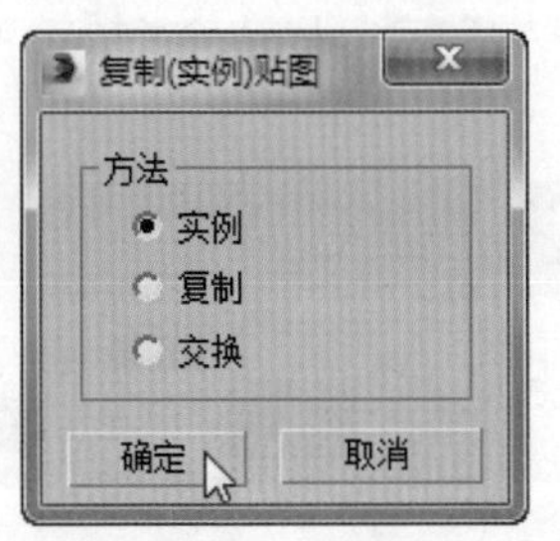

图 8-58　“复制（实例）贴图”对话框

贴图	数量	贴图类型
环境光颜色	100	无
☑ 漫反射颜色	100	位图贴图实例应用 墙纸.gif)
高光颜色	100	无
高光级别	100	无
光泽度	100	无
自发光	100	无
不透明度	100	无
过滤色	100	无
☑ 凹凸	70	位图贴图实例应用 墙纸.gif)
反射	100	无
折射	100	无
置换	100	无

图 8-59　设置“凹凸”的“数量”数值

实例 2　环境贴图应用实例——为汽车添加 HDR 环境贴图

环境贴图即以球形贴图、柱形贴图、收缩包裹贴图及屏幕贴图等坐标形式对环境进行贴图，从而使场景中的物体效果更为真实。下面以为汽车模型添加 HDR 环境贴图为例，对环境贴图的应用进行介绍，最终渲染效果如图 8-60 所示。

图 8-60　汽车环境贴图的渲染效果

为汽车模型添加 HDR 环境贴图的具体操作步骤如下：

Step 01　打开“素材\第 8 章\环境贴图应用实例.max”文件，如图 8-61 所示。

Step 02　执行“渲染”|“环境”命令，打开“环境和效果”窗口，在“环境”选项卡下“公用参数”卷展栏中单击“背景”选项区中“环境贴图”通道的“无”按钮，如图 8-62 所示。

图 8-61　打开素材文件

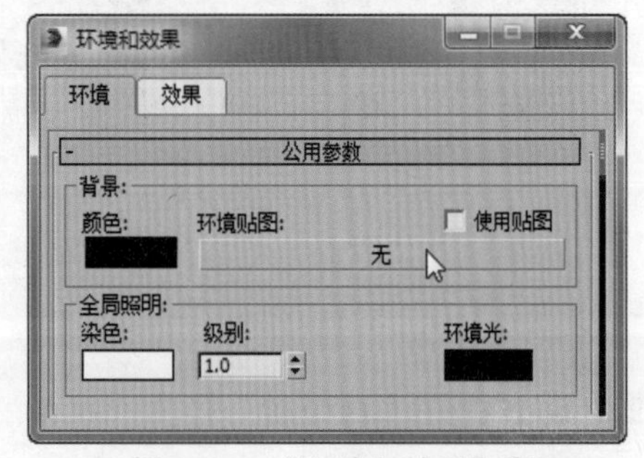

图 8-62　“环境和效果”窗口

Step 03　弹出“材质/贴图浏览器”对话框，展开“贴图”|“标准”卷展栏，双击其中的“位图”选项，如图 8-63 所示。

Step 04 弹出“选择位图图像文件”对话框，如图 8-64 所示。通过“文件类型”下拉列表切换到“辐射图像文件(HDRI)”文件类型，打开“素材\Textures\环境贴图实例 环境.hdr”环境贴图文件。

图 8-63 “材质/贴图浏览器”对话框

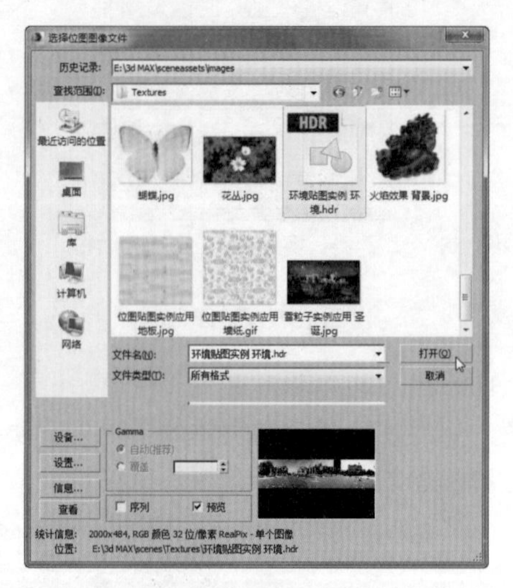

图 8-64 “选择位图图像文件”对话框

Step 05 打开材质编辑器，返回“环境和效果”窗口，在“环境贴图”通道按钮上按住鼠标左键，将其拖到材质编辑器的任一示例窗中，弹出对话框，以“实例”方式复制贴图到示例窗，如图 8-65 所示。

Step 06 在“坐标”卷展栏下通过“贴图”下拉列表更改环境贴图方式为“球形环境”，如图 8-66 所示。环境贴图坐标默认锁定到世界坐标系，如果移动对象，环境贴图将保持不变；而如果移动观察点，环境贴图将随之发生变化。

图 8-65 复制贴图到示例窗

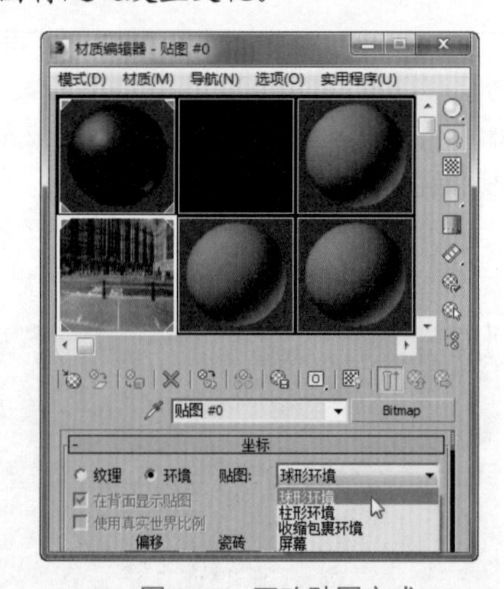

图 8-66 更改贴图方式

Step 07 按【Alt+B】组合键，弹出“视口配置”对话框，单击“使用环境背景”单选按钮，然后单击“确定”按钮，如图 8-67 所示。

Step 08 切换到摄影机视图，利用“摄影机导航工具”的“视野”“环游摄影机”“推拉摄影机”等设置，调整环境贴图与汽车模型使其匹配合适，如图 8-68 所示。

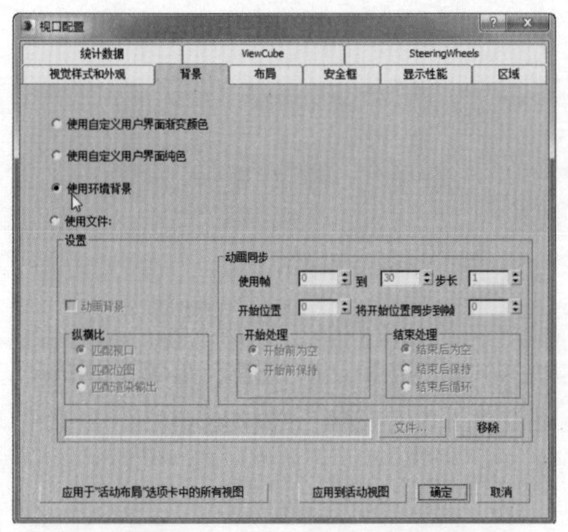

图 8-67　“视口配置”对话框

图 8-68　摄影机视图

本章小结

本章重点学习了材质编辑器的应用，材质与贴图的类型及应用等知识。材质是三维设计中的重要组成部分，利用材质表现物体的颜色、质地、纹理等特性，可以呈现出真实世界的多姿多彩。

本章习题

下面运用本章所学知识，使用“Multi/Sub-Object（多维/子对象）”材质制作如图 8-69 所示的小球模型。

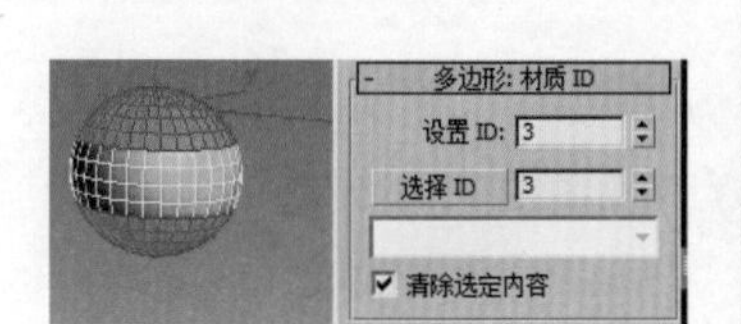

设置“多边形：材质 ID”卷展栏

多维/子对象的参数设置

渲染效果

图 8-69　使用材质制作小球模型

重点提示：

①创建一个几何球体，将其转换为可编辑多边形。选择多边形区域，设置其材质 ID 为 3，其余部分多边形默认材质 ID 为 2。

②打开“材质编辑器”窗口，单击 Standard 按钮，选择“多维/子对象”标准材质进入编辑窗口。设置 ID 为 2 与 3 的子材质均为“标准”材质，并设置其漫反射颜色分别为灰与白。

③将材质赋予几何球体，复制多个几何球体并进行缩放，即可得到最终的渲染效果。

第 9 章　环境与效果的应用

【本章导读】

本章将对环境与效果的相关知识进行介绍，其中包括背景的设置、曝光的控制、大气效果的应用、镜头效果的应用等，使读者能够通过 3ds Max 2015 轻松地为三维场景创建特殊效果。

【本章目标】

- ➢ 能够对环境的各项参数进行熟练地设置。
- ➢ 掌握典型环境效果的制作方法。

9.1　环境的设置

本节将介绍环境的多种设置，通过“环境和效果”窗口中的“环境”选项卡可以设置背景效果和大气效果。例如，设置背景颜色；在视口中使用图像或纹理贴图作为球形环境、柱形环境或收缩包裹环境；全局设置染色和环境光；将曝光控制应用于渲染；在场景中使用大气插件，如体积光等。

实例 1　设置背景——为樱花模型添加环境贴图

执行“渲染”|“环境”命令或直接按【8】键，即可打开“环境和效果”窗口，默认显示“环境”选项卡下的参数。

在“公用参数”卷展栏下的“背景”选项区中，可以对背景颜色和环境贴图进行定义。例如，要指定背景贴图的参数时，需要将贴图以“实例”的方式复制到材质编辑器的示例窗中，然后通过材质编辑器进行设置，如图 9-1 所示。

图 9-1　设置背景贴图

下面将以为樱花模型添加环境贴图为例，对背景环境贴图的指定方法进行介绍，最终渲染效果如图9-2所示。

图9-2　樱花环境贴图的渲染效果

添加背景环境贴图的具体操作步骤如下：

Step 01 在“创建”面板中设置“几何体”的创建类型为“AEC扩展”，然后单击“植物”按钮，创建植物“春天的樱花”，如图9-3所示。

Step 02 按【8】键，打开“环境和效果”窗口，在“环境”选项卡下的“公用参数”卷展栏中单击“背景”选项区中的“环境贴图”通道按钮，如图9-4所示。

图9-3　创建植物

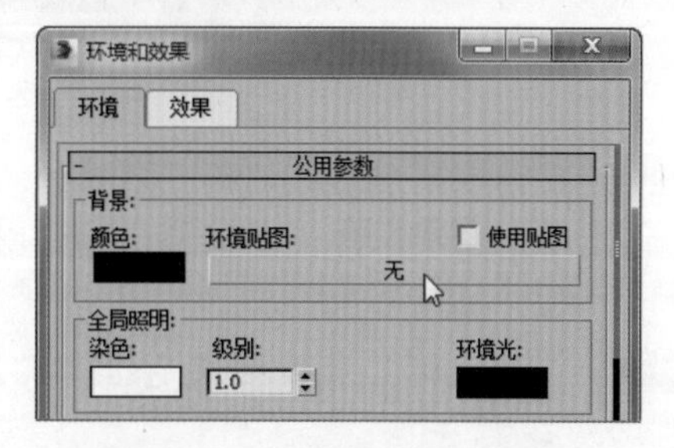

图9-4　“环境和效果”窗口

Step 03 弹出“材质/贴图浏览器”对话框，展开“贴图”|“标准”卷展栏，双击其中的“位图”选项，如图9-5所示。

图9-5　“材质/贴图浏览器”对话框

Step 04 弹出“选择位图图像文件”对话框，打开“素材\第 9 章\ Textures\更改背景 樱花.jpg”背景图像文件，如图 9-6 所示。

图 9-6 “选择位图图像文件”对话框

Step 05 打开材质编辑器，在“环境和效果”窗口中拖动“环境贴图”到材质编辑器的任一示例窗中，弹出对话框，确认以“实例”方式复制贴图到示例窗，单击“确定”按钮，如图 9-7 所示。

Step 06 在“坐标”卷展栏下通过“贴图”下拉列表更改环境贴图方式为“屏幕”，如图 9-8 所示。

图 9-7 以“实例”方式复制贴图

图 9-8 更改贴图方式

实例2 曝光控制——为阳台应用自动曝光控制

“曝光控制”是一组用于调整渲染输出级别和颜色范围的插件组件，类似于调整胶片曝光的过程。在3ds Max 2015中，曝光控制包含自动曝光控制、线性曝光控制、对数曝光控制、mr摄影曝光控制和伪彩色曝光控制五种类型。

- **自动曝光控制：**从渲染图像中采样并生成一个柱状图，在渲染的整个动态范围里提供良好的颜色分离。“自动曝光控制”可以影响渲染图像的整体照明，如图9-9所示。
- **线性曝光控制：**从渲染图像中采样，使用场景的平均亮度将物理值映射为RGB值。“线性曝光控制”最适合用于动态范围很小的场景。
- **对数曝光控制：**用于亮度、对比度设置及拥有天光照明的室外场景中。
- **mr摄影曝光控制：**使用户像控制摄影机一样修改渲染输出参数，如一般曝光值、特定快门速度、光圈和胶片速度设置。
- **伪彩色曝光控制：**作为一个照明分析工具，“伪彩色曝光控制”可以使用户直观地观察和计算场景中的照明级别，如图9-10所示。

图9-9 应用自动曝光控制的前后对比效果

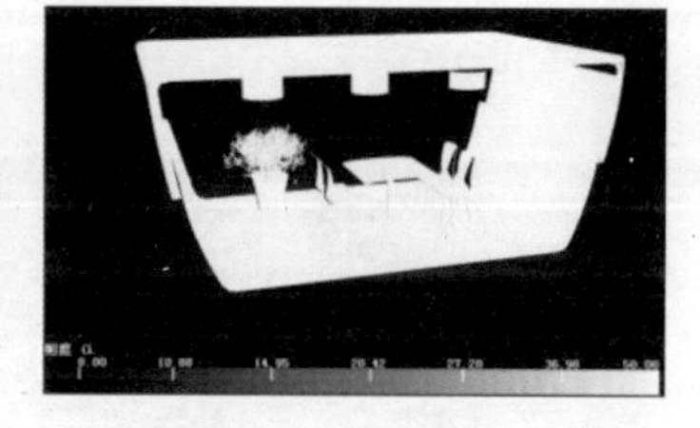

图9-10 伪彩色曝光控制

下面以为阳台应用自动曝光控制为例进行介绍，具体操作步骤如下：

Step 01 打开“素材\第9章\曝光控制.max”文件，如图9-11所示。

Step 02 执行“渲染”命令，查看应用自动曝光控制前的场景渲染效果，如图9-12所示。

图9-11 打开素材文件

图9-12 渲染场景

Step 03 按【8】键，打开“环境和效果”窗口，展开“曝光控制”卷展栏，在下拉列表中选择“自动曝光控制”选项，如图9-13所示。

Step 04 展开“自动曝光控制参数”卷展栏，设置“亮度”“对比度”等参数，然后单击“曝光控制”卷展栏中的“渲染预览”按钮进行预览，效果如图9-14所示。预览完毕后，再次执行“渲染”命令即可。

图 9-13　“环境和效果”窗口

图 9-14　渲染场景

实例 3　添加大气效果——为艺术品创建火焰

大气效果是一组用于创建火焰环境、雾环境、体积雾环境及体积光环境的插件。单击“大气”卷展栏中的“添加”按钮，弹出“添加大气效果”对话框，即可添加所需的大气效果插件，如图 9-15 所示。

图 9-15　大气效果插件

1．火环境效果

通过使用火效果插件，可以向场景中添加任意数目的火效果。只有在摄影机视图或透视视图中能渲染火效果，在正交视图或用户视图中不能渲染火效果。

可以创建两种类型的火焰，分别为带方向的“火舌”火焰及圆形的“火球”火焰。前者适合于创建篝火的火焰，而后者适合于创建爆炸效果的火焰。当设置不同的“火焰大小”和“密度”等参数时，得到的火效果也会不同。火效果并不能在场景中发光或投射阴影，因此要模拟火焰的照明效果，必须同时创建灯光以配合使用。

下面以为艺术品创建火效果为例，对火效果的应用进行介绍，最终渲染效果如图 9-16 所示。

图 9-16　艺术品火焰的渲染效果

创建火效果的具体操作步骤如下：

Step 01 根据前面所学知识为火焰设置环境背景，所用背景图片为“素材\第 9 章\Textures\火效果 背景.jpg”。在“创建”面板下单击“辅助对象”按钮，切换到“辅助对象”创建面板，通过下拉列表切换到“大气装置”选项，在“对象类型”卷展栏下单击“球体 Gizmo”按钮，如图 9-17 所示。

Step 02 在场景中创建一个球体 Gizmo 辅助对象，然后在其“球体 Gizmo 参数”卷展栏下修改“半径”值为 18，并勾选“半球”复选框，如图 9-18 所示。

图 9-17　单击“球体 Gizmo”按钮

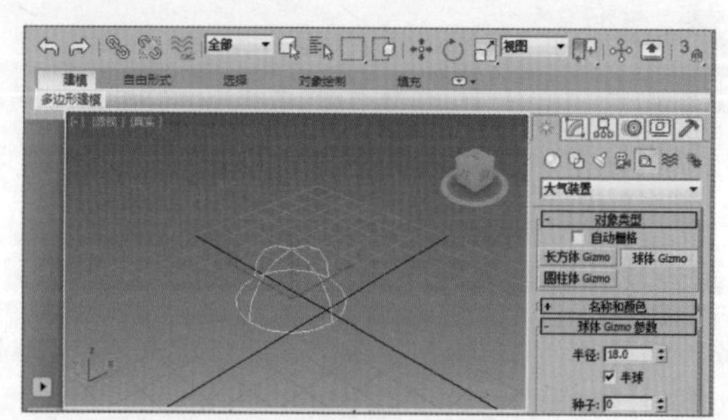

图 9-18　设置球体 Gizmo 参数

Step 03 按【8】键，打开“环境和效果”窗口，展开“大气”卷展栏，单击“添加”按钮，如图 9-19 所示。

Step 04 弹出“添加大气效果”对话框，选择“火效果”选项，然后单击“确定”按钮，如图 9-20 所示。

图 9-19　“环境和效果”窗口

图 9-20　“添加大气效果”对话框

Step 05 返回“环境和效果”窗口，展开“火效果参数”卷展栏。设置“火焰类型”“拉伸”“规则性”和“火焰大小”等参数，单击“拾取 Gizmo”按钮，如图 9-21 所示。

Step 06 拾取场景中的球体 Gizmo 辅助对象，将火焰效果添加到辅助对象，通过“拉伸”工具沿 z 轴适当拉伸球体 Gizmo 辅助对象，如图 9-22 所示。

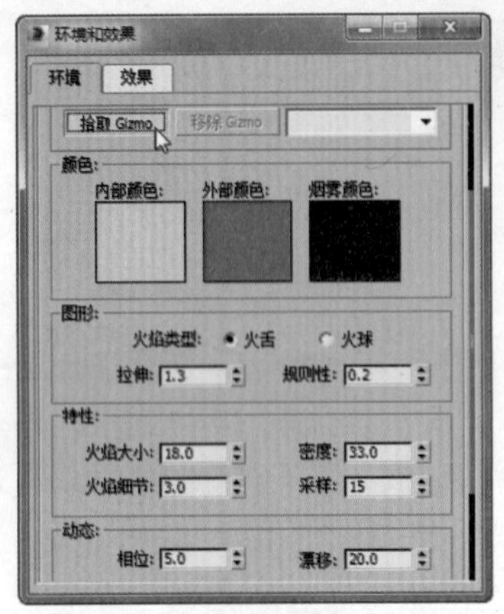

图 9-21　“环境和效果”窗口

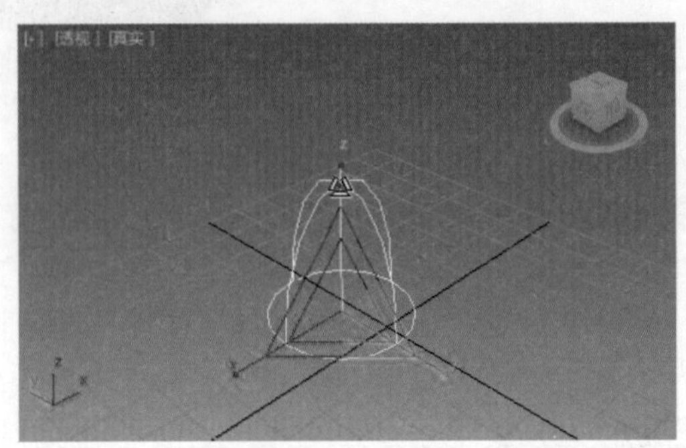

图 9-22　拾取球体 Gizmo 辅助对象并进行调整

2．雾环境效果

通过雾效果插件可以在场景中呈现雾或烟的外观效果。可通过“标准雾”效果使对象随着与摄影机距离的增加逐渐衰减，也可通过“分层雾”效果使所有对象或部分对象被雾笼罩，如图 9-23 所示。

3．体积雾环境效果

与雾环境效果不同的是，体积雾是三维的拥有体积的雾，可用于模拟云状带有体积的气体，如图 9-24 所示。

图 9-23　雾环境

图 9-24　体积雾环境

4．体积光环境效果

通过体积光插件可以创建带有光束的体积光。体积光常被用于表现光线透过遮挡的物体照射的效果，如图 9-25 所示。

图 9-25　体积光环境

9.2　效果的应用

基本知识

通过“环境和效果”窗口中的“效果”选项卡可以添加和管理多种渲染效果，如毛发（Hair）和毛皮（Fur）、镜头效果、模糊、亮度和对比度、色彩平衡、景深、文件输出、胶片颗粒及运动模糊。本节主要学习如何应用镜头效果和模糊效果。

一、镜头效果

通过“镜头效果”插件可以创建与摄影机相关的光晕、光环、射线、二级光斑、星形和条纹等效果，前三种效果如图 9-26 所示。

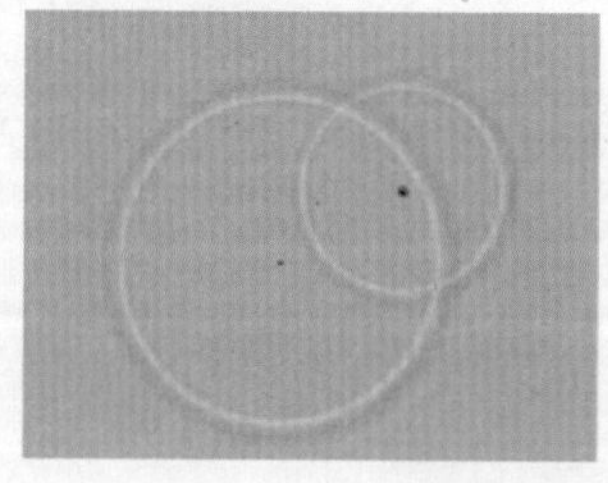

图 9-26　光晕、光环、射线镜头效果

- **光晕**：在源对象的周围添加光环。
- **光环**：在源对象中心产生环形彩色条带。
- **射线**：从源对象中心发出的明亮直线，可以模拟摄影机镜头元件的划痕。
- **二级光斑**：二级光斑是一些可看到的小圆，由灯光经摄影机中不同镜头元素折射而产生，包含自动和手动两种类型。
- **星形**：相对于射线效果，星形效果相对较弱。星形效果仅由 0～30 条辐射线组成，而射线则由数百条辐射线组成。
- **条纹**：穿过源对象中心的条带，用于模拟实际使用摄影机时的失真镜头效果。

二、模糊效果

模糊效果插件包含三种类型，即均匀型、方向型和放射型。模糊效果插件根据“像素选择”选项卡中的设置将模糊效果应用于各个像素。

三、其他效果

通过设置“环境和效果”窗口中的“效果”选项卡，还可以添加和管理其他渲染效果。

- **亮度和对比度**：用于调整图像的对比度和亮度，其参数面板较为简单，如图 9-27 所示。
- **色彩平衡**：通过独立控制色彩通道来调节场景或模型的相加/相减色调，其参数面板如图 9-28 所示。

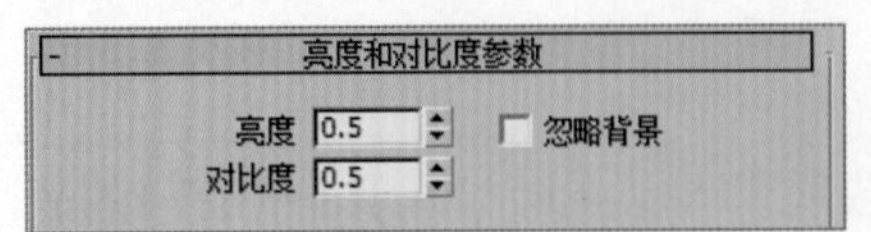

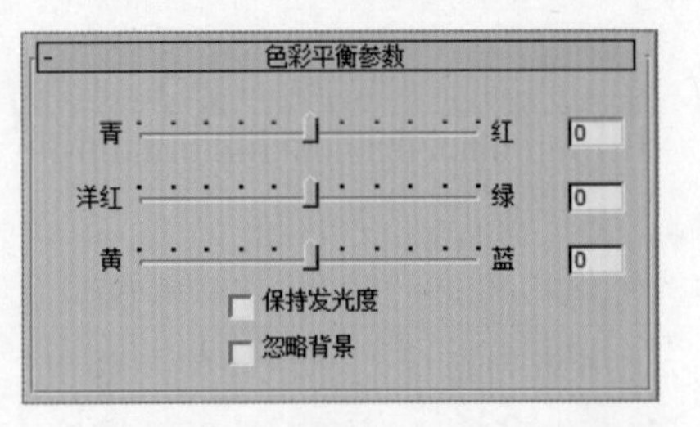

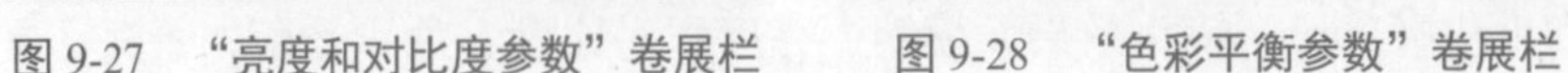
图 9-27 “亮度和对比度参数”卷展栏　　图 9-28 “色彩平衡参数”卷展栏

- **文件输出：**用于在应用部分或其他所有渲染效果之前获取渲染对象的“快照”，其参数面板如图 9-29 所示。
- **胶片颗粒：**用于在渲染场景中创建胶片颗粒效果，还可以将作为背景使用的源材质中的胶片颗粒与在 3ds Max 中创建的渲染场景相匹配，其参数面板如图 9-30 所示。

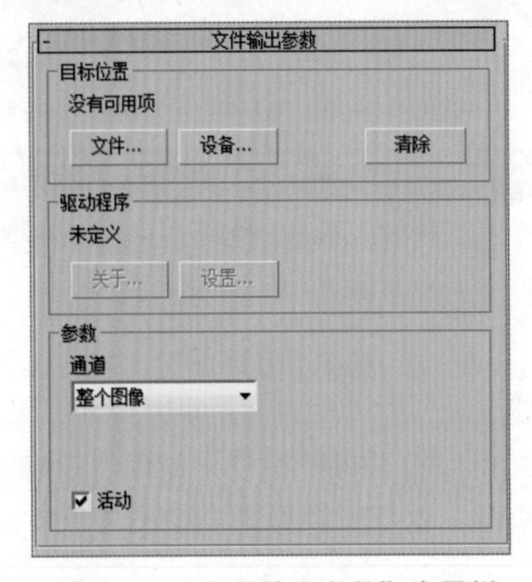

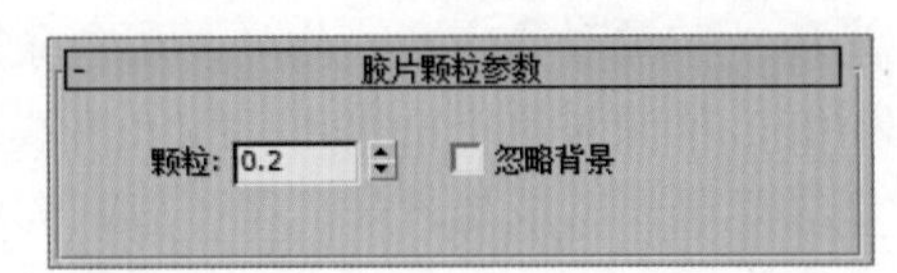

图 9-29 “文件输出参数”卷展栏　　图 9-30 “胶片颗粒参数”卷展栏

实例 1 镜头效果的应用——为球体添加镜头效果

下面将以为球体应用镜头效果为例，对各种镜头效果的应用进行介绍，最终渲染效果如图 9-31 所示。

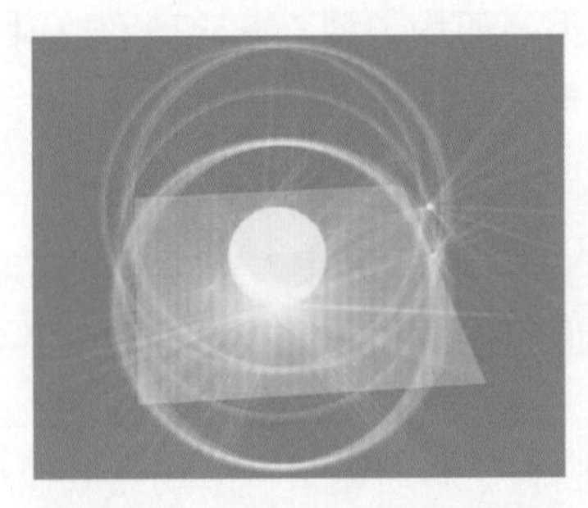

图 9-31 为球体应用镜头效果

应用镜头效果的具体操作步骤如下：

Step 01 打开“素材\第 9 章\镜头效果 发光球体.max”文件，如图 9-32 所示。

Step 02 执行“渲染”命令，查看添加镜头效果前的渲染效果，如图 9-33 所示。

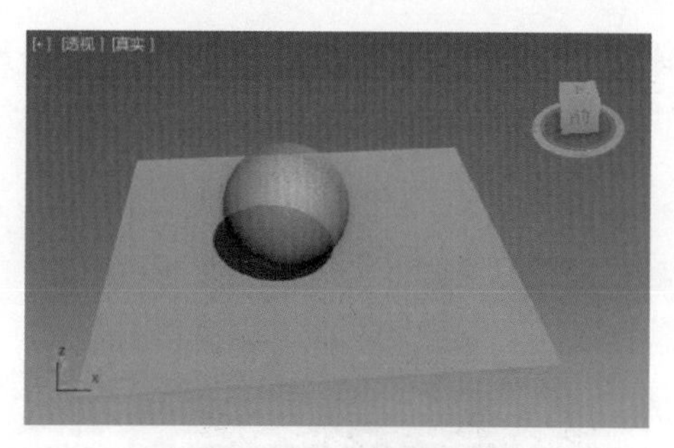

图 9-32　打开素材文件

图 9-33　渲染效果

Step 03 按【8】键，打开“环境和效果”窗口，选择“效果”选项卡，单击“添加”按钮，如图 9-34 所示。

Step 04 弹出“添加效果”对话框，在列表框中选择“镜头效果”选项，然后单击“确定”按钮，如图 9-35 所示。

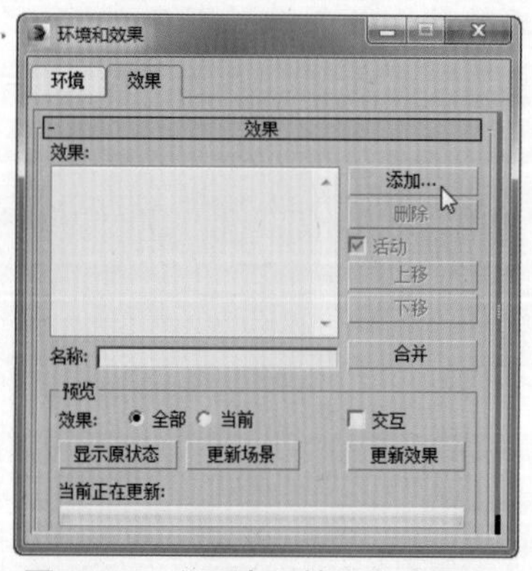

图 9-34　“环境和效果”窗口

图 9-35　“添加效果”对话框

Step 05 展开“镜头效果参数”卷展栏，在左侧列表框中选择“光环”选项，单击 > 按钮添加效果到右侧列表框，如图 9-36 所示。

Step 06 展开“光环元素”卷展栏，在“参数”选项卡下设置光环的“大小”“强度”等参数，如图 9-37 所示。

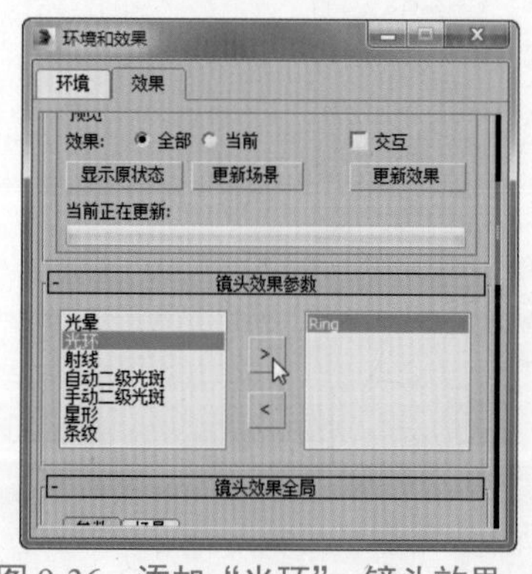

图 9-36　添加“光环”　镜头效果

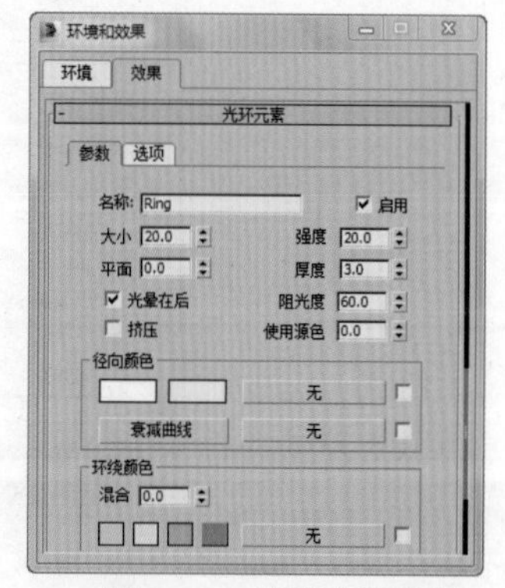

图 9-37　设置光环参数

Step 07 在“光环元素”卷展栏下选择“选项”选项卡，在“应用元素于”选项区中勾选“图像中心”复选框，然后在“图像源”选项区中勾选“材质 ID”复选框，如图 9-38 所示。

Step 08 打开材质编辑器，通过“从对象拾取材质”工具拾取球体的材质。单击“材质 ID 通道”按钮，在弹出的下拉列表中单击“1”按钮，如图 9-39 所示。

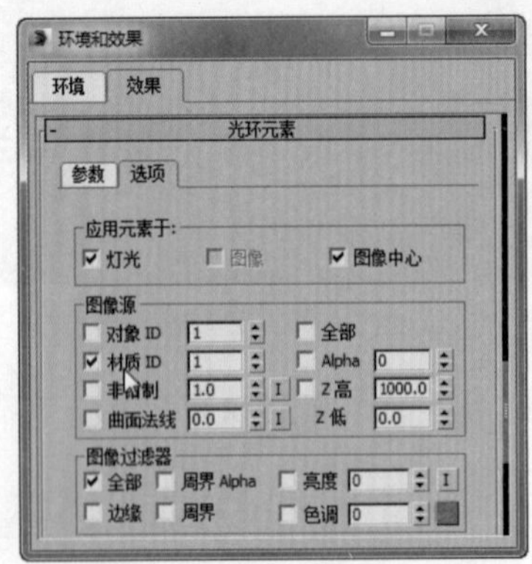

图 9-38　“环境和效果”窗口

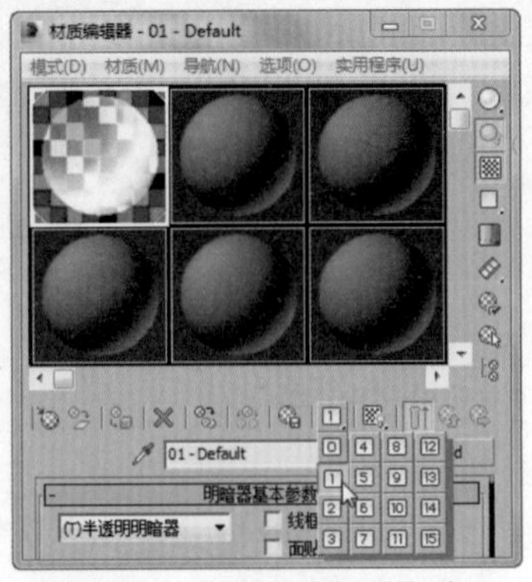

图 9-39　“材质编辑器”窗口

Step 09 执行“渲染”命令，查看添加光环镜头后的渲染效果，如图 9-40 所示。

Step 10 返回“环境和效果”窗口的“镜头效果参数”卷展栏，添加“射线”效果，如图 9-41 所示。

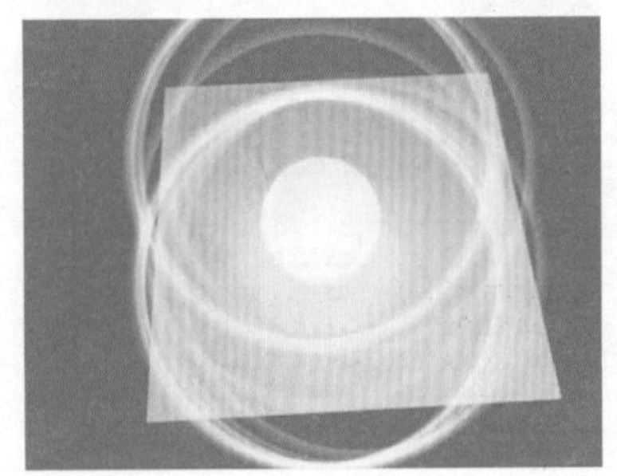

图 9-40　添加光晕镜头效果

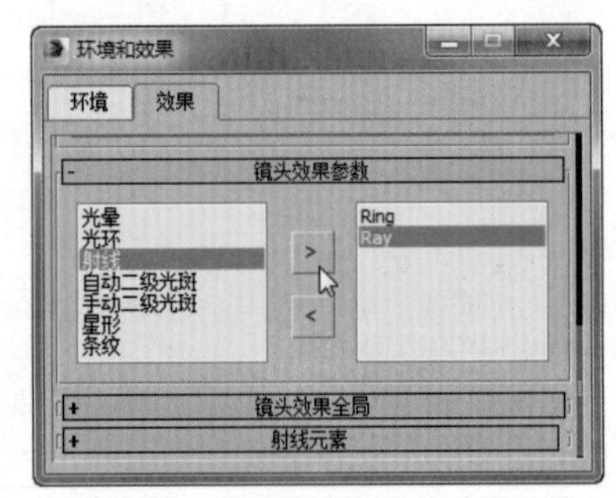

图 9-41　添加“射线”效果

Step 11 展开“射线元素”卷展栏，在“参数”选项卡中设置射线的“数量”“强度”等参数，如图 9-42 所示。

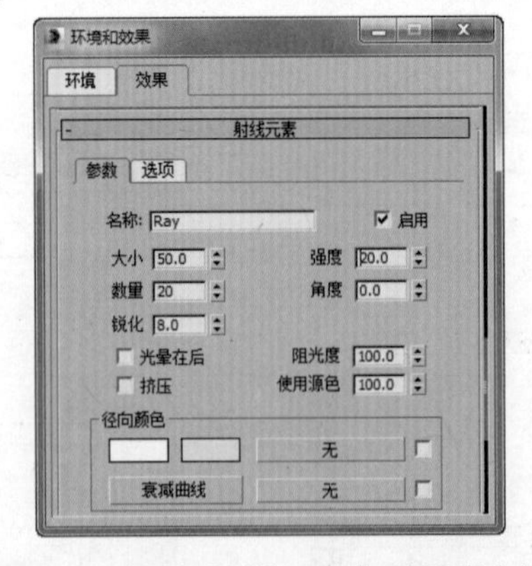

图 9-42　设置“射线元素”卷展栏参数

Step 12 在“射线元素”卷展栏下选择“选项”选项卡，在“应用元素于”选项区中勾选“图像中心”复选框，在“图像源”选项区中勾选“材质 ID”复选框（如图 9-43 所示），然后执行“渲染”命令。

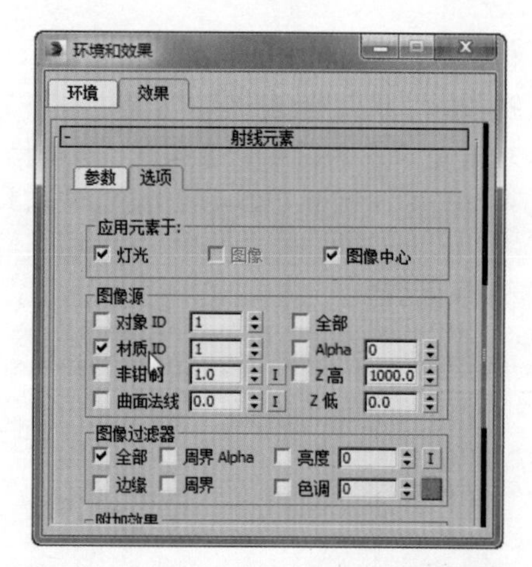

图 9-43　设置“射线元素”卷展栏参数

实例 2　模糊效果的应用——为茶壶添加模糊效果

下面以为茶壶添加模糊效果为例，对模糊效果的应用进行介绍，最终渲染效果如图 9-44 所示。

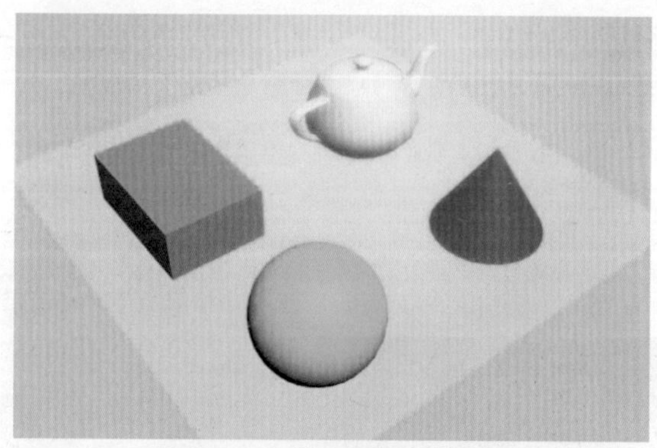

图 9-44　为茶壶添加模糊效果

为茶壶添加模糊效果的具体操作步骤如下：

Step 01 创建一个平面，在上面创建茶壶、球体、圆锥体、长方体，并适当调整其大小，如图 9-45 所示。

Step 02 按【8】键，打开“环境和效果”窗口，选择“效果”选项卡，选择“模糊”选项后单击“添加”按钮，如图 9-46 所示。

图 9-45　创建对象

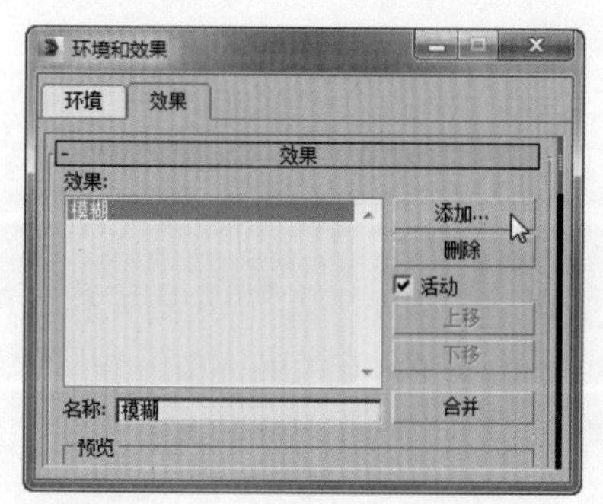

图 9-46　“环境和效果”窗口

Step 03 展开“模糊参数”卷展栏，选择“模糊类型”选项卡，单击“均匀型”单选按钮，然后设置其“像素半径%”值，如图 9-47 所示。

Step 04 切换到“像素选择”选项卡，勾选“对象 ID”复选框并添加 ID “9”，设置右侧的“最小亮度（%）”“加亮（%）”“混合（%）”等参数，如图 9-48 所示。

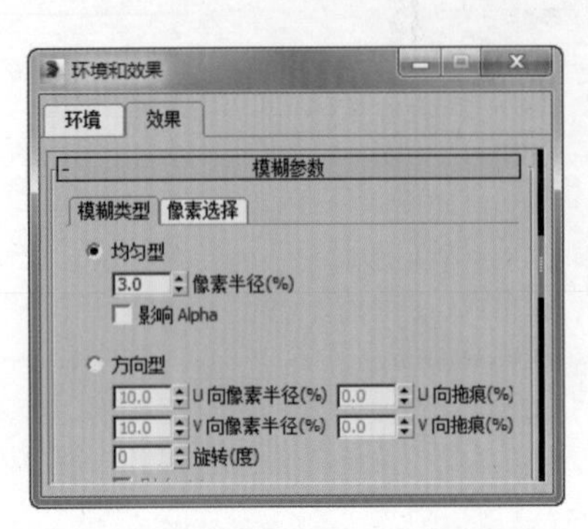

图 9-47 设置“模糊参数”卷展栏参数

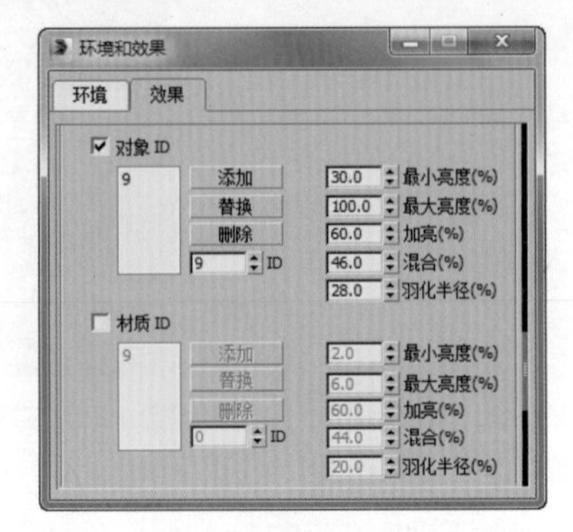

图 9-48 设置“像素选择”选项卡参数

Step 05 一般创建的对象其对象 ID 为 0，现将其对象属性中的对象 ID 修改为“9”。在茶壶上单击鼠标右键，在弹出的快捷菜单中选择“对象属性”命令，如图 9-49 所示。

Step 06 弹出“对象属性”对话框，选择“常规”选项卡，在“渲染控制”选项区中修改对象 ID 为“9”（如图 9-50 所示），执行“渲染”命令。

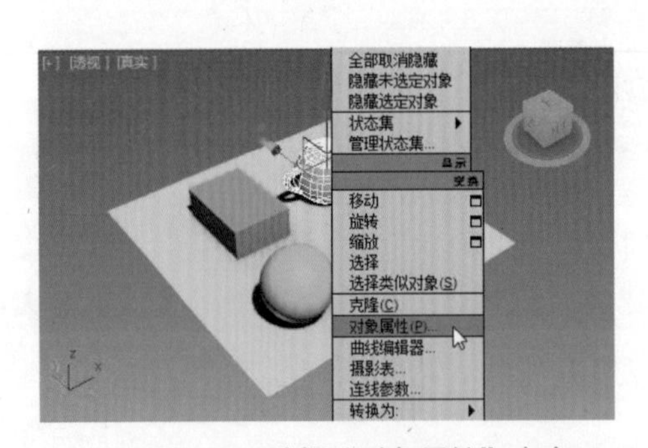

图 9-49 选择“对象属性”命令

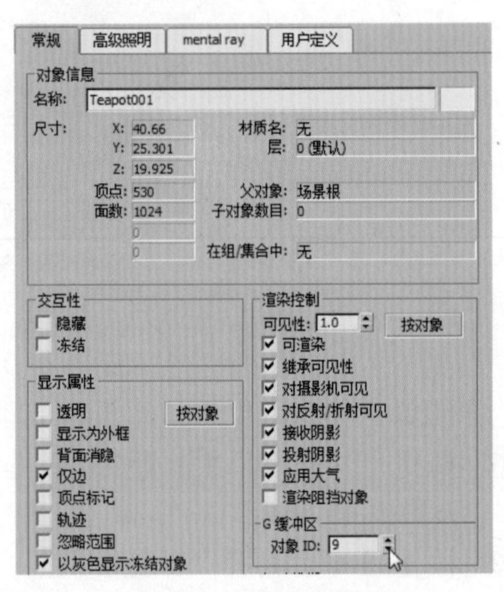

图 9-50 修改对象 ID

本章小结

本章介绍了 3ds Max 2015 环境和效果的设置与应用，可以结合实例学习相关知识点。读者需要融会贯通，在“第 10 章 粒子系统与 3ds Max 动画技术”中将本章内容灵活运用，才能制作出更为精美的 3D 效果。

本章习题

下面结合本章所学知识，运用镂空文字制作体积光效果，如图 9-51 所示。

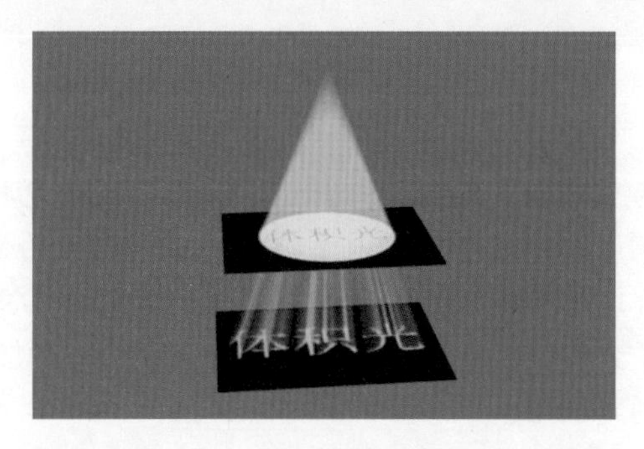

图 9-51　体积光的渲染效果

重点提示：

①创建“文本”和“矩形”样条线。将矩形转换为可编辑样条线，然后附加“文本”样条线，将“矩形”与“文本”结合为一个整体。为该整体添加“挤出”修改器，挤出数量为 3。在文本的正上方创建目标聚光灯，使灯光范围罩住文字，但不要超过矩形范围，效果如图 9-52 所示。

②执行“渲染”|“环境”命令，打开“环境和效果”窗口，添加体积光效果，拾取场景中的目标聚光灯，设置体积光参数，如图 9-53 所示。

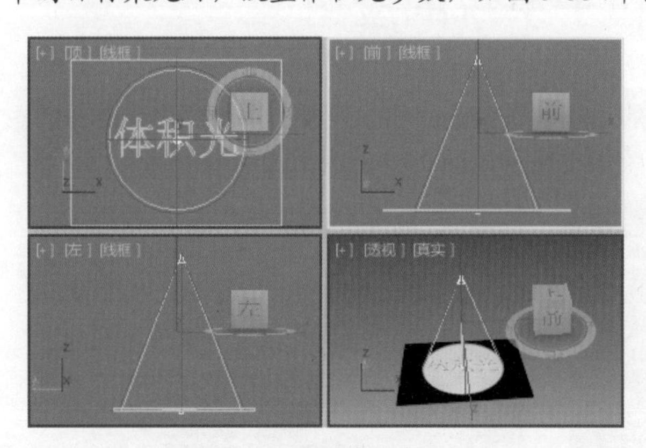

图 9-52　初步效果图

图 9-53　设置体积光参数

③为目标聚光灯添加阴影，否则渲染效果完全是雾颜色。选择目标聚光灯，在“修改”面板“常规参数”卷展栏下的“阴影”选项区中勾选“启用”复选框，如图 9-54 所示。

④在矩形平面下方的一定距离处创建平面，使体积光可以投影到此平面，以便更好地观察效果。

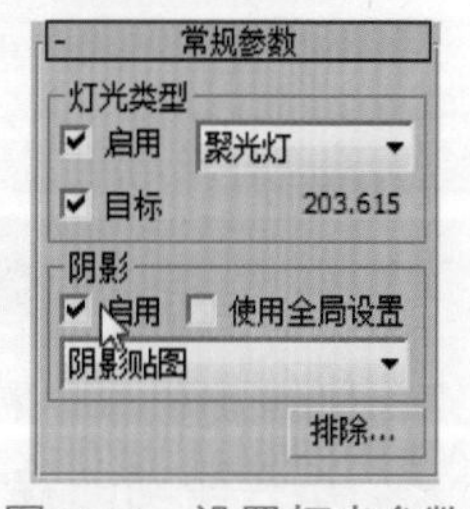

图 9-54　设置灯光参数

第10章 粒子系统与3ds Max动画技术

【本章导读】

本章将对粒子系统与空间扭曲的相关知识进行介绍，其中包括认识粒子系统、粒子系统和空间扭曲的应用实例等，使读者轻松地掌握常用粒子动画的创建方法和“力”类型空间扭曲的应用方法。同时，本章将对三维动画技术进行介绍，其中包括动画基本工具的应用、变形器的应用、骨骼动画的创建等，使读者熟悉3ds Max 2015中动画基本工具的应用方法，掌握骨骼动画的创建流程。

【本章目标】

- 能够对粒子流源进行相关设置。
- 能够应用粒子流源制作文字飘散动画。
- 能够应用雪粒子制作雪花场景动画。
- 能够熟练操作动画基本工具，并能制作基本的3D动画。
- 认识骨骼系统、蒙皮和Character Studio，能够制作骨骼动画。

10.1 粒子系统的应用

粒子系统是3ds Max中功能强大的动画制作工具，如暴风雪、洪水肆虐或爆炸等影视作品中的常见场景都可以通过粒子系统来实现，如图10-1、图10-2所示。

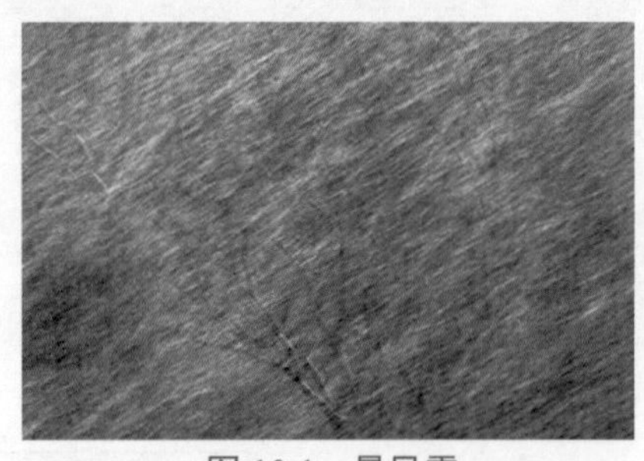

图10-1 暴风雪

图10-2 洪水

基本知识

一、粒子系统的分类

3ds Max提供了两种类型的粒子系统，即事件驱动和非事件驱动。

- **事件驱动的粒子系统：**又被称为“粒子流源”，主要用于制作较复杂的动画。它使用一种被称为“粒子视图”的特殊窗口来使用事件驱动模型。在粒子视图中可以将一定时期内描述粒子属性（如形状、速度、方向和旋转等）的单独操作符并到被称为“事件”的组中。每个操作符都提供一组参数，其中多数参数可以被设置动画，以更改事件期间的粒子行为，如图 10-3 所示。

➢ **非事件驱动的粒子系统：**相对于粒子流源，非事件驱动的粒子系统的使用方法较为简单、快捷，可以被用于模拟雪、雨、尘埃等简单动画效果。3ds Max 提供了六个内置非事件驱动的粒子系统，即喷射、雪、超级喷射、暴风雪、粒子阵列和粒子云，如图 10-4 所示。

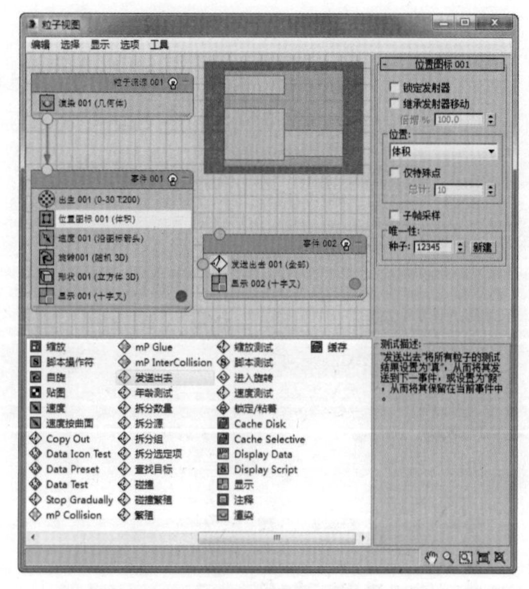

图 10-3　“粒子视图”窗口

图 10-4　“粒子系统”创建面板

二、粒子流源的相关设置

在“创建”面板中单击“几何体”按钮，然后通过下拉列表设置几何体类型为“粒子系统”，即可通过粒子流源工具进行创建。

粒子流源在“修改”面板下包含“设置”“系统管理”“发射”“选择”及“脚本”五个卷展栏，分别用于不同参数的设置，如图 10-5 所示。

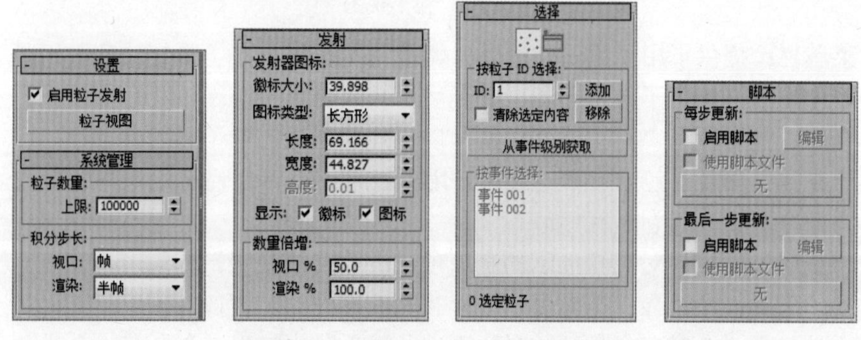

图 10-5　“粒子流源”　参数设置

（1）“设置”卷展栏：用于打开或关闭粒子系统，以及打开“粒子视图”窗口。

（2）“系统管理”卷展栏：用于限制系统中的粒子数，以及积分步长。

（3）“发射”卷展栏。用于设置发射器（粒子源）图标的物理特性，以及渲染时视口中生成粒子的百分比。

- **“发射器图标”选项区：** 设置显示在源图标中心的粒子流徽标的大小，源图标的基本几何体类型，以及长度、宽度等参数。
- **“数量倍增”选项区：** 设置渲染时在视口中实际生成的每个流中粒子总数的百分比。

（4）“选择”卷展栏：使用户可以基于每个粒子或事件来选择粒子。

（5）“脚本”卷展栏：通过启用与编辑脚本来控制粒子的综合步幅。

三、粒子视图

粒子视图提供了用于创建和修改粒子系统的主用户界面。该界面可以分为菜单栏、事件显示、“参数”面板、仓库、“说明”面板及显示工具等部分，如图 10-6 所示。

图 10-6 粒子视图

- **菜单栏：** 提供了用于编辑、选择、调整视图及分析粒子系统的各种工具。
- **事件显示：** 包含了粒子图表，并可用于修改粒子系统。
- **仓库：** 包含所有“粒子流”动作，以及几种默认的粒子系统。
- **“参数”面板：** 包含多个卷展栏，用于查看和编辑任何选定动作的参数，其作用与命令面板上的卷展栏相似。
- **“说明”面板：** 对高亮显示的仓库项目进行简短说明。
- **显示工具：** 通过显示工具可以平移和缩放事件显示窗口。

粒子系统包含一个或多个相互关联的事件，每个事件包含一个具有一个或多个操作符和测试的列表，如图 10-7 所示。

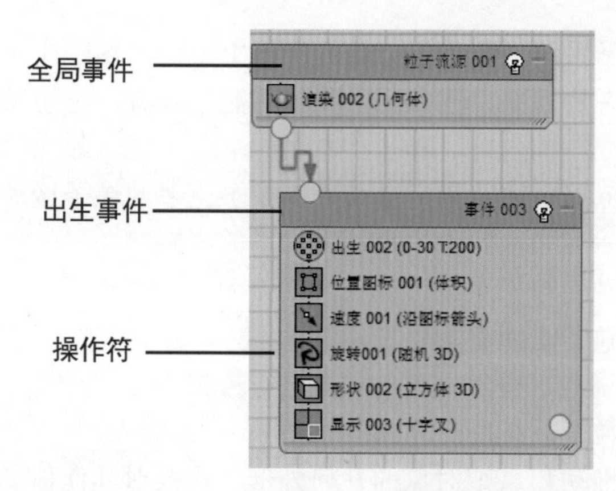

图 10-7　事件关联列表

- **全局事件**：粒子系统中的第一个事件即全局事件，其内容影响系统中的所有粒子。默认情况下，全局事件包含一个“渲染”操作符，该操作符用于指定系统中所有粒子的渲染属性。
- **出生事件**：第二个事件又被称为“出生事件”，包含一个“出生”操作符。“出生”操作符位于出生事件的顶部，且不会出现在其他位置。
- **操作符**：用于描述粒子的速度、方向、形状和外观等属性，可以将操作符拖到某事件中，以便为该事件期间内的粒子提供特殊属性。

实例 1　粒子流源的应用实例——创建文字飘散动画

利用粒子流源可以实现多种绚丽的动画效果。在创建粒子动画时，通常需要用到导向器，以实现粒子的空间碰撞效果。导向器是一组用于为粒子导向或影响动力学系统的工具。“力”类型空间扭曲包括推力、马达、旋涡、阻力等多个工具，主要用于影响粒子系统和动力学系统，如图 10-8 所示。

图 10-8　“力”类型空间创建面板

- **推力**：如果作用于粒子系统，可以实现均匀的单向力；如果作用于动力学系统，可以提供一个如同用手指推动物体的点力。
- **马达**：其工作方式类似于“推力”，不同的是其对受影响的粒子或对象应用的是转动扭矩而非定向力。

- **旋涡**：将力应用于粒子系统，使其在急转的旋涡中旋转，然后让它们向下移动成一个长而窄的喷流或者旋涡井，通常用于创建黑洞、涡流、龙卷风和其他漏斗状对象。
- **阻力**：是一种在指定范围内按照指定量来降低粒子速率的粒子运动阻尼器，常用于模拟风阻、致密介质（如水）中的移动、力场的影响等。
- **粒子爆炸**：能创建一种使粒子系统爆炸的冲击波。
- **路径跟随**：可以强制粒子沿螺旋形路径运动。
- **重力**：可以在粒子系统上对自然重力的效果进行模拟。
- **风**：可以模拟风吹动粒子系统所产生的吹动效果。
- **置换**：以力场的形式推动和重塑对象的几何外形。置换对几何体（可变形对象）和粒子系统都会产生影响。

下面将以文字飘散动画的创建为例，对粒子流系统及导向器、风力工具的应用等进行介绍，中间帧渲染效果如图 10-9 所示。

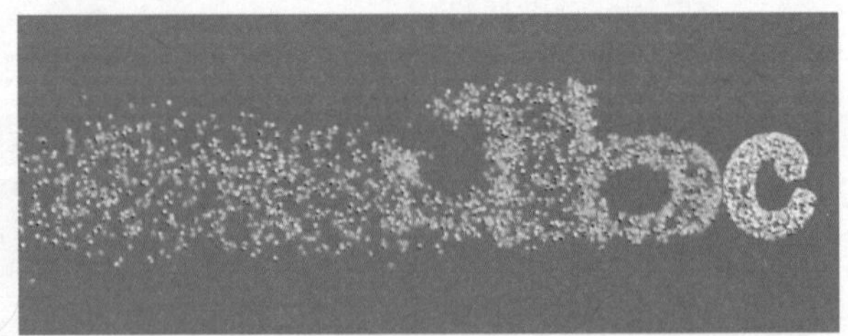

图 10-9　文字飘散动画的中间帧渲染效果

创建文字飘散动画的具体操作步骤如下：

Step 01 打开“素材\第 10 章\粒子流源应用实例.max”文件，如图 10-10 所示。

Step 02 在“创建”面板下设置几何体类型为“粒子系统”，然后单击“粒子流源”按钮，如图 10-11 所示。

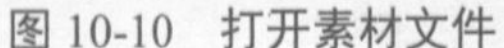

图 10-10　打开素材文件

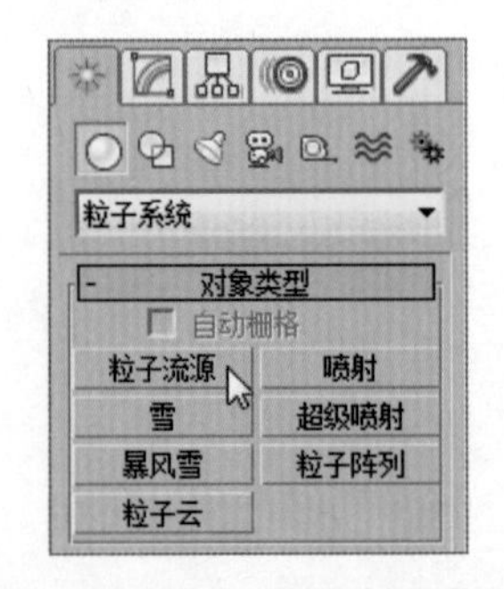

图 10-11　单击“粒子流源”按钮

Step 03 在场景的任意位置通过拖动鼠标指针创建一个适当大小的粒子流发射器，如图 10-12 所示。

Step 04 展开其“修改”面板的“发射”卷展栏，修改“数量倍增”选项区下的“视口%”为合适值，以提高交互速度，如图 10-13 所示。

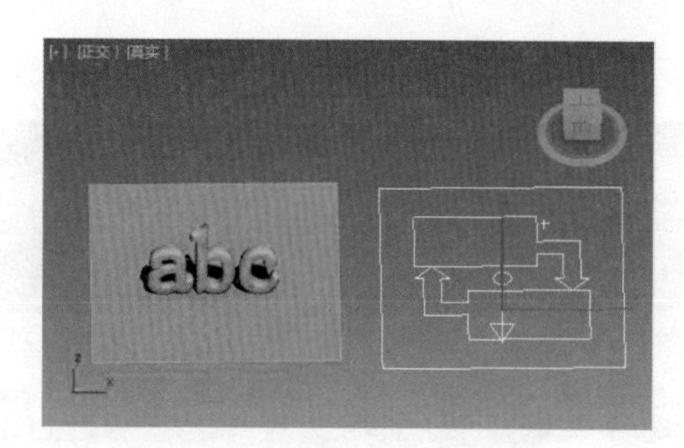

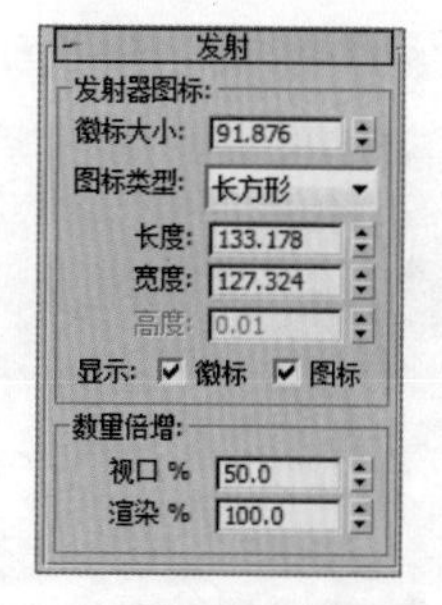

图 10-12　创建粒子流发射器　　　图 10-13　设置“数量倍增”选项区参数

Step 05 在“设置”卷展栏中单击“粒子视图”按钮，打开粒子视图。在事件 001 中选择出生 001 控制器，在右侧卷展栏中设置其“发射开始”与“发射停止”的值均为 0，“数量”为 30000，如图 10-14 所示。

Step 06 在事件 001 中选择显示 001 控制器，然后在右侧卷展栏中设置其“类型”为“点”，颜色为白色，如图 10-15 所示。

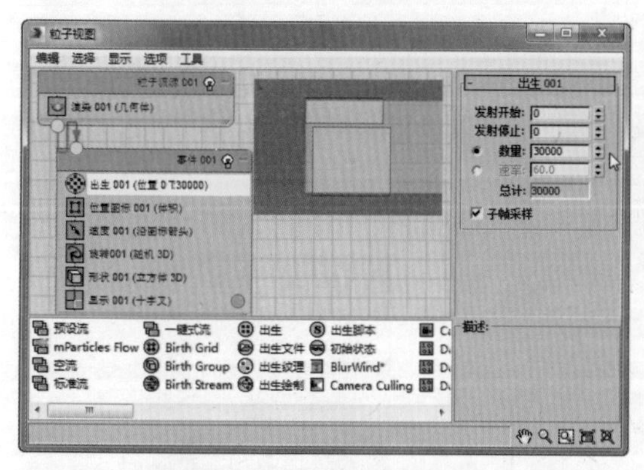

图 10-14　设置出生属性

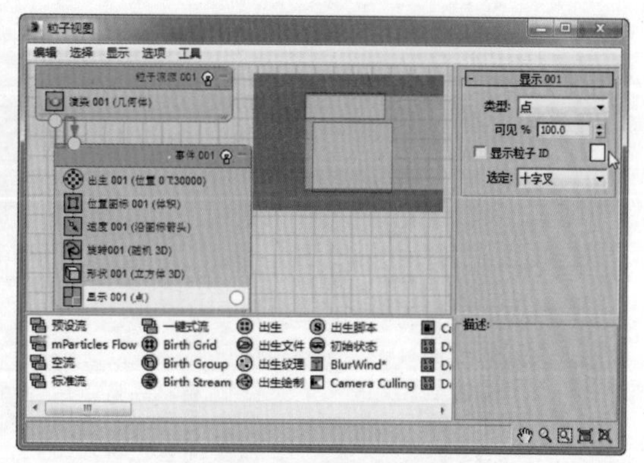

图 10-15　设置显示属性

Step 07 在“仓库”列表框中选择并拖动位置对象控制器到事件 001 中，如图 10-16 所示。

Step 08 选择事件 001 中新添加的位置对象 001 控制器，在右侧卷展栏中单击“发射器对象”选项区中的“添加”按钮，如图 10-17 所示，拾取场景中的文字对象。

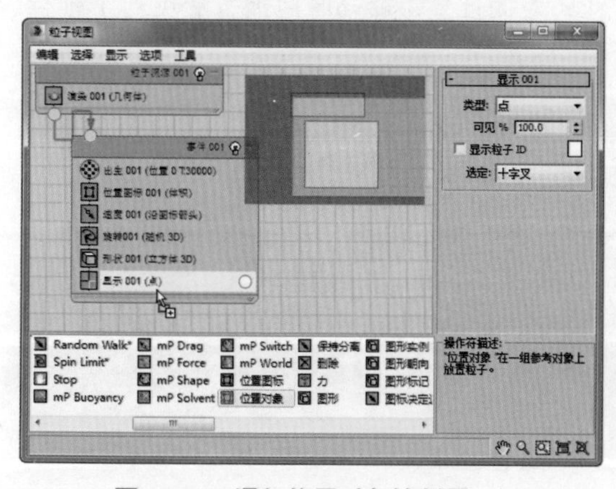

图 10-16　添加位置对象控制器

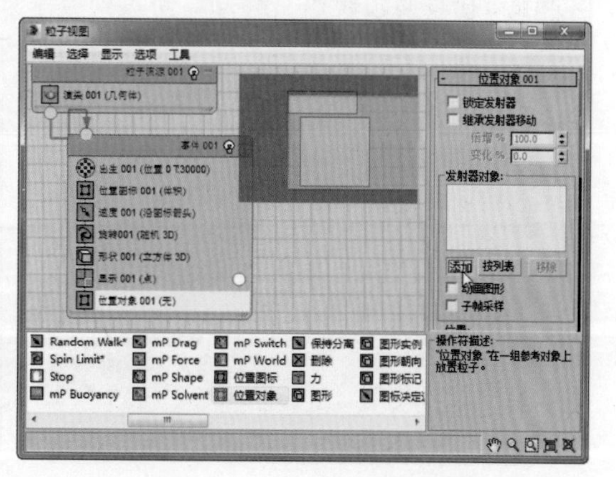

图 10-17　单击“添加”按钮

Step 09 此时粒子发射器中的粒子对象将全部附着在文字对象上，如图 10-18 所示。

Step 10 隐藏文字及背景平面对象，以方便查看与控制粒子对象，如图 10-19 所示。

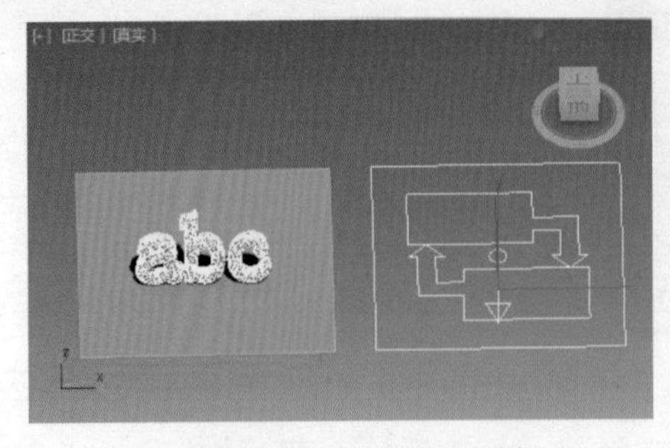

图 10-18　附着粒子对象

图 10-19　隐藏对象

Step 11 在事件 001 中的速度 001 控制器上单击鼠标右键，在弹出的快捷菜单中选择“禁用”命令，将不需要的功能禁用，如图 10-20 所示。

Step 12 在“创建”面板下单击“空间扭曲”按钮，然后设置空间扭曲类型为“导向器”，单击“导向板”按钮，如图 10-21 所示。

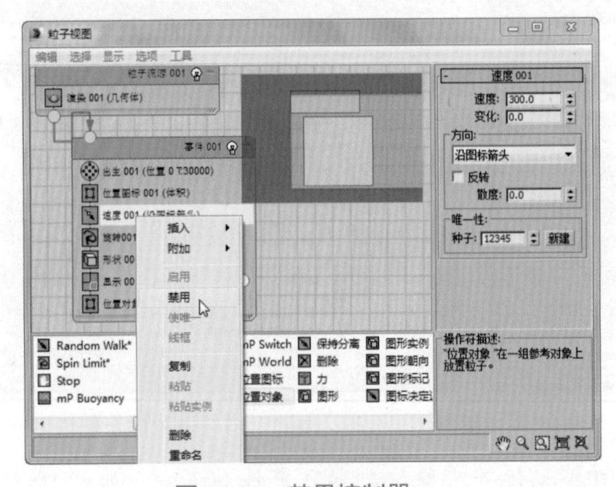

图 10-20　禁用控制器

图 10-21　单击“导向板”按钮

Step 13 切换到左视图，创建一个面积大于文字厚度的导向板，如图 10-22 所示。

Step 14 切换回顶视图，移动导向板到粒子对象的左侧位置，移动时间调节滑块到 1 帧位置，单击“自动关键点”按钮，如图 10-23 所示。

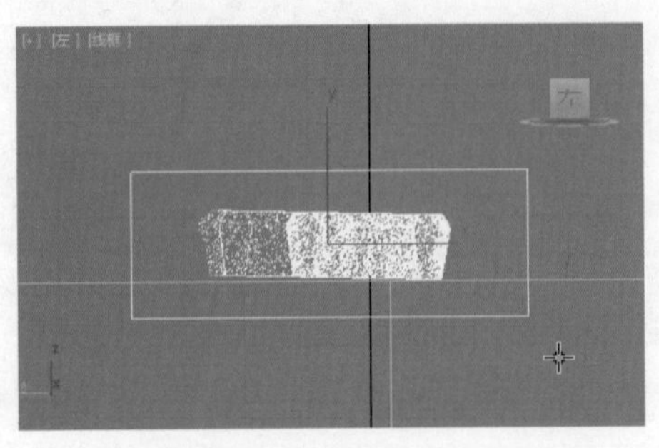

图 10-22　创建导向板

图 10-23　单击“自动关键点”按钮

Step 15 移动时间调节滑块到 40 帧位置，然后移动导向板到粒子对象的右侧位置，再次单击“自动关键点”按钮，即可完成自动关键点的创建，如图 10-24 所示。

Step 16 在“仓库”列表框中选择并拖动碰撞测试到事件 001 中，然后选择事件 001 中的碰撞测试，在右侧卷展栏中单击“添加”按钮，拾取导向板对象为碰撞载体，设置碰撞的“速度”为“继续”，如图 10-25 所示。

图 10-24　创建自动关键点

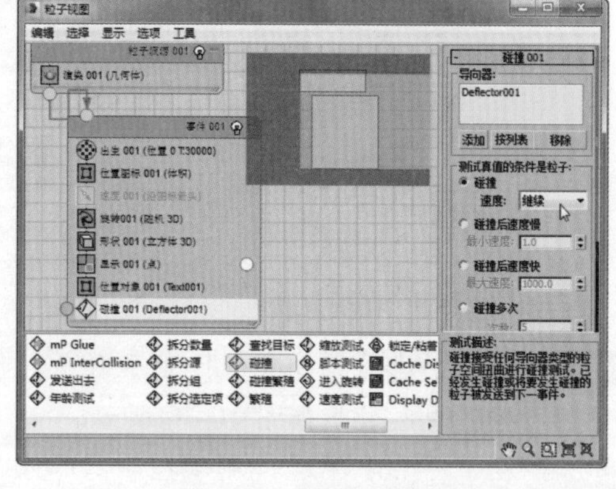

图 10-25　添加碰撞测试

Step 17 在“创建”面板下设置空间扭曲类型为“力”，然后单击“风”按钮，如图 10-26 所示。

Step 18 在场景中文字对象的右侧创建一个风对象，然后调整其风向，如图 10-27 所示。

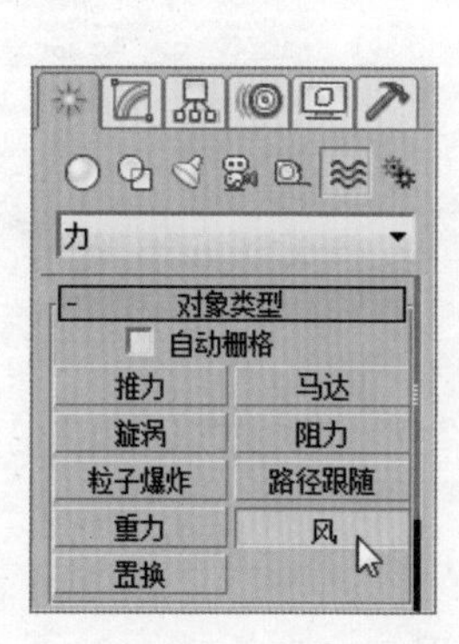

图 10-26　单击“风”按钮

图 10-27　创建风对象

Step 19 展开其“修改”面板下的“参数”卷展栏，在“力”选项区中设置“强度”值为 1，在“风”选项区中设置“湍流”“频率”等参数为合适值，如图 10-28 所示。

Step 20 在“仓库”列表框中选择并拖动力控制器到上方视图的空白处，创建一个新的事件。选择事件中的力 001 控制器，在右侧卷展栏中单击“添加”按钮，拾取场景中的风对象，效果如图 10-29 所示。

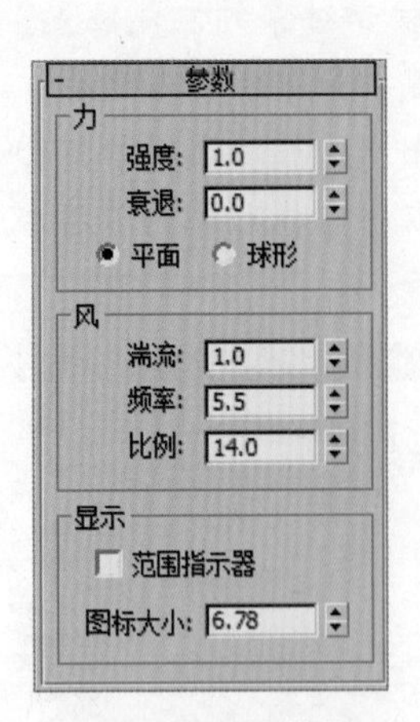

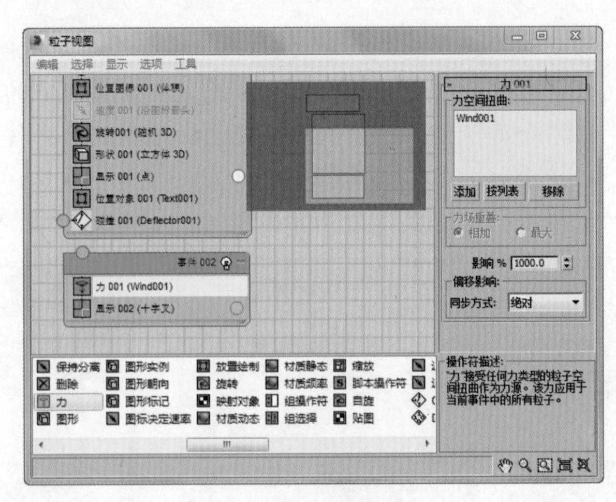

图 10-28　设置参数　　　　图 10-29　添加力控制器

Step 21　在新创建的事件中选择显示 002 控制器，然后在右侧卷展栏中设置其显示的“类型”等参数，如图 10-30 所示。

Step 22　在事件 001 中碰撞测试控制器的左侧小圆上按住鼠标左键，将其拖到新创建事件左上角的小圆上，从而连接两个事件，如图 10-31 所示。

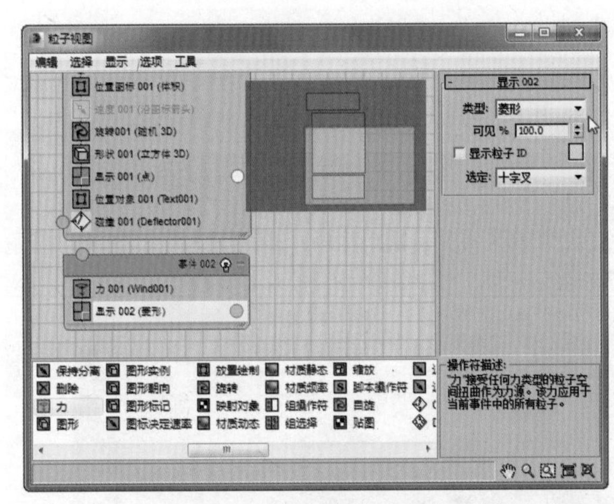

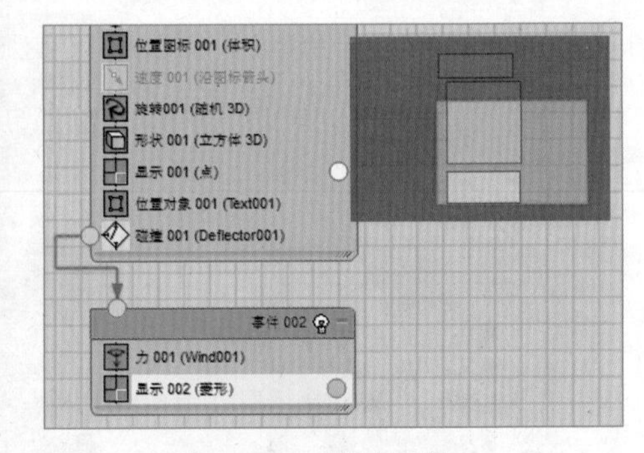

图 10-30　设置显示属性　　　　图 10-31　连接事件

Step 23　通过移动时间调节滑块查看场景中的文字动画效果，如图 10-32 所示。

图 10-32　文字动画效果

Step 24 在事件 001 中选择形状 001 控制器，设置其 3D 类型与大小（如图 10-33 所示），执行“渲染”命令。

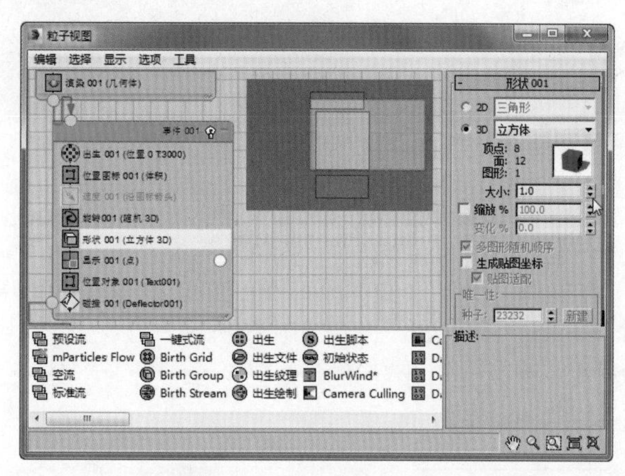

图 10-33　设置粒子形状

实例 2　雪粒子的应用实例——创建雪花场景动画

雪粒子多用于模拟降雪效果，也可以模拟投撒的纸屑等效果，其“修改”面板下的“参数”卷展栏包含“粒子”“渲染”“计时”及“发射器”四个选项区，如图 10-34 所示。

➢ **粒子：**用于设置视口和渲染中的最大粒子数，粒子大小，离开发射器时的初始速度，喷射变化效果，以及粒子在视口中的显示类型等。

➢ **渲染：**用于设置粒子渲染是六角形、三角形还是正方形面。

➢ **计时：**指发射的粒子的开始时间、寿命和出生速率。

➢ **发射器：**设置场景中出现粒子的区域。

下面将以创建雪花场景动画为例，对雪粒子的应用进行介绍，中间帧渲染效果如图 10-35 所示。

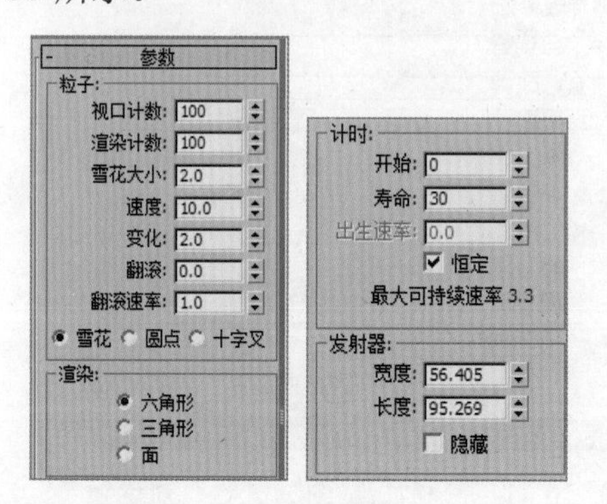

图 10-34　四个选项区

图 10-35　雪花场景动画的中间帧渲染效果

应用雪粒子创建雪花场景动画的具体操作步骤如下：

Step 01 在“创建”面板下设置几何体类型为“粒子系统”，然后单击“雪”按钮，如图 10-36 所示。

Step 02 在场景中创建一个适当大小的雪粒子发射器，如图 10-37 所示。

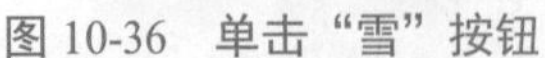
图 10-36 单击“雪”按钮

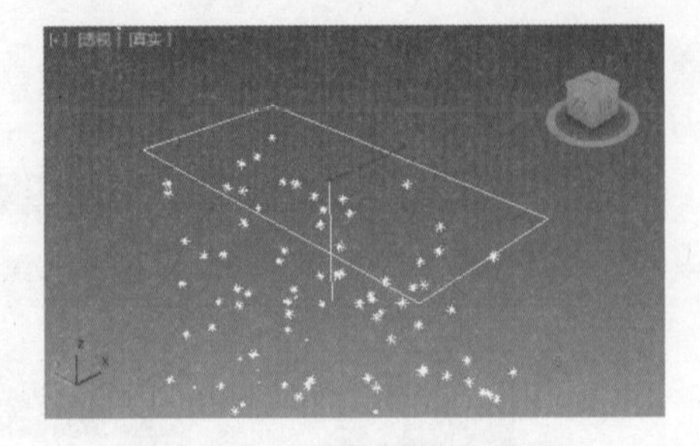
图 10-37 创建雪粒子发射器

Step03 展开“修改”面板的“参数”卷展栏，在“粒子”选项区中设置“视口计数”“渲染计数”“雪花大小”等参数，如图 10-38 所示。

Step04 在“渲染”选项区中设置粒子的渲染类型，在“计时”选项区中设置“开始”与“寿命”值，如图 10-39 所示。

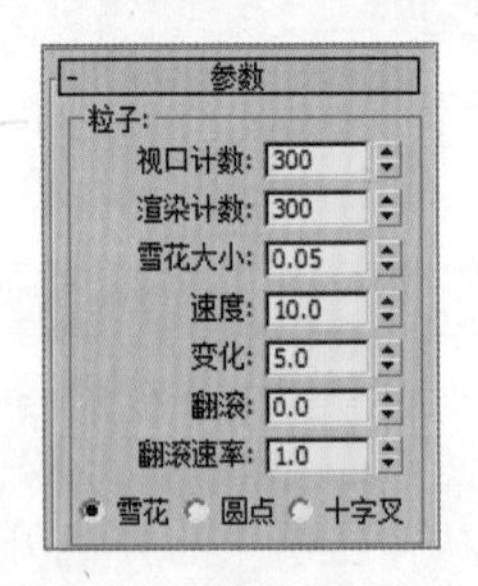

图 10-38 设置粒子参数

图 10-39 设置渲染类型与计时参数

Step05 打开“环境和效果”窗口，在“环境”选项卡下“公用参数”卷展栏中勾选“使用贴图”复选框，然后单击“环境贴图”贴图通道按钮，如图 10-40 所示。

Step06 弹出“材质/贴图浏览器”对话框，在“标准”卷展栏下双击“位图”选项，如图 10-41 所示。

图 10-40 “环境和效果”窗口

图 10-41 “材质/贴图浏览器”对话框

Step07 弹出“选择位图图像文件”对话框，打开“素材\第 10 章\Textures\雪粒子实例应用.jpg”图像文件，如图 10-42 所示。

Step08 返回“环境和效果”窗口，选择“效果”选项卡，在“效果”卷展栏下单击“添加”按钮，添加镜头效果，如图 10-43 所示。

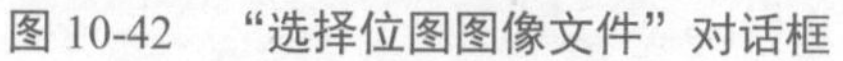
图 10-42　“选择位图图像文件”对话框

图 10-43　添加镜头效果

Step 09 在“镜头效果参数”卷展栏下添加“光晕”效果到右侧列表框中，如图 10-44 所示。

Step 10 在“光晕元素”卷展栏下的“参数”选项卡中设置光晕的径向颜色为白色，然后设置光晕的“大小”“强度”等参数，如图 10-45 所示。

Step 11 在“光晕元素”卷展栏下选择“选项”选项卡，在“应用元素于”选项区中勾选“图像中心”复选框，在“图像源”选项区中勾选“材质 ID”复选框，如图 10-46 所示。

图 10-44　添加“光晕”效果

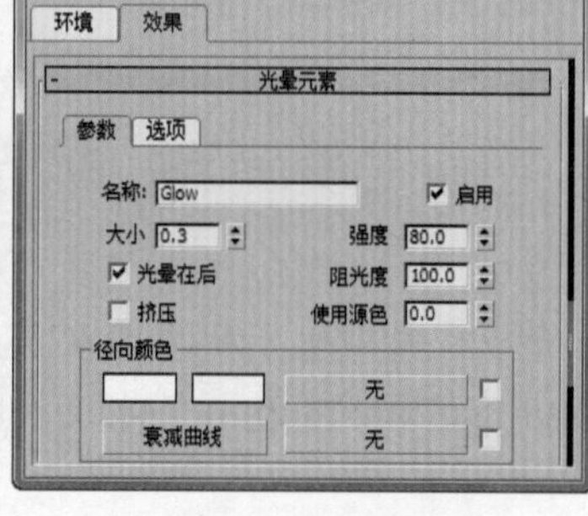

图 10-45　设置光晕参数

图 10-46　设置参数

Step 12 打开材质编辑器，设置第一个示例窗中的材质 ID 为光晕效果图像源的对应 ID 值，如图 10-47 所示。

Step 13 在“Blinn 基本参数”卷展栏下单击“漫反射”颜色右侧的贴图通道按钮，添加一个衰减贴图；在其“衰减参数”卷展栏下“前: 侧”选项区中通过拖动鼠标指针交换两个颜色的前后顺序，弹出的对话框如图 10-48 所示。

Step 14 在“混合曲线”卷展栏下将曲线右上角的控制点更改为 Bezier 角点，然后调整混合曲线的形状，效果如图 10-49 所示。

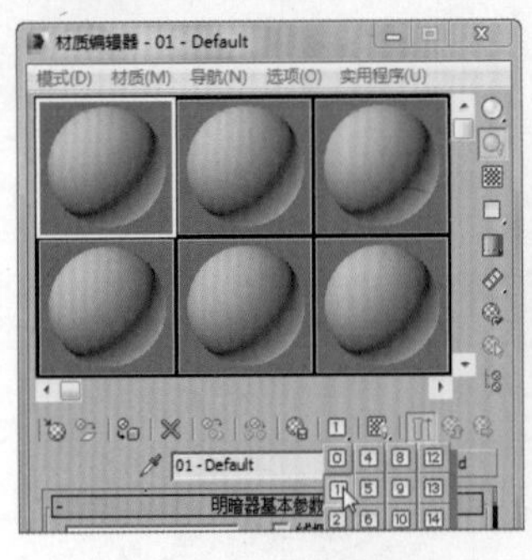

图 10-47 设置材质 ID

图 10-48 设置衰减参数

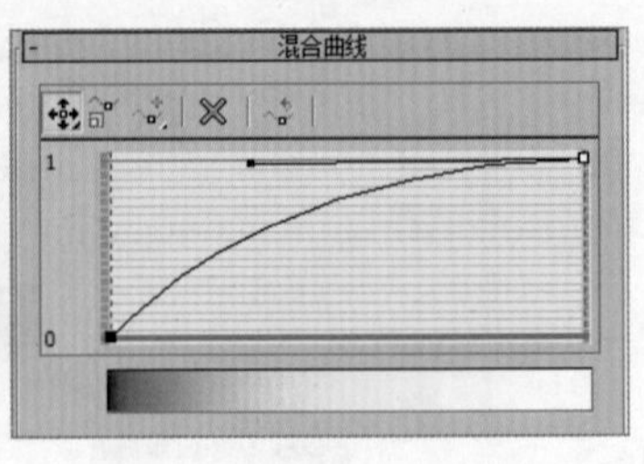

图 10-49 调整混合曲线

Step 15 采用同样的方法为材质的“不透明度”属性添加一个衰减贴图，此时示例窗中的材质效果如图 10-50 所示。

Step 16 将材质赋予场景中的雪粒子对象，如图 10-51 所示。通过时间调节滑块，将其移动到合适的中间帧位置，并执行“渲染”命令。

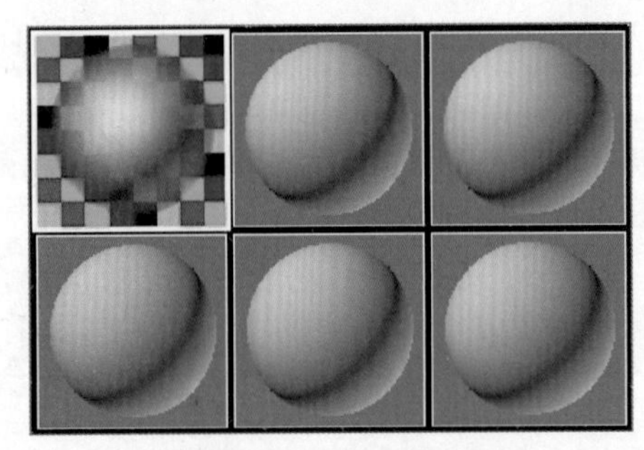

图 10-50 材质效果

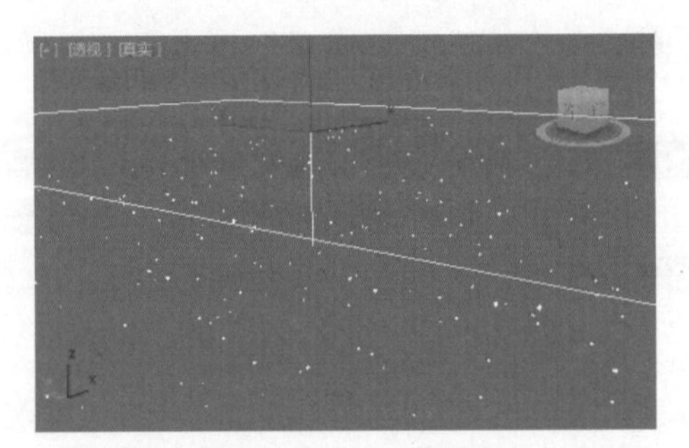

图 10-51 赋予材质

10.2 3ds Max 动画技术

本节将对三维动画技术进行介绍，其中包括动画基本工具的应用、变形器的应用、骨骼动画的创建等，使读者熟悉 3ds Max 2015 中动画基本工具的应用方法，掌握骨骼动画的创建流程。

基本知识

一、动画基本工具

在 3ds Max 2015 中，可以通过动画控制栏、时间控制栏、时间配置和曲线编辑器等工具进行基本动画的设置，下面将分别对其进行介绍。

1. 动画控制栏

动画控制栏包含“自动关键点”“设置关键点”“关键点过滤器”按钮等设置，用于关键帧的记录，如图 10-52 所示。

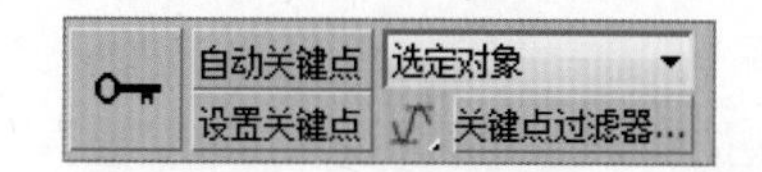

图 10-52 动画控制栏

- **自动关键点**：当启用“自动关键点”模式后，对对象进行移动、旋转和缩放等操作都会自动产生关键帧到时间调节滑块所在位置，如图 10-53 所示。

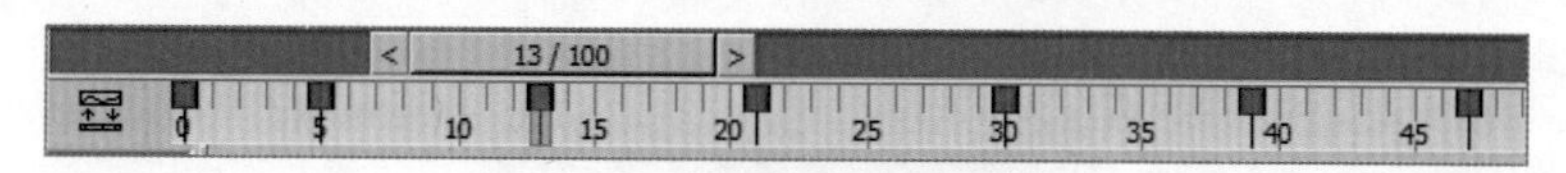

图 10-53 自动关键点

- **设置关键点**：与“自动关键点”模式不同，通过“设置关键点”模式可以控制设置关键点的对象，在所需时间位置处手动设置关键点。当单击“设置关键点”按钮，激活关键点设置后，在所需时间位置处单击鼠标左键，即可添加关键点到该位置。
- **关键点过滤器**：控制设置关键点的方式。例如，取消勾选“旋转”复选框，则不会创建旋转关键点，如图 10-54 所示。

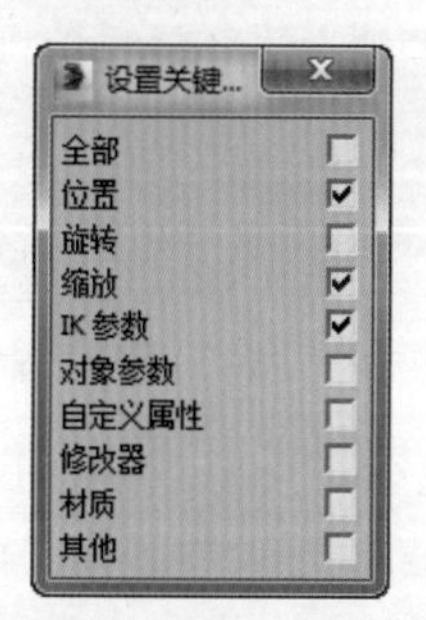

图 10-54 关键点过滤器

- **新关键点的默认内/外切线**：为新的动画关键点提供快速设置默认切线类型的方法。

2．时间控制栏

时间控制栏包含控制动画播放时间的相关工具，如图 10-55 所示。

图 10-55 时间控制栏

- **转至开头**：将时间调节滑块移到活动时间段的第一帧。
- **上一个帧/关键点**：将时间调节滑块向后移动一帧。如果启用关键点模式，时间调节滑块将移到上一个关键帧。
- **播放/停止**/：用于在活动视口中播放和停止动画。
- **下一个帧/关键点**：将时间调节滑块向前移动一帧。
- **转至结尾**：将时间调节滑块移到活动时间段的最后一帧。
- **当前帧（转到帧）** 13 ：显示当前帧编号，指出时间调节滑块的位置；也可在此数值框中输入帧编号来转到该帧。

➢ **关键点模式切换**：可以在关键点模式之间进行切换。
➢ **时间配置**：单击该按钮，即可打开“时间配置”对话框。

3. 时间配置

“时间配置”对话框包含“帧速率”“时间显示”“播放”“动画”等多个选项区。通过该对话框可以更改动画的长度，拉伸或缩放动画，还可以设置活动时间段、动画的开始帧和结束帧，如图 10-56 所示。

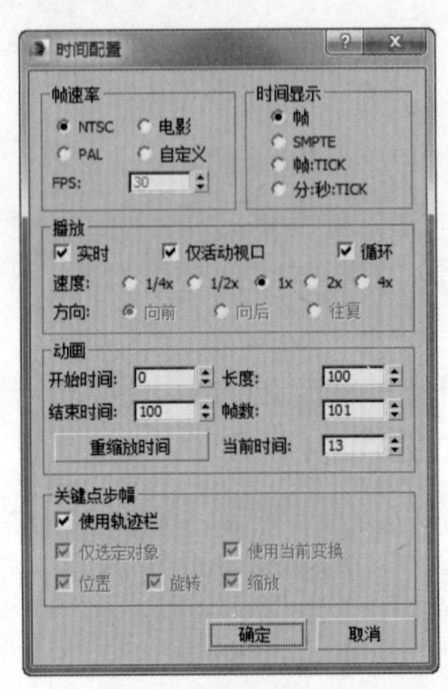

图 10-56 “时间配置”对话框

➢ **帧速率**：包含“NTSC”“电影”“PAL”和“自定义”四种帧速率。其中，“NTSC”（国家电视标准委员会）是北美、大部分中南美国家和日本所使用的电视标准，帧速率为 30 fps 或者每秒 60 场。我国通常采用“PAL”（相位交替线）标准，即帧速率为 25 fps 或者每秒 50 场。
➢ **时间显示**：指定在时间调节滑块及整个 3ds Max 中显示时间的方式。
➢ **播放**：控制实时播放，是否仅在活动视口播放，以及动画的播放形式、速度和方向。
➢ **动画**：控制时间调节滑块显示的活动时间段、活动时间段的帧数、当前时间调节滑块所在帧，以及重缩放时间段。
➢ **关键点步幅**：用于配置启用关键点模式时所使用的方式。

4. 曲线编辑器

曲线编辑器是一种“轨迹视图”模式，以图表上的功能曲线来表示运动。该模式可以使运动的插值以及软件在关键帧之间创建的对象变换直观化。使用曲线上关键点的切线控制柄，可以轻松观看和控制场景中对象的运动和动画。

“曲线编辑器”窗口由菜单栏、工具栏、控制器窗口和关键点窗格组成。在窗口的底部还拥有时间标尺、导航工具和状态工具，如图 10-57 所示。

5. 动画约束

通过动画约束可以将一个对象与另一个对象进行绑定，从而控制对象的位置、旋转或缩放等参数。3ds Max 2015 包含多种类型的动画约束，可以通过执行“动画”|“约束”

命令打开其子菜单，在其中选择所需类型的约束，如图 10-58 所示。

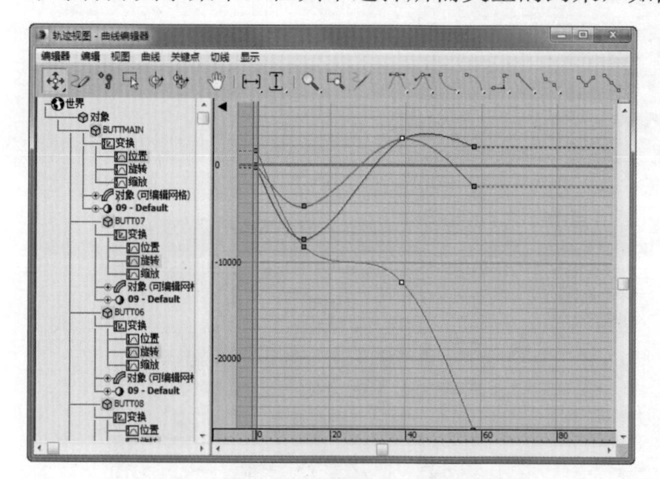

图 10-57　“曲线编辑器”窗口

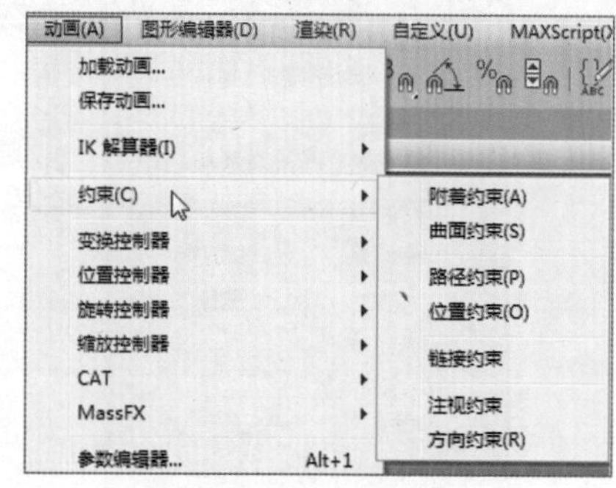

图 10-58　动画约束

- **附着约束：**是一种位置约束，可以将一个对象的位置附着到另一个对象的面上。
- **曲面约束：**用于在对象的表面定位另一对象。
- **路径约束：**沿样条线路径或在多条样条线的平均距离间限制对象的移动。
- **位置约束：**使对象跟随另一个对象的位置或多个对象的权重平均位置。
- **链接约束：**用于创建对象与目标对象之间彼此链接的动画。
- **注视约束：**用于控制对象的方向，使其一直注视另一个对象。
- **方向约束：**使某个对象的方向沿着另一个对象的方向或若干对象的平均方向。

二、骨骼系统

通过骨骼系统可以创建有关节的层次链接，从而为其他对象设置动画效果。骨骼系统包含骨骼几何体和链接关系两部分，可以组建出各式各样的骨骼结构。

在“创建”面板下单击“系统”按钮，切换到“系统”创建面板，在下方的“对象类型”卷展栏中单击“骨骼”按钮，在场景中通过拖动鼠标指针进行骨骼的创建，如图 10-59 所示。

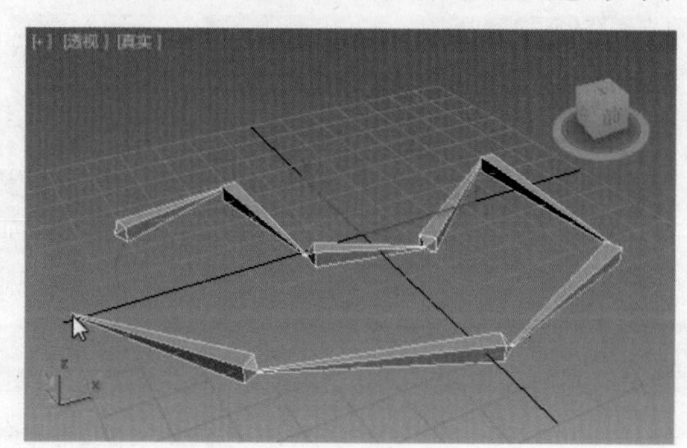

图 10-59　创建骨骼

执行“动画”|“骨骼工具”命令，打开“骨骼工具”窗口。该窗口可用于创建和编辑骨骼，添加和调整骨骼鳍，以及进行骨骼属性的设置等，如图 10-60 所示。

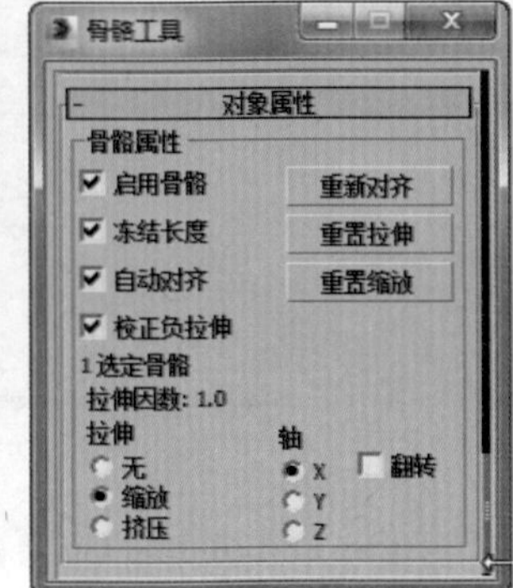

图 10-60 “骨骼工具”窗口

三、添加蒙皮

当为角色模型创建骨骼后，需要将角色模型与骨骼进行绑定，使骨骼能够带动角色形体进行运动，这一绑定过程被称为“蒙皮”。

系统自带的“蒙皮”工具包含“蒙皮”修改器、“蒙皮包裹”修改器及“蒙皮变形”修改器三种类型。

➢ **“蒙皮”修改器：** 用于驱动骨骼皮肤变形的工具。当应用该修改器并分配骨骼后，每个骨骼都有一个类似胶囊形状的封套，这些封套中的顶点会随骨骼一起移动。当对骨骼执行“旋转”“移动”等变换操作时，该修改器可通过受力点的权重影响对象，并产生相应的变形，如图 10-61 所示。

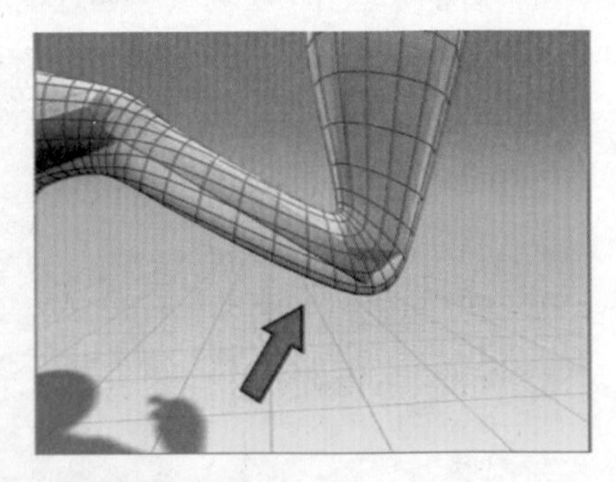

图 10-61 “蒙皮”修改器的应用

➢ **“蒙皮包裹”修改器：** 允许通过一个或多个对象变形另一个对象，主要用于使用低分辨率对象设置高分辨率对象（如角色网格）的动画。

➢ **“蒙皮变形”修改器：** 用于对“蒙皮”对象进行变形操作，通常与“蒙皮”修改器一起使用。

四、Character Studio 角色动画系统

Character Studio 角色动画系统是 3ds Max 2015 中功能强大的专业三维动画工具。用户可以通过 Character Studio 角色动画系统快速而轻松地建造复杂的骨骼，然后通过其自身的蒙皮工具 Physique 驱动网格模型创建所需的动画效果，如图 10-62 所示。

图 10-62　Character Studio 角色动画系统的应用

Character Studio 角色动画系统包含三个组件，分别为 Biped（两足动物）骨骼模块、Physique（蒙皮）修改器模块，以及群组动画模块，下面将分别对其进行介绍。

1．Biped（两足动物）骨骼模块

Biped 是 3ds Max 用于创建骨骼并应用动画效果的组件。用户可以从“创建”面板的“系统”创建面板下的“对象类型”卷展栏中调用该工具。Biped 骨骼模块是一种两足动物骨骼模块，可用于创建人类、动物或是其他想象物的骨骼，如图 10-63 所示。

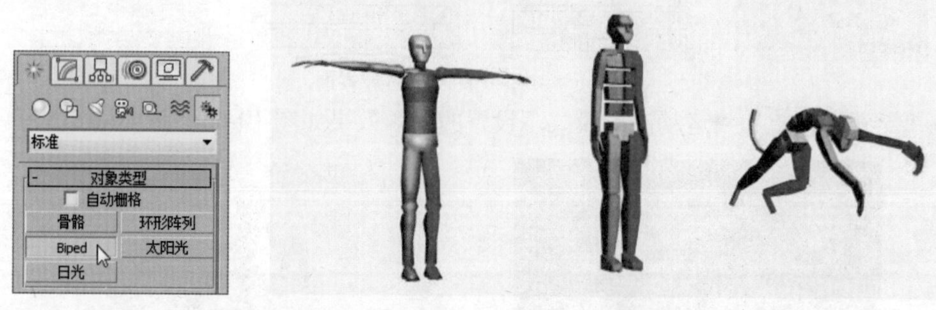

图 10-63　Biped（两足动物）骨骼模块

当执行“Biped”命令后，在“创建”面板下会显示“创建 Biped”卷展栏。通过该卷展栏可以设置 Biped 骨骼模块的“创建方法”“躯干类型”等各项基本参数，如图 10-64 所示。

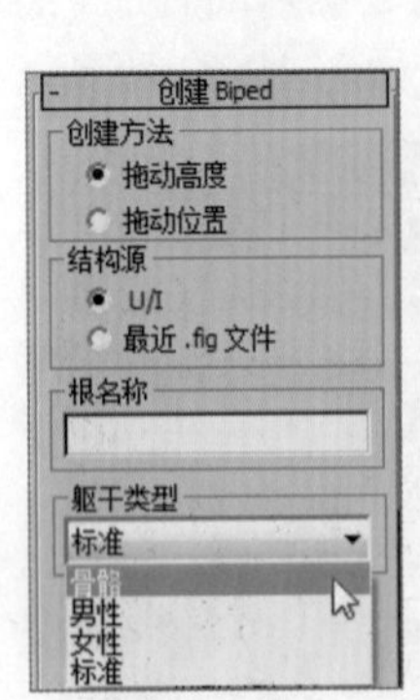

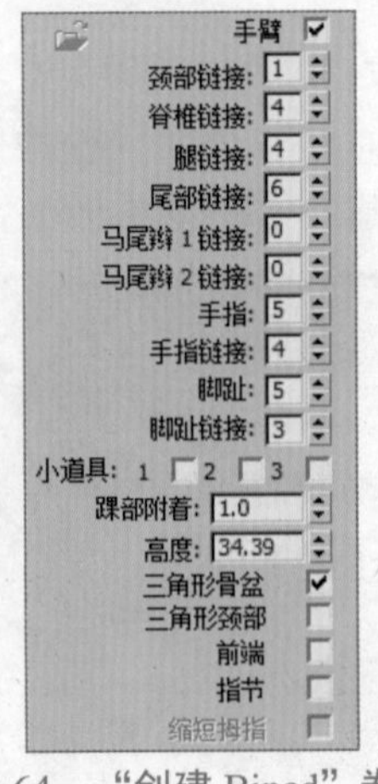

图 10-64 “创建 Biped”卷展栏

每一根 Biped 骨骼都是为动画而设计的，具有即时动画的特性。Biped 模块被设计成与人类相似的直立行走形式。当选择任意一根骨骼并切换到“运动”面板后，即可看到 Biped 骨骼的用户界面。该界面包含“体形”、“足迹”、“运动流”及“混合器”四种模式，在不同的模式下可应用不同的工具创建不同的动画效果，轨迹与关键点编辑、运动捕捉等参数的设置如图 10-65 所示。

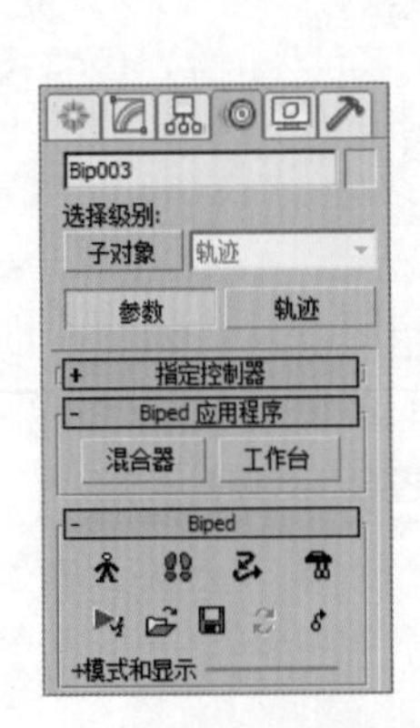

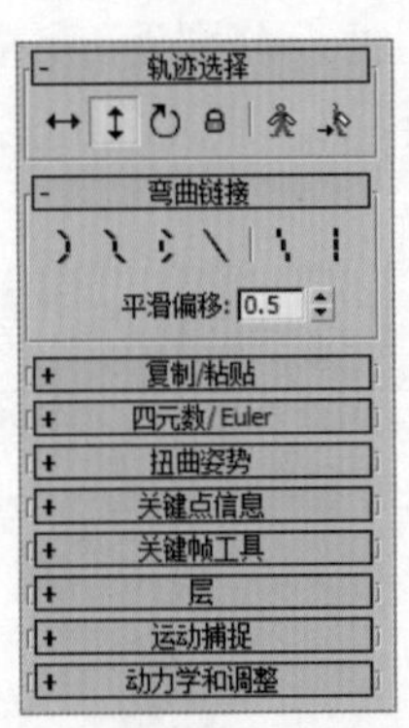

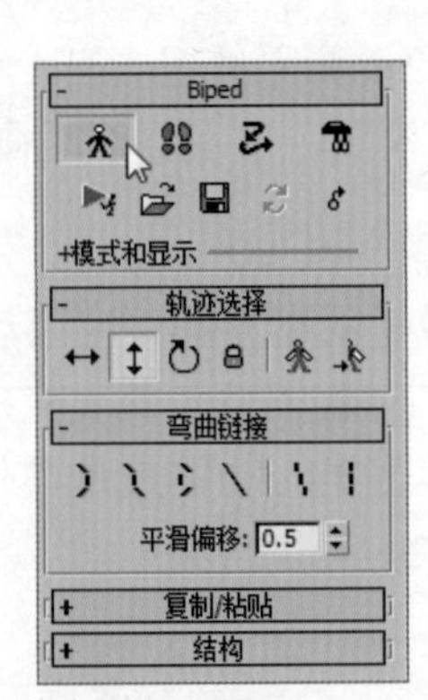

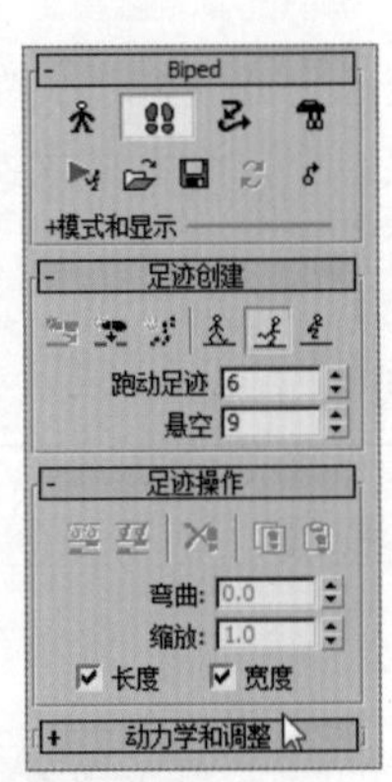

图 10-65 Biped 骨骼的用户界面

在“足迹”模式和“运动流”模式下设置的动画效果如图 10-66、图 10-67 所示。

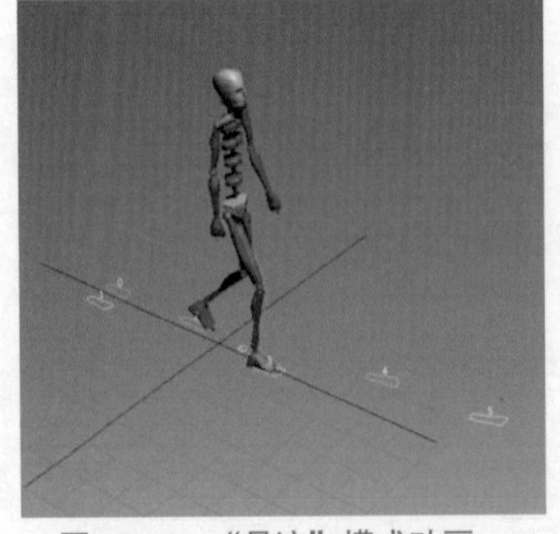

图 10-66 “足迹”模式动画

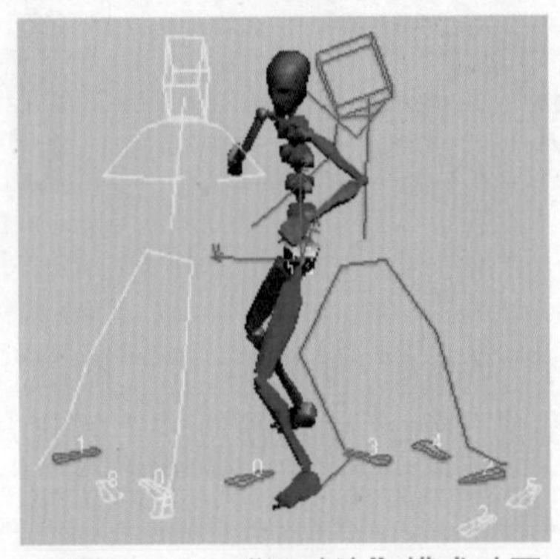

图 10-67 “运动流”模式动画

2．Physique（蒙皮）修改器模块

通过“Physique”修改器可以将蒙皮附加到 Biped 骨骼结构上。当为蒙皮对象指定“Physique”修改器后，该修改器会根据骨骼移动使蒙皮变形，从而使蒙皮对象与骨骼移动相匹配，完成动画效果的创建。

选择要蒙皮的对象，通过修改器列表即可添加“Physique”修改器。“Physique”修改器包含多个不同的子对象层级，每一个子对象层级都包含各自的卷展栏。

3．群组动画模块

群组动画模块用于模拟现实的人类群组、动物群组及其他群组行为。如果要模拟一群人在场景中同时运动的效果，单独为每一个人设置动画参数会很麻烦，通过群组动画模块可以使用代理辅助对象群组模拟仿效现实的环境，并由群组模拟计算它们的运动，从而减轻大型场景中群组动画的工作量，如图 10-68 所示。

图 10-68　群组动画模块

在 Character Studio 角色动画系统中，群组动画模块使用两个辅助对象，即群组和代理。如果要创建群组模拟，首先要创建这些辅助对象。群组辅助对象用于指定各种命令，而代理辅助对象则为已制作成动画的对象提供替代对象。当通过群组辅助对象设置好代理的动画时，将该对象链接到代理即可。“代理”与“群组”创建工具均位于“创建”面板下的“标准”辅助对象创建类型中，如图 10-69 所示。

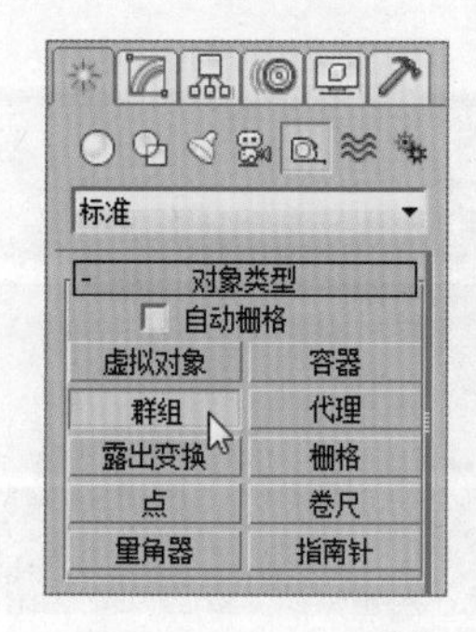

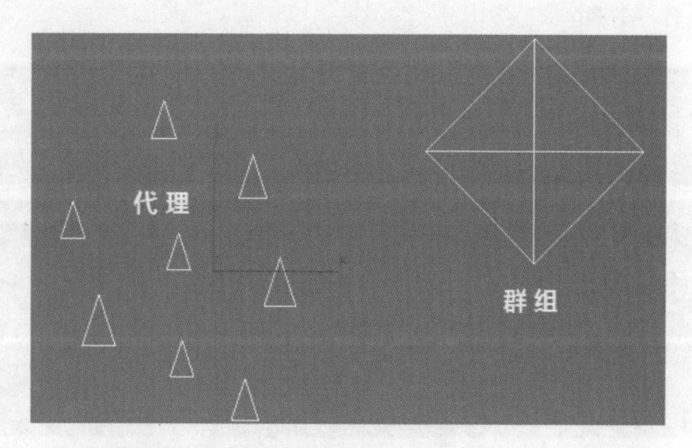

图 10-69　创建群组和代理辅助对象

实例 1　基本动画的应用实例——游鱼动画/蝴蝶飞舞动画

下面将以游鱼动画的创建为例，对路径约束进行介绍，中间帧渲染效果如图 10-70 所示。

图 10-70　游鱼动画的中间帧渲染效果

创建游鱼动画的具体操作步骤如下：

Step 01　打开“素材\第 10 章\动画基本工具 游鱼动画.max”文件，如图 10-71 所示。

Step 02　通过“线”工具在视图中绘制一段平滑的样条线，如图 10-72 所示。

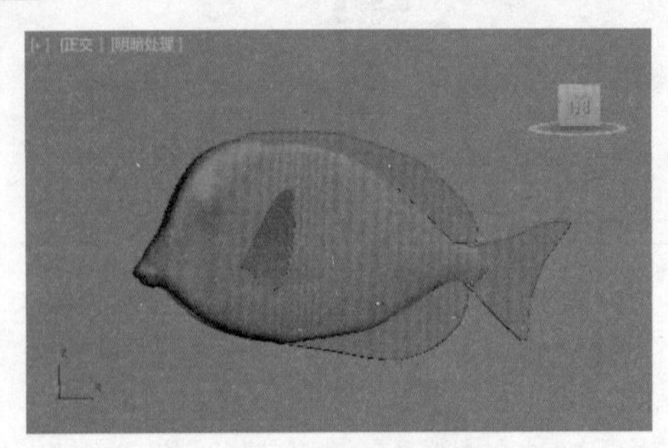

图 10-71　打开素材文件

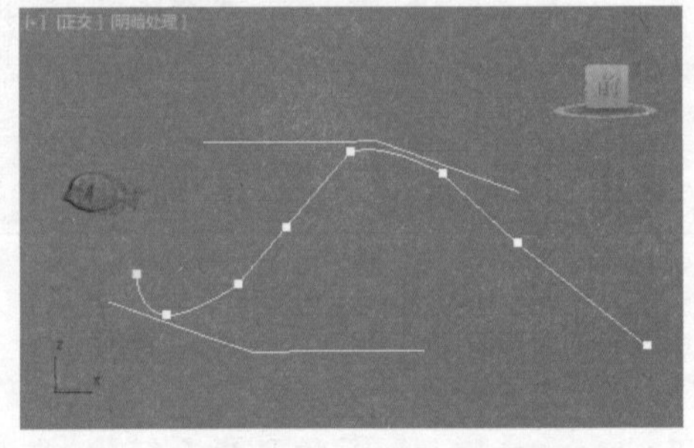

图 10-72　绘制样条线

Step 03　选择鱼对象，执行“动画”|“约束”|“路径约束”命令，然后拾取样条线，将鱼对象约束到路径，如图 10-73 所示。

Step 04　移动时间调节滑块，发现鱼对象虽然按照路径运动，但其身体方向是错误的，如图 10-74 所示。

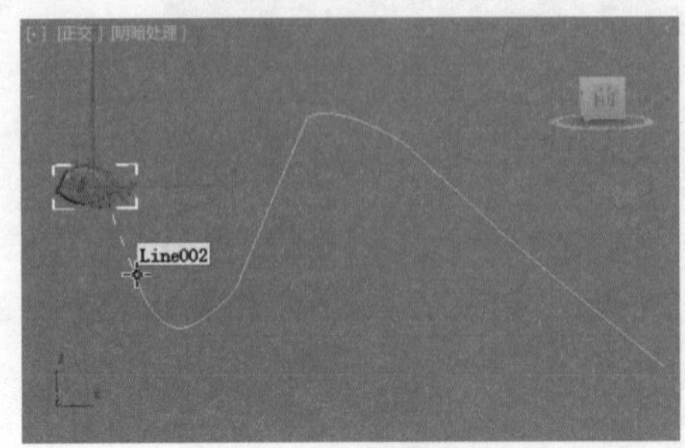

图 10-73　约束对象

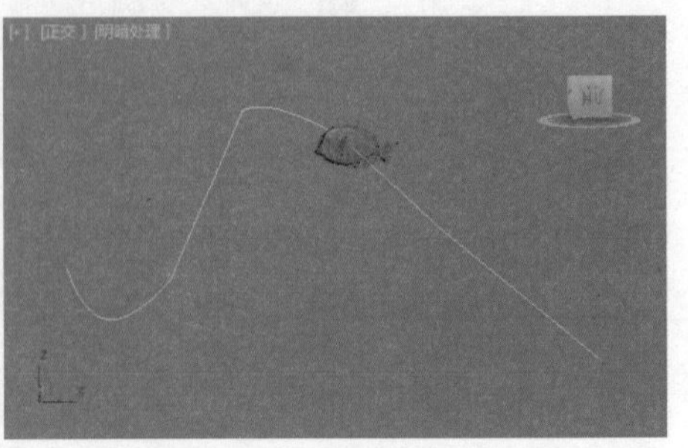

图 10-74　查看动画效果

Step 05 选择鱼对象，切换到“运动”面板，确认其下方的“参数”按钮为启用状态，如图 10-75 所示。

Step 06 展开“路径参数”卷展栏，在“路径选项”选项区中勾选“跟随”复选框，在“轴”选项区中单击“X”单选按钮并勾选“翻转”复选框，如图 10-76 所示。

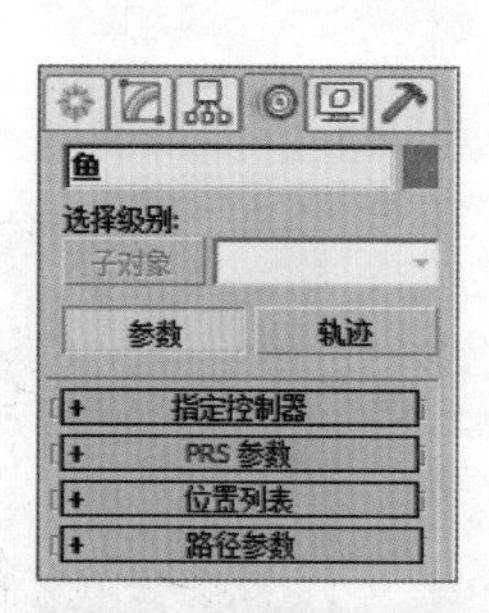

图 10-75　“运动”面板

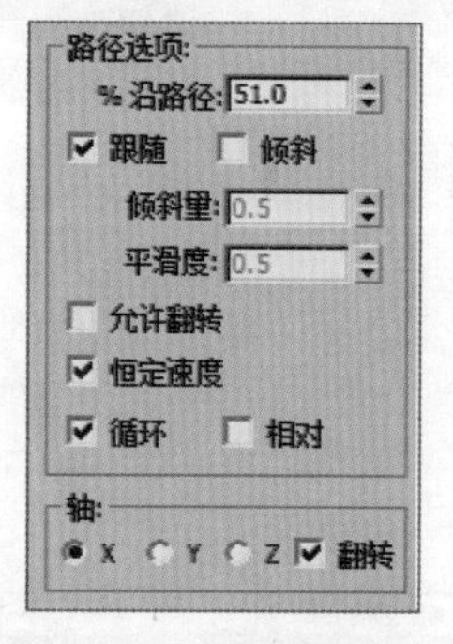

图 10-76　设置路径参数

Step 07 再次移动时间调节滑块，查看鱼对象的运动效果是否正确，如图 10-77 所示。

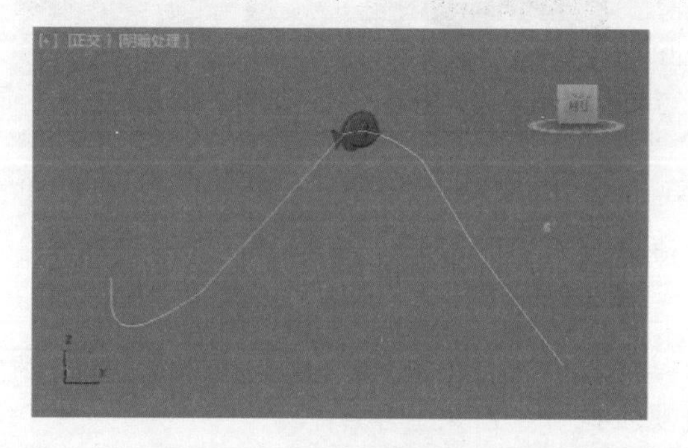

图 10-77　查看运动效果

Step 08 打开“环境和效果”窗口，在“环境”选项卡下的“公用参数”卷展栏中勾选“使用贴图”复选框，单击“环境贴图”贴图通道按钮，如图 10-78 所示。

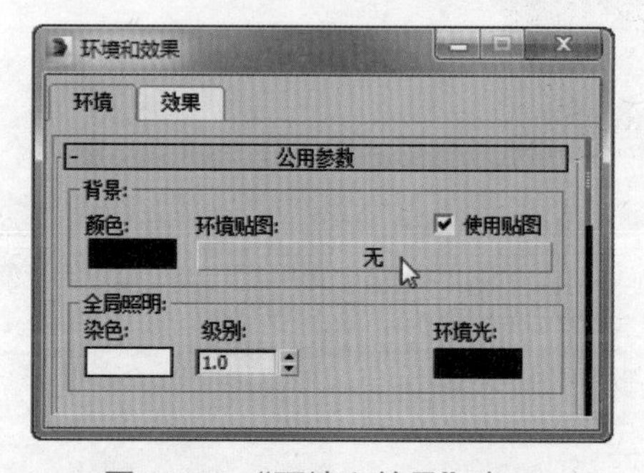

图 10-78　“环境和效果”窗口

Step 09 弹出“材质/贴图浏览器”对话框，在“标准”卷展栏下双击“位图”选项，弹出“选择位图图像文件”对话框，打开“素材\第 10 章\Textures\海底世界.jpg”图像文件，如图 10-79 所示。切换到透视视图，在合适的时间帧处执行“渲染”命令。

Step 10 将“环境贴图”以“实例”方式拖到材质球上，设置“坐标”卷展栏下贴图的类型为“屏幕”，如图 10-80 所示。

图 10-79 “选择位图图像文件”对话框

图 10-80 设置环境贴图

Step 11 将第二个材质球的材质由“标准”改为“虫漆”，设置参数，如图 10-81 所示，将该材质应用于鱼对象。

Step 12 在鱼对象的合适位置创建一个目标聚光灯，如图 10-82 所示。切换到透视视图，在合适的时间帧处执行“渲染”命令。

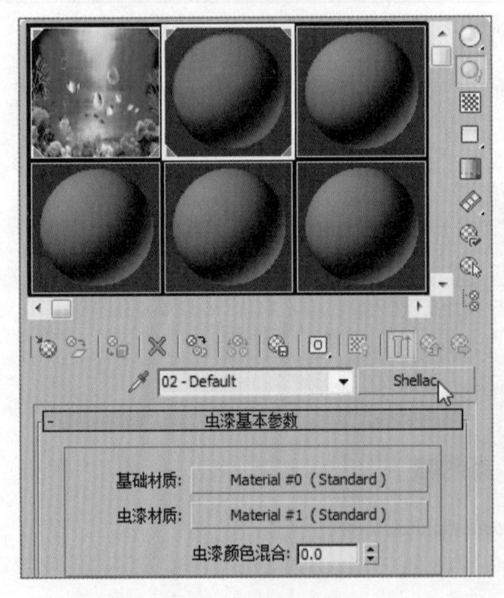

图 10-81 设置材质

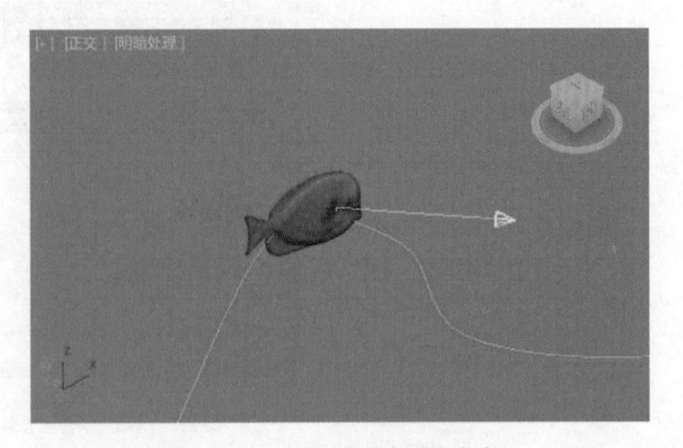

图 10-82 添加目标聚光灯

下面将以蝴蝶飞舞动画的创建为例，对动画控制栏及曲线编辑器的应用进行介绍，中间帧渲染效果如图 10-83 所示。

图 10-83　蝴蝶飞舞动画的中间帧渲染效果

创建蝴蝶飞舞动画的具体操作步骤如下：

Step 01 打开“素材\第 10 章\动画基本工具 蝴蝶动画.max”文件，如图 10-84 所示。

Step 02 单击动画控制栏中的“自动关键点”按钮，开启自动关键点记录功能，移动时间调节滑块到第 20 帧位置，然后向前移动蝴蝶对象，如图 10-85 所示。

图 10-84　打开素材文件

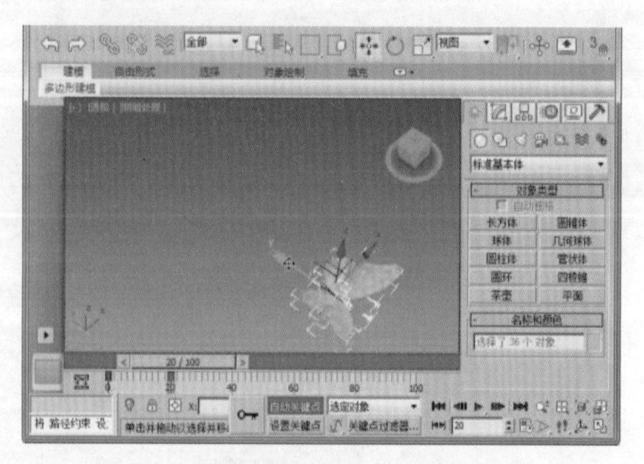

图 10-85　移动蝴蝶对象

Step 03 选择蝴蝶对象一侧的翅膀，切换到“层次”面板，单击“工作轴”卷展栏中的“使用工作轴”按钮，如图 10-86 所示。

Step 04 沿工作轴的 y 轴旋转蝴蝶对象的一侧翅膀，采用同样的方法旋转另一侧的翅膀，如图 10-87 所示。

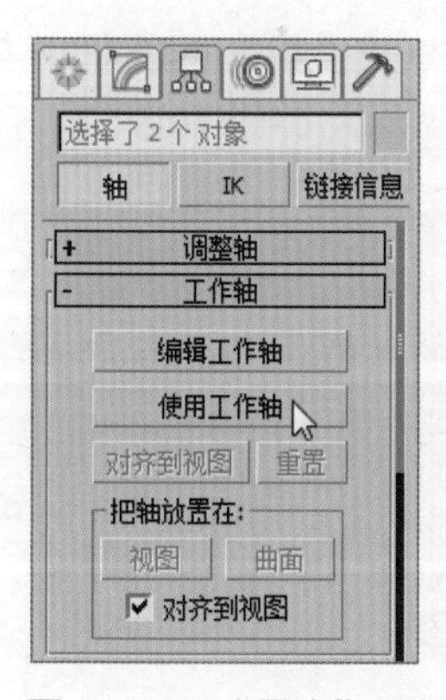

图 10-86　“层次”面板

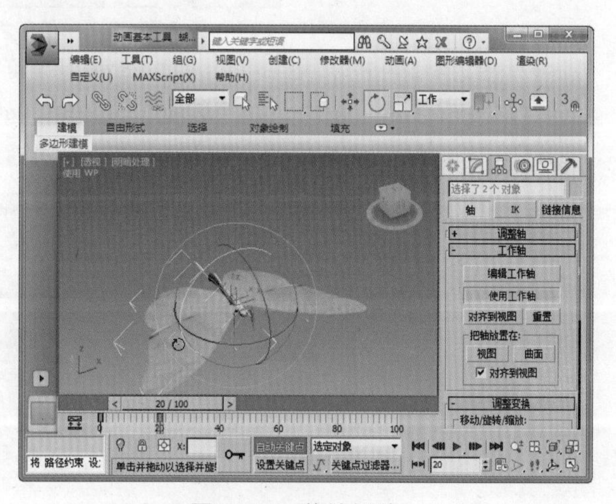

图 10-87　旋转翅膀

Step 05 在其他时间帧位置创建关键点，再次单击“自动关键点”按钮，关闭关键点记录功能，如图 10-88 所示。

Step 06 移动时间调节滑块，查看动画效果，会发现蝴蝶对象的移动效果较为僵硬。选择蝴蝶对象，单击主工具栏中的“曲线编辑器”按钮，打开曲线编辑器，查看轨迹曲线，如图 10-89 所示。

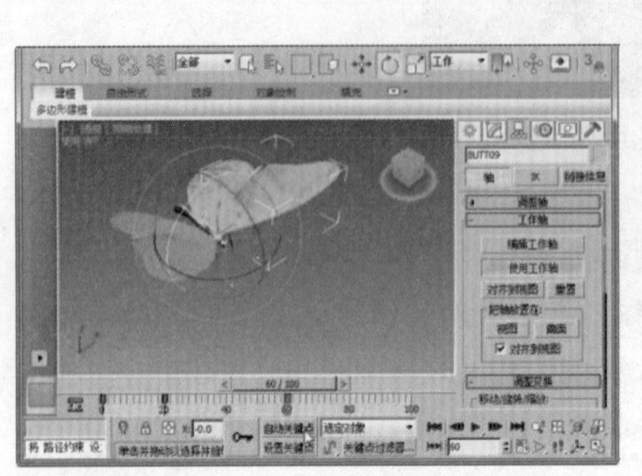

图 10-88 关闭关键点记录功能

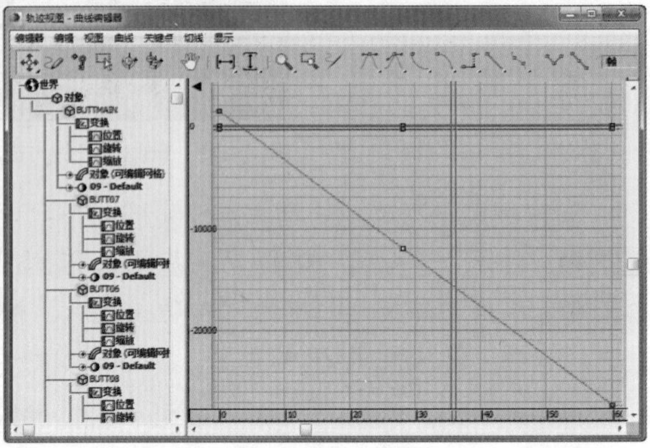

图 10-89 轨迹曲线

Step 07 通过拖动曲线上的控制点调整曲线的平滑度，使蝴蝶对象从匀速直线飞行转为变速飞行，且位置飘忽不定，使动画效果更为真实，如图 10-90 所示。

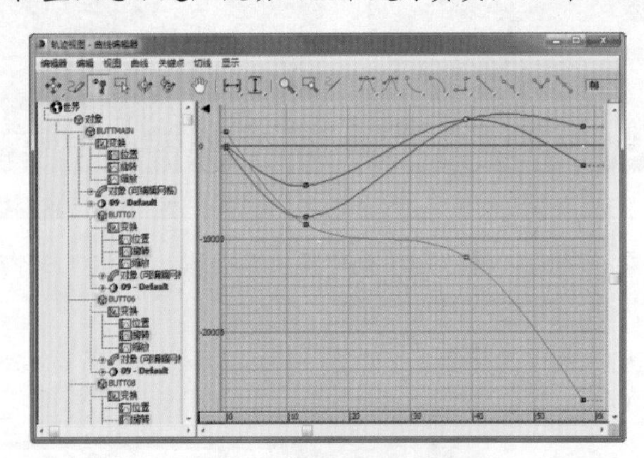

图 10-90 调整曲线的平滑度

Step 08 打开“环境和效果”窗口，在“环境”选项卡下的“公用参数”卷展栏中勾选“使用贴图”复选框，然后单击“环境贴图”贴图通道按钮，如图 10-91 所示。

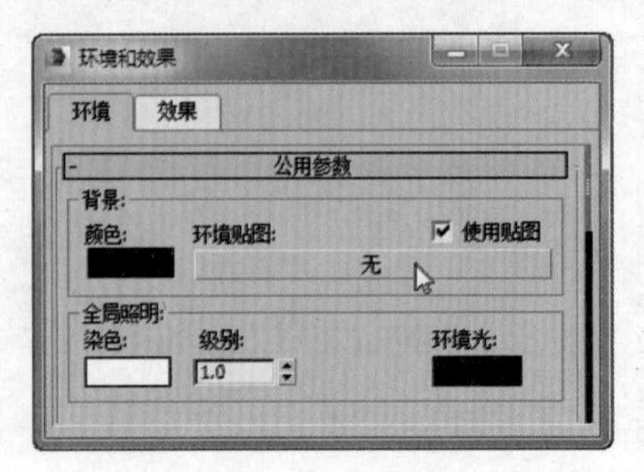

图 10-91 “环境和效果”窗口

Step 09 弹出“材质/贴图浏览器”对话框，在“标准”卷展栏下双击“位图”选项，如图 10-92 所示。

Step 10 弹出“选择位图图像文件”对话框，打开“素材\第 10 章\Textures\花丛.jpg”图像文件，如图 10-93 所示。切换到透视视图，在合适的时间帧处执行“渲染”命令。

图 10-92　“材质/贴图浏览器”对话框

图 10-93　“选择位图图像文件”对话框

实例 2　高级动画的应用实例——创建人体行走动画

下面将以为人体创建行走动画为例，对骨骼、蒙皮与基本动画的创建方法进行介绍，中间帧渲染效果如图 10-94 所示。

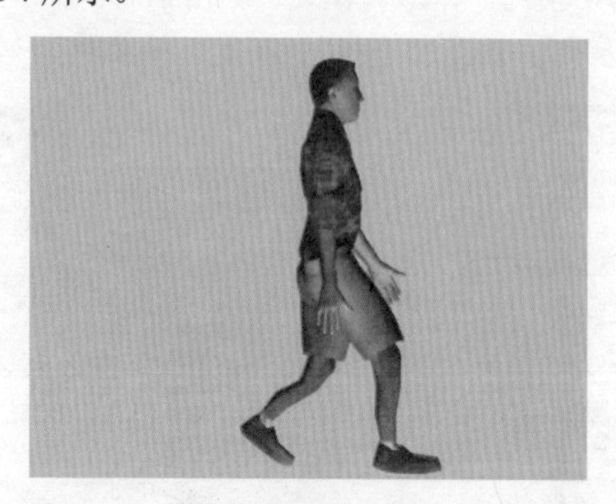

图 10-94　人体行走动画的中间帧渲染效果

为人体创建行走动画的具体操作步骤如下：

Step 01 打开“素材\第 10 章\Character Studio.max”文件，如图 10-95 所示。

Step 02 在“创建”面板下单击“系统”按钮，切换到“标准”系统创建类型，在“对象类型”卷展栏下单击“Biped”按钮，如图 10-96 所示。

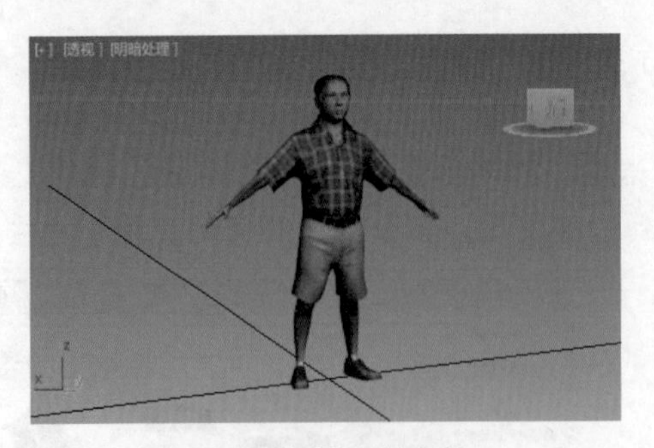

图 10-95　打开素材文件

图 10-96　单击“Biped”按钮

Step 03 在场景中通过拖动鼠标指针创建一个与人体模型大致等高的Biped骨骼，如图 10-97 所示。

Step 04 选择人体模型，按【Alt+X】组合键使其呈半透明状态，然后通过右键快捷菜单冻结所选对象，如图 10-98 所示。

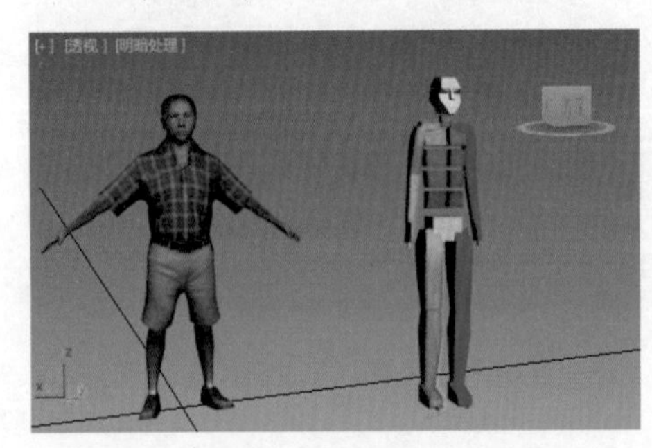

图 10-97　创建 Biped 骨骼

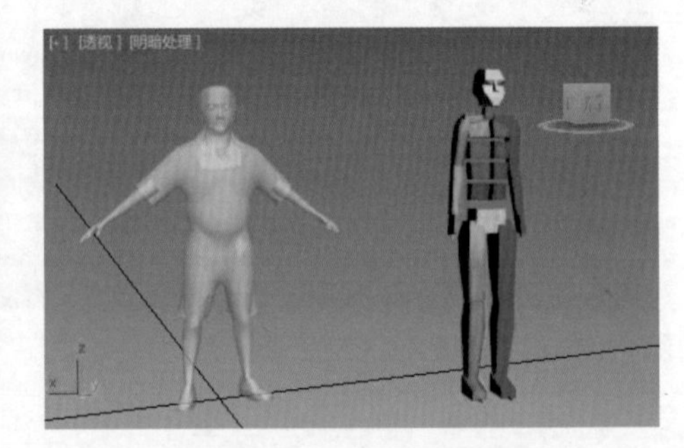

图 10-98　冻结人体模型

Step 05 选择任意一个骨骼对象，切换到“运动”面板。展开“Biped”卷展栏，通过单击“体形”按钮切换到“体形”模式，如图 10-99 所示。

Step 06 展开“结构”卷展栏，设置“手指”“高度”等参数，如图 10-100 所示。

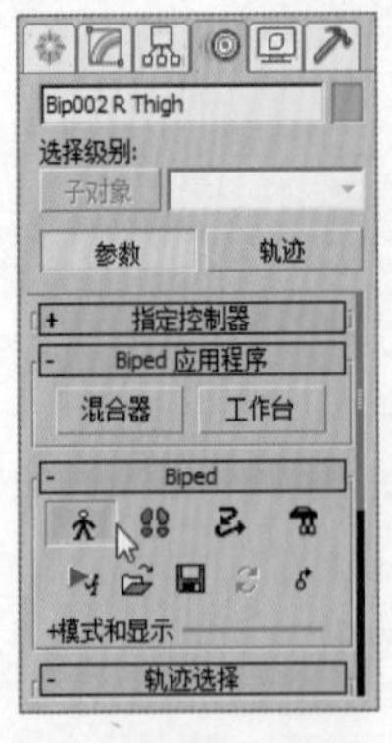

图 10-99　切换到“体形”模式

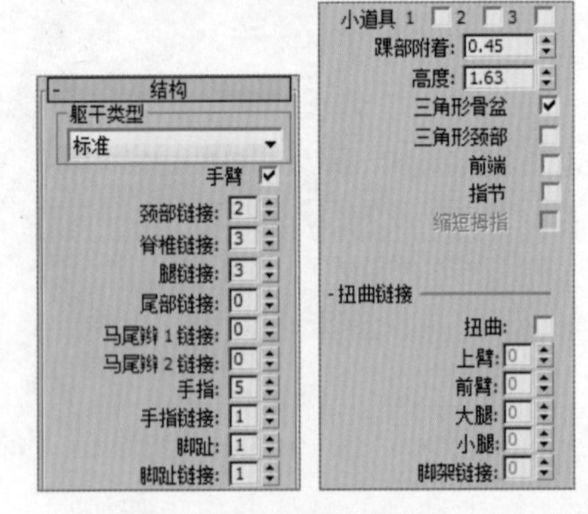

图 10-100　设置“结构”卷展栏参数

Step 07 通过单击“轨迹选择”卷展栏下的“躯干水平”按钮，如图 10-101 所示，移动 Biped 骨骼到人体模型所在的位置，然后适当移动骨骼四肢所在的位置。

Step 08 通过“旋转”“缩放”等工具继续调整 Biped 骨骼的形状与位置，使其与人体模型基本吻合，如图 10-102 所示。

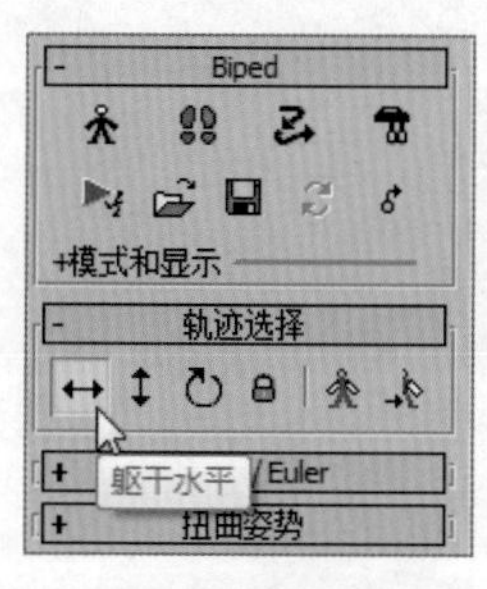

图 10-101　单击“躯干水平”按钮

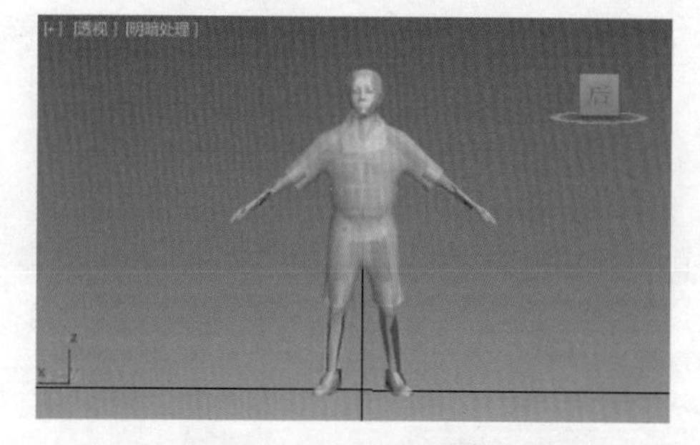

图 10-102　继续调整骨骼

Step 09 解冻人体模型，通过修改器列表为其添加一个“蒙皮”修改器，如图 10-103 所示。

Step 10 展开“修改”面板下的“参数”卷展栏，单击“添加”按钮，如图 10-104 所示。

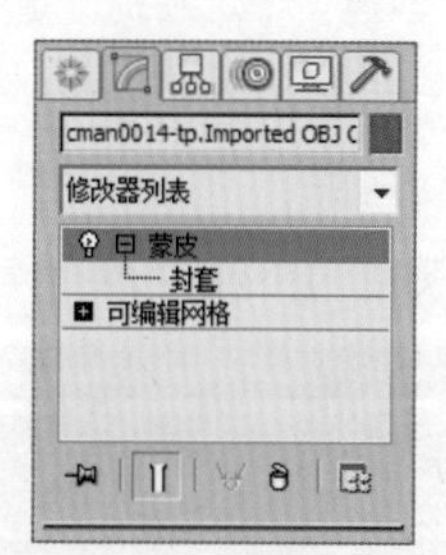

图 10-103　添加“蒙皮”修改器

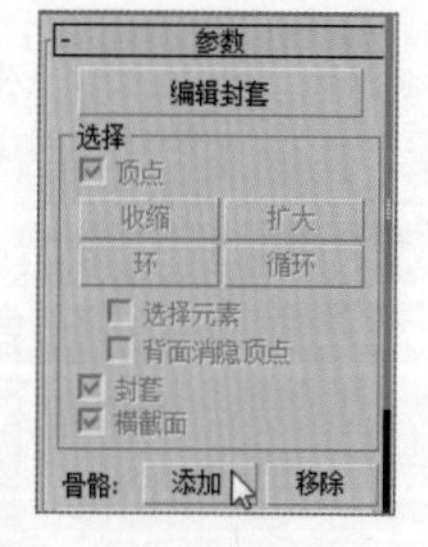

图 10-104　单击“添加”按钮

Step 11 弹出“选择骨骼”对话框，在列表框中选择全部骨骼名称选项，然后单击“选择”按钮，如图 10-105 所示。

Step 12 此时即可对骨骼与人体模型进行蒙皮处理，如图 10-106 所示。

图 10-105　“选择骨骼”对话框

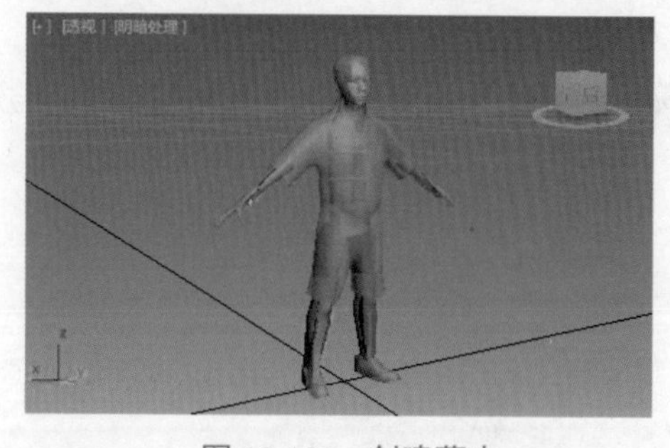

图 10-106　创建蒙皮

Step 13 选择任意一个骨骼对象，切换到“运动”面板。展开“Biped”卷展栏，通过单击“足迹”按钮切换到“足迹”模式。展开“足迹创建”卷展栏，选择“行走”模式，单击“创建多个足迹”按钮，如图 10-107 所示。

Step 14 弹出“创建多个足迹：行走”对话框，设置各项参数，然后单击“确定”按钮，如图 10-108 所示。

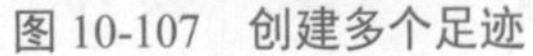

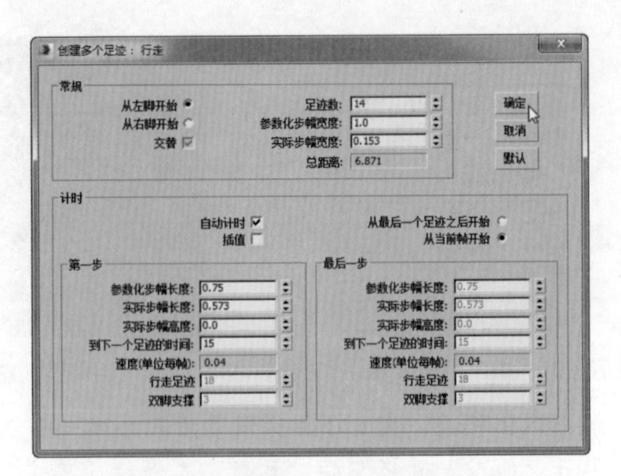

图 10-107　创建多个足迹　　　　图 10-108　“创建多个足迹：行走”对话框

Step 15　展开“足迹操作”卷展栏，在“弯曲”数值框中设置合适的值，然后单击“为非活动足迹创建关键点”按钮，如图 10-109 所示。

Step 16　拖动时间调节滑块，即可看到人体模型沿着设定的足迹开始行走，如图 10-110 所示。

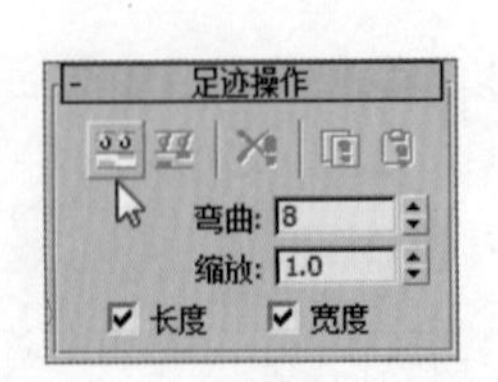

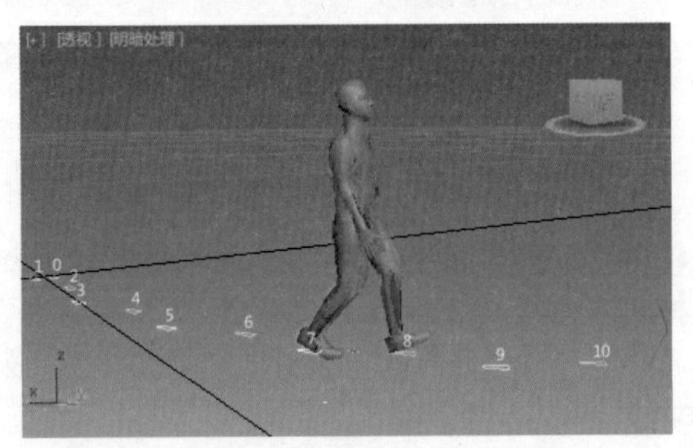

图 10-109　创建关键点　　　　图 10-110　行走动画效果

Step 17　切换到“显示”面板，在“按类别隐藏”卷展栏下勾选“骨骼对象”复选框，将骨骼对象隐藏，如图 10-111 所示。

Step 18　在合适的帧处执行“渲染”命令，效果如图 10-112 所示。

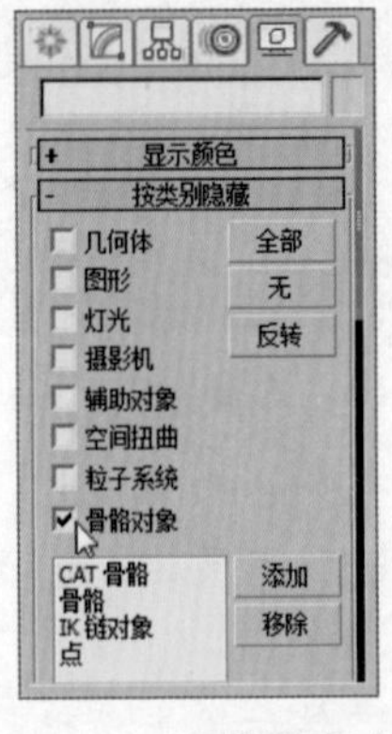

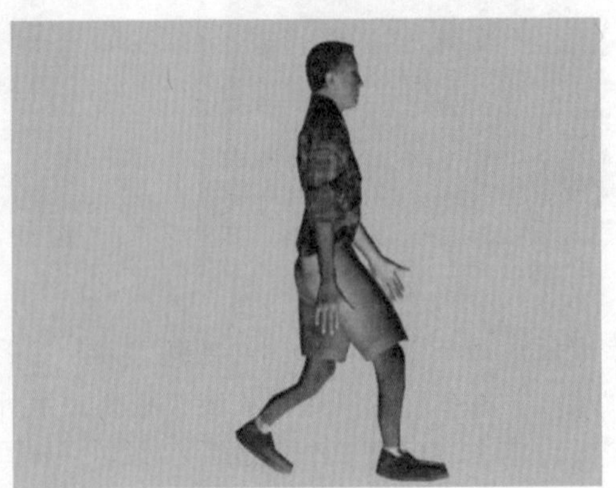

图 10-111　隐藏骨骼对象　　　　图 10-112　渲染效果

本章小结

本章介绍了粒子系统的创建方法和功能，以及如何指定物体作为粒子发射器；还介绍了基本动画工具的操作及应用、骨骼动画的创建等知识。读者应该重点认识粒子系统各参数的含义，利用所掌握的知识多加练习，逐步了解粒子系统的强大功能，掌握 3ds Max 2015 中动画的基本编辑方法、骨骼动画制作的技巧和表现手法。

本章习题

（1）运用本章所学知识，通过应用粒子流源工具制作大量樱花飘落的动画效果。

重点提示：

①过样条线绘制出樱花花瓣“line001”，然后挤出厚度，花瓣效果如图 10-113 所示。

②设置环境贴图为“素材\第 10 章\Textures\樱花林.jpg”文件，在透视视图中设置“视图背景”为“环境背景”，效果如图 10-114 所示。

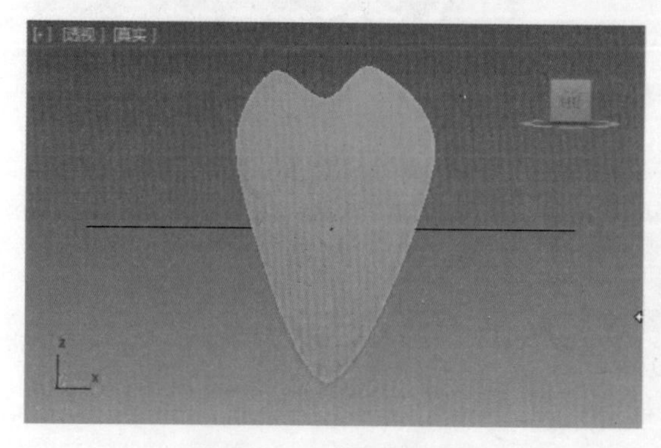

图 10-113 花瓣效果

图 10-114 导入视图背景

③单击“粒子流源”按钮，在顶视图中单击并拖动创建发射器，在前视图和左视图中调整发射器的位置，使其位于花瓣的上方，如图 10-115 所示。

图 10-115 创建发射器

④按【6】键打开粒子视图，按【Delete】键删除“形状”事件，添加事件“图形实例”，

如图 10-116 所示。选择图形实例 001 控制器，在右侧卷展栏中单击“粒子几何体对象”选项区中的“无”按钮，在透视视图中选择花瓣对象，如图 10-117 所示。

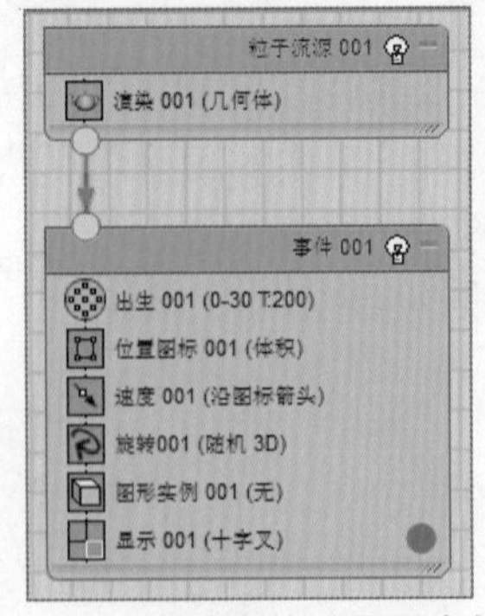

图 10-116　添加事件“图形实例”

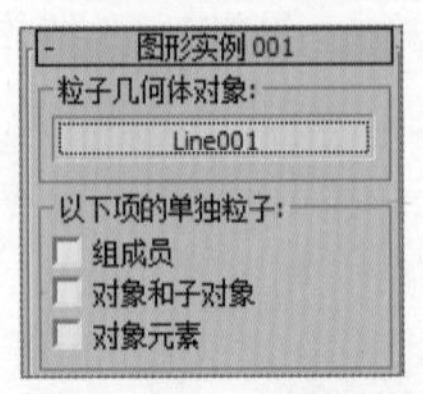

图 10-117　拾取花瓣

⑤在粒子视图中单击显示 001 控制器，将右侧参数的显示类型更改为“几何体”，此时粒子显示为花瓣造型，如图 10-118 所示。

⑥更改花瓣大小时只需设置粒子的尺寸即可，选择图形实例 001 控制器，在右侧卷展栏中更改“比例%”和“变化%”值（如图 10-119 所示），最终效果如图 10-120 所示。

图 10-118　粒子显示

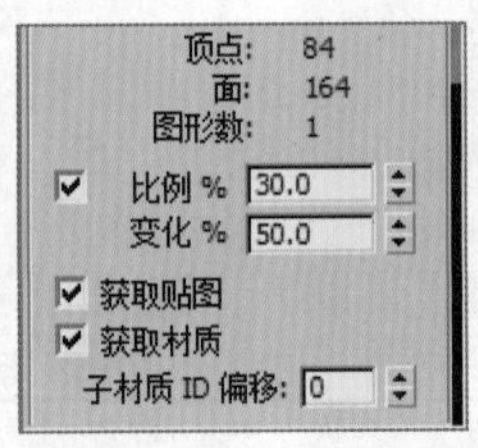

图 10-119　设置参数

图 10-120　最终效果

（2）运用本章所学知识，制作注视约束动画，效果如图 10-121 所示。

重点提示：

①在场景中创建两个茶壶，其中一个设置“茶壶部件”参数，只选中壶体作为茶杯使用。在茶杯周围绘制一条曲线，如图 10-122 所示。

②选择茶壶，执行“动画”|“约束”|“路径约束”命令，再拾取曲线，将茶壶约束到曲线路径上，系统自动设置关键帧动画。同样选择茶壶，再次执行“动画”|“约束”|“注视约束”命令，再单击茶杯完成注视约束，效果如图 10-123 所示。

③选择中间帧，渲染效果。

图 10-121　动画效果

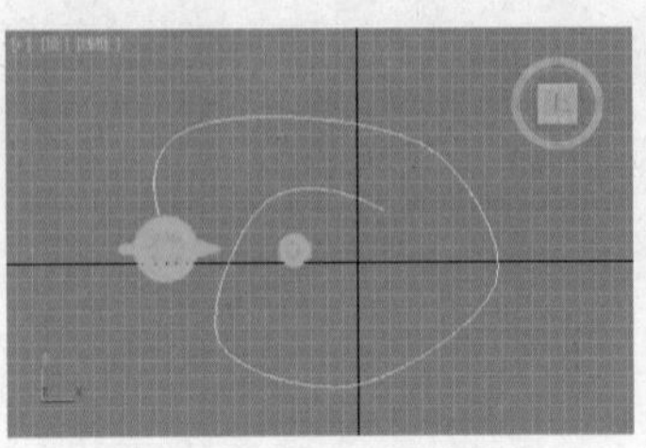

图 10-122　绘制曲线

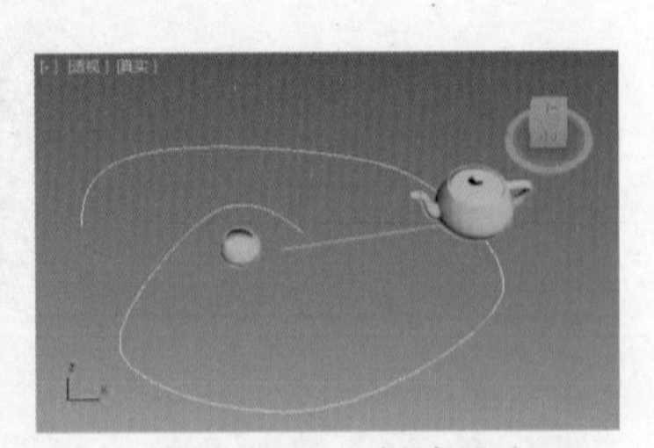

图 10-123　创建约束